普通高等教育“十三五”规划教材

金属挤压、拉拔工艺及工模具设计

主编　刘莹莹　王庆娟

北　京
冶 金 工 业 出 版 社
2024

内 容 提 要

本书系统地介绍了金属挤压与拉拔成型的方法、理论、工艺，挤压与拉拔设备的类型及其特点，工模具的结构、类型、设计原则及方法，生产中常用的金属材料（包括铝合金、铜合金、镁合金、钛合金、钢铁材料、复合材料）及其他材料的挤压、拉拔工艺的制定原则及方法，并介绍了金属挤压与拉拔的新成果。

本书为高等学校材料成型及控制工程、金属材料工程、机械制造等专业的教材，也可供有关工程技术人员参考。

图书在版编目(CIP)数据

金属挤压、拉拔工艺及工模具设计/刘莹莹，王庆娟主编. —北京：冶金工业出版社，2018.11（2024.1 重印）
普通高等教育“十三五”规划教材
ISBN 978-7-5024-7955-8

Ⅰ.①金… Ⅱ.①刘… ②王… Ⅲ.①金属—挤压—工艺学—高等学校—教材 ②金属—拉拔—工艺学—高等学校—教材 ③金属压力加工—模具—设计—高等学校—教材 Ⅳ.①TG3

中国版本图书馆 CIP 数据核字（2018）第 264573 号

金属挤压、拉拔工艺及工模具设计

出版发行	冶金工业出版社	**电　话**	(010)64027926
地　址	北京市东城区嵩祝院北巷 39 号	**邮　编**	100009
网　址	www. mip1953. com	**电子信箱**	service@ mip1953. com

责任编辑 杨 敏 美术编辑 吕欣童 版式设计 禹 蕊
责任校对 李 娜 责任印制 窦 唯
北京虎彩文化传播有限公司印刷
2018 年 11 月第 1 版，2024 年 1 月第 3 次印刷
787mm×1092mm 1/16；21.25 印张；510 千字；326 页
定价 52.00 元

投稿电话 (010)64027932 投稿信箱 tougao@cnmip. com. cn
营销中心电话 (010)64044283
冶金工业出版社天猫旗舰店 yjgycbs. tmall. com
(本书如有印装质量问题，本社营销中心负责退换)

前 言

挤压与拉拔技术是金属材料塑性成型的最基本方法之一，具有高效、优质、低能耗、少/无切屑等特点。因此，在金属管、棒、型、线材的生产方面获得了广泛的应用。

本书的主要内容包括挤压与拉拔两大部分，分别介绍了金属挤压与拉拔的基本原理和方法、金属的流动规律、组织性能特征及力能计算，挤压与拉拔设备的类型及其工模具的结构与设计方法，挤压和拉拔不同类型的金属材料时其工艺的制定方法，挤压和拉拔制品的缺陷与预防等。

本书注重理论教学与工程实践相结合，在编写时根据铝合金挤压工业生产的实际情况进行，同时对铜合金、镁合金、钛合金和钢铁材料的挤压工艺进行了介绍，并列举一些典型实例和例题来加深读者对书中原理、原则和计算公式的理解，提高运用能力，这对开阔学生视野和加强学生工程实践能力的培养具有重要意义。该书适合高校材料成型及控制工程、金属材料工程、机械制造等专业的本科生、研究生及科技工作者学习或参考。

本书由西安建筑科技大学刘莹莹（第2、4、6、7章）、王庆娟（第1、3、8、11章）、蔡军（第5、12章）、肖桂枝（第9、10章）共同编写，全书由刘莹莹统稿。

本书的出版得到了西安建筑科技大学重点教材项目的资助；在编写过程中，借鉴和参考了有关文献，在此一并表示感谢。

由于编者的学识和水平有限，书中难免存在疏漏之处，恳请读者批评指正。

作 者

2018年9月

前　言

目　　录

第1篇　金属挤压

第2篇　金属拉拔

第1篇

金属挤压

1 挤压概述

1.1 挤压的基本概念

挤压，就是采用挤压杆对放在挤压筒内的金属坯料一端施加压力，使之通过模孔，获得所需要的断面形状、尺寸及一定力学性能的制品的一种塑性成型方法，其原理如图1-1所示。

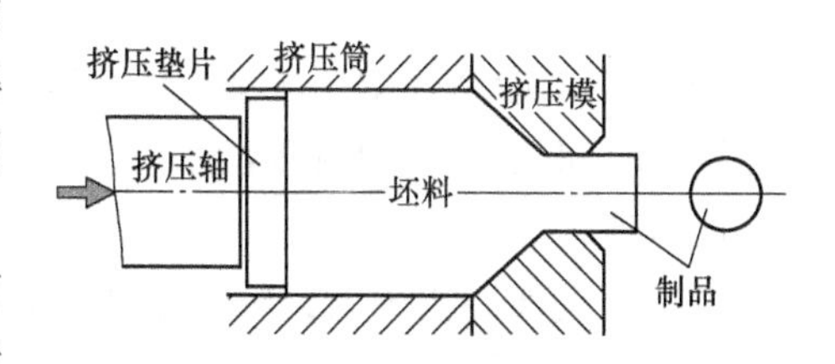

图1-1 金属挤压的基本原理图

挤压是金属塑性成型的主要方法之一，可以直接生产管、棒、型、排材等半成品金属材料，并可为拉拔生产管材、棒材、型材、线材等提供相应的坯料。

1.2 挤压的特点及适用范围

1.2.1 挤压的特点

1.2.1.1 优点

(1) 三向压应力强度大，可以充分提高金属材料的塑性变形能力。这是由于挤压时金属在变形区中处于强烈的三向压应力状态，金属可以发挥其最大的塑性。如纯铝的挤压比可达1000以上，铜的挤压比可达400，钢的挤压比可达40~50。对于一些采用轧制、锻压等方法加工困难的脆性材料，如钨和钼等，为了改善其组织和性能，也可采用挤压法先对锭坯进行开坯；甚至一些如铸铁一类的脆性材料，也可通过挤压进行加工。

(2) 可生产形状复杂以及变断面的型材、管材。这些产品一般用轧制法生产非常困难甚至不可能，或者虽可用滚压成型、焊接和铣削等加工方法生产，但是很不经济。

(3) 产品范围广，品种、规格多。挤压法不仅可以生产普通断面的管材、棒材、型材，还可以生产断面非常复杂的实心及空心型材、断面沿长度方向分阶段变化和逐渐变化的变断面型材，且其中许多变断面形状的制品是采用其他塑性加工方式无法生产的。用挤压法生产的部分型材断面形状如图1-2所示。

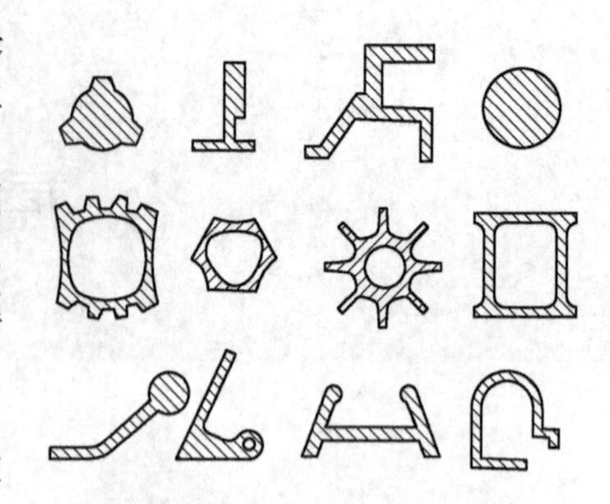
图1-2 部分挤压材的横截面形状

(4) 产品尺寸精度高，表面质量好。挤压制品的尺寸精度、表面质量介于热轧与冷轧之间。许多铝合金挤压制品只需要经过简单的表面处理就可直接用于装饰等方面。

(5) 挤压生产灵活性大，适合小批量生产。挤压工模具有很大的灵活性，只要更换模具，在同一台设备上就可以生产出不同规格及品种的制品，操作极为方便、简单。

(6) 提高材料的接合性。采用挤压方法，可以实现金属粉末材料的加工成型；实现不同金属材料的复合成型；还可实现金属材料与非金属材料的复合成型，获得所需要的不同类型的层状复合材料，如铝包钢、铅包铜丝等。

1.2.1.2 缺点

(1) 工模具损耗大，成本高。挤压工具与锭坯接触面的单位压力高（400~1200MPa），温度高（铝合金400℃左右，钢铁材料1200℃左右，钨1600℃左右）、摩擦大、接触时间长，工模具损耗大。挤压工模具一般为价格较昂贵的高级耐热合金钢所制造，成本高。

(2) 几何废料损失大，成品率较低。采用常规的非连续挤压时，挤压终了所留压余量一般可占坯料重量的10%~15%，特别是采用正向挤压时，受挤压力的限制及受坯料长度与直径之比的限制（一般不超过3~4），不能通过增加坯料长度来减少固定的压余损失，故成品率较低。另外，为了消除挤压缩尾和前端的低性能区，还要增加较多切头、切尾损失。

(3) 沿制品长度和断面上的组织、性能不均一。挤压时，由于坯料的前后端、内外层金属变形不均匀，从而造成制品组织和性能不均匀。

(4) 挤压速度慢，生产效率较低。挤压时的一次变形量大，坯料与工具的摩擦大，而塑性变形区又完全被挤压筒所封闭，造成金属在变形区内的温度升高，从而有可能达到金属的脆性区温度；又由于金属变形流动的不均匀性所造成的外层受拉、内层受压的应力状态，会引起制品表面出现裂纹而报废。因此，金属从模孔流出的速度受到一定限制。另外，由于挤压过程的非连续性，在一个挤压周期内，填充坯料、分离压余等辅助工序所占时间较长，所以挤压生产效率比轧制时的低。

1.2.2 挤压的适用范围

挤压技术具有以上主要特点，使得挤压加工在以下几方面得到了更为广泛的应用：

(1) 品种、规格繁多，批量小的有色金属管材、棒材、型材及线坯的生产。

(2) 复杂断面，超薄、超厚、超不对称的长尺寸制品生产。

(3) 低塑性、脆性材料的成型。

1.3 挤压方法的分类

根据挤压筒内金属的应力应变状态、挤压方向、润滑状态、挤压温度、挤压速度、工模具的种类或结构、坯料的形状或数目、产品的形状或数目等的不同，挤压的分类方法也不同，各种分类方法如图 1-3 所示。按照挤压方向来分时，一般分为正向挤压（正挤压）、反向挤压（反挤压）、侧向挤压等，而正向挤压、反向挤压又可按照变形特征进一步分为平面变形挤压、轴对称变形挤压、一般三维变形挤压等。

图 1-4 所示是工业上广泛应用的几种主要挤压方法，包括正挤压、反挤压、侧向挤压、玻璃润滑挤压、静液挤压、连续挤压法的示意图。这几种方法的主要特征如下所述。

- 挤压方法的分类
  - 按挤压方向分
    - 正向挤压(正挤压)
    - 反向挤压(反挤压)
    - 正反复合挤压
    - 侧向挤压
  - 按变形特征分
    - 平面变形挤压
    - 轴对称变形挤压
    - 一般三维变形挤压
  - 按润滑状态分
    - 无润滑挤压(黏着摩擦挤压)
    - 润滑挤压(常规润滑挤压)
    - 玻璃润滑挤压
    - 理想润滑挤压(静液挤压)
  - 按挤压温度分
    - 冷挤压
    - 温挤压
    - 热挤压
  - 按挤压速度分
    - 低速挤压(普通挤压)
    - 高速挤压
    - 冲击挤压(超高速挤压)
  - 按模具种类或模具结构分
    - 平模挤压
    - 锥模挤压
    - 分流模挤压
    - 带穿孔针挤压(又可分为固定针挤压和随动针挤压)
  - 按坯料形状或数目分
    - 圆坯料挤压(圆挤压筒挤压)
    - 扁坯料挤压(扁挤压筒挤压)
    - 多坯料挤压
    - 复合坯料挤压
  - 按产品形状或数目分
    - 棒材挤压
    - 管材挤压
    - 实心型材挤压
    - 空心型材挤压
    - 变断面型材挤压
    - 单根产品挤压(单孔模挤压)
    - 多根产品挤压(多孔模挤压)

图 1-3　挤压方法的分类图

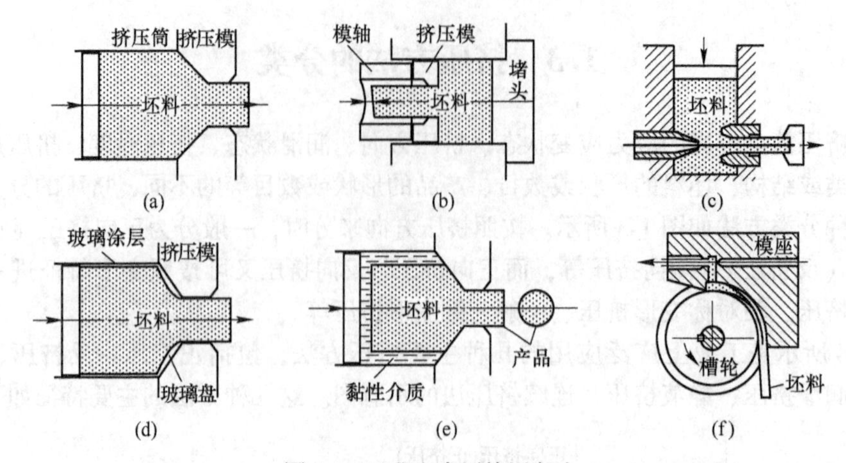

图 1-4 工业上常用挤压方法

(a) 正挤压；(b) 反挤压；(c) 侧向挤压；(d) 玻璃润滑挤压；(e) 静液挤压；(f) 连续挤压

1.3.1 正挤压

通常将挤压时金属产品的流出方向与挤压杆运动方向相同的挤压，称为正向挤压或简称正挤压（见图 1-1)。正挤压是最基本的挤压方法，具有技术最成熟、工艺操作简单、生产灵活性大等特点，成为以铝及铝合金、铜及铜合金、镁合金、钛合金、钢铁材料等为代表的许多工业与建筑材料成型加工中最广泛使用的方法之一。正挤压又可按照图 1-3 所示的其他分类方法进一步分类，如分为平面变形挤压、轴对称变形挤压和一般三维变形挤压等，或分为冷挤压、温挤压和热挤压等。

正挤压具有以下特征：

(1) 挤压过程中挤压筒固定不动，运动的坯料与挤压筒内壁之间产生相对滑动，存在很大外摩擦（占挤压力的 30%~40%)，且在大多数情况下，这种摩擦与金属坯料流动的方向相反，使金属流动不均匀，从而给挤压产品的质量带来不利影响，导致挤压产品头部与尾部、表层部与中心部的组织性能不均匀，几何废料比较长。

(2) 使挤压能耗增加，一般情况下，挤压筒内表面上的摩擦能耗占挤压能耗的30%~40%，甚至更高。

(3) 强烈的摩擦发热作用，限制了铝及铝合金等中低熔点合金挤压速度的提高，而且加快了挤压模具的磨损和失效。

但是，正挤压灵活性大，在设备结构，工具装配和生产操作等方面相对简单、制品表面质量较好。

1.3.2 反挤压

金属挤压时产品流出方向与挤压杆运动方向相反的挤压，称为反向挤压或简称反挤压，反挤压法主要用于铝及铝合金（其中以高强度铝合金的应用相对较多)、铜及铜合金管材与型材的热挤压成型，以及各种铝合金、铜合金、钛合金、钢铁材料零部件的冷挤压成型。反挤压时金属坯料与挤压筒壁之间无相对滑动，挤压能耗较低（所需挤压力小，一般比正挤压低 30%~40%)，因而在同样能力（吨位）的设备上，反挤压法可实现更大变形程度的挤压变形，或挤压变形抗力更高的合金。

与正挤压不同，反挤压时金属流动主要集中在模孔附近的领域，因而沿产品长度方向金属的变形均匀，组织性能也较均匀，几何废料较少。但是，迄今为止反挤压技术仍不完善，主要体现在挤压操作较为复杂，间隙时间较正挤压长，表面质量仍需进一步提高（常产生分层缺陷）等方面。

1.3.3 侧向挤压

金属挤压时产品流出方向与挤压杆运动方向垂直的挤压，称为侧向挤压，如图1-4（c）所示。由于其设备结构和金属流动特点，侧向挤压主要用于电线电缆行业各种复合导线的成型，以及一些特殊的包覆材料成型。但近年来，有关通过高能高速变形来细化晶粒、提高材料力学性能的研究受到重视。因而，利用可以附加强烈剪切变形的侧向挤压法制备高性能新材料的尝试成为研究热点之一，如侧向摩擦挤压、等通道侧向挤压等。

1.3.4 玻璃润滑挤压

玻璃润滑挤压主要用于钢铁材料以及钛合金、钼金属等高熔点材料的管棒材和简单型材的成型，如图1-4（d）所示。其主要特征是变形材料与工具之间隔有一层处于高黏性状态的熔融玻璃，以减轻坯料与工具间的摩擦，并起到隔热作用。根据所用玻璃润滑剂的种类不同，其使用范围一般为600～1200℃。由于施加润滑剂、挤压后脱润滑剂等操作的缘故，玻璃润滑挤压工艺通常较为复杂，对生产率的影响较大。

1.3.5 静液挤压

静液挤压又称为高压液体挤压。挤压时，锭坯借助筒内的高压液体压力（高达1000～3000MPa）从模孔中被挤出，获得所需形状和尺寸的制品。高压液体可以直接用一个增压器将它压入挤压筒内，或者用挤压杆压缩挤压筒内的液体获得。后一种方式因技术上简单易行，故应用最广泛。

与正挤压、反挤压等方法不同，静液挤压时金属坯料不直接与挤压筒内表面产生接触，二者之间介以高压介质（液体压力高达1000～3000MPa），施加于挤压杆上的挤压力通过高压介质传递到坯料上而实现挤压，如图1-4（e）所示。由于挤压时金属坯料不直接与挤压筒内表面产生接触，接近于理想润滑状态，因此产品金属流动均匀，变形比较均匀，挤压力也比通常的正向挤压力小20%～40%，因此可以选择大的挤压比，实现高速挤压。

静液挤压主要用于各种包覆材料成型、低温超导材料成型、难加工材料成型、精密型材成型等方面。但是，由于使用了高压介质，需要进行坯料预加工、介质充填与排放等操作，降低了挤压生产成材率，增加了挤压循环周期时间；此外还存在高压下模子的密封材料和结构问题；挤压工具，如挤压筒和挤压杆承受的压力极高，材料选择和结构设计如何保证其强度问题；传压介质的液体选择问题。因此，静液挤压的应用受到了很大限制。

1.3.6 连续挤压

以上所述各种方法的一个共同特点是挤压生产不连续，前后坯料的挤压之间需要进行分离压余、充填坯料等一系列辅助操作，影响了挤压生产的效率，不利于生产连续长尺寸的产品。为此，实现挤压生产的连续化是近40年来挤压技术研究开发的重要方向之一。挤压生产真正实现连续化，并获得较好实际应用，是在英国原子能局的D. Green于1971年发明了Conform连续挤压法之后。这种方法的工作原理如图1-4（f）所示，在可旋转的挤压轮的表面上带有方凹槽，其1/4左右的周长与一被称为挤压靴的导向块相配合，形成一个封闭的正方形空腔。模子被固定在导向块的一端。挤压时，将比正方形空腔断面大一些的圆坯料端头辗细，然后送入空腔中，依靠挤压轮槽与坯料间的摩擦力，将后者夹紧和拉入空腔中。坯料在初始夹紧区中逐渐塑性变形，直到进入挤压区时充满空腔的横断面。金属在挤压轮摩擦力的连续作用下，不断地从模孔中被挤出。

Conform连续挤压时坯料与工具表面的摩擦发热较为显著。因此，对于低熔点的铝及铝合金，不需进行外部加热即可使变形区的温度上升至400~500℃而实现热挤压。而对于铜及铜合金等较高熔点的材料，单靠摩擦发热很难达到变形金属的热挤压温度，一般需要对槽轮、模座进行辅助加热才能实现稳定挤压。

Conform连续挤压适合于铝包钢电线等包覆材料、小断面尺寸的铝及铝合金线材、管材、型材的成型。采用扩展模挤压技术，也可用于较大断面型材的生产，如各种铜排、铜带的生产等。

1.3.7 其他挤压新工艺新技术

1.3.7.1 有效摩擦挤压

有效摩擦挤压又称为快速摩擦辅助挤压或挤压筒速超前挤压。其特点是在挤压时，挤压筒沿金属流出方向以高于挤压杆的速度运动，使挤压筒作用给坯料的摩擦力方向与挤压杆的运动方向相同，促使金属向模孔流动，其原理如图1-5所示。

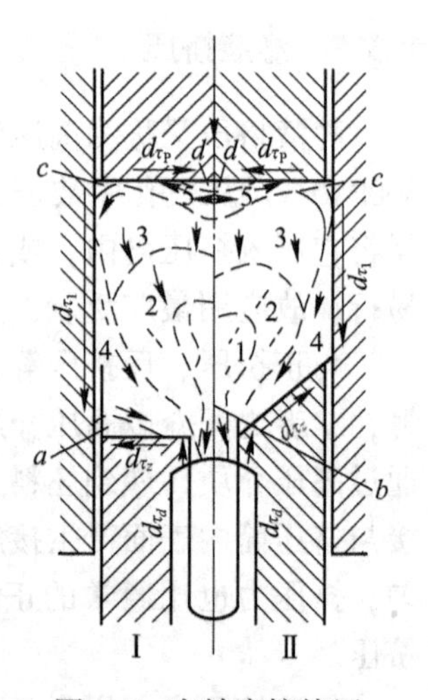

图1-5 有效摩擦挤压原理示意图

表征挤压筒对坯料滑动的重要指数是有效摩擦挤压的速比（挤压筒速度/挤压杆速度）。有效摩擦挤压的速比应大于1（最佳值是1.4~1.6）。实现有效摩擦挤压的必要条件是挤压筒与坯料之间不能有润滑剂，以便建立起高的摩擦应力。

有效摩擦挤压的主要优点是：（1）金属变形流动均匀，无缩尾缺陷，坯料表面层在变形区中不产生大的附加拉应力，可使流出速度显著提高，如挤压2A12铝合金棒材时，流出速度比正挤压的高4~5倍，比反挤压的高1倍；（2）挤压制品的强度也有所提高。

这种挤压方法的主要困难之处是设备结构较复杂，模具需要承受挤压杆和挤压筒的双重压力，其强度要求较高。

1.3.7.2 半固态挤压

半固态挤压是将处于液相与固相共存状态（半固态）的坯料充填到挤压筒内，通过挤压杆加压，使坯料流出模孔并完全凝固，获得具有均匀断面的长尺寸制品的加工方法，示意图如图1-6所示。

金属在半固态挤压时具有以下特点：

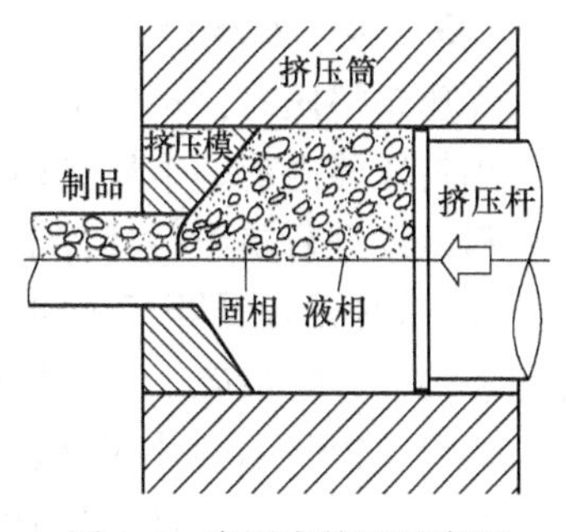

图 1-6 半固态挤压示意图

（1）挤压力显著下降，相当于正常热挤压的 1/5～1/10。

（2）可实现大挤压比挤压。

（3）可以获得晶粒细小、断面和长度方向组织性能较均匀的制品。

（4）有利于低塑性、高强度合金，金属基复合材料等难加工材料的成型。尤其对于金属基复合材料，有利于消除常规制备与成型过程中强化相偏析、与基体润湿差等缺陷，增强复合效果。

（5）要求液固相共存温度（两相区温度）比较宽，以实现稳定挤压。因此，对于纯金属、结晶温度范围窄的合金，实现稳定半固态挤压的难度较大。

（6）对挤压筒、挤压模的温度控制要求严格。

（7）由于挤压筒、挤压模与坯料中的液相接触，其使用寿命较短。

（8）只能得到完全软化的制品。

实现半固态挤压成型的关键是半固态坯料的制备。半固态坯料的制备主要有两种方法，一种方法是流变成型（rheoforming）或流变铸造（rheocasting），即在金属凝固过程中进行强烈搅拌，将形成的枝晶打碎或完全抑制枝晶的生长，获得由液相与细小等轴晶组成的糊状组织（称为半固态浆料），然后直接充填到挤压筒内进行挤压。另一种方法是触变成型（thixoforming），即将半固态浆料迅速冷却到室温，制备半固态坯料，再通过快速加热方式使坯料局部重熔，然后进行挤压。

半固态挤压时最主要的参数是金属中的固相成分的重量百分比，一般为 70%～80%较合适。当固相成分的比例在 90%～100%之间时，挤压力变化非常大。当固相成分小于 60%时，坯料在自重作用下容易产生变形，给输送和充填操作带来困难；另外，固相组分低还容易在挤压过程中产生液相与固相分离现象。而当固相成分为 70%～80%时，坯料在外观上与普通加热坯料几乎没有区别，可采用与常规挤压基本相同的工艺实现稳定成型。

1.3.7.3 等温挤压

等温挤压是近几年发展起来的一种新的成型技术，通过安装在模孔附近的非接触测温装置测定制品出模孔的温度，制品温度的变化转换成不同电讯号输入到电子控制系统中，并按事先拟定的温度-速度关系，自动调节挤压速度使温度保持恒定（略低于产生裂纹的温度）。

等温挤压具有以下优点：

（1）极大地减小了变形抗力和变形功。

（2）挤压时零件内外温度分布均匀、变形均匀，所以生产的零件组织性能均匀。

（3）毛坯在变形过程中不会冷却，因此变形抗力和变形功以及变形热均减小，使变形均匀性增加，改善了金属在模腔中的流动性。

要确保产品挤出模孔时的温度恒定，即确保产品温度沿长度方向均匀，事实上非常困难。其中，实现铝及铝合金等温挤压的主要方法大致可以分为四类：坯料梯温挤压法、工模具控温挤压法、工艺参数优化控制等温挤压法及速度控制等温挤压法。

1.3.7.4 无压余挤压-锭接锭挤压

无压余挤压时，挤压垫片被固定在挤压杆上，或与挤压杆加工成一体。在挤压过程中，当挤压筒内前一个坯料还有较长的余料（一般为1/3坯料长度左右）时，装入下一个坯料继续进行挤压，具有半连续挤压的性质。

无压余挤压最早用于两类产品成型：一类是需要连续长度的包覆电缆，包覆层主要为纯铅、纯铝等软金属；另一类是焊合性能良好的金属或合金的长尺寸制品，如纯铝、3000系、6063、6061合金小尺寸盘管（采用分流模挤压）和小断面型材等。

无压余挤压法主要针对消除压余、提高挤压成品率、缩短非挤压的间隙时间，一般采用润滑挤压和具有凹形曲面的挤压垫，其挤压过程如图1-7所示。润滑的目的是改善金属流动均匀性，防止挤压过程产生死区；采用凹形曲面挤压垫是为了补偿挤压时中心部位金属流速快，防止产生缩尾，使得前后两个坯料的端面所形成的界面在进入模孔时近似成为平面，使得焊合面的延伸长度减小，从而减少制品的切头尾量。润滑无压余挤压的成品率可提高10%~15%。采用润滑挤压时不能采用分流模。

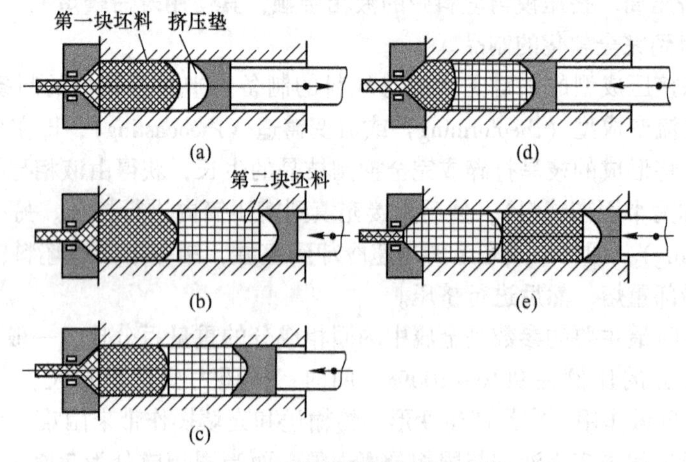

图1-7 有润滑锭接锭挤压过程

1.3.7.5 多坯料挤压

根据需要，在一个挤压筒体上开设多个挤压筒孔，在各个筒孔内装入尺寸和材质相同或不同的坯料，然后同时进行挤压，使其流入带有凹腔的挤压模内焊合成一体后再由模孔挤出，如图1-8所示。

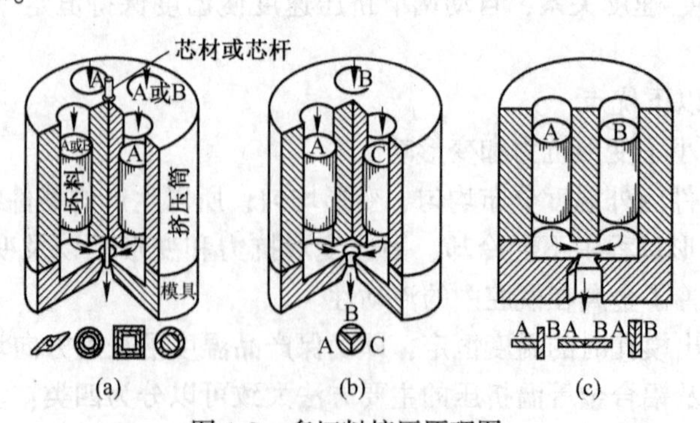

图1-8 多坯料挤压原理图

对于高强度合金空心型材，采用分流模挤压往往不能成型。而采用多坯料挤压法，不存在常规分流模挤压时的坯料分流过程，挤压模的强度条件较分流模大为改善。多坯料挤压法的主要缺点是坯料的表面容易进入焊合面。因此，必须对坯料表面进行预处理以及防止加热过程中的过氧化问题。

如果在各个挤压筒内装入不同材料的坯料，并相应地改变挤压模的结构，则可以实现多种层状复合材料的成型，如双金属管、包覆材料、特种层状复合材料等。

1.3.7.6 弧形型材挤压

在机械制造、汽车等领域，常常需要对各种断面形状的棒材、管材与型材（以下将三者统称为型材）进行弯曲加工（包括冷弯和温弯），以实现具有各种角度、平面弧形或三维弧形的零部件的成型。在采用平直的型材进行弯曲加工来制造各种非平直的零部件时，由于缺陷和不可避免的技术废料等原因，导致成材率低和成本较高等问题。弯曲加工常见的缺陷有横断面变形、局部壁厚减薄、回弹，对于空心型材易出现因为局部失稳而导致的报废。在解决上述问题时，有效的方法之一是在型材挤压成型过程中，采取特殊措施直接获得所需的弧形形状。

挤压直接制成弧形型材（或称弯曲型材）的方法有多种，其中具有代表性的方法有两种：不等长定径带挤压法和附加弯曲挤压法。这两种方法已在美国、德国等国家获得实际工业应用，生产各种高附加值弧形部件，例如奥迪、奔驰等高档轿车的保险杠等。

A 不等长定径带挤压法

不等长定径带挤压法是利用定径带长度对金属流动速度的控制作用，通过设计不等长定径带，促进被挤压金属在模孔出口处的一侧流动快，而相反的一侧流动慢，型材在出模孔的过程中连续弯曲，从而获得具有一定半径的弧形型材，如图 1-9 所示。由于定径带长度不同引起金属在弧形内外侧流动不均匀，因此弧形外侧金属受到附加压应力作用，而弧形内侧金属受到附加拉应力作用。

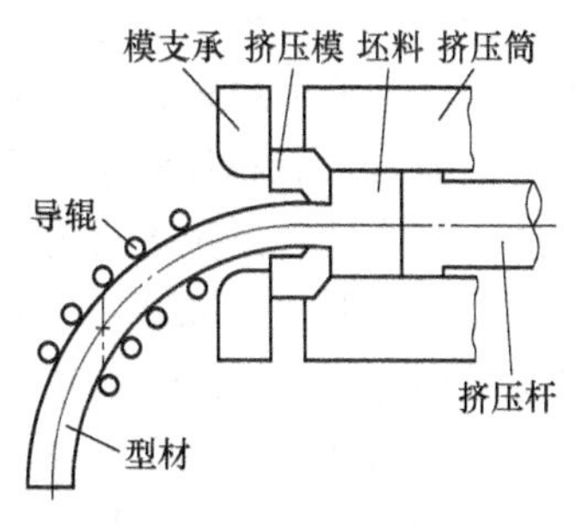

图 1-9 不等长定径带挤压弧形型材示意图

不等长定径带挤压法的优点是工艺和设备简单，适合于各种实心和空心断面弧形型材的挤压直接成型，其缺点是只能实现固定弧形半径的型材的挤压成型，且一种模具只能实现一种弧形型材的挤压成型，同一断面、不同弧形型材需要采用不同模具进行挤压成型。不等长定径带挤压法已在美铝印第安纳州的奥本工厂实现工业化生产，主要生产汽车保险杠等的弧形型材。

B 附加弯曲挤压法

一般是在挤压机前机架出口处设置专用的弯曲变形装置，对挤出型材施加强制弯曲变形生产弧形型材，这种方法称为附加弯曲挤压法。对挤出型材施加强制弯曲变形的方法有多种，装置的结构形式也多种多样，但其基本原理均可以用图 1-10 来表示。

图 1-10 所示的附加弯曲挤压法中，弯曲变形装置既对型材的移动方向起导向作用，同时也对挤出模孔后的型材施加弯曲变形，以得到所需的弧形型材。而在图 1-9 中，型材的弧形主要通过定径带长度控制金属流出模孔时的流速来获得，导辊是用来改善型

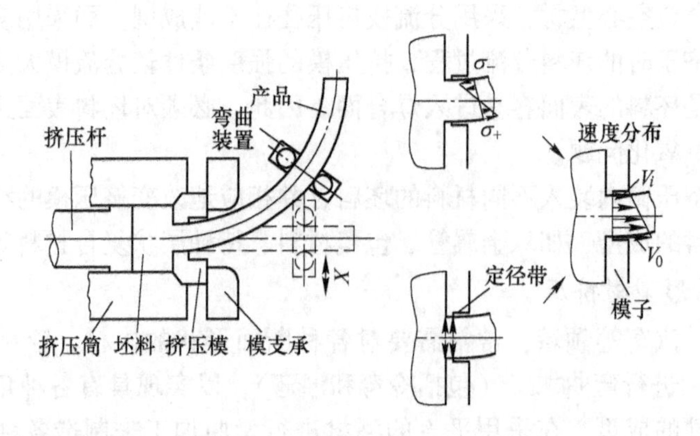

图 1-10 弧形型材附加弯曲挤压成型示意图

材的弧形半径和平面精度的，只起辅助性的导向作用。附加弯曲挤压法的主要优点是生产柔性显著增加，采用一套挤压模，既可以生产具有不同半径的弧形型材，还可以生产各种变半径的弧形型材以及三维弧形型材。但是，附加弯曲挤压法的设备结构复杂，控制难度大。

1.3.7.7 空心材包芯挤压

由于钢铁材料的挤压温度高（可达1000~1250℃），变形流动应力大，因而采用挤压法直接生产小孔径无缝钢管的技术难度很大，主要原因是：

（1）由于高温高压作用下的模具强度上的限制，无法采用铝及铝合金空心型材挤压生产中广泛采用的分流模挤压法来生产特钢空心型材和管材。

（2）穿孔针挤压法生产小孔径管材受到限制。由于穿孔针强度限制，采用瓶式针挤压法，即使是最容易挤压成型的软铝合金（挤压温度低于450~500℃），可挤压的最小管材内径也被限制在ϕ20~25mm以上；而对于铜合金、钛合金等较高挤压温度的合金，可挤压最小管材内径被限制在ϕ30~40mm以上。

为了满足某些特殊用途的需要，可以采用包芯挤压法生产内孔尺寸ϕ20mm以下的无缝钢管或简单断面空心型材。包芯挤压法的原理如图1-11所示。

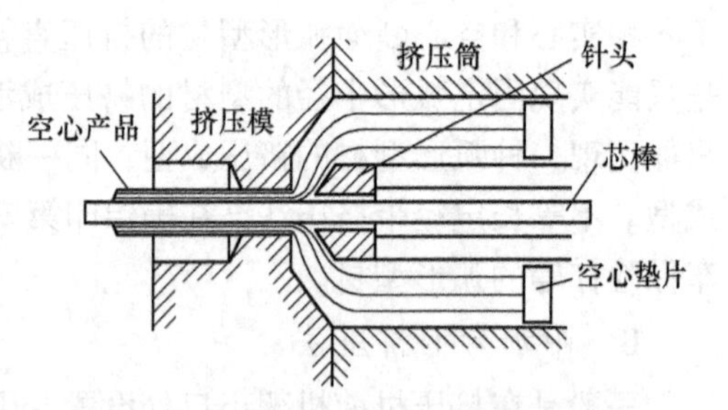

图 1-11 空心材料包芯挤压成型示意图

包芯挤压是结合固定针挤压和随动针挤压两种方法的特点而发展起来的一种方法，芯棒（芯材）从挤压机后部，通过空心针支承和空心针流入模孔，在被挤压金属施加在芯棒表面的摩擦力带动下，与挤压产品同步流出模孔。挤压结束后，将芯棒从产品中拔出（抽芯），获得空心管材或型材。在整个挤压过程中，芯棒不产生塑性变形，因而可在生产中循环使用。为便于芯棒与挤压产品同步流出模孔，空心针支承和空心针的内径直径应大于芯棒直径，芯棒与模孔的对中由位于空心针头部的针头内孔保证。通过选用不同直径的芯棒及与之匹配的空心针针头，便可挤压生产不同内孔的管材。如山东三山集团公司采用包芯挤压工艺，生产出内孔直径最小为ϕ5~6mm的钎钢管材。

1.4 可挤压金属材料的种类

由于挤压加工具有能耗大、模具消耗大，对设备能力要求高等特点，所以采用挤压进行加工最多的材料是低熔点有色合金，如铝及铝合金，较高熔点的有色合金如铜及铜合金，钛及钛合金次之，钢铁材料则相对较少。其中就挤压产量和品种数量而言，铝及铝挤压产品占绝大多数。从挤压温度来看，以挤压温度在被加工材料的再结晶温度以上的热挤压占大多数。

以下介绍几类主要的挤压材料的特性。

1.4.1 铝及铝合金

铝合金具有比强度高、耐腐蚀、加工性好、易于回收等特点，是有色金属材料中用量最多、应用范围最广的材料。铝合金挤压产品种类很多，目前全世界共有 5 万个以上。据统计，2015 年中国约有铝材挤压机 3800 台，生产能力约 1650 万吨/年。在 2016 年，国内约有铝材挤压机 6000 台，其中引进的超过 4300 台；挤压力不小于 45MN 的 121 台；挤压铝材生产能力已达到 1800 多万吨/年，实际年产量 1400 万吨左右；挤压材生产企业有 800 多家，其中年产能不小于 30 万吨的有 7 家。同期日本的铝挤压材实际年产量约为 150 万吨左右，美国的实际年产量则达 350 万吨，欧洲国家的实际年产量约为 200 万吨，中国的实际年产量占全球的 50%以上。

国内过去按照变形铝合金的性能与使用要求分为工业纯铝（L 系）、防锈铝（LF 系）、锻铝（LD 系）、硬铝（LY 系）、超硬铝（LC 系）、特殊铝（LT 系）、硬钎焊铝（LQ 系）。国际上通常将变形铝合金按主要合金元素的种类分为 8 大类，分别为 1000 系、2000 系、3000 系、4000 系、5000 系、6000 系、7000 系和 8000 系。近年，国内参考国际命名法，重新建立了一套由数字与字母组成的 4 位牌号体系。

1.4.2 铜及铜合金

纯铜又称紫铜，具有优良的导电性、导热性、延展性和耐蚀性，主要用于制作发电机、母线、电缆、开关装置、变压器等电工器材和热交换器管道、太阳能加热装置的平板集热器等导热器材。铜合金是以纯铜为基体加入一种或几种其他元素所构成的合金。由于铜及铜合金强度较低，价格贵，因此很少将其用作结构材料。除冷挤压的情形外，铜及铜合金挤压材料（管棒线材）很少直接使用，一般需要经过拉拔、轧制、锻造等二次加工后使用。

1.4.3 镁及镁合金

镁及镁合金是实用中密度最小（最轻）的金属结构材料，具有比强度和比刚度高、阻尼减震性能和电磁屏蔽性能好、可回收等特点，被视为是继钢铁、铝、铜、钛之后具有重要发展前景的金属材料。

镁合金分为铸造镁合金和变形镁合金两大类。变形镁合金是指可以采用锻造、轧制、挤压、冲压等方法进行塑性加工的镁合金。由于大部分变形镁合金为密排六方结构，其室温塑性指标较低，塑形加工性能较差，因而镁合金的塑性加工宜采用温加工或热加工。

1.4.4 钛及钛合金

钛合金的主要特点是熔点高（1668℃±5℃）、密度小（4.50g/cm^3）、强度高，同时具有良好的耐热和耐腐蚀性能，因此被广泛应用于航空、航天、石油化工、船舶、能源、海洋工程、医疗器械等领域。

在航空航天工业中，钛合金的应用占到钛材总产量的70%左右。在化学和石油工业中，其可在130余种腐蚀性介质中工作。在海洋工程中，钛及钛合金可以用来制造螺旋桨推进器、海水船只和潜水艇的外壳等。在医疗器械行业中，钛及钛合金具有良好的抗蚀性、生物学惰性、硬度和塑性综合性能。

1.4.5 钢铁材料

钢铁挤压产品包括挤压材料和挤压零件。挤压材料有工业纯铁（碳的质量分数在0.02%以下）、碳素钢（碳的质量分数为0.02%~2.1%）、合金钢；挤压材料种类有棒材、管材（如各种不锈钢管、热交换器管、轴承座圈用管坯）和较为简单的型材（零部件制造用型材、建筑用型材）等。

挤压零件一般采用冷挤压或温挤压成型，也有一部分采用热挤压成型，如高强度合金、粉末冶金零件等。挤压零件包括各种饼类、管类、轴类零件，各种齿轮齿柱等。

1.4.6 复合材料

采用挤压的方法可将异种金属复合在一起，以获得新的性能或功能的复合材料（称为包覆材料或层状复合材料）。常用的挤压层状复合材料有低温超导线材（通常为铜基体中复合有数百根至数千根具有超导性能的纤维），复合电车导线、铝包钢、铜包铝、钛包铜等导电材料，以及一些特殊用途的耐磨耐蚀材料。如主要采用连续挤压法成型的铝包钢导线，已成为重要的长距离高压输电用电线，其使用量越来越大。

1.4.7 其他材料

随着高新技术的不断发展，对新材料的需要量越来越大。例如，燃气轮机涡轮盘、超高温热交换器用Ni基耐热合金，磁头、磁铁用磁性材料等，越来越多的新材料获得广泛的应用。这些新材料中，许多是通过挤压进行加工成型的。此外，某些用于原子反应堆结构件的锆、铍、铌、铪等特殊合金也采用挤压法进行成型。

1.5 挤压技术的发展史及发展展望

1.5.1 挤压技术的发展史

挤压技术是金属塑性成型技术（轧制、挤压、拉拔、锻造、冲压等）中出现比较晚的一门技术，距今只有200多年历史。挤压方法最早应用于变形抗力较低的有色金属材料生产，而变形抗力较高的钢铁材料挤压则是在20世纪40年代后才出现的。

1797 年，英国人布拉曼（S. Braman）设计了世界上第一台“制造铅和其他软金属所有尺寸和任意长度管子”的机器——机械式挤压机，并取得了专利。他是将熔融铅注入容室，利用手动柱塞，强迫其通过环形缝隙，在出口处凝固并形成管材。

1820 年，英国人托马斯（B. Thomas）设计制造了液压式铅管挤压机。这台挤压机具有现代管材挤压机的基本组成部分：挤压筒、可更换挤压模、装有垫片的挤压杆、通过螺纹连接在挤压杆上的随动挤压针。从此，管材的挤压得到了较快的发展。

1837 年，汉森（J. Hanson）设计了可更换模桥和舌芯的桥式组合模用于挤压管材。

1863 年，英国人肖（Shaw）设计的铅管挤压机是一个重大的进展，用预先铸造好的空心坯料，代替熔融铅送入挤压筒，从而大大节约了等待金属凝固的时间，与现代铝合金管材的挤压方法基本上完全一样。著名的 Tresca 屈服准则就是法国人 Tresca 在 1864 年通过铅管的挤压实验建立起来的。

1867 年，法国人哈蒙（Hamon）对铅管挤压机进行了改进，采用固定穿孔针挤压管材，并研制了用煤气加热的双层挤压筒。

1870 年，英国人海利斯（Haines）和威姆斯（Weems）兄弟发明了铅管反向挤压法，即在立式挤压机上，将挤压筒的一端封闭，并在这一端上用螺纹拧上穿孔针，待注入挤压筒内的铅凝固后，将挤压模固定在空心挤压杆上实现挤压。

1879 年，法国的 Borel、德国的 Wesslau 先后开发了铅包覆电缆生产工艺，开创了挤压法制备复合材料的工艺。

1893 年，英国人 J. Robertson 发明了静液挤压法，但由于当时没有发现这种方法有何工业应用价值，直到 1955 年才开始得到实际应用。

1894 年，英国人迪克（A. Dick）设计了第一台可用于挤压熔点和硬度较高的黄铜的卧式挤压机，其操作原理与现代的挤压机基本相同。

1903 年和 1906 年，美国人 G. W. Lee 申请并公布了铝、黄铜的冷挤压专利。

1904 年，美国阿尔考（Alcoa）公司安装了世界上第一台 4000kN 的铝材立式反向挤压机，又于 1907 年安装了一台铝材立式正向挤压机。但这两台挤压机仍使用的是液态金属，直到 1918 年该公司才安装了第一台采用铸造坯料进行挤压的卧式挤压机。

1923 年，Duraaluminum 最先报道了采用复合材料成型包覆材料的方法。

1927 年出现了可移动挤压筒，并采用了电感应加热技术。

1930 年，欧洲出现了钢的热挤压，但直到 1942 年，杰克·塞茹内尔（J. Sejourenl）发明了玻璃润滑剂后才被用于工业生产。

1941 年，美国人 H. H. Stout 报道了铜粉末直接挤压的实验结果。

1944 年，德马克（Demag）液压公司和施劳曼-西马克（Schloemam-Siemam）公司制造出了当时世界上最大的 125MN 卧式挤压机，并改进了辅助设备，提高了机械化水平。

1965 年，德国人 R. Schnerder 发表了等温挤压实验研究结果；英国的 J. M. Sabroff 等人申请并公布了半连续静液挤压专利。

1971 年，英国原子能局（UKAEA）斯普林菲尔德研究所格林（D. Green）申请了 CONFORM 连续挤压专利。1975 年，英国巴伯考克（Babcock）线材设备公司制造了第一台轮靴式连续挤压机，用于生产铝导线。

1984 年，英国霍尔顿（Holten）公司与美国南方线材公司机器制造部在 CONFORM 连续挤压技术基础上，建立了第一台卡斯特克斯（CASTEX）连续铸挤试验机，并于1985年制造了用于工业生产软铝材的设备。

20世纪70年代Flemings提出的半固态金属加工（semisolid metal forming or processing，SSM）技术引起了人们的极大兴趣，20世纪80年代特别是90年代，在西方工业发达国家得到大力研究，取得了重要进展，被称为跨世纪重大技术，是21世纪金属材料成型研究领域的新技术之一。目前，铝合金等低熔点金属材料的半固态挤压技术研究已进入工业生产阶段。

经过200多年的发展，挤压技术现状大致可归纳为以下几方面：

(1) 挤压设备的台数和能力不断在增加，挤压生产线的自动化程度不断提高。截至2016年底，全世界的铝材挤压机的数量约7000多台，其中中国有4000台左右。目前，最大吨位的立式挤压机为中国河北宏润重工有限公司的50000t垂直式钢管热挤压机，可挤压直径达1320mm、壁厚200mm、最大长度为12m的大规格无缝钢管；最大吨位的卧式挤压机是2015年太重集团自主设计制造，具有完全自主知识产权的225MN单动短行程卧式挤压机，主要适用于大型铝合金型材、棒材及大型带筋壁板等的挤压加工，挤压产品最大外接圆直径达1100mm，达到当今世界先进技术水平。

(2) 单独传动的自给油压机发展迅速。在挤压机的液压传动方面，现在各国的生产设备基本上都是单独传动的自给油压机。

(3) 新的挤压技术不断出现。如在铝合金挤压方面，出现了坯料采用梯温加热挤压、控制速度挤压，以便使制品流出模孔时的温度保持恒定的等温挤压技术；利用其自身的余热在出料台上直接进行在线淬火，以提高硬铝合金的生产效率和成材率；发明了在一个筒体上开设多个挤压筒孔，在各个筒孔内装入尺寸和材质相同或不同的坯料，然后同时进行挤压，使其流入带有凹腔的挤压模内焊合成一体后再由模孔挤出的多坯料挤压方法，以解决高强度铝合金、铜及铜合金等异型空心型材由于变形抗力高或挤压温度高，无法采用常规分流模挤压法成型的问题等。

(4) 产品品种、规格不断扩大。挤压法生产的铝合金产品目前已达到50000多种。

挤压法过去主要用来生产铜和铝合金材，但随着挤压技术的不断进步，一些高熔点和变形抗力大的金属，如镍合金、钛合金、钨、钼、钢铁等材料的挤压也可以实现工业化生产等。

1.5.2　挤压技术的发展展望

与锻造、轧制等其他传统的塑性加工方法一样，从基础理论研究、工艺技术开发，到产品的高性能化与高质量化、生产的高效率化和低成本化，金属挤压理论与技术仍处在不断发展之中。金属挤压领域未来的主要发展方向，可以概括为以下三个方面：

(1) 挤压产品组织性能与形状尺寸的精确控制。挤压加工的两个重要特点，一是沿产品断面和长度方向变形分布的不均匀，二是由于变形热、坯料和工模具之间温差等原因导致的挤压过程中温度变化，直接影响产品组织性能的均匀性。因此，产品组织性能的均匀性和一致性控制是各种高性能铝合金、铜合金和钢铁材料挤压生产的关键技术之一。

(2) 高性能、难加工材料挤压工艺技术开发。近年来，挤压向高技术含量，产品向高性能化和高附加值化发展的两个主要特点是型材断面的大型复杂化与小型精密化，其中大型复杂化是结构高性能化、轻量化的重要措施，小型精密化则是仪器仪表多功能、高性能的重要需求。在今后较长时期内，大型复杂化与小型精密化仍然是挤压加工技术的重要发展方向。而所有高性能、难加工材料的高效、低成本挤压生产，除需要开发完善相应的工艺技术外，与相关模具技术的进步也是密不可分的。

（3）挤压生产的高效率化和低成本化。追求高挤压生产效率的不只是单台挤压设备的效率问题，也是整个挤压生产线的综合效率问题，其影响因素较多，既有直接的也有间接的。

思 考 题

1-1 简述挤压的概念及挤压这种方法适用于生产的产品的类型。

1-2 与其他压力加工方法相比，挤压具有哪些优点和缺点？

1-3 根据不同的特征，挤压方法主要包括哪些类型？

1-4 简述正向挤压与反向挤压的概念及各自的优、缺点。

1-5 有效摩擦挤压具有哪些优、缺点？

1-6 未来金属挤压的主要发展方向有哪些？

2 挤压时金属的流动

2.1 研究金属流动的意义与方法

2.1.1 研究金属流动的意义

挤压时金属的流动规律即在挤压时挤压筒内各部分金属体积的相互转移规律。由于挤压时金属的流动规律对制品的组织、性能、表面质量以及工具设计均具有重要影响。因此，研究金属在挤压时的流动规律对改善挤压过程、提高挤压制品的性能和质量具有重要意义。

2.1.2 研究金属流动的方法

当采用不同的挤压方法，以不同的工艺参数来挤制特性各不相同的金属锭坯时，金属流动状态也会有所不同，甚至可能会存在很大差异。

研究金属流动规律的方法有多种，主要包括实验法、有限元模拟法和理论解析法等多种方法。

2.1.2.1 实验法

实验法是采用物理模型进行试验模拟的方法，包括坐标网格法、低高倍组织法、视塑性法、光塑性法、云纹法等。下面主要介绍一下坐标网格法和低高倍组织法。

（1）坐标网格法。图2-1所示的坐标网格法，是最常用的实验方法。它可较细致地反映出金属在各部位和各阶段的流动情况。此法的实验操作程序是：

1）将圆柱形锭坯沿子午面纵向剖分成两半。取其一半，在剖面上均匀刻画出正方网格。网格大小取决于金属品种、试件尺寸和测试手段。条件允许时可采用0.25mm线距，一般可采用1~3mm（见图2-1）。

2）在刻痕沟槽中充填以耐热物质，如石墨、高岭土、氧化锌或粉笔灰等，或嵌入金属丝。然后将水玻璃涂在剖面上以防止挤压时粘结，最后用螺栓固定试件（见图2-1（b）和（c））。

3）按要求进行不完全挤压。

4）取出试件，打开，观测网格的变化（见图2-1（d））。

（2）低高倍组织法。低高倍组织法如图2-2所示，这是在生产条件下常用的方法。在挤压后取用压余和挤制品尾部，将它们的纵断面与横断面抛光、腐蚀，最后，根据低倍组织变化和流线来研究金属流动情况，或根据高倍组织进一步观测金属组织的分布。此法的优点是试样制备迅速简单，可以清晰地显示出变形区内的剧烈滑移区、模子边部的死区，也可计算不同部位的主变形力和相对变形量的大小。

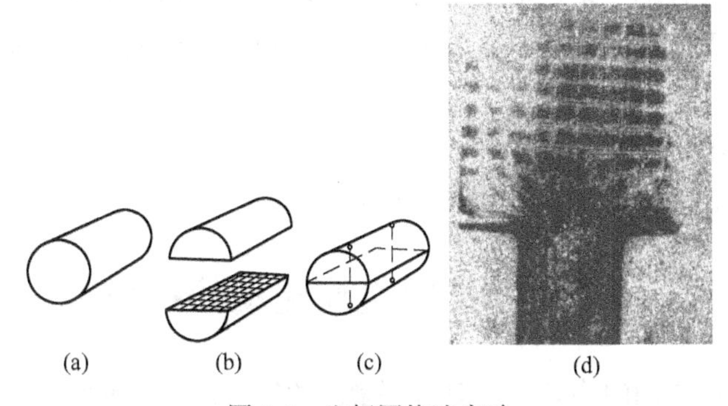

图 2-1 坐标网格法实验

(a) 实心锭坯;(b) 纵向剖分为两个试件,其一剖面上刻出网格;
(c) 固定试件;(d) 挤压后的网格变化

2.1.2.2 有限元模拟法

随着计算机技术和数值计算理论的快速发展,以有限元(finite element method,FEM)为主的模拟技术已成为研究塑性成型问题的主要方法。该技术起源于 20 世纪 60 年代,在工程问题的数学建模、分析、设计、仿真等各方面都发挥着非常重要的作用。

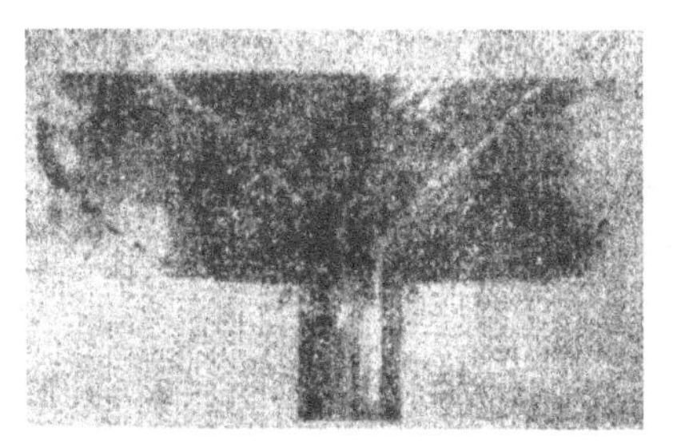

图 2-2 低高倍组织法试样

有限单元法用一个由有限个具有一定形状规则的、仅在节点相互连接、仅在节点处承受外载和约束的单元的组合体,来代替原来具有任意形状的、承受各种可能外载和约束的连续体或结构;然后对于每个单元、根据分块近似的思想,选择一个简单的函数来近似地表示其位移分量的分布规律,并按弹塑性理论建立单元节点力和节点位移之间的关系;最后,把所有单元的这种特性关系集合起来,就得到一组以节点位移为未知量的代数方程组,解之可以求出原有物体有限个点处位移的近似值,并可进一步求得其他物理参数(应力、应变等)的一种数值求解工程问题的方法。

用来进行金属流动规律研究的有限元数值模拟软件有多种,如 DEFORM、FORGE、SIMUFACT 等。其中 DEFORM 系统是由美国 Scientific Forming Technology Corporation (SFTC) 开发,是专门用来模拟锻造、挤压、拉拔等多种成型加工过程中的材料流动、填充模拟过程等,其具体应用包括成型分析和热处理分析。采用 DEFORM 进行成型分析时,该软件具有丰富的材料数据库,包括各种钢、铝合金、钛合金和高温合金,能够提供材料流动、模具充填、成型载荷、模具应力、纤维流向等信息,非常适合做金属流动规律的研究。

FORGE 软件由法国 CEMEF(材料成型研究中心)研究开发,可用于模拟包括锻造、轧制、挤压、拉拔、冲压等各种金属塑性成型过程中的金属流动以及应变、应力及温度等。FORGE 软件可进行二维模拟,也可进行三维模拟,如长零件成型,研究横断面的变形过程——平面变形,或者应用于轴对称零件成型,研究径向切面变形过程——轴对称变形。

SIMUFACT 软件是由德国 Simufact 公司开发的金属材料加工仿真分析软件,能够进行绝大多数金属材料塑性加工包括模锻、挤压、拉拔和轧制等的工艺仿真分析，包括成型和卸载后材料的回弹及残余应力分析，成型过程中材料的流动、材料的断裂，模具受力分析等。

2.1.2.3 理论解析法

理论解析法有初等解析法、滑移线法和上限元法。

2.2 挤压时金属流动的特点

挤压时金属变形流动的均匀性，对挤压制品的组织性能、形状、尺寸及表面质量都有重要影响，而不同的挤压方法及挤压条件对金属变形流动的均匀性影响不同。

2.2.1 正挤压时的金属流动特点

生产实践中广泛使用正挤压法，根据正挤压时金属的变形流动特征和挤压力的变化规律，可将挤压变形过程划分为三个阶段：填充挤压阶段、基本挤压阶段和终了挤压阶段。这三个阶段分别对应于挤压力-行程曲线上的Ⅰ、Ⅱ、Ⅲ区，如图2-3所示。

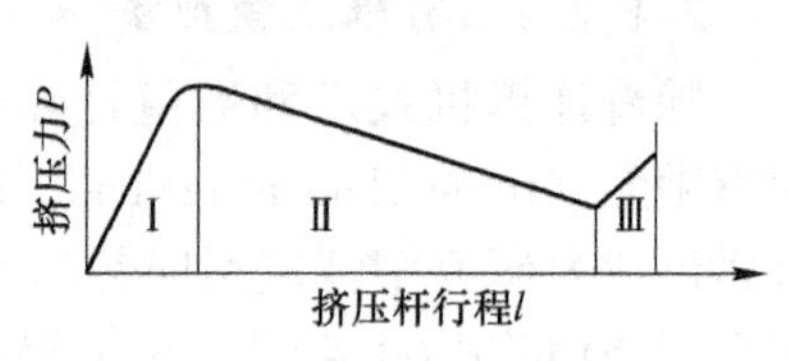

图2-3 正向挤压时挤压力-行程曲线

2.2.1.1 填充挤压阶段

A 金属变形流动特点

将杆、垫片、锭坯开始接触到锭坯充满挤压筒的阶段称为填充挤压阶段。

为了能把加热膨胀后的金属坯料顺利地装入挤压筒中，坯料的直径必须小于挤压筒的内径，一般使锭坯的外径小于挤压筒内径1~15mm（筒径越大，间隙越大）。根据金属流动的最小阻力定律，坯料金属在挤压杆压力的作用下，首先发生横向流动，填充到坯料与挤压筒之间的间隙中。同时，靠近模孔部位，也有少量金属流入模孔中。根据平模挤压实验可知，在开始挤压阶段后期，锭坯前端金属承受剪切变形而流出模孔；但在锥模挤压时，填充的同时前端金属进入了模孔。

填充挤压阶段，沿锭坯长度上的不均匀径向流动，对制品的力学性能与质量有一定影响。因此，一般在填充挤压阶段应注意两方面的问题。

a 尽量减小变形量

在填充挤压过程中金属横向变形量的大小，对挤压制品的力学性能和质量有一定的影响。通常用填充系数λ_c来表示填充变形时的变形量：

$$\lambda_c = \frac{F_0}{F_p} \tag{2-1}$$

式中 F_0——挤压筒内孔横断面积或挤压筒与穿孔针之间的环形面积，mm^2；

F_p——锭坯原始横断面积，mm^2。

坯料与挤压筒及穿孔针的间隙越大，填充系数λ_c越大，则填充过程中金属横向变形量越大，穿孔针偏离原中心位置的量越大。另外，在填充过程中流出模孔的料头也越长，而这部分料头由于未受到充分变形，基本上保留了原始的铸造组织，力学性能低劣，必须切除。在通常情况下，取 $\lambda_c = 1.05 \sim 1.15$，其中小直径挤压筒取上限，大直径挤压筒取下限。

如果填充系数过大，则会对挤压制品质量有以下影响：

（1）填充过程中流出模孔的料头越长，挤压管材时的穿孔料头也越长。

（2）易造成制品表面起皮、气泡缺陷。

挤压过程中制品的起皮现象如图 2-4 所示。

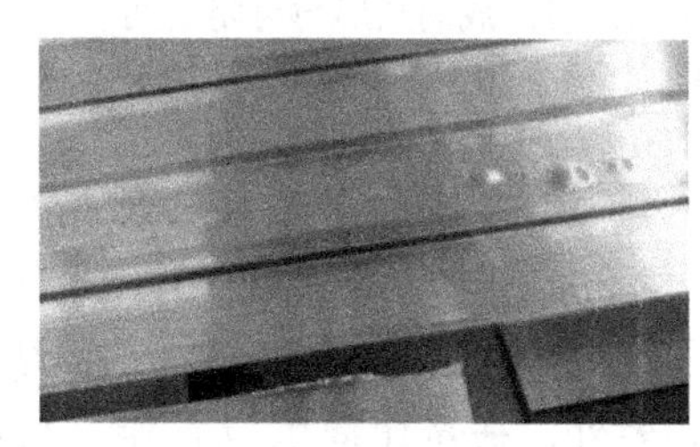
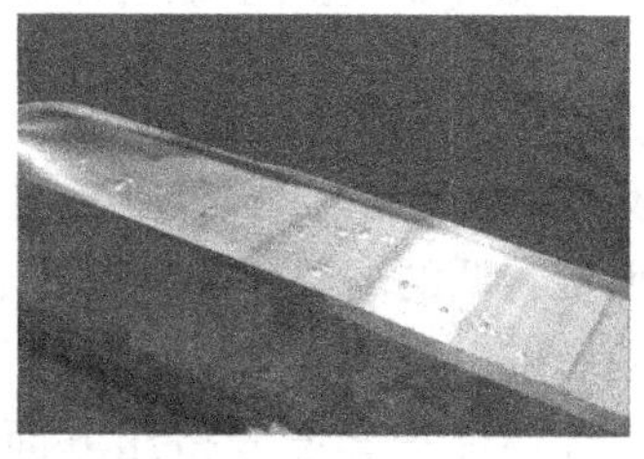

图 2-4 制品的起皮现象

（3）当在卧式挤压机上采用空心坯料不穿孔挤压管材时，由于金属的不均匀横向变形流动，易造成穿孔针偏移原中心位置而出现偏心缺陷。

（4）对于具有挤压效应的铝合金来说，填充系数大，金属的横向变形量增大，会使制品淬火时效后纵向上的抗拉强度降低，挤压效应损失增大。

但是，在挤压如图 2-5 所示的航空工业用 2A12 和 7A04 铝合金阶段变断面型材（或称大头型材）时，对于与飞机的钢梁进行连接的型材大头部分，则要求具有较高的横向力学性能，因此需要采用较大的填充变形量。一般情况下，其填充变形量要达到 25%～35%。

图 2-5 铝合金阶段变断面型材示意图

b 锭坯的长度与直径比小于 3～4，即 $L/D<3\sim4$

当锭坯的原始长度与直径之比值中等（3～4）时，填充过程中在挤压筒内会出现和锻造一样的单鼓形，如图 2-6（a）所示，坯料中部表面层金属首先与挤压筒壁接触，于是在挤压筒和模子端面交界处就会形成封闭的空间，其中的空气或未完全燃烧的润滑剂产物，在继续填充的过程中被剧烈压缩并显著发热。当作用在锭坯表面的拉应力超过其表面金属的强度时，在坯料表面就会出现微裂纹。这时，高压气体有可能就会进入到坯料侧表面微裂纹中。随着金属从模孔流出，如果裂纹被焊合，在制品表面出现气泡缺陷；如果未能焊合，则出现起皮缺陷。坯料与挤压筒的间隙越大，产生这些缺陷的可能性就越大，也越严重。

当坯料的长度与直径之比过大（大于 4～5）时，会产生双鼓变形，如图 2-6（b）所示，除了在挤压筒和模子端面交界处会形成环形的封闭空间外，在挤压筒的中部也会形成一环形封闭空间，这两个封闭空间中都存在气体。

为了防止上述缺陷，除了控制适当的填充系数外，坯料的长度与直径之比最好不大于

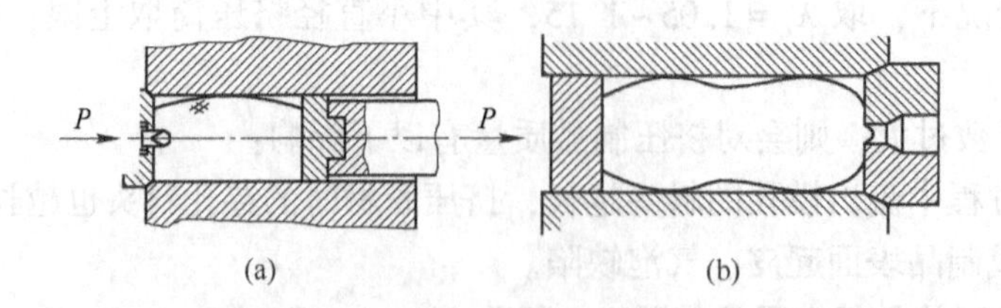

图2-6 坯料在卧式挤压机上挤压时形成的鼓形与封闭空间

（a）锭坯较短（单鼓形）；（b）长坯料（双鼓形）

3~4；此外，较为有效的措施是对坯料进行“梯温加热”，即沿坯料长度方向上形成温度梯度，并使变形抗力低的高温端靠向模子，使变形抗力高的低温端靠向挤压垫。填充过程中，金属从前向后依次产生横向变形，将气体从挤压垫处排除。梯温加热法已应用于铝合金等温挤压和电缆铝保护套连续挤压方面。另外，在挤压筒上设置排气孔也可以解决此问题。

B 填充挤压阶段的受力分析

在填充阶段，坯料的受力情况是变化的，如图2-7所示。在填充初期，坯料只受到来自挤压杆方向传递的正压力P、模子端面的反作用力N和挤压垫、模子端面的摩擦力T作用。除模孔附近外，其受力状态与圆柱体自由镦粗时的受力状态基本相同。随着填充过程进行，坯料的长度缩短，直径增大，其中间部分首先与挤压筒壁接触，这时的受力情况如图2-7（a）所示。在纵向上，在坯料长度的中部两侧，挤压筒壁作用在坯料表面的摩擦力方向是相反的。这是因为，根据金属流动的最小阻力定律，位于坯料中部两侧的金属，在纵向压缩过程中将分别向各自距离最近的空间流动。在坯料与挤压垫的接触面上，垫片的摩擦作用，限制了金属向两侧空间的自由流动。在坯料与模子端面的接触面上，靠近模孔附近的金属在向模孔流动中受到了模子端面的摩擦阻力作用；在靠近挤压筒与模子交界的角落一侧的金属，受到了与模孔方向一侧相反的摩擦阻力作用，不能自由地向模子端面与挤压筒壁交界处的空间流动。正是由于受挤压筒壁和挤压垫及模子端面摩擦的作用，在坯料与工具接触面上出现了阻碍金属流动的摩擦阻力，从而在挤压筒与模子端面、挤压筒与挤压垫交界的角落部位的坯料表面上出现了阻碍金属向前后两个空间流动的纵向附加拉应力。

随着填充过程中坯料直径不断增大，在坯料的表面层出现了周向附加拉应力。由挤压杆通过挤压垫作用在金属上的压力和模子端面反作用力产生的轴向应力沿径向和纵向的分布规律如图2-7（b）所示。在径向上，边部的压应力大，中心部位小。这是由于中心部位的金属正对着模孔的缘故。在纵向上，靠近挤压垫一侧的压应力大，而靠近模子一侧的小。这是因为，靠近模子一侧的金属向

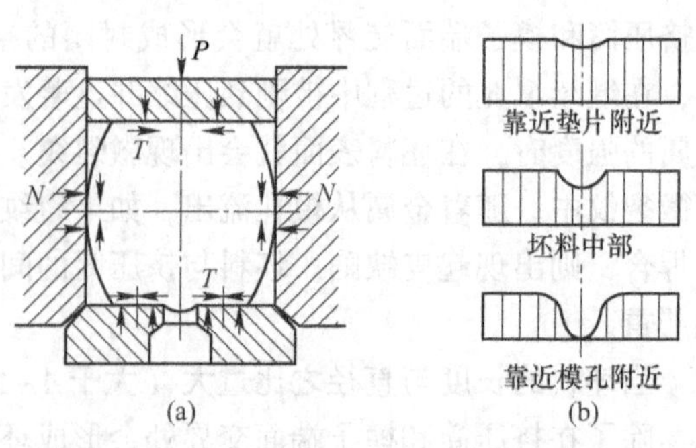

图2-7 填充挤压阶段坯料的受力状态

（a）表面受力状态；（b）轴向受力状态

模孔中流动的阻力较小，特别是位于中心部位最前端的金属，在无反压力的情况下，向模孔中流动将不受阻碍，其轴向应力为零，而后面金属向前流动都会受到前面金属的阻碍。

C 挤压力的变化规律

在填充挤压阶段，随着金属的横向变形流动，挤压力呈直线上升（图 2-3），其原因是随着填充过程中坯料直径增大，需要克服模子端面和挤压垫的表面摩擦阻力增大；当坯料中部与挤压筒壁、坯料内表面与穿孔针接触后，还要克服挤压筒壁和穿孔针的摩擦阻力，从而需要继续增大挤压力。当填充过程结束，金属刚开始从模孔中流出时，挤压力上升到最大值。

2.2.1.2 基本挤压阶段金属的变形流动

当变形金属将坯料与挤压筒之间的间隙及模孔填充满后，金属开始从模孔流出。这时，填充挤压阶段结束，进入基本挤压阶段。

基本挤压阶段的变形指数通常用挤压比 λ（也称为挤压系数）来表示：

$$\lambda = \frac{F_0}{\sum F_1} \tag{2-2}$$

式中 F_0——挤压筒断面积或挤压筒与穿孔针之间的环形面积，mm^2；

$\sum F_1$——挤压制品总的断面积，mm^2。

A 基本挤压阶段变形区内的应力与变形状态

在基本挤压阶段，作用在金属上的外力包括挤压力 P，筒、模的反力 N，筒、模、垫片与坯料间的摩擦力 T。在一定条件下，挤压垫与金属接触面上也会出现摩擦力；当采用牵引挤压时，还有牵引力；以及由于挤压速度变化所产生的惯性力。由于这些外力的作用，决定了挤压时的基本应力状态为三向压应力状态：轴向压应力 σ_1，径向压应力 σ_r，周向压应力 σ_θ。挤压时的变形状态为一向延伸变形和两向压缩变形，即轴向延伸变形 ε_1，径向压缩变形 ε_r，周向压缩变形 ε_θ。作用在金属上的力、应力及变形状态、主应力的分布规律如图 2-8 所示。

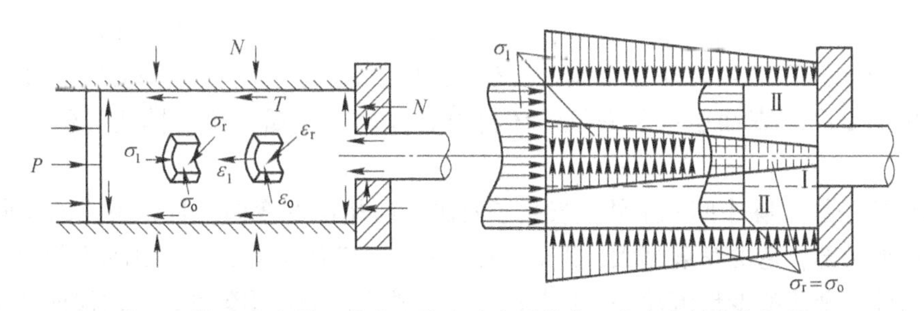

图 2-8 作用在金属上的力、应力及变形状态、主应力的分布规律

B 基本挤压阶段金属的变形流动特点

与其他的压力加工方法一样，挤压时的流动不均匀性总是绝对的，主要原因有以下几个方面：首先，由于外摩擦的存在，沿横断面上的摩擦作用力场强在径向上的分布以接触界面处最强，越远离界面越弱，对金属流动的阻力作用大小不一；其次，由于加热方式、变形过程中的生成热、以及热传导等因素的综合作用，锭坯横断面上的温度分布不可能绝对均匀，因此，沿径向上金属的变形抗力分布不同，变形抗力低的部分易于流动；此外，

模孔几何形状和模孔的布置，使实际的应力分布更为复杂，金属的流动性也存在差异。

当加热时间不足会使坯料加热不透，造成锭坯“内生外熟”时，会使外层金属流动速度大于中心部分的流动速度，可能出现与上述情况相反的状态，锭坯中心部分的金属承受附加拉应力。

在基本挤压阶段，金属的流动特点如图2-9所示。这是基于较理想的工艺条件下用锥模挤压时所绘制的坐标网格变化图，当用平模挤压时，坐标网格变化规律与此类似。这里的所谓理想工艺条件，是指锭坯金属的性质均一，温度分布均一且摩擦阻力小。

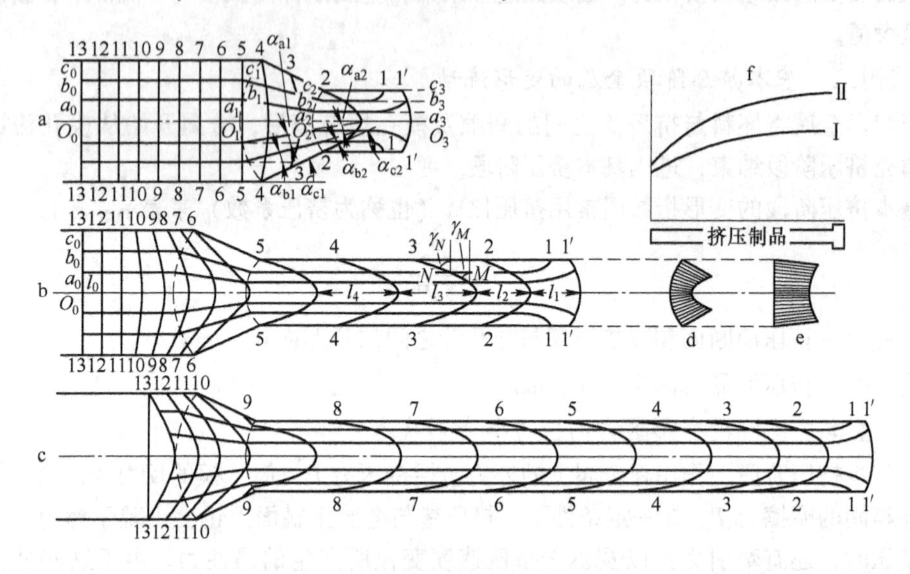

图2-9 挤压时坐标网格变化示意图

a—开始挤压阶段；b—基本挤压阶段；c—终了挤压阶段；d—压缩锥出口处主延伸变形图；
e—制品断面上主延伸变形图；f—主延伸变形沿制品轴向上的分布；Ⅰ—中心层；Ⅱ—外层

a 纵向网格的变化

（1）变形前后均保持平行直线，间距仍相等。这说明，在挤压过程中金属的变形流动是平稳的，不发生内外层金属的交错流动，原来位于坯料表面层的金属，流出模孔后仍位于制品的表面层；原来位于坯料中心部位的金属，流出模孔后仍位于制品的中心部位。

（2）每条线（除中间一条外）发生了两次方向相反的弯曲，且各条线的弯曲角度不同，越靠近边部，弯曲角度越大，即 $\alpha_c > \alpha_b > \alpha_a$，而挤压中心线上的纵向线不发生弯曲。这说明内外层金属的变形流动是不均匀的，且这种变形的不均匀性是由内层向外层逐渐增大的。分别连接各条纵向线的两个拐点，形成两个曲面，把这两个曲面与模孔锥面或死区界面间包围的体积称为挤压变形区或变形区压缩锥（见图2-9中虚线）。当金属进入压缩锥后，便在应力作用下承受径向与周向上的压缩变形，轴向上的延伸变形；当从压缩锥出来进入圆柱形工作带时不再发生塑性变形。在挤压过程中，随着内、外部工艺条件的变化，变形区压缩锥的形状与大小有可能也随之发生改变。

（3）在挤压制品的最前端，除了中间一条外，其他线分别向外弯曲。这说明，中心部位金属的流动速度比外层的快。

b 横向网格线变化

(1) 进入变形区后横向线向前发生弯曲，越靠近模孔，弯曲越大，出模孔后不再发生变化。这说明，在横向上金属的变形流动速度是不均匀的，中心部位金属的变形流动速度比外层的快；这种流动速度的差异是从变形区的入口向出口方向逐渐增大的，到达变形区出口处达到最大值；当出变形区后，就不再发生变形。

(2) 靠近挤压垫一侧有部分横向线未发生变化。这说明在进入变形区之前，不存在横向上的流动速度差，挤压筒内的金属是整体向前推进的。

(3) 出模孔后的横向线的弯曲程度由前向后逐渐增加，最后趋于稳定。这说明变形流动的不均匀性是由制品前端向尾端逐渐增大的。当挤压过程进行到一定程度时，这种流速差将基本稳定，不再发生变化。

(4) 横向线距离不等，由前端向后逐渐加大，即 $l_4>l_3>l_2>l_1$，可认为金属延伸变形量由前端向后逐渐增大。这种特点在挤出的料头部分特别明显，尤其是平模挤压时，被剪切出模孔的料头甚至保留了一段正方网格。当挤压过程进行到一定程度时，这种延伸变形趋于稳定。

C 基本挤压阶段挤压筒内金属的分区及各部分的作用

挤压过程中，挤压筒内的金属可以分为四个区，包括前端难变形区（死区）、后端难变形区、剧烈滑移区和变形区，如图 2-10 所示，在挤压筒内的具体位置如图 2-11所示。

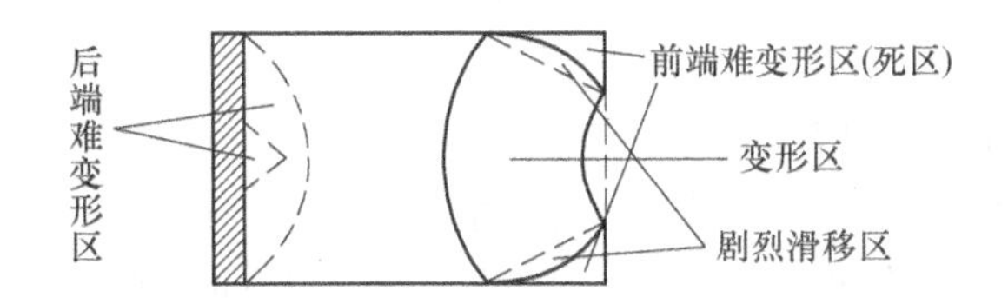

图 2-10 挤压筒内的金属分区示意图

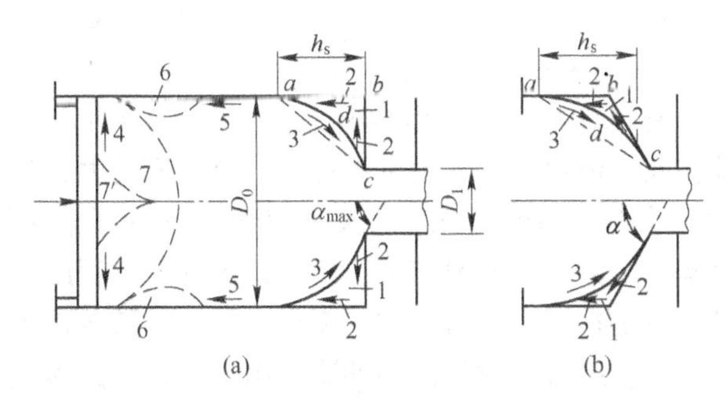

图 2-11 挤压筒内的金属难变形区

(a) 用平模挤压；(b) 用锥模挤压

a 前端难变形区——死区

前端难变形区（死区）是位于挤压筒与模子交界的环形死区部位，如图 2-11 所示的 *abcd* 区，其高度用 h_s表示。死区是挤压时由于筒、模的摩擦和冷却，使此部分金属不易变形形成的。死区在基本挤压阶段基本不参与流动，只产生弹性变形，故称为死区。死区的产生主要与下列因素有关：

（1）强烈的三向压应力状态，金属不容易达到屈服条件。在挤压过程中，位于挤压筒内的金属都处于三向压应力状态。但是，各部位的压应力状态的强烈程度不同，位于挤压筒与模子交界的角落部位的金属，比靠近模孔附近的金属处于更强烈的三向压应力状态。

（2）受工具冷却作用的影响，金属的变形抗力 σ_s 增大。热挤压时，通常情况下坯料的加热温度比挤压筒和模子的温度高。所以，当热的坯料与相对较冷的工具接触后会产生温降，使得靠近挤压筒壁和模子端面处的金属温度降低，变形抗力升高，更不容易发生塑性变形。

（3）摩擦阻力大。位于这个角落部位金属的流动，会受到挤压筒壁和模子端面的双重摩擦阻力作用，流动更困难。

从能量的观点分析，死区形成的原因是金属沿 *abc* 曲面流动所消耗的能量小于沿工具表面 *abc* 折面或 *ac* 平面滑动时所消耗的能量；从流动观点来看，金属沿 *adc* 曲面流动以逐渐改变方向较以 *abc* 面要容易得多。因此，使用平模或大模角锥模挤压时，都存在死区。

挤压过程中死区的大小和形状会发生变化。如图 2-12 所示，挤压过程中，死区界面上的金属随流动区金属会逐层流出模孔而形成制品表面，死区界面外移，高度减小，体积变小。

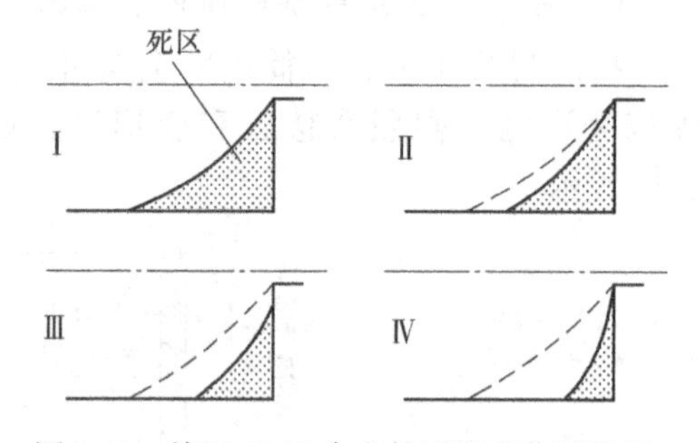

图 2-12 挤压 6A02 合金的死区变化示意图

影响死区大小的因素有以下几个：

（1）模角 α。随着模角的增大，死区增大。平模的死区大，锥模的死区小。在一定的挤压条件下（例如一定的挤压比和外摩擦条件），存在着一个不产生死区的最大模角 α_{cr}。B. Avitzur 用上限法分析的结果表明，这个无死区最大模角 α_{cr} 与挤压比 λ 和摩擦因子 m 有关，如图 2-13 所示。

（2）外摩擦条件。死区的形成与外摩擦有关。如图 2-13 所示，摩擦因子越大，无死区最大模角越小，即在同一模角和变形程度条件下，外摩擦越大，死区越大。

（3）挤压比。挤压比与压缩锥角 α_{max} 的关系如图 2-14 所示。可以看出，随着挤压比的增大，无死区最大模角增大。当润滑充分，挤压比大到一定程度后，甚至采用平模挤压也不会产生死区，其原因是在同一润滑条件和模角条件下，随着挤压比增大，死区边界附近的滑移变形更加剧烈，金属流动对死区的冲刷作用大，死区的体积减小。

（4）挤压温度。挤压温度越高，死区越大。热挤压的死区比冷挤压的大，这是因为大多数金属在热态时的表面摩擦较大，因此外摩擦的作用相对增大。而且通常情况下热挤压时金属的加热温度比工具的温度高，二者之间存在温差，如果提高挤压温度，二者之间温差增大，因此与工具接触部位的金属的温降也就越大，从而使变形抗力升高而更难以变形流动。

（5）挤压速度。金属在向模孔中流动过程中对死区有“冲刷”作用。挤压速度越快，流动金属对死区的冲刷越厉害，会使死区边界向死区内凹进，死区的体积减小。

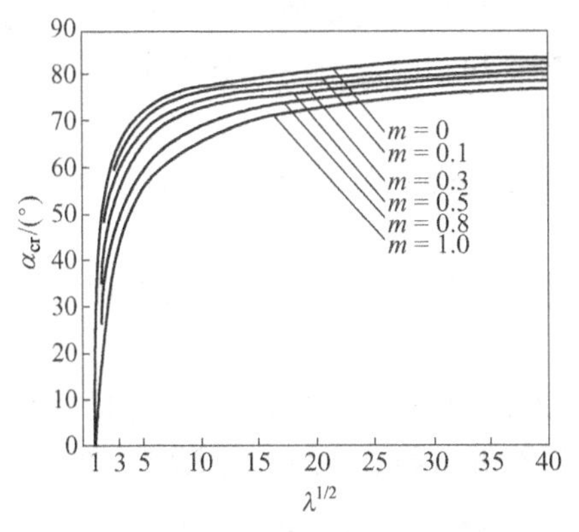

图 2-13　无死区最大模角与挤压比和摩擦因子的关系

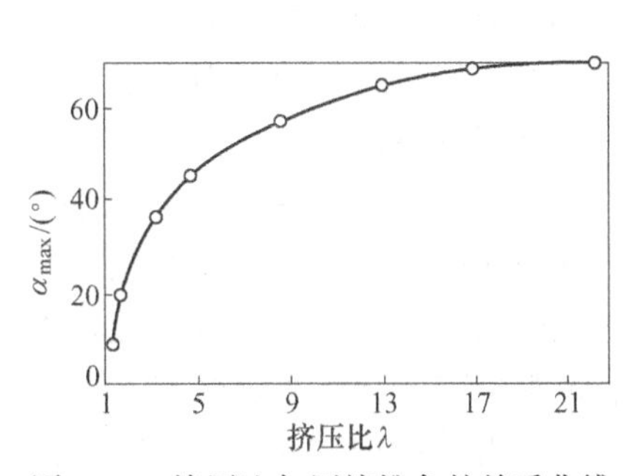

图 2-14　挤压比与压缩锥角的关系曲线

(6) 挤压方式。正向挤压死区大，反向挤压死区小。如图 2-15 所示，反向挤压时的死区位于模子端面处，是由于模子端面的摩擦和冷却作用形成的，体积很小且比较容易参与流动，使得坯料表面层金属容易流入制品的表面或表皮下，形成起皮、成层、气泡等缺陷。

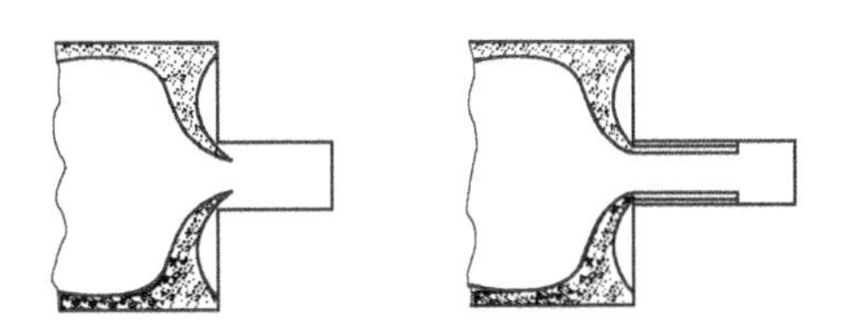

图 2-15　反向挤压时坯料表面金属流入制品示意图

采用润滑挤压工艺，可有效地减少外摩擦，使死区明显减小。

(7) 模孔位置。采用多孔模挤压时，模孔越靠近挤压筒内壁，则死区越小。

从挤压工艺角度来看，死区的存在使挤压力升高，死区越大，所需要的挤压力也越大。但是，死区的存在可阻碍坯料表面的杂质、氧化物、偏析瘤、灰尘及表面缺陷进入变形区压缩锥而流入制品表面，有利于提高制品表面质量。因此，对于表面质量要求较高的型材，采用平模挤压，希望产生大的死区。而在铝合金挤压生产中，对于无缝管材，常采用锥模挤压，减小死区，从而降低挤压力，抵消由于穿孔针的摩擦作用所带来的挤压力升高。

b　后端难变形区

后端难变形区位于垫片端面附近，如图 2-11 所示。在挤压过程中，位于挤压垫前端的一部分金属，由于受到挤压垫的冷却和摩擦作用，在挤压过程中通常也不容易发生变形流动，这个区域被称为后端难变形区（见图 2-10 和图 2-11）。

后端难变形区在挤压过程中也是变化的。在基本挤压阶段的初期，后端难变形区的体积较大，随着挤压过程的进行，后端难变形区受到周围流动金属的压缩和冲刷而逐渐变小。到了基本挤压阶段的末期，后端难变形区的体积逐渐变小为一楔形（图 2-10 和图 2-11 中 7′区域）。后端难变形区的存在阻止金属向中心的大量流动，有利于减少缩尾长度，提高成材率。

在挤压过程中，当挤压筒与坯料之间的摩擦力较大时，将促使后端难变形区的金属向中心流动。但是，由于该区域的金属受到了挤压垫冷却和摩擦作用而难以流动，从而引起附近的金属向中间压缩而形成细颈区（见图2-11中6区）。

在挤压管材时，由于中心部位有穿孔针存在，后端难变形区的体积更小，甚至消失。

c 剧烈滑移区

在挤压过程中，在死区与塑性变形区交界处存在着剧烈滑移区（见图2-10）。图2-16是一次挤压棒材的金属流动情况。

剧烈滑移区的大小与金属流动的不均匀性有关：金属流动越不均匀，剧烈滑移区越大，晶粒破碎的程度也越严重。因此，随着挤压过程的进行，此区是不断扩大的。

剧烈滑移区内的金属流出模孔后位于制品的表面层（见图2-16），造成了制品内外层晶粒大小不同，外层细小，内层粗大，从而造成力学性能不均匀，外层强度高，内部强度低；如果金属晶粒过度破碎，所形成的显微裂纹可能导致挤压制品的力学性能下降。而对于硬铝合金挤压制品，在淬火后易在表面层形成粗晶环组织，使材料力学性能下降。

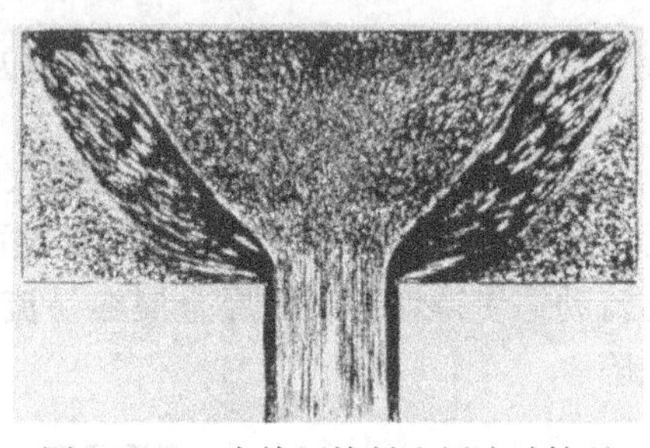

图2-16 一次挤压棒材金属流动情况

d 变形区

金属发生塑性变形的区域。

D 挤压力的变化规律

在基本挤压阶段，随着挤压杆向前移动，金属不断从模孔中流出，挤压力几乎呈直线下降（见图2-3）。这是因为随着金属不断从模孔流出，挤压筒内坯料的长度逐渐缩短，筒壁和穿孔针上的摩擦阻力逐渐减小。到了基本挤压阶段的末期，挤压力达到最小值。

2.2.1.3 终了挤压阶段金属的变形流动

A 终了挤压阶段金属的变形流动特点

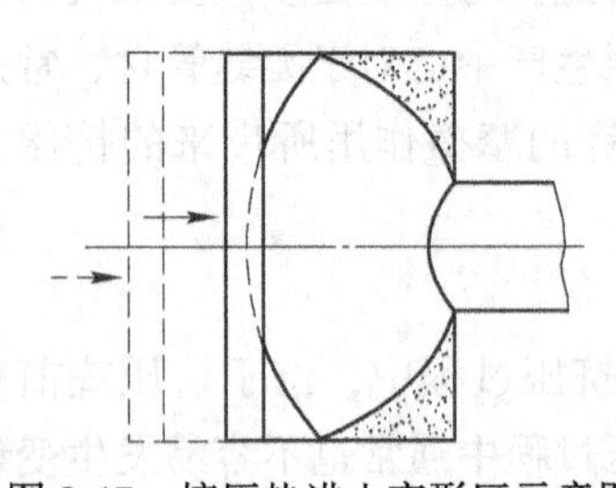

图2-17 挤压垫进入变形区示意图

终了挤压阶段是指筒内锭坯长度减小到接近变形区高度时的流动阶段。在挤压垫未进入变形区之前，变形区体积保持不变，金属从模孔中流出的量与进入变形区中的量相等，处于一个动态的平衡状态，如图2-17所示。当挤压垫进入变形区后，变形区体积减小，原来的动态平衡状态被打破，仅依靠变形区中金属的纵向流动已不能满足其正常流出模孔的需要。在挤压速度和挤压比不变的条件下，要满足体积不变条件，就要增加横向流动以弥补纵向流动供应量的不足，建立新的供应与流出的动态平衡关系。于是，与挤压垫接触的后端难变形区金属将克服垫片的摩擦作用产生横向流动。位于死区部位的金属在横向流动的同时，一部分沿着挤压筒壁向后回流再向中心横向流动，进入模孔流向制品中，形成一种环形流动景象。

B 终了挤压阶段挤压力的变化

终了挤压阶段的显著特点之一，是挤压力由最低又开始迅速上升（见图 2-3)。这种现象产生的主要原因是：

(1) 挤压垫进入变形区，金属横向流动速度增加，并导致金属与挤压垫间的滑动速度增加，为了克服挤压垫的摩擦必须增加挤压力。

(2) 死区金属的横向流动及环流使得所需要的挤压力增大。

(3) 由于死区和后端难变形区金属受到了工模具的冷却作用，其本身的变形抗力较高，要使这部分金属产生变形必须再增大挤压力。

C 挤压缩尾

挤压缩尾简称缩尾，是出现在制品尾部的一种特有缺陷，主要产生在终了挤压阶段，一般在挤制的棒材、型材和厚壁管材的尾部可能会检测到。其产生的主要原因是当挤压快要结束时，由于金属的径向流动及环流，锭坯表面的氧化物、润滑剂及污物、气泡、偏析瘤、裂纹等缺陷进入制品内部，形成一种漏斗状、环状、半环状的疏松组织缺陷，是具有一定规律的破坏制品组织连续性、致密性的缺陷，可使制品性能下降。缩尾按其出现的部位，分为中心缩尾、环形缩尾和皮下缩尾三种类型。

关于挤压缩尾缺陷将在第 3 章挤压制品的组织部分加以详细分析。

2.2.2 反挤压时的金属流动特点

反向挤压时的主要特征是变形金属与挤压筒壁之间无相对运动，二者之间无摩擦。因此，外摩擦对反向挤压过程金属的变形流动影响较小。

2.2.2.1 金属变形流动特点分析

第 1 章已述及，反挤压时置于空心挤压杆前端的模子相对挤压筒运动，在锭坯金属与挤压筒壁之间不存在相对滑动。因此，反挤压法的特点是锭坯表面与挤压筒壁间不存在摩擦，塑性变形区很小（压缩锥高度小）且集中在模孔附近。根据实验，变形区压缩锥高度不大于 $0.3D_0$。图 2-18 是反挤压时作用于金属上的力。由于锭坯未挤部分的金属与筒壁间不存在摩擦，也未参与变形，故金属的受力条件是三向等压应力状态。

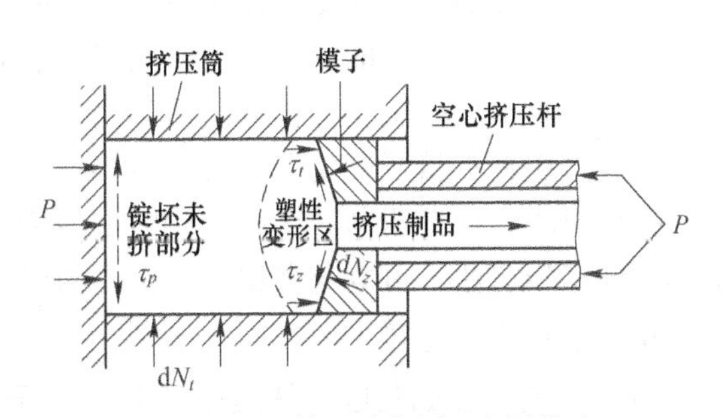

图 2-18 反挤压时作用于金属的力

反挤压时，金属流动状态与正挤压时有很大不同。图 2-19 是进行正挤压法与反挤压法实验时的坐标网格和金属流线的变化对比情况。可以看出，在相同的工艺条件下，反挤压时的塑性变形区中的网格横线与筒壁基本上垂直，直至进入模孔时才发生剧烈的弯曲；网格纵线在进入塑性变形区时的弯曲程度要比正挤压时大得多。这说明反挤压时不存在锭坯内中心层与周边层区域间的相对位移，金属流动比正挤压时要均匀得多。在反挤压的挤压末期，一般不会产生金属紊流现象，出现制品尾部的中心缩尾与环形缩尾等缺陷的倾向性很小。

图2-20所示为在50MN挤压机的ϕ420mm挤压筒上反向挤压棒材时，挤压筒内坐标网格变化情况的实验结果。

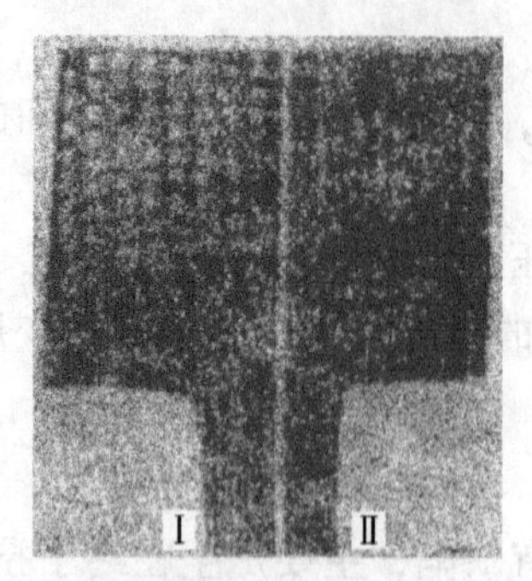

图2-19 挤压实验的坐标网格对比
Ⅰ—正挤压；Ⅱ—反挤压

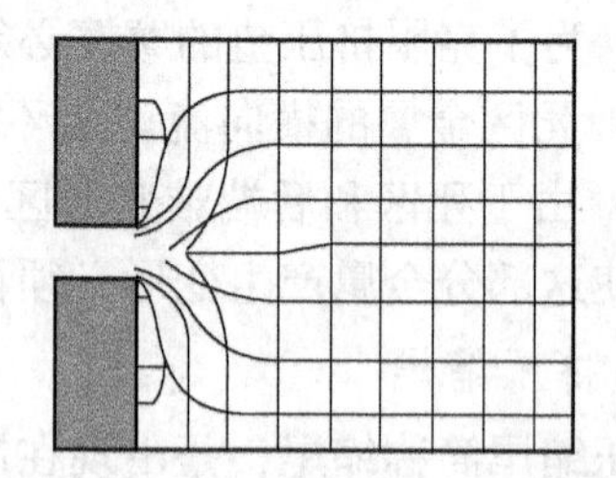
图2-20 反向挤压棒材时的坐标网格变化

A 坐标网格线的变化情况

（1）纵向网格线的变化。纵向线在挤压筒内基本上没有变化，仅在快进入模孔时才发生弯曲，且弯曲程度比正向挤压大得多。这说明反挤压时金属的变形只集中在模孔附近，且变形比正向挤压更剧烈。

（2）横向网格线的变化。除了靠近模子端面附近外，挤压筒内的横向网格线与挤压筒壁基本垂直，没有发生明显变化，直至模孔附近时中间部位才突然向前发生剧烈弯曲进入模孔。这说明反向挤压时，金属的流动比较均匀，基本上没有出现内层、外层金属的流速差，坯料中心层与周边无相对位移，基本上是同时流入模孔。

由于反挤压时金属的变形仅集中在模孔附近，在挤压筒内不存在坯料内外层的流速差别，所以反挤压时金属的变形流动要比正挤压时均匀得多。由于在挤压筒内的坯料是整体向前推进，前面的金属从模孔流出而后面的金属没有发生变形，边部与中心基本上是同时流出模孔，因此在挤压末期不会出现金属的环流现象。有关资料表明，反挤压时切头损失比正挤压时小；反挤压制品纵向、横向上的变形程度均比正向挤压的要均匀得多。因此，采用反向挤压方法，可以获得比正向挤压的组织性能更加均匀一致的制品。

B 变形区及死区

（1）反向挤压的死区。从图2-20中可以看出，反向挤压时的死区体积很小，只在紧靠模子端面处形成了一个环形薄层死区。死区的产生是由于模子端面的摩擦和冷却作用的结果。死区的高度为挤压筒直径的1/12～1/8。反向挤压的死区大小除了与模子端面的摩擦和冷却条件等有关外，还与变形金属的强度有关。挤压变形抗力高的合金时，在挤压末期基本上看不到死区。

（2）反向挤压的变形区。反向挤压时的变形区也很小，变形区紧靠模子端面处，集中在模孔附近。变形区的形状近似于圆筒形，筒底为曲面且曲率半径很大。变形区的高度与摩擦系数及挤压温度有关，一般小于挤压筒直径的1/3。

2.2.2.2 反向挤压时挤压力的变化

通常认为，反向挤压时，由于坯料与挤压筒之间无摩擦，挤压力大小与坯料的长度无关，在挤压过程中挤压力是不变化的。但是，近年来的研究发现，反向挤压铝合金棒材时，随着挤压过程的进行挤压力是逐渐增加的，特别是在挤压后期，增加的较明显，如图 2-21 所示。其主要原因有以下几方面：

（1）由于坯料与挤压筒壁间无摩擦，不存在来自筒壁上的摩擦阻力对挤压力的影响。因此，挤压力大小与坯料的长度无关，不会因为筒内坯料长度的逐渐缩短而下降。

（2）挤压过程中的主延伸变形量随着压出制品长度的增加而增大，而挤压力与主延伸变形量的大小成正比关系。

（3）挤压所使用的坯料为铸造组织，内部不可避免存在着疏松、气孔等，在连续、强烈的三向压应力作用下，挤压筒内坯料的密度逐渐增大，变形抗力提高，使挤压力增大。

（4）由于没有外摩擦的影响且变形区的体积又很小，反向挤压过程变形区中的温升小（当金属温度明显高于挤压筒温度，且挤压速度较慢时，甚至会出现降温），软化作用小，加工硬化作用明显。而热加工时的加工硬化是在变形过程进行到一定程度时才会表现出来。

（5）在热挤压过程中，挤压工具的温度一般低于金属温度，特别是在两个挤压垫循环使用的情况下，其温度远低于金属温度，受其冷却作用的影响，后端温降较明显。

反向挤压铝合金管材时，在开始阶段挤压力呈缓慢下降的趋势，随着挤压过程继续进行逐渐趋于稳定，如图 2-22 所示。这主要是因为，虽然反向挤压管材时坯料与挤压筒壁之间无摩擦，但在内部与穿孔针之间有摩擦，坯料越长、穿孔针直径越粗，穿孔针上的摩擦阻力就越大，挤压力就越大。随着筒内坯料长度缩短，摩擦阻力逐渐减小，挤压力下降。当摩擦力的减小使挤压力下降与上述因素使挤压力升高的作用接近时，挤压力将趋于稳定。

如前所述，在其他条件相同的情况下，反向挤压时的挤压力比正向挤压时的小，从而有利于采用相对较低的挤压温度以便提高挤压速度，提高生产效率；可以在同样能力的设备上实现比正向挤压更大变形程度的挤压变形，或挤压变形抗力更高的合金。

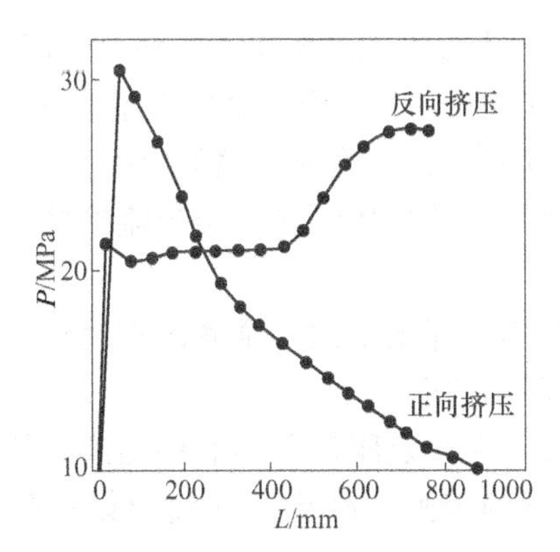

图 2-21　正向、反向挤压棒材 2A12 棒材的挤压力变化

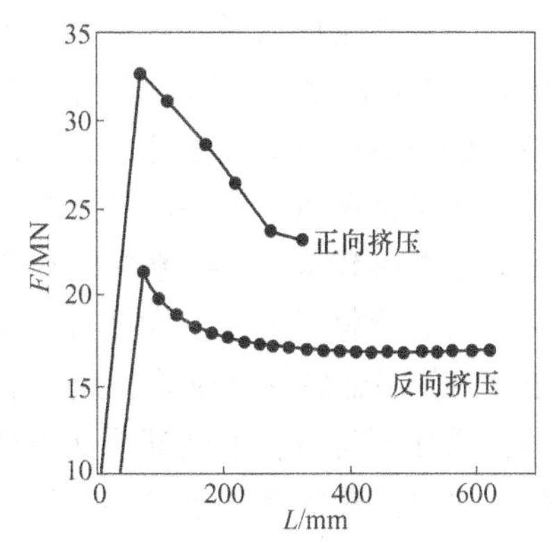

图 2-22　正向、反向挤压管材的挤压力变化

一般认为，反向挤压时的挤压力比正向挤压时的小 30%～40%，这与图 2-22 中正向、反向挤压管材时的实验结果是一致的。但是，从图 2-21 中可以看出，正向、反向挤压棒

材时的最大挤压力只相差15%左右，与之差异较大。造成差异的主要原因可能有两方面：一方面，金属的反向挤压技术是从反向挤压管材发展起来的，这一观点是在反向挤压管材的实验基础上得出来的。另一方面，基于对反向挤压过程中挤压力无变化的认识，那么正向、反向挤压时的最大挤压力之差，就是基本挤压阶段开始时的挤压力之差，而忽略了两种挤压方法的最大挤压力出现的时间是不同的，正向挤压棒材时的最大挤压力出现在基本挤压阶段开始时，而反向挤压则是挤压过程结束时。正是由于对反向挤压棒材时的最大挤压力估计上的偏差，有时在实际生产中，当挤压温度较低或工具温度低时，在反向挤压过程进行到中途时，会出现挤不动的“闷车”现象。

2.2.2.3 反向挤压制品的质量

A 反向挤压制品的表面质量

由于反向挤压时的死区体积较小且比较容易参与流动，使得坯料表面层带有氧化物、偏析瘤、污物及其他缺陷的金属易流入制品表面或表皮之下，形成起皮、气泡等缺陷。因此，反向挤压制品的表面质量比正向挤压的差。为了提高反向挤压制品的表面质量，最有效的方法是提高坯料的表面质量，如对坯料采用热剥皮方法等。

B 反向挤压的挤压缩尾

与正向挤压棒材时相同，反向挤压时在挤压末期也会出现挤压缩尾，只是缩尾的形式及形成过程与正向挤压不完全相同。

2.3 影响金属挤压流动时的因素

2.3.1 接触摩擦与润滑的影响

挤压时，金属与工具间作用的摩擦力中，以挤压筒壁上的摩擦力对金属流动的影响最大。

(1) 不润滑挤压筒时，筒壁对变形金属的流动产生很大的摩擦阻力，使变形区增大，死区增大，坐标网格的变形及歪扭严重，外层金属流动滞后于中心层金属，流动不均匀。

(2) 润滑挤压可减少摩擦，并可以防止工具黏金属，减小金属流动不均性。

(3) 正常挤压时不允许润滑挤压垫，避免产生严重的挤压缩尾；用分流模挤压空心型材时不允许润滑模子，避免焊合不良或不能焊合。

(4) 挤压管材时，由于穿孔针的摩擦及冷却作用，降低了内层金属的流动速度，从而减小了内外层金属的流速差，减小了金属流动的不均匀性。

(5) 挤压型材时，根据其断面各部位的壁厚尺寸大小及距模子中心的距离、外摩擦状况等，利用模具的不等长工作带，可以调整金属的流速，减少金属流出模孔的不均匀性。

2.3.2 坯料与工具温度的影响

2.3.2.1 坯料本身的加热温度

挤压时，金属的变形流动本身就是不均匀的。坯料加热温度高，强度降低，摩擦系数增大。对于外层金属来说，一方面，由于摩擦系数增大其流动阻力增大；另一方面，坯料出炉后，受到空气及温度较低的输送工具和挤压筒的冷却作用，其表面温度降低，强度升高，塑性降低，不易变形。而对于内层金属来说，由于温度高，强度低，容易变形流动。因此，导致金属不均匀流动性增大。

2.3.2.2 坯料断面上的温度分布

影响坯料断面温度分布均匀性的因素有：坯料加热的均匀性、坯料与所接触的工具（特别是挤压筒）间的温度差、坯料金属的导热性以及其他外界条件等。

（1）如果坯料断面上的温度分布不均匀，在挤压时必然发生不均匀变形。这种情况在火焰炉加热的情况下表现比较明显。

（2）对于坯料的加热温度远高于挤压筒温度的金属及合金（如铜合金、钛合金、钢铁材料等）来说，挤压筒的冷却作用会造成坯料表面层温度降低，变形抗力升高，使得变形的不均匀性增大。

（3）一般情况下，不同合金的导热性不同。同一种合金，加热温度升高，其导热性降低。变形金属的导热性好，坯料断面上的温差小，挤压时的不均匀变形小。图 2-23 所示为紫铜与 α+β 黄铜坯料均匀加热后，控制空冷 20s 和挤压筒内冷却 10s，测定出的两种坯料横断面上的温度与硬度。由于紫铜的导热系数比 α+β 黄铜的高，不论是在空气中还是在挤压筒内停留一段时间后，坯料断面上的温度和硬度分布都比（α+β）黄铜的均匀。

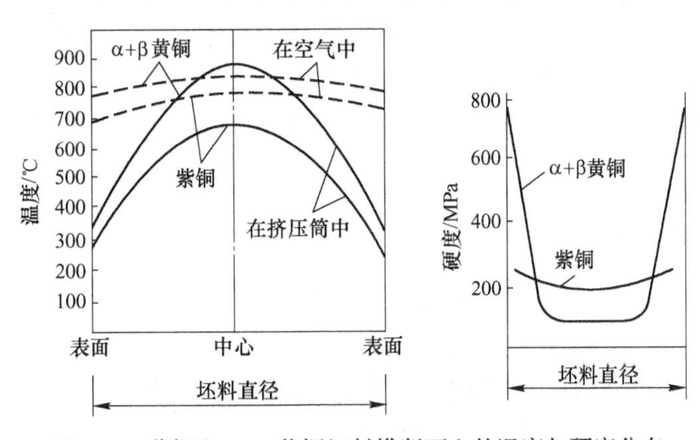

图 2-23 紫铜和 α+β 黄铜坯料横断面上的温度与硬度分布

（4）在润滑挤压时所选的润滑剂的传热系数越小，坯料表面的热量就不易传导到工具上，有利于保证坯料断面上的温度均匀分布。如挤压钛合金、其他高温合金及钢铁材料等时，采用传热系数较小的玻璃润滑剂能有效地防止热量向工具传导，防止工具与金属黏结，延长工具寿命，提高制品表面质量，并有利于保证坯料断面温度均匀分布，减小变形的不均匀性。

2.3.2.3 相变的影响

对于某些存在相变的合金，由于不同的合金相具有不同的变形抗力，因此金属具有不同的相组织会产生不同的流动情况。例如，HPb59-1 铅黄铜的相变温度是 720℃，该合金在 720℃以上挤压时相组织是 β 组织，摩擦系数为 0.15，金属流动比较均匀；而在 720℃以下挤压时，相组织是 α+β 组织，摩擦系数为 0.24，流动不均匀。又如钛合金，在

875℃以上的高温时，其相组织为β组织，挤压时流动不均匀；而在875℃以下为α组织，挤压时流动较均匀。

2.3.2.4 摩擦条件变化

(1) 对于绝大多数金属来说，在不同的温度下会产生不同的氧化表面，其摩擦系数不同。一般情况下，随着坯料加热温度升高，摩擦系数增大，挤压时金属流动的不均匀性增大。

(2) 对于某些在挤压过程中可能产生相变的合金，不同的相组织其摩擦系数不同，挤压时金属流动的均匀性也不同。例如HPb59-1铅黄铜，如果开始挤压时的温度在720℃以上，β相的摩擦系数小，金属流动均匀。但由于该合金的塑性较差，挤压速度很慢，随着挤压过程的缓慢进行，受挤压筒的冷却作用（挤压筒温度为400~450℃），挤压筒内的坯料温度会逐渐降低。当坯料温度降低到720℃以下时，其相组织由β组织转变为α+β组织，摩擦系数增大，金属流动变得不均匀。

(3) 金属在高温、高压下极容易发生与工具的黏结，使金属流动的不均匀性增大。

2.3.2.5 工具温度的影响

(1) 通常情况下，挤压筒的温度比坯料的温度低，随着挤压筒温度升高，金属的变形流动趋于均匀。这是因为挤压筒温度升高后虽然摩擦系数有所增大，但挤压筒的温度与坯料的温度接近，有利于减小坯料断面上内外层的温度差，金属的变形流动较均匀。

(2) 在润滑穿孔针挤压管材时，如果穿孔针的温度高而润滑油的闪点又相对较低，润滑油涂抹在穿孔针上后会发生燃烧，降低润滑效果。

(3) 反向挤压时，如果工具温度过低，在挤压后期可能会出现挤不动的“闷车”现象。

2.3.3 金属性质的影响

(1) 变形抗力高的金属比变形抗力低的流动均匀；

(2) 同一种金属，合金比纯金属的流动均匀；

(3) 同一种合金，低温时的强度高，其流动比高温时的均匀。

这是因为，一方面，强度高时，外摩擦对金属流动的影响就相对较小，所以金属流动较均匀；另一方面，强度较高的金属产生的变形热效应和摩擦热效应较强烈，这种热量改变了坯料内的热量分布，使得温度分布更均匀，有利于金属的均匀流动。

2.3.4 工具形状的影响

工具形状对金属流动均匀性的影响主要是模角的影响。模角α越大，死区越大，金属流动的不均匀性也越大（见图2-24）。采用平模（$\alpha=90°$）挤压时的死区最大，金属流动最不均匀。

另外，挤压垫的形状对金属流动的均匀性也有影响。挤压垫有平挤压垫和凹挤压垫。采用凹挤压垫，在挤压后期金属的流动比平挤压垫均匀。但由于使用凹挤压垫时的压余多且分离压余较困难，一般不太使用。

通常情况下，挤压筒为圆形，如果制品的断面形状与挤压筒相似，则金属流动均匀。

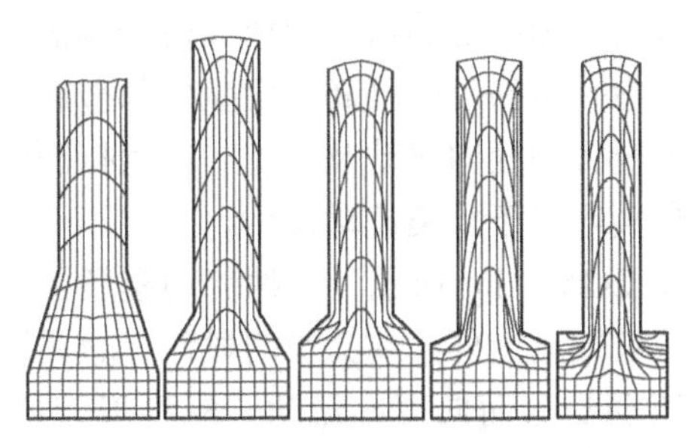

图 2-24 模角变化对挤压时金属流动的影响（模角 α 由小变大）

2.3.5 变形程度的影响

一般来说，随着变形程度的增大，金属的不均匀流动增加。这是因为当挤压筒直径一定时，变形程度增大意味着模孔直径减小，则外层金属向模孔中流动的阻力增大，使内外层金属的流速差增大，变形不均匀性增大。但是当变形程度增加到一定程度时，由于剪切变形从表面深入到内部，反而会使金属的不均匀流动减小。通常情况下，要求挤压变形程度不应小于 90%，即挤压比 $\lambda \geqslant 10$。

2.4 挤压时金属流动的类型

在不同的工艺条件下挤压各种制品，金属的流动景象是不一样的，这些差异主要是由筒内壁摩擦引起的阻力大小不同造成的。根据对各种条件下挤压时金属的流动特性分析，归纳起来主要有 4 种流动模型，如图 2-25 所示。

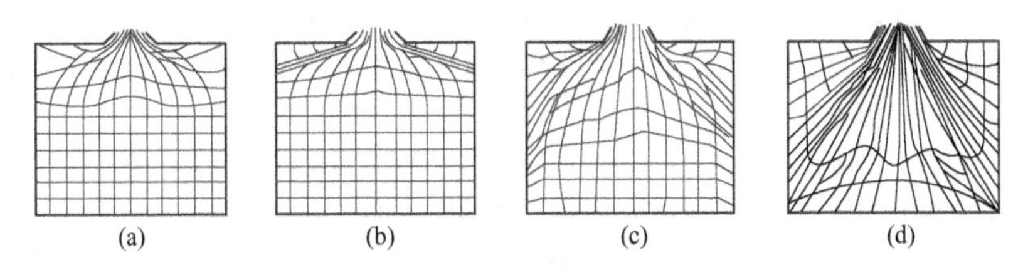

图 2-25 平模挤压时金属流动的四种基本类型示意图

(a) Ⅰ；(b) Ⅱ；(c) Ⅲ；(d) Ⅳ

(1) 流动模型Ⅰ。如图 2-25 (a) 所示，这种流动模型在反向挤压时出现。反向挤压时，由于坯料与挤压筒壁之间绝大部分无相对运动，只有靠近模子附近的筒壁上由于金属向模孔流动才存在很小的摩擦，金属流动均匀，几乎沿坯料整个高度上在周边层都没有发生剪切变形。所以，从坐标网格上看，绝大部分保持着原始状态，只有在模孔附近才发生变化。塑性变形区很小，集中在模孔附近。死区体积很小，位于模子端面处。

(2) 流动模型Ⅱ。如图 2-25 (b) 所示，这种流动模型在润滑挤压筒时出现。在润滑挤压时，坯料与挤压筒之间的摩擦很小，金属的流动比较均匀。变形区和死区都比反向挤压时的流动模型Ⅰ大。一般情况下，挤压紫铜、H96 黄铜、锡磷青铜、铝、镁合金、钢等属于此类流动模型。

(3) 流动模型Ⅲ。如图 2-25 (c) 所示，这种流动模型在外摩擦较大时出现。当坯料的内外温差较大，且金属流动过程中受到挤压筒壁和模子端面较大摩擦作用时，塑性变形区几乎扩展到整个坯料，但在基本挤压阶段尚未发生外部金属向中心径向流动的情况，只有到了挤压末期，才会出现金属的径向流动及环流，产生挤压缩尾。一般情况下，挤压 α 黄铜、白铜、镍合金、铝合金等属于此类流动模型。

（4）流动模型Ⅳ。如图 2-25（d）所示，这种流动模型在外摩擦很大时出现。当挤压筒壁与锭坯间的摩擦很大，且锭坯内外温差又很明显时，金属流动严重不均匀。挤压一开始，外层金属由于沿筒壁流动受阻而向中心流动，易出现较严重的挤压缩尾。一般情况下，挤压 $\alpha+\beta$ 黄铜（HPb59-1、H62）、铝青铜、钛合金等属于此类流动模型。

必须指出的是，上述所提到的金属及合金所属的流动模型是在常规生产条件下获得的，并非永远固定不变，而且有些合金的流动景象本身也介于某两种流动模型之间，因此挤压条件一旦发生某些变化，就可能导致金属的流动景象发生变化，所属的流动模型发生变化。

思考题

2-1 根据挤压力的变化，可以将正向挤压过程分为哪几个阶段，并简述各阶段金属的流动特点及挤压力的变化规律。

2-2 研究挤压过程中，金属变形流动规律的实验方法主要有哪些？简述最常采用的研究金属流动规律的实验方法的操作步骤。

2-3 在填充挤压阶段，表征变形程度的指标是什么？简述在填充挤压阶段应该注意的两方面的问题及坯料应该满足的条件。

2-4 衡量基本挤压阶段金属变形程度大小的指标是什么？当用实心坯料挤压型棒材、用实心坯料穿孔挤压管材、用空心坯料不穿孔挤压管材时的挤压比分别是如何计算的？

2-5 简述在基本挤压阶段的变形区中，三个主应力（轴向主应力 σ_1、径向主应力 σ_r、周向主应力 σ_θ）分别沿轴向和径向的分布规律。

2-6 简述采用坐标网格法研究金属在正挤压的基本挤压阶段时，沿轴向和径向的流动规律。

2-7 挤压筒内的金属分为哪几个区？简述每个区的形成原因、位置及其作用。

2-8 “死区”是否是绝对的死区？如果不是，在挤压过程中死区又是如何变化的，其原因是什么？

2-9 终了挤压阶段挤压力是如何变化的？其金属的变形流动具有什么特征？

2-10 在不同的工艺条件下挤压各种制品，造成金属流动景象不一样的主要原因是什么？主要有哪几种流动模型？

挤压制品的组织性能及质量控制

热挤压法具有某些超过其他塑性加工方法的优点，因而广泛地用于制造各种有色金属与钢铁的加工制品。这种方法能够保证高的表面质量和精度，以及高的力学性能。但是，通常广泛使用的正向挤压法生产的制品的组织性能分布也比其他加工方法获得的制品不均匀。

3.1 挤压制品的组织

3.1.1 挤压制品组织的不均匀性

金属材料的组织主要取决于金属的化学成分、加工方法及热处理状态。与其他热加工方法（轧制、锻造等）相比较，挤压制品的组织特征是在制品的断面和长度方向上分布都很不均匀。一般来说，对于正挤压制品，在进行热处理以前，沿制品长度上头部晶粒较粗大，尾部晶粒较细小，在最前端可能还保留有铸态组织；在断面上外层晶粒细小，中心层晶粒粗大（在挤压过程中产生粗晶环的制品除外）。这种组织特征在正向挤压棒材中表现得非常明显。

图 3-1 为 2A70 铝合金 ϕ80mm 热挤压棒材前端和后端沿着横向取样的显微组织。可以明显看到，经挤压变形后，前端边部的铸造晶粒被破碎，晶粒相对更细小（见图 3-1（a）），而前端中心部位还残存着铸造组织（见图 3-1（b））。图 3-1（c）和（d）分别是棒材后端边部和中心部位的横向组织。与前端相比，铸造晶粒已经完全破碎，晶粒更细小。

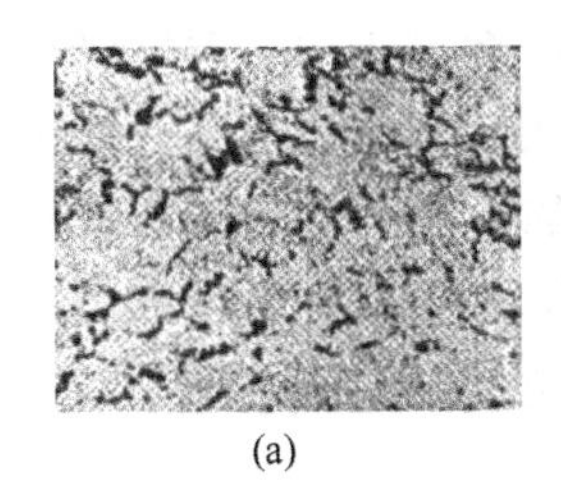
(a)
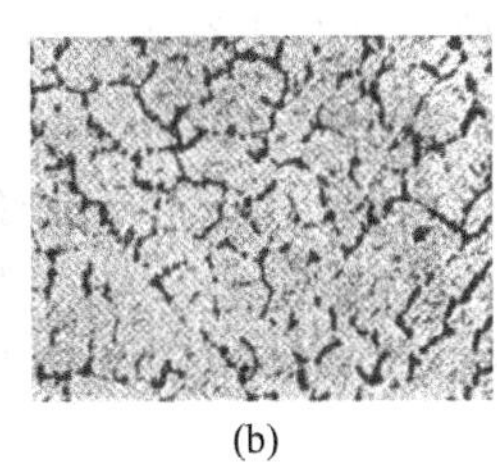
(b)
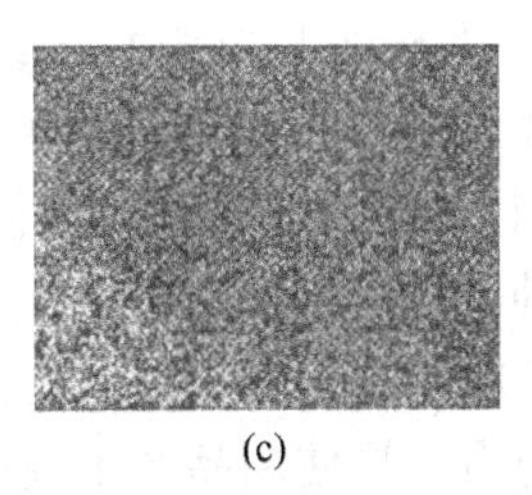
(c)
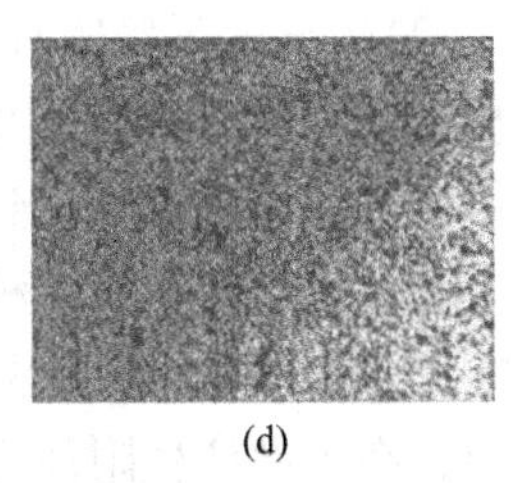
(d)

图 3-1 2A70 铝合金 ϕ80mm 热挤压棒材不同部位的横向组织（H112 状态）
（a）前端边部；（b）前端中心；（c）后端边部；（d）后端中心

影响挤压制品组织不均性的主要原因有以下几方面：

（1）由于摩擦引起的不均匀变形的影响。挤压制品的组织在断面上和长度上的不均匀性，主要是由于变形不均匀引起的。挤压时，金属的变形程度是由制品的中心向外层，由头部向尾部逐渐增加的。在挤压过程中，处在变形区以外的金属虽然整体上没有发生塑性变形，但镦粗后坯料在被挤压垫推进的过程中，外层金属在进入塑性变形区之前就已承受挤压筒壁的剧烈摩擦作用，产生了附加剪切变形，晶格歪扭，晶粒出现破碎现象；进入塑性变形区之后，外层金属进入到死区与塑性变形区压缩锥交界处的剧烈滑移区，发生强烈的剪切变形，晶粒被严重破碎。而对于中心层金属来说，进入塑性变形区前，不存在这种剪切变形；进入变形区后，远离剧烈变形区，金属流动平稳，不发生剪切变形，晶粒沿轴向延伸被拉长。处于中心层的金属，其剪切变形由内向外逐渐增大。因此，在横向上，外层金属的变形程度比中心层金属的变形程度大，晶粒破碎程度较比中心要剧烈，晶粒比中心细小。很显然，坯料外层越靠近尾部，承受挤压筒壁摩擦作用的时间就越长，外层的附加剪切变形越强烈。随着挤压筒内坯料长度缩短，变形程度越来越大，剪切变形区不断增大，并逐渐深入到坯料内部，从而使得晶粒破碎程度由头部向尾部逐渐加剧，并向内部深入，甚至整个断面上的晶粒都很细小。

对于不润滑穿孔针挤压管材来说，在坯料外层金属受到挤压筒壁剧烈摩擦作用的同时，其内层金属也受到了穿孔针的剧烈摩擦作用，产生了附加剪切变形，同样也会产生晶粒破碎现象，但破碎的程度没有外层剧烈。因此，与挤压棒材相比，在横向上制品内外层的变形不均匀程度会显著减小，管材的横向组织相对较均匀。

（2）挤压温度与速度变化的影响。导致挤压制品组织不均匀的另一个因素是挤压温度和速度的变化。当挤压速度较慢时，如挤压锡磷青铜时，由于挤压速度很慢，坯料在挤压筒内停留的时间长。开始挤压时，坯料的前端部分是在较高温度下变形，金属在变形区内和出模孔后可以进行充分的再结晶，制品前端的晶粒较粗大。受挤压筒壁的冷却作用，坯料后端部分是在较低的温度下变形，金属在变形区内和出模孔后再结晶不充分，特别是在挤压后期，金属流动速度加快，更不利于再结晶，制品尾端的晶粒较细小，甚至出现纤维状冷加工组织。但对于纯铝和某些软铝合金，坯料的加热温度与挤压筒温度相差不太大，开始挤压时的温度比较低，当挤压比较大时或挤压速度较快时，产生的变形热和摩擦热较大且不易散失，致使变形区内金属的温度在挤压过程中逐渐升高，也可能会出现制品后端的晶粒较前端粗大的现象。

（3）合金相变的影响。挤压具有相变的合金时，由于温度的变化使合金有可能在相变温度下变形，造成组织不均匀。例如 HPb59-1 铅黄铜，其相变温度为 720℃。在高于 720℃的温度下挤压时，其组织是单相的 β 组织。在挤压结束后的冷却过程中，温度降至相变温度时，从 β 相中均匀析出呈多面体的 α 相晶粒，制品组织比较均匀。但是，如果挤压过程中温度降低到 720℃以下时，挤压筒内未挤压坯料中析出的 α 相就会被挤压成长条状的带状组织。这种带状组织在以后的正常热处理温度（低于相变温度）下多数是不能消除的。β 相的常温塑性比 α 相的低，在冷加工过程中由于不同相组织的变形流动不均匀，在内部产生附加应力，易使制品产生裂纹。

3.1.2 挤压制品的粗晶环

许多合金（特别是铝合金）的热挤压制品，在经过热处理后的制品断面上，经常会出现一些粗大晶粒组织，其尺寸超过原始晶粒尺寸的 10~100 倍，比临界变形后热处理所形成的再结晶晶粒大得多。这种粗大晶粒在制品中的分布通常是不均匀的，多数情况下呈环状分布在制品断面的圆周上，被称为粗晶环，如图 3-2 所示。粗晶环的存在使制品的强度降低，塑性升高。铝合金制品不同晶粒区的力学性能见表 3-1。

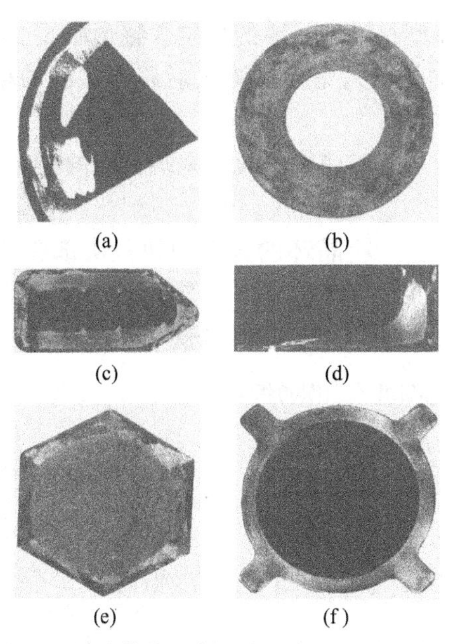

图 3-2 单孔模挤压制品中的粗晶环分布情况

表 3-1 铝合金制品不同晶粒区的力学性能

合金	σ_b/MPa		$\sigma_{0.2}$/MPa		δ/%	
	粗晶区	细晶区	粗晶区	细晶区	粗晶区	细晶区
6165	241.5	361.5	170.5	293.0	25.60	16.80
2014	345.2	497.8	240.0	337.0	31.16	14.48
2017	407.5	500.0	256.5	328.0	24.20	18.30
2024	444.0	545.0	332.5	411.0	26.40	14.70
7178	400.0	559.0	301.0	415.0	21.30	11.80

以下分别讨论粗晶环的分布规律、形成机制、影响粗晶环的因素及粗晶环的消除措施等。

3.1.2.1 粗晶环的分布规律

从图 3-2 中可以看出，粗晶环在棒材、厚壁管材和型材中都可能出现。一般情况下，单孔模挤压的圆棒材和厚壁管材中，粗晶环均匀地分布在制品截面的周边上。单孔模挤压的异形棒材、管材和型材，粗晶环在制品截面上的分布是不均匀的，在制品有棱角或转角部位，粗晶环深度较大，晶粒较粗大。

图 3-2（a）所示为在 50MN 挤压机的 ϕ420mm 挤压筒上，正向挤压的直径为 ϕ120mm 的 2A50 合金棒材经淬火后，从尾端切去 300mm，其 1/6 截面上的粗晶环照片。粗晶环的深度达 26mm。

图 3-2（b）所示为正向挤压厚壁管材淬火后尾端截面的粗晶环照片，其分布规律与正向挤压棒材完全一致。

图 3-2（c）所示为正向挤压空心型材淬火后尾端截面的粗晶环照片，在其角部粗晶环深度较大。

图 3-2（d）所示为正向挤压实心型材淬火后尾端截面的粗晶环照片，在其角部和转

角区的粗晶环深度较大；在型材厚度较薄的部位，整个截面上的晶粒都比较粗大。

图3-2（e）所示为正向挤压六角棒材淬火后尾端截面的粗晶环照片，在其角部粗晶环深度较大。

图3-2（f）所示为正向挤压四筋管淬火后尾端截面的粗晶环照片，在其筋条部位粗晶环深度较大。

在沿挤压制品长度方向上，粗晶环的分布规律是头部深度浅（或者没有），尾部深，严重的时候，制品尾端的粗晶区可能扩展到整个断面。图3-3所示是多孔模挤压棒材的粗晶环分布情况，由图3-3（a）可以明显观察到这个规律。

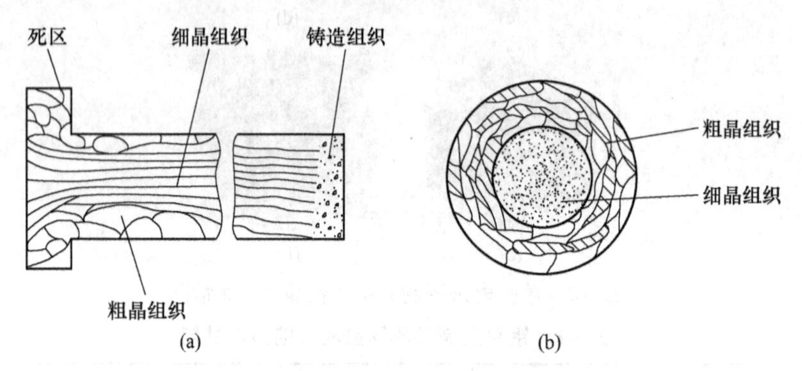

图3-3 多孔模挤压棒材的粗晶环分布情况
（a）沿着制品纵截面；（b）制品尾端横截面

3.1.2.2 粗晶环的形成机制

根据粗晶环的分布规律可以看出，粗晶环产生的部位常常是金属材料承受了较大附加剪切变形，晶格歪扭、晶粒破碎比较严重的部位。

根据粗晶环出现的时间不同，可将其分为两类：第一类是在挤压过程中已经形成粗晶环，第二类是在挤压后的热处理过程中形成的。对于再结晶温度比较低的纯铝及铝镁系合金，在挤压温度下易发生完全再结晶，从而易形成第一类粗晶环。

综上所述，粗晶环的形成原因是：

(1) 在横向上，外层金属在进入变形区前由于受到挤压筒壁的摩擦作用产生了附加剪切变形；进入变形区后，外层金属进入到剧烈滑移区，发生强烈的剪切变形，导致晶格畸变、晶粒破碎程度严重，使该部位金属处于能量较高的热力学不稳定状态，降低了该部位金属的再结晶温度，在挤压温度下易发生再结晶并长大，形成粗晶组织。有研究结果表明，制品周边层的完全再结晶温度比中心部位的要低35℃左右。

(2) 在纵向上，外层金属与挤压筒壁摩擦作用的时间长短不同，前端作用的时间短，后端作用的时间长。作用时间越长的部分，外层的附加剪切变形越强烈，并向内部逐渐扩展，甚至可能深入到坯料中心，即金属的不均匀变形从制品的头部向尾部逐渐增大。由于挤压不均匀变形程度是从制品的头部到尾部逐渐增大的，所以粗晶环的深度也是由头部到尾部逐渐增加的。

由于挤压时的不均匀变形是绝对的，所以任何一种挤压制品均有出现第一类粗晶环的倾向，只是由于有些合金的再结晶温度比较高，在挤压温度下不易产生再结晶和晶粒长大（如铝锰系的3A21防锈铝合金），或者挤压流动相对较为均匀，不足以使外层金属的再结晶温度明显降低，所以不容易出现粗晶环。

如果挤压温度较低、变形程度较小，在制品的尾部仅仅只发生了再结晶而没有出现晶粒长大现象，则尾端的晶粒尺寸比头部细小，且不会出现粗晶环。图 3-4 所示为正向挤压 1060 合金 ϕ90mm 棒材头端、尾端的宏观组织照片。制品头部边缘为细晶粒区域，深约 10mm，中间及中心部位晶粒粗大，仍保持铸态组织轮廓；尾部为再结晶组织，晶粒细小。

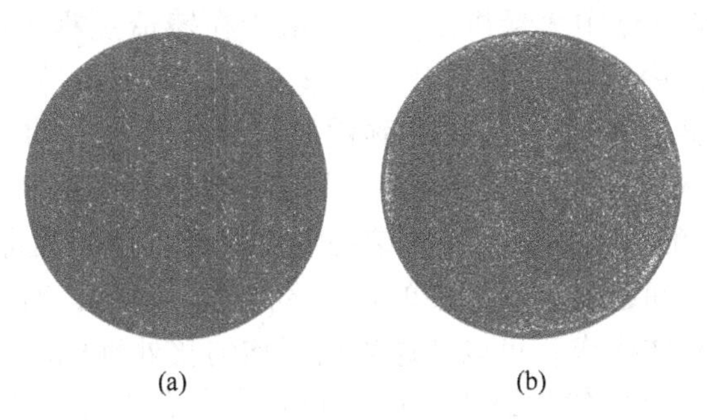

(a) (b)

图 3-4 1060 合金热挤压棒材的宏观组织
(a) 制品头端；(b) 制品尾端

对于再结晶温度比较高的硬铝（如 2A11、2A12、2A02 等）、超硬铝（如 7A04、7A09 等）以及锻铝合金（如 6A02、2A50、2A14 等），在挤压温度下一般不会发生再结晶（或部分开始再结晶），只有在随后进行的热处理过程中才能够发生完全再结晶。这些合金挤压制品在淬火后常常出现较为严重的粗晶环组织，形成第二类粗晶环。这类粗晶环的形成原因除了与不均匀变形有关外，还与合金中含有一定量的 Mn、Cr 等过渡族元素及其不均匀分布有关。由于 Mn、Cr 等过渡族元素本身的自扩散系数低，固溶于铝合金中将降低固溶体的扩散系数，增加了扩散的激活能，导致再结晶温度提高。合金中的第二相质点，如化合物 $MnAl_6$、$CrAl_7$等以弥散质点状态析出并聚集在晶界上，可阻碍再结晶晶粒的长大。挤压时，由于外摩擦（挤压筒壁、死区边界及模孔工作带与变形金属之间）的作用以及金属流经路线相对较长，外层金属的流动滞后于中心部分，使外层金属内呈现出很大的应力梯度和拉附应力状态，促进了 Mn 的析出，使固溶体的再结晶温度降低，产生一次再结晶，但因第二相由晶内析出后呈弥散质点状态分布在晶界上，阻碍了晶粒的聚集长大。因此，在挤压后的制品外层呈现出细晶组织。在淬火加热时，由于温度高，析出的第二相质点又重新溶解，使阻碍晶粒长大的作用消失，在这种情况下，一次再结晶的一些晶粒开始吞并周围的晶粒迅速长大，发生二次再结晶，形成粗晶组织，即粗晶环。而在制品的中心区，由于挤压时呈稳定的流动状态，金属变形较均匀，且受附加压应力作用，不利于 Mn 的析出，其再结晶温度较高，不易形成粗晶组织。

3.1.2.3 影响粗晶环的因素

（1）合金元素的影响。铝合金中 Mn、Cr、Ti、Zr 等元素的含量与分布状态对粗晶环的形成有明显影响。研究表明，当硬铝合金中 Mn 的含量（质量分数）为 0.2%~0.6% 时，出现粗晶环的深度最大；当继续增加 Mn 的含量，粗晶环减少以至完全消失。主要原因是 Mn 元素固溶于铝合金中能提高其再结晶温度，而且随着 Mn 元素含量的增加，合金的再结晶温度提高。如含 0.56%Mn 的铝合金挤压制品中，在 500℃ 加热时出现粗晶环，而在含 1.38%Mn 的铝合金挤压制品中，在高达 560℃ 的加热温度下才出现粗晶环。这就是说，合金中含锰量的增加提高了粗晶环的形成温度，在正常的淬火温度范围内不会出现粗晶环。

（2）坯料均匀化退火的影响。坯料均匀化退火对不同铝合金的影响是不一样的。铝合金坯料的均匀化退火温度一般为470~510℃。在此温度范围内，6A02一类合金中的Mg_2Si相将大量溶入基体金属，可以阻碍晶粒的长大；而对于2A12一类合金，却会促使其中的$MnAl_6$相从基体中大量析出。这是由于在铸造过程中的冷却速度快，$MnAl_6$相来不及充分地从基体中析出，而在均匀化退火时，则有条件进一步充分地从基体中析出。在长时间的高温条件下，$MnAl_6$相弥散质点聚集长大。均匀化退火时锰以$MnAl_6$相质点形态析出后，大大削弱了其对再结晶的抑制作用，而析出并聚集长大以后的$MnAl_6$质点抑制再结晶的作用更弱，使再结晶温度降低，导致粗晶环深度增加。均匀化退火温度越高，保温时间越长，制品中的粗晶环越深。因此，对于2A12等硬铝合金挤压制品，根据产品的具体要求，可以考虑采用不均匀化处理的坯料。对于不含Mn的铝合金坯料，无论是否进行均匀化退火，挤压制品淬火后都存在粗晶环，均匀化对粗晶环产生的影响不大。

（3）挤压温度的影响。随着挤压温度的升高，粗晶环的深度增加。这是由于挤压温度升高后，金属的变形抗力降低，变形的不均匀性增加，使得外层金属的结晶点阵经挤压变形后产生更大的畸变，降低了再结晶温度；同时，高温挤压也有利于第二相的析出与聚集，削弱了对晶粒长大的阻碍作用。因此，降低挤压温度，有利于减小粗晶环的深度。

（4）挤压筒加热温度的影响。当挤压筒的温度高于坯料的温度时，减少了坯料外层的冷却，使坯料内外层温度均匀，不均匀变形减小，从而可减小粗晶环的深度。例如，挤压6A02、2A50、2A14等铝合金时，采用此方法可使制品中的粗晶环深度明显减小。

（5）应力状态的影响。以金属间化合物质点形态$MnAl_6$存在的Mn，在合金中的扩散速度与合金的应力状态有关。实验证明，当合金中存在拉应力时，将促使Mn的扩散速度增加，而压应力则降低Mn的扩散速度。挤压时，由于金属的不均匀变形流动引起了沿横向上不均匀分布的轴向附加应力，中心部分是附加压应力，外层是附加拉应力。结果，外层金属中析出的$MnAl_6$比中心部位的多，降低了对再结晶的抑制作用，使得外层金属更容易发生再结晶。

（6）淬火加热温度的影响。一般来说，淬火加热温度越高，粗晶环的深度越大。这是因为，加热温度高，将使铝合金中的Mg_2Si、$CuAl_2$等能够阻碍晶粒长大的第二相弥散质点的溶解增加，使$MnAl_6$弥散质点聚集长大，抑制再结晶的作用减弱，粗晶环深度增加。而适当地降低加热温度，则能够使粗晶环深度减小，甚至不出现粗晶环。但必须指出，在实际中，对于硬铝合金挤压制品，其淬火温度范围往往是很严格的。淬火温度过高，易造成过烧；降低淬火温度虽然能减小粗晶环的深度，但同时也会降低制品的抗拉强度。

3.1.2.4 粗晶环的消除措施

综合上述各因素对粗晶环的形成与大小的影响，可根据不同合金的具体情况采取不同措施来减少或消除制品上的粗晶环。

如对6A02等锻铝合金而言，可适当提高挤压筒温度，降低淬火前加热温度；对2A12

硬铝合金，可提高 Mn 与 Mg 的含量；对 2014 合金，采取提高挤压筒温度、降低铸锭温度的办法比较有效，但是挤压力大，有时甚至挤不动，所以目前还是采用增加 Mn 含量和 Si 含量以控制粗晶环。

由此可见，减少热挤压时的不均匀变形与不均匀流动，严格控制再结晶过程，是减少粗晶环甚至消除粗晶坏，确保制品质量的根本措施。

3.1.3 挤压制品的层状组织

在挤压制品中，有时可观察到层状组织（也称为片状组织），如图 3-5 所示。其特征是折断后的制品断口呈现出与木质相似的形貌，分层的断口凹凸不平并带有裂纹，分层的方向与挤压制品轴向平行，继续进行塑性加工或热处理均无法消除这种层状组织。

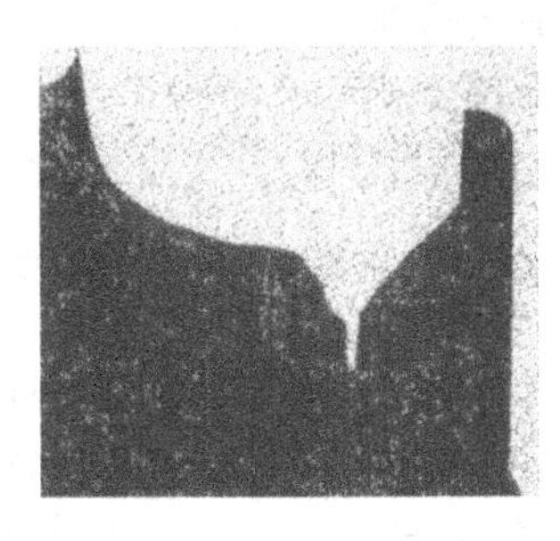
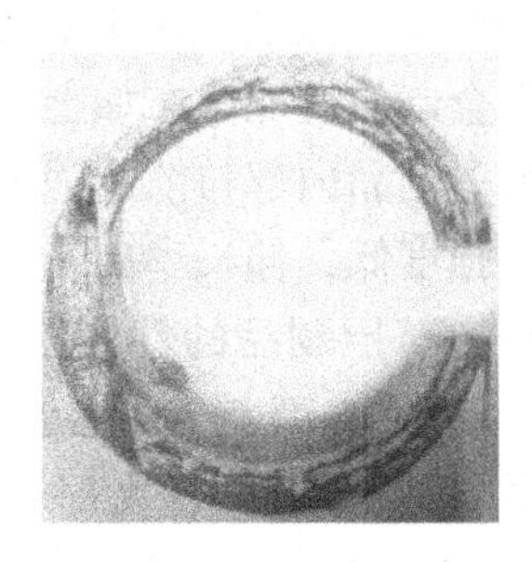

图 3-5 QAl10-3-1.5 铝青铜挤压管的层状组织

层状组织对挤压制品的纵向力学性能影响不大，但使横向力学性能有所降低。例如，使用有层状组织的管材制作轴承后，它所能承受的内部压力要比无此缺陷的轴承低 30% 左右。

（1）层状组织产生的原因。层状组织的产生，主要是由于坯料组织不均匀，存在着大量的气孔、缩孔，或是在晶界上分布有未溶入固溶体的第二相质点或杂质等，在挤压时被拉长，从而呈现出层状组织。层状组织一般出现在制品的前端及中部，在尾部很少出现。这是由于在挤压后期金属变形过程中的横向流动加剧，破坏了杂质薄膜的完整性，使层状组织变得不明显。

在铝合金中最容易出现层状组织的是 6A02、2A50 等锻铝合金。在铜合金中最易出现层状组织的合金是含铝的青铜（如 QAl10-3-1.5 和 QAl10-4-4）和含铅的铅黄铜（HPb59-1）等。

（2）层状组织的消除措施。防止层状组织的措施一般从改善铸造组织着手，主要有以下两个措施：

1）降低冷却强度以缩小柱状晶区，扩大等轴晶区，同时使晶界上的杂质分散或减少。

2）增大挤压时的变形程度，以增加紊流区，进而破坏杂质膜。为此，针对不同合金具体情况采用不同的方法。在铸造时，可采用高度不超过 200mm 的短结晶器来消除铝青铜内的层状组织。而对铝合金，减少合金中的氧化膜和金属化合物在晶内的偏析，一般便可减少或消除层状组织。例如，使 6A02 合金中 Mn 的含量（质量分数）超过 0.18%时，层状组织即可消失。

3.2 挤压制品的力学性能

3.2.1 挤压制品力学性能特征

挤压制品变形和组织的不均匀必然引起力学性能的不均匀。一般，实心挤压制品（未经热处理）的内部和前端的强度（σ_b、$\sigma_{0.2}$）较低、伸长率（δ）较高，而外层和后端的强度较高、伸长率（δ）较低。图3-6所示为镁合金沿挤压棒材横向与纵向上的强度极限和伸长率的变化。但是，对于铝及其合金来说，强度较高的铝合金制品性能分布如上述，而纯铝与软铝合金的则一般是制品内部与前端强度高，伸长率低，外层与后端的强度低，伸长率高。

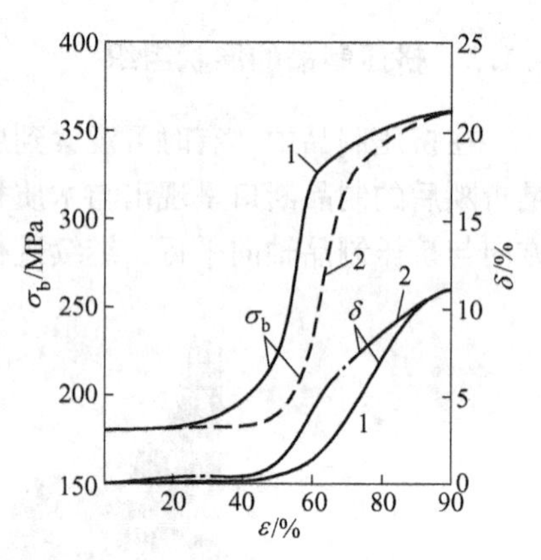

图3-6 镁合金沿挤压棒材横向与纵向上的强度极限和伸长率的变化
1—外层；2—内层

不同变形程度时，挤压制品的性能不均匀性为：当挤压比 λ 较小时、制品内部与外层的力学性能不均匀性较为严重；而当挤压比 λ 较大时，由于变形深入，制品性能的不均匀性减小；当挤压比很大时，内外部性能基本一致。

挤压制品力学性能的不均匀性还表现在制品的纵向和横向的差异上。挤压时的主变形图是两向压缩和一向延伸变形，这使金属纤维都朝着挤压方向取向，从而使其力学性能的各向异性较大。表3-2是挤压比为78的锰青铜棒不同方向上的力学性能。УНКЕДВ 认为，制品的纵向与横向力学性能的不均匀，主要是由于变形织构的影响，此外还与挤压后的制品晶粒被拉长、存在晶间的金属化合物沿挤压方向被拉长及挤压时气泡沿晶界析出有关。

表3-2 锰青铜棒的不同方向上的力学性能

取样方向	强度极限 σ_b/MPa	伸长率 δ/%	冲击韧性 a_k/N · m · cm^{-1}
纵向	472.5	41	38.4
45°	454.5	29	36.0
横向	427.5	20	30.0

对于空心制品（管材）断面上力学性能的不均匀性，原则上与实心的相同。

实践证明，纯金属的挤压制品无论在横向还是纵向上，力学性能的差异都比合金的小。力学性能的不均匀性取决于合金性质、挤压方法和挤压条件。

3.2.2 挤压效应

某些铝合金挤压制品与其他压力加工方法（如轧制、锻造等）得到的制品相比，经过相同热处理（淬火与时效）后，发现前者纵向上的抗拉强度要比后者的高，而伸长率比后者的低，通常将此种现象称为“挤压效应”。挤压效应出现在制品内部（外部因粗晶环而消失），组织是未再结晶的加工组织。表3-3所示为几种铝合金采用不同方法热加工后，采用相同的热处理制度进行淬火时效后的抗拉强度。

表 3-3 几种不同方法加工的铝合金制品淬火后的抗拉强度 σ_b （MPa）

合金牌号	6A02	2A14	2A11	2A12	7A04
轧制板材	312	540	433	463	497
锻件	367	612	509	—	470
挤压棒材	452	664	536	574	519

3.2.2.1 挤压效应产生的原因

研究发现，凡是含有过渡族元素 Mn、Cr、Ti、Zr 等元素的热处理可强化铝合金，都会产生挤压效应，如 2A11、2A12、6A02、2A50、2A14、7A04、7A09 等牌号的铝合金。而且，这些铝合金的挤压效应只有用铸造坯料挤压时才十分明显。

产生挤压效应的原因，一般认为有以下两个方面：

(1) 变形与织构。挤压时，变形金属处于强烈的三向压应力状态和二向压缩一向延伸的变形状态，变形区内的金属流动平稳。挤压制品的晶粒沿轴向延伸被拉长，形成了较强的［111］织构，即制品内大多数晶粒的［111］晶向和挤压方向趋于一致。对于面心立方晶格的铝合金制品来说，［111］晶向是其强度最高的方向，从而使得制品的纵向强度提高。

(2) 合金元素。由于铝合金中存在着能够抑制再结晶的 Mn、Cr 等过渡族元素，使得挤压制品在热处理后其内部仍保留着未发生再结晶的变形组织，这是其强度增加的本质。这是因为，合金中 Mn、Cr 等元素与铝组成的二元系状态图，具有结晶温度范围窄和在高温下固溶体中的溶解度小的特点。在铸造过程中，所形成的过饱和固溶体在结晶过程中分解出含锰、铬的金属间化合物 $MnAl_6$、$CuAl_7$ 弥散质点，并分布在固溶体内树枝状晶的周围构成网状膜。由于挤压过程中变形区内金属流动平稳，这个网状膜不破坏，只是沿挤压方向被拉长；又因为过渡族元素 Mn、Cr 在铝中的扩散系数很低，且 Mn 在固溶体内也妨碍金属自扩散的进行，从而阻碍了合金再结晶过程的进行，使金属的再结晶温度提高。制品在淬火加热过程中不易发生再结晶，甚至不发生再结晶，在热处理后的制品中仍保留着变形组织。

具有挤压效应的铝合金挤压制品经淬火后，其制品的周边部位往往会出现粗晶环，使其力学性能降低而削弱甚至抵消挤压效应，但中心部位则充分显示出挤压效应的特征。

大多数情况下，铝合金的挤压效应是有益的，它可以保证构件具有较高的强度，从而节省材料消耗，减轻构件重量。但对于要求各个方向力学性能较均匀的构件（如飞机的大梁型材、变断面型材的大头部位等），则希望挤压效应不太明显或不希望有挤压效应。

3.2.2.2 影响挤压效应的因素

(1) 挤压温度。挤压温度的影响主要取决于合金中的含 Mn 量。这是因为，合金中 Mn 的含量直接影响到淬火前加热过程中制品的组织能否发生再结晶和再结晶进行的程度。

对于含 Mn 量很少的 6A02 铝合金挤压制品，由于在淬火前的加热过程中能充分发生再结晶，故挤压温度对其性能的影响不大。

对于含 Mn 量超过 0.8%的硬铝合金挤压制品，由于合金中的含 Mn 量高，对再结晶的抑制作用明显，提高了合金的再结晶温度，在淬火前的加热过程中不易发生再结晶，故挤压温度对其性能的影响也不大。

对于含 Mn 量中等（含 0.3%~0.6%Mn）的硬铝和 6A02 铝合金，挤压温度对制品挤压效应有明显的影响，在不同的挤压温度下获得的挤压效应的程度不同。在含 Mn 量一定的情况下，挤压温度越高，挤压效应越明显。这是因为，挤压温度低时，会使金属产生冷作硬化，使晶粒破碎和在淬火前加热过程中 Al-Mn 固溶体分解加剧，易产生再结晶，其结果使挤压效应消失或减弱。挤压温度越高，发生再结晶的程度就会越小，挤压效应就会越显著。表 3-4 所示为含 Mn 量分别为 0.4%、0.46%的 2A12 合金制品不同挤压温度下的力学性能。

表 3-4 2A12 合金 T4 状态制品不同挤压温度下的力学性能

Mn 元素含量/%	挤压温度/℃	抗拉强度 σ_b/MPa	屈服强度 $\sigma_{0.2}$/MPa	伸长率 δ/%
0.4	380	460	295	22
	490	580	410	14
0.46	370	452	335	17
	400	540	339	15.3

（2）变形程度。变形程度对硬铝合金挤压效应的影响也与合金中的 Mn 含量有关。当 2A12 铝合金中不含 Mn 或含少量 Mn（0.1%）（严格来说这时已不能称为是 2A12 合金）时，增大挤压变形程度，会使合金的挤压效应减弱，制品的强度降低。这是因为随着挤压变形程度增大，使得制品组织的晶格歪扭和晶粒破碎的程度加剧，使其处于能量较高的热力学不稳定状态，降低了合金的再结晶温度，在淬火加热过程中易发生再结晶；而合金中又不含或只含少量抗再结晶的 Mn 元素，使得再结晶过程更容易发生，从而使挤压效应减弱甚至消失。表 3-5 所示为当变形量分别为 72.5%、95.5%时的不含 Mn 硬铝合金（T4 状态）挤压制品的力学性能。

表 3-5 不含 Mn 的硬铝合金（T4 状态）挤压制品不同变形量的力学性能

挤压变形量/%	抗拉强度 σ_b/MPa	屈服强度 $\sigma_{0.2}$/MPa	伸长率 δ/%
72.5	460	314	14
95.5	414	260	21.4

当硬铝合金中的含 Mn 量为 0.36%~1.0%时，随着含 Mn 量的提高，变形程度越大，挤压效应越显著。据实验，对于含 0.36%Mn 的 2A12 铝合金，当变形量 $\varepsilon=72.5\%$时，其强度低；当 $\varepsilon=83.5\%$时，强度中等；当 $\varepsilon=95.5\%$时，强度高。这与合金中不含或含少量 Mn 时呈现出相反的情况。其原因是对于含 Mn 量中等的硬铝合金，经过高温均匀化退火的坯料，合金中的锰以 $MnAl_6$相质点形态析出并聚集长大，削弱了对再结晶的抑制作用。在挤压过程中，在均匀化过程中聚集长大了的 $MnAl_6$相质点又发生破碎并弥散分布到基体中去，对再结晶过程的发生起到了阻碍作用。挤压时的变形程度越大，第二相质点的破碎越严重，分布更加弥散，对再结晶的阻碍作用越大，挤压效应也就越显著。

变形程度对不同 Mn 含量的 7A04 铝合金挤压效应的影响也与 2A12 铝合金相似。

（3）坯料均匀化退火的影响。对坯料进行充分的均匀化退火处理可削弱或消除挤压效应。原因是在长时间的高温均匀化退火过程中，影响再结晶的化合物将被溶解，包围枝晶的网状膜组织消失，对再结晶的抑制作用减弱。均匀化退火温度越高，保温时间越长，冷却速度越慢，挤压效应的损失就越大。

（4）淬火温度与保温时间的影响。产生挤压效应的实质是在淬火后的制品中仍保留有未发生再结晶的变形组织。淬火时的加热温度越高，保温时间越长，越容易发生完全再结晶，挤压效应损失越大甚至完全消失。

（5）二次挤压的影响。二次挤压是指用大吨位挤压机提供的挤压坯料在小吨位挤压机上再挤压较小规格制品的挤压生产方式。二次挤压工艺在生产小规格铝合金管材、棒材、型材时经常被采用。采用二次挤压后，合金的挤压效应将减弱甚至全部消失。X 光分析的结果表明，二次挤压引起合金在一定程度上发生了再结晶，这是造成挤压效应减弱或消失的主要原因。

（6）其他添加元素的影响。除了过渡族元素以外，合金中的其他杂质元素也会对挤压效应产生一定程度的影响。在 Al-Zn-Mg 和 Al-Zn-Mg-Cu 系合金中，如果提高杂质 Fe、Si 的含量，会形成粗大的不固溶的 $Al_6(FeMn)$ 和 Mg_2Si 相，降低了对再结晶的抑制作用，使挤压效应减弱。

3.2.2.3 挤压效应的实际应用

（1）为了得到具有较高纵向强度（σ_b、$\sigma_{0.2}$）的铝合金挤压制品，希望挤压效应显著一些，而挤压效应又是在第一次挤压时的效果最为显著。为了获得高的挤压效应，可采用较高温度进行挤压，这是最简便的方法。此外，还可考虑适当提高合金中过渡族元素和主要合金元素的含量，或采用不进行均匀化退火的坯料。

（2）对于要求横向性能的大断面型材，则应适当减小挤压效应。一般可对坯料进行长时间均匀化退火，采用较低的挤压温度，增大填充时的横向变形量或延长淬火保温时间等。

（3）对于力学性能要求不高的制品、退火状态交货的制品、冷加工用坯料等，不需要考虑对挤压效应的影响，宜采用低温挤压，以获得易于在退火时完全再结晶的组织，并可以提高挤压速度。

3.3 挤压制品裂纹

3.3.1 裂纹产生的原因

在实际生产中，某些合金在挤压时，制品表面常出现裂纹，此种裂纹大多外形相同，间距相等，呈周期分布，通常称为周期裂纹，如图 3-7 所示。裂纹一般出现在高温塑性差的合金中，如锡磷青铜、锡黄铜、硬铝等合金。

下面以正挤压实心棒材为例分析裂纹产生的原因。

裂纹的产生与金属在挤压时的受力情况有直接关系。由于外摩擦力的作用使坯料表面的流动受到阻碍，则产生金属的不均匀变形，在棒材内层金属流速大于外层金属流速，从而使外层金属受到拉副应力作用，在内层则受到压副应力作用。在挤压时所发生的副应力分布，如图 3-8 所示。这种拉副应力的产生，就会在挤压过程中有利于裂纹的形成。裂纹的形状不仅与应力的分布有关，而且与变形的动力变化过程也有关系。

图 3-7 挤压制品的周期裂纹

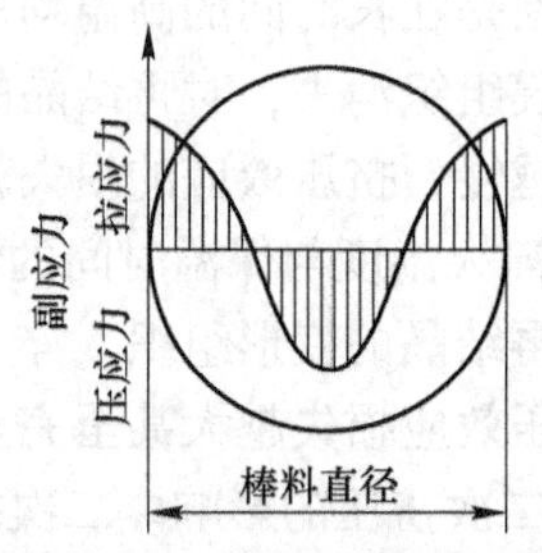

图 3-8 挤压时副应力分布

在挤压过程中，当有裂纹发生时，在最尖的裂纹角落里发生了应力集中现象，因而更增加了裂纹的深度。裂纹的形状根据其裂纹加深速度和金属的流动速度而定。例如，当裂纹的加深是等减速，金属通过变形区的运动是等速时，则裂纹的形状如图 3-9 所示。一般来说，副应力是愈趋近于变形区的出口其数值愈大，如图 3-10 所示是副应力在变形区变化及金属生成周期裂纹的过程。在图中 *a*—*a*、*b*—*b*、*c*—*c* 是表示铸锭相应各断面上副应力分布。曲线 1 为断面 *a*—*a* 上分布的副应力，曲线 2 为断面 *a*—*a* 上分布的基本应力，曲线 3 为在 *a*—*a* 断面上的副应力和基本应力合成后的结果，称为工作应力。由图可知，副应力越接近于变形区域的出口，由于金属内、外层流速差逐渐增加，所以其数值越大。当变形区压缩锥中的工作应力达到了金属的实际断裂强度极限时，在表面上就会出现向内扩展的裂纹，其形状与金属通过变形区域的速度有关。裂纹的发生就消除了此局部的拉副应力，当裂纹扩展到 *K* 时，裂纹顶点处的工作应力降低到断裂强度极限以下，第一个裂纹不再向内部扩展。随着金属变形不断地进行，金属又会由于拉副应力的增长，当工作应力超过金属的断裂强度极限时，又出现第二个裂纹，依此类推。因此在制品表面就会不断地出现裂纹，形成周期性裂纹。

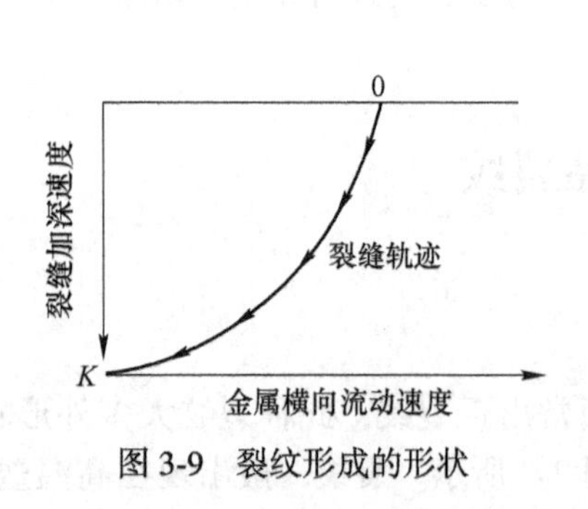

图 3-9 裂纹形成的形状

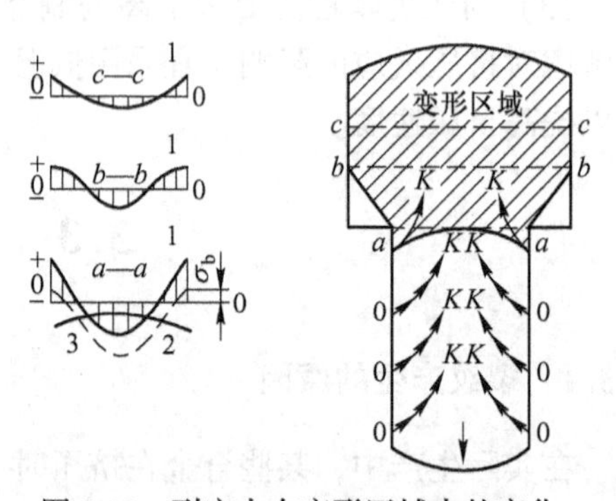

图 3-10 副应力在变形区域内的变化

在生产中最易出现周期性裂纹的合金有硬铝、锡磷青铜、铍青铜、锡黄铜 HSn70-1 等，这些合金在高温下的塑性温度范围较窄（100℃左右），挤压速度稍快，变形热来不及逸散而使变形区压缩锥内的温度急剧升高，超出了合金的塑性温度范围，在晶界处低熔点物质就要熔化，所以在拉应力的作用下产生断裂。

有些合金在高温下易黏结工具出现裂纹、毛刺，这类裂纹有韧性断裂的特征。如 QAl10-3-1.5、HSi80-3、HPb59-1、QBe2.0 等，在其挤压制品的头部常常出现裂纹。

3.3.2 消除裂纹的措施

（1）在允许的条件下采用润滑剂、锥模等减少不均匀变形。

（2）采取合理的温度-速度规程，使金属在变形区内具有较高的塑性。一般来说，挤压温度高，则挤压速度要慢；挤压温度低，则挤压速度适当增大。

（3）增加变形区内基本应力数值。例如，适当增大模子工作带长度、增加变形程度等（以能耗多为代价）、施加反压力等。

3.4 挤压缩尾

挤压缩尾也称缩尾，是挤压生产中特有的一种制品缺陷，其产生的原因是当挤压快要结束时，由于金属的径向流动及环流，锭坯表面的氧化物、润滑剂及污物、气泡、偏析瘤、裂纹等缺陷进入制品内部，形成的一种漏斗状、环状、半环状的疏松组织缺陷，具有一定规律的破坏制品组织连续性、致密性的缺陷，降低了材料的力学性能。

根据缩尾在制品中分布的位置可分中心缩尾、环形缩尾、皮下缩尾三类，如图 3-11 所示。下面以正向挤压棒材为例对这三种类型的缩尾进行分析。

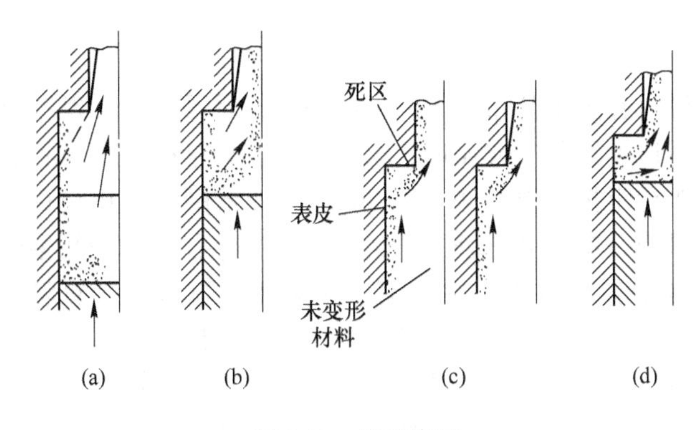

图 3-11 挤压缩尾

3.4.1 中心缩尾

中心缩尾发生在制品尾部的中心部位，呈中空漏斗状（在实心圆柱体中挖出一个圆锥体）（见图 3-11（a））。在挤压后期（紊流阶段），挤压筒中剩余的坯料高度较小（小于变形区高度），挤压垫片进入变形区，整个挤压筒内的剩余坯料处在紊流状态。随着坯料高度的不断缩小，金属径向流动速度不断增加，用来补充由于坯料中心部分比外层金属流速快而造成短缺，于是坯料后端表面的氧化物和润滑剂等集聚在坯料中心部位，进入制品内部。当挤压到最后即使剩余的坯料全部金属都用来补充中心部分的金属短缺都不够，于是在制品中心部分出现了空缺，呈漏斗状。中心缩尾主要是由于在挤压垫上抹油（使尾端弹性区过小）或压余过薄，挤压过程停止较晚造成金属供应严重不足等原因而形成的。中心缩尾在生产中一般很少见到，多数留在压余中，很少流到制品中。

3.4.2 环形缩尾

环形缩尾是缩尾中最主要、最常见的一种，出现在尾部横断面的中间部位（注意不是中心），其形状是一个完整或部分圆环（见图3-11（b））。环形缩尾的形状和分布受挤压条件、合金种类、制品形状及模孔排列等条件的影响。

在无润滑挤压过程中，若坯料外层金属的挤压温度显著降低，使金属的变形抗力增高，再加上坯料与挤压筒接触表面的摩擦力大，那么在坯料与挤压筒接触面不产生滑移，同时在挤压垫片处又存在难变形区，这时坯料表面的氧化物、脏物就沿难变形区的周围界面进入金属内部，分布在制品的中间层，形成环形或部分环形。环形缩尾长度的分布具有以下规律：

（1）正挤压比反挤压的长；

（2）不润滑挤压的比润滑挤压的长；

（3）单孔模比多孔模的长；

（4）软合金比硬合金的长；

（5）垫片表面光滑或涂油的比表面粗糙或不抹油的长。

在实际生产中，要尽量减小环形缩尾的长度，提高成材率。

3.4.3 皮下缩尾

皮下缩尾是一种没有固定分布规律的挤压缺陷，严重时可出现在制品的中段，甚至前端，大多数情况呈不连续的圆形或弧形的线状薄层，分布在挤压制品边缘部分。实际生产中成层缺陷大多分布在距挤压制品表面0.3~1.5mm范围的表皮层内。如图3-11（c）和（d）所示。在有润滑挤压时，由于死区产生在模端面周围，有时铸锭表面的氧化物、润滑油污等从死区周围的界面进入材料内部，而呈现在制品的表面层，如图3-11（c）所示，挤压后压余和死区可简单分离。但是，在此情况下死区不是完全刚性体，往往死区的材料也通过模出口一点一点流出，其结果如图3-11（d）所示。死区流出的金属出现在制品的表面，而通过死区周围界面的氧化物、油污进入制品的内层，被死区流出的金属包覆着，而表皮的金属易胀起，有时要脱落。特别是在挤压后期，当死区界面因剧烈滑移使金属受到强烈的剪切变形而断裂时，铸锭表面的氧化层、润滑剂沿着断裂面流出，更容易形成皮下缩尾。

3.4.4 减少挤压缩尾的措施

缩尾的存在对制品而言是非常有害的，所以应对制品做断面检查，针对缩尾成因来避免缩尾，或切除这些缺陷。

（1）留足够的压余。在生产中减少制品出现缩尾的主要措施是留足够的压余。为了防止形成的缩尾流入制品中，在挤压末期留一部分金属在挤压筒内而不全部挤出，将此部分称为压余。压余的厚度一般为锭坯直径的10%~30%，最后将压余与制品分离。

在制品前端，由于变形量过小，保持着一定的铸造组织，在实际生产中，在制品前端应切去100~300mm长的几何废料。

（2）脱皮挤压。脱皮挤压使锭坯外表层金属留在挤压筒内，减小或消除挤压缩尾。

在生产中，对一些合金（如黄铜棒材和铝青铜棒材）常采用脱皮挤压，这时的挤压垫片直径比挤压筒内径小1~4mm，挤压时，垫片压入锭坯挤出锭坯内部金属，而锭坯外皮留在挤压筒内，然后换用与挤压筒内径相当的清理垫，挤压杆推动清理垫，将皮壳推出挤压筒。

（3）控制工艺条件。保证锭坯表面的清洁，减少模子和挤压筒表面的粗糙度，减少金属同工具间的温差以及降低挤压末期的挤压速度均可使缩尾减少，还可以采用润滑挤压或反向挤压来减少缩尾。

3.5　挤压制品的质量控制

当挤压工艺、模具与挤压机的各参数控制不当时，这些方面的综合作用会导致制品出现种种缺陷，降低质量，增加工艺废品量，降低成品率。因此，要对这些影响挤压制品质量的各种因素及参数进行控制，提高制品质量。

在对挤压制品质量进行合理控制之前，应了解挤压制品的质量，包括横断面上和长度上的形状与尺寸、表面质量及其组织性能等。

3.5.1　制品断面形状与尺寸

无论是热加工态的成品还是毛料，其实际尺寸最终都应控制在名义尺寸的偏差范围内，其形状也应符合技术条件的要求。由于下述一些原因，挤出的制品断面尺寸和形状可能与要求不符：

（1）型材挤压时的流动不均匀性。它所导致的缺陷有拉薄、扩口、并口等，一般可采用更改模孔设计、修模或型辊矫正的方式克服。

（2）工作带过短，挤压速度和挤压比过大。这样可能产生工作带内的非接触变形缺陷，使制品的外形与尺寸均不规则。

（3）模孔变形。在挤压变形抗力高、热挤温度比较高的白铜、镍合金制品时，模孔极易塑性变形，从而导致制品断面形状与尺寸不符合要求。

（4）工模具不对中或变形。挤压机运动部件的磨损（卧式挤压机上较为严重）不均或调整不当，致使各工模具间装配不对中，未更换变形了的工模具，都有可能导致管材偏心。

3.5.2　制品长度上的形状

由于工艺控制或模具上的问题，常产生沿长度方向上的形状缺陷，某些较轻微的缺陷可在后续的精整工序中纠正，严重时则报废。

（1）弯曲。模孔设计不当与磨损，使制品出模孔时单边受阻，流动不均匀，立式挤压机上制品掉入料筐受阻等，都可使挤压制品弯曲。一般，可以用矫直工序（压力矫直、辊式矫直或拉伸矫直）予以克服。

（2）扭拧。由于模孔设计及工艺控制不当，金属的不均匀流动常会出现型材扭拧缺陷。轻度扭拧可用牵引机或拉伸矫直克服，重度扭拧因操作困难或拉伸矫直引起断面尺寸超差往往使废料量增加。

3.5.3 制品表面质量

挤制品表面应清洁、光滑，不允许有起皮、气泡、裂纹、粗划道，但允许表面有深度不超过直径与壁厚允许偏差的轻微擦伤、划伤、压坑、氧化色和矫直痕迹等。

对需继续加工的毛料，可在挤后进行表面修理，以去除轻微的气泡、起皮、划伤与裂纹等缺陷以保证产品质量。

（1）裂纹。裂纹的产生与流动不均匀所导致的局部金属内附加拉应力大小有关。周期性横向裂纹是挤压工艺废料产生的重要缺陷之一。因此，可采取以下工艺措施加以防范：制订与执行合理的温度速度规程；增强变形区内的主应力强度（可通过增大挤压力、模子工作带长度以及带反压力来实现）；采用挤压新技术（水冷模挤压、冷挤压、润滑挤压、等温挤压，以及梯温锭挤压等）。

（2）气泡与起皮。铸造过程中，析出的或未能逸出的气体分散于铸锭内部。挤压前加热时，气体通过扩散与聚集形成明显的气泡。在较高的加热温度下，气泡界面上的金属可能被氧化而未能在挤压时焊合。若冷却水与润滑油进入筒壁上，锭坯与筒壁间隙较大，挤压时有可能生成金属皮下气泡。若挤压过程中，特别在模孔内，当表皮下气泡被拉破，则形成起皮缺陷。挤压末期产生的皮下缩尾，在出模孔前表面金属不连续，也会以起皮缺陷呈现出来。

（3）异物压入。异物压入是指非基体金属压入制品表面而成为表面的一部分或剥落留下凹陷的疤痕等缺陷。异物来源可能是工具表面上粘结的冷硬金属，不完整的脱皮，及锭坯带入筒内的灰尘与异物等。

（4）划伤与擦伤。挤压过程中，残留工具与导路、承料台上的冷硬金属，磨损后的凹凸不平的工具表面，都会在制品表面上留下纵向沟槽或细小擦痕，使制品表面存在肉眼可见的缺陷。

（5）挤制品焊缝质量。在无穿孔系统挤压机上用实心锭坯挤压焊合性能良好的铝合金空心型材与管材时，一般使用组合模。镦粗后的锭坯在挤压力作用下被迫分为2~5股金属通过分流孔，然后在环状焊合腔内高温高压条件下焊合并流出模孔成材。因此，实际上存在着纵向直焊缝，焊缝数即为分流孔数。焊缝强度不合要求的制品横向力学性能差。

为了获得高强优质焊缝，可采取如下措施：

（1）正确设计组合模焊合室高度，使焊合室内存在一个超过被挤金属材料屈服强度约10~15倍的均衡高压应力。

（2）采用适当的工艺参数，如较大的挤压比，较高的挤压温度，以及不太快的、不波动的挤压速度。挤压空心型材时的温度-速度规程如表3-6所列。

（3）洁净焊合腔内表面，不得使用润滑剂。

表3-6 铝及铝合金空心型材的挤压温度-速度规程

合金牌号	铸锭温度/℃	挤压筒温度/℃	金属流出速度/mm · s^{-1}
1070A，1060，1050A，1035，1200，8A06，6A02	400~500	—	13~50
5A06	420~470	400~450	12~22
2A11，2A12	420~450	—	8~33

思　考　题

3-1 挤压制品具有什么样的组织和性能特征?

3-2 影响挤压制品组织不均匀性的主要原因有哪些?简述挤压制品组织不均匀性的几种表现形式。

3-3 简述粗晶环的定义及形成的原因。它的存在会对制品的性能产生什么样的影响?并简述消除粗晶环的措施。

3-4 层状组织形成的原因是什么?减少或消除层状组织的措施是什么?

3-5 挤压效应的存在会对制品的性能产生什么样的影响?其原因是什么?

3-6 挤压效应的影响因素有哪些?它与粗晶环相比的异同点是什么?

3-7 简述缩尾的类型及每一种缩尾产生的原因及预防的措施。

3-8 挤压制品裂纹产生的原因是什么?如何减少或者消除挤压裂纹?

3-9 挤压制品的质量包括哪些内容?

3-10 如何进行挤压制品组织性能的控制?

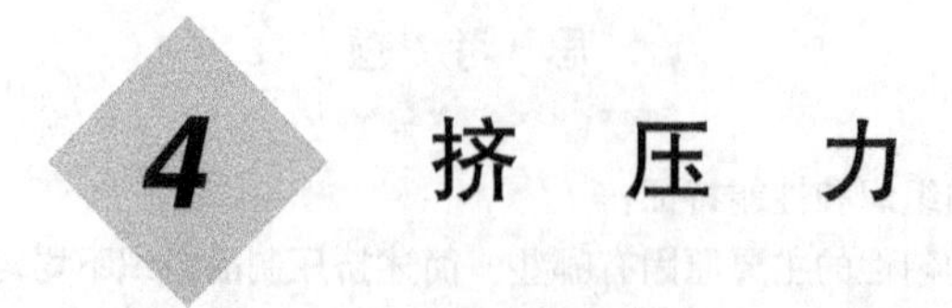

4 挤 压 力

通过挤压杆（轴）及挤压垫作用在金属坯料上并使金属从模孔中流出所需要的外力（P），称为挤压力。单位挤压垫面积上的挤压力称为单位挤压力（σ）。

$$\sigma_j = \frac{P_{max}}{F_d} \tag{4-1}$$

式中 F_d——挤压垫端面面积，即挤压筒面积或挤压筒与穿孔针之间的环形面积。

在挤压过程中，随着挤压杆（轴）的移动挤压力是变化的。对于正向挤压，一般在填充挤压阶段结束，金属开始从模孔中流出时挤压力达到最大值，在基本挤压阶段结束时达到最小值。通常所说的挤压力和计算的挤压力是指挤压过程中的突破压力 P_{max}。挤压力是制订挤压工艺、选择与校核挤压机能力以及检验零部件强度与工模具强度的重要依据。

4.1 影响挤压力的因素

影响挤压力的因素主要有：金属变形抗力、变形程度（挤压比）、挤压速度、锭坯与模具接触面的摩擦条件、挤压模角、制品断面形状、锭坯长度以及挤压方法等。

4.1.1 金属变形抗力的影响

理论和实验研究都表明，挤压力随金属的坯料变形抗力的增加而线性增加。

4.1.2 坯料长度和规格的影响

在不同的挤压条件下金属与挤压筒和穿孔针接触表面的摩擦状态不同，坯料的长度和规格对挤压力的影响规律也不一样。

（1）坯料长度的影响。在正向挤压时，由于在稳定挤压阶段，金属坯料与挤压筒接触表面之间有很大的摩擦力存在，所以坯料的长度对挤压力有很大影响，坯料长度越长，挤压力就越高，如图4-1所示。

（2）坯料规格的影响。在正向挤压时，坯料规格对挤压力的影响和坯料长度对挤压力的影响相同，均是通过摩擦力产生作用的。坯料的直径越粗，与挤压筒壁接触的摩擦面积越大，挤压力就越大。当挤压筒直径一定时，穿孔针直径越粗，金属与针的接触摩擦面积也越大，挤压力也越大。当挤压筒、穿孔针直径一定时，坯料越长，金属与筒和针的接触摩擦面积也越大，挤压力也越大。

当用反向挤压时，坯料的长度对挤压力没有任何的影响，因为反向挤压变形区只集中在模口附近，并且只有进入此区域的材料才流入模子中，而其余部分金属处于不动的状态。

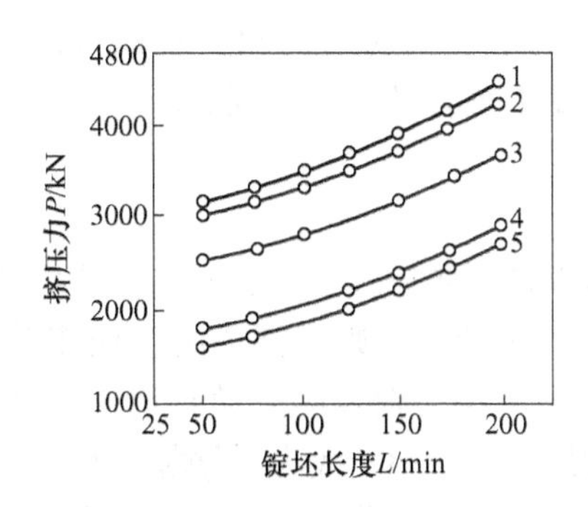

图 4-1 锭坯长度对挤压力的影响
（挤压条件：挤压筒 80mm，$v_{流}=480mm/s$，
模角 $\alpha=60°$，工作带长 $l=8mm$，石墨润滑）
1—QSn4-0.3；2—B30；3—H96；4—$T_2\sim T_4$；5—H62

4.1.3 工艺参数的影响

（1）温度。因为所有金属和合金的变形抗力都是随着温度的升高而下降的，所以挤压力也随着温度的升高而降低，如图 4-2 所示。因此，所有的金属及合金应在加热状态下，并在金属性质与加工体系所容许的尽可能高的温度中进行加工。

（2）变形程度。当变形程度增加时，金属通过模孔所需要的挤压力增加。如图 4-3 所示，当铜在 850~870℃温度下挤压时，随着挤压比的增加，挤压应力增加。

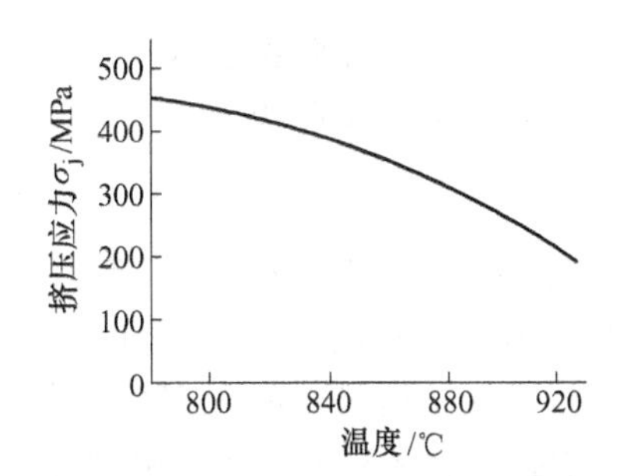

图 4-2 挤压温度对挤压应力的影响
（材料：QAl10-4-4；实验条件：
挤压比 $\lambda=4.0$，工厂条件下测定）

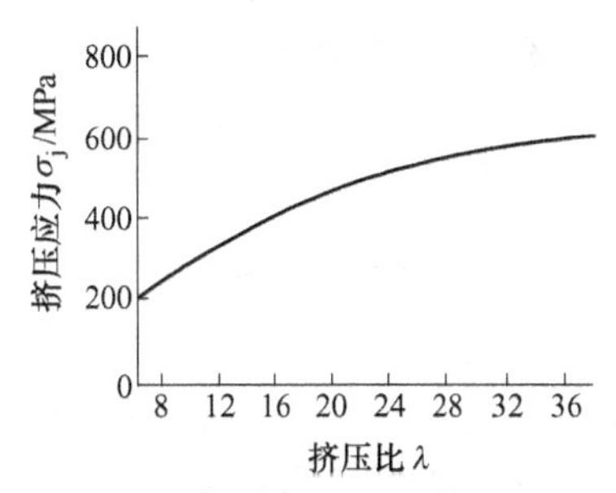

图 4-3 变形程度对挤压
应力的影响

（3）挤压速度。在加热状态挤压时，挤压速度对挤压力的影响较大。图 4-4 是 H68 黄铜坯料加热到 650℃和 700℃时，用不同速度挤压所得到的挤压力变化曲线。可以看出，对于同一挤压速度，锭坯的加热温度越高，材料的变形抗力越低，挤压力也就越小。此外，还可看到，在挤压过程开始时，当挤压速度越高，所需的挤压力就越大；在挤压后期，由于锭坯在挤压筒中的冷却，挤压到后面部分时，若挤压速度越慢，则需要的压力就越高。一般，在某一挤压速度以上，在稳定挤压阶段，挤压力是随着坯料长度的减少而降低的，这主要是因为变形和摩擦热使坯料的温度升高，另一方面也因为挤压筒与坯料接触面摩擦力减小。另外，在图 4-4 中，在稳定挤压阶段，当挤压温度为 700℃，速度为

6mm/s 与 9mm/s 时，挤压力随着坯料长度的减少不断升高，这主要是由于挤压速度慢，挤压时间长，材料冷却而使变形抗力升高所造成的。

4.1.4 挤压模子的影响

（1）模角的影响。图 4-5 是正向挤压模角 α 对挤压应力的影响。在第 2 章已叙述了模角 α 对金属流动的影响：模角 α 越大，则在挤压时金属流动越不均匀，使金属变形功增大，挤压力增大；而当模角 α 越小，则金属流动越均匀，金属变形功也减小了，但是由于金属与工具的摩擦面积增加，使摩擦功大大地增加，综合影响的结果是挤压力增大。因此，在挤压时实际存在一个合理的模角范围，在此范围内挤压力最低。

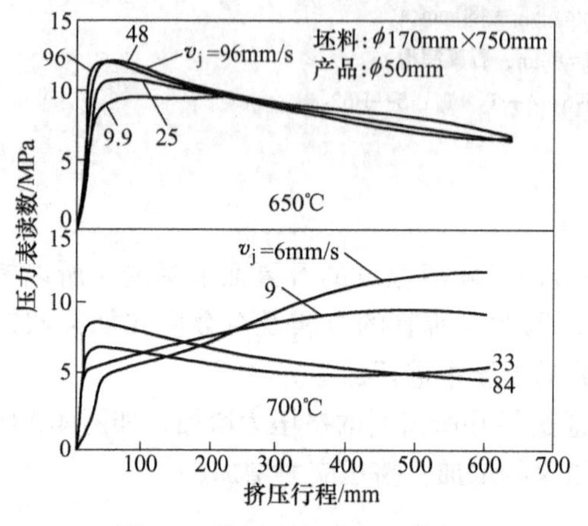

图 4-4 挤压速度对 H68 黄铜挤压力-行程曲线的影响

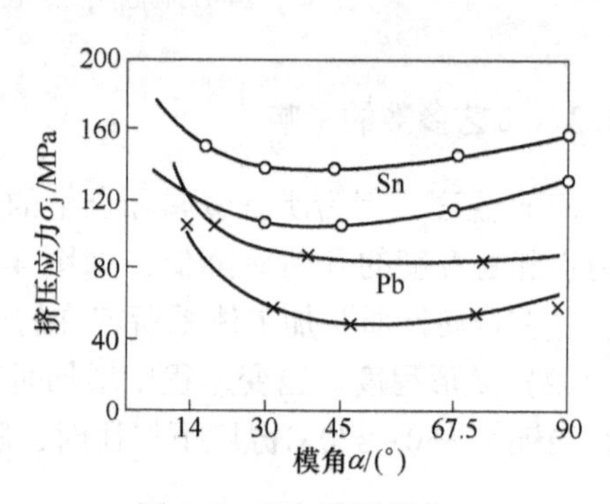

图 4-5 正向挤压模角 α 对挤压应力的影响

（2）模子的结构形式。挤压断面形状比较复杂的普通空心型材所需要的挤压力大于挤压棒材，而挤压空心型材所需要的挤压力大于实心型材。在其他条件相同的情况下，采用平面分流模挤压空心型材所需要的挤压力比用舌形模挤压空心型材的大 30%左右。

（3）模孔的工作带长度。随着模孔工作带长度增加，克服工作带摩擦阻力所需要的挤压力增大。一般消耗在克服工作带摩擦阻力的挤压力占总挤压力的 5%~10%。

4.1.5 外摩擦条件的影响

摩擦是产生金属流动不均匀的主要原因，其中挤压筒壁上的摩擦力对金属流动的影响最大。

（1）不润滑挤压筒时，筒壁对变形金属的流动会产生很大的摩擦阻力，使变形区增大，死区增大，坐标网格变形及畸变严重，外层金属流动滞后于中心层金属，流动特别不均匀。

（2）润滑挤压可减少摩擦，并可以防止工具黏结金属，减小金属流动的不均性。

（3）正常挤压时不允许润滑挤压垫，避免产生严重的挤压缩尾；用分流模挤压空心型材时不允许润滑模子，避免焊合不良或不能焊合。

（4）挤压管材时，由于穿孔针的摩擦及冷却作用，降低了内层金属的流动速度，从而减小了内外层金属的流速差，减小了金属流动的不均匀性。

（5）挤压型材时，根据其断面各部位的壁厚尺寸大小及距模子中心的距离、外摩擦状况等，将模具各部分设计成不同长度的工作带，可以调整金属的流速，减少金属流出模孔的不均匀性。

4.1.6 产品断面形状的影响

制品断面形状只是在比较复杂的情况下，才对挤压力有明显的影响。制品断面复杂程度系数 C_l可按式（4-2）计算：

$$C_l = \frac{\text{型材断面周长}}{\text{等断面积圆周长}} \tag{4-2}$$

根据实验确定，只有当断面复杂程度系数大于1.5时，制品断面形状对挤压力的影响才比较明显。

4.1.7 挤压方法的影响

不同的挤压方法所需的挤压力不同。反挤压比相同条件下正挤压所需的挤压力低30%~40%以上，采用侧向挤压比正向挤压所需的挤压力大，而采用有效摩擦挤压、静液挤压、连续挤压比正挤压所需的挤压力要低得多。

4.1.8 挤压操作的影响

除了上述影响挤压力的因素外，在实际挤压生产中还会因为工艺操作和生产技术等方面的原因而给挤压力的大小带来很大影响。例如，由于加热不均匀，挤压速度太慢或挤压筒加热温度太低等因素，均可导致挤压力在挤压过程中产生异常变化。如图4-4中当挤压速度为6mm/s和9mm/s时，随着挤压过程的进行，所需要的挤压力逐渐增大，有时可能造成闷车事故。

4.2 挤压力计算

目前，适用于计算挤压力的算式有很多种。根据对推导时求解方法的归纳，大致可分为以下4组：

（1）借助塑性方程式求解应力平衡微分方程式所得到的计算公式；

（2）利用滑移线法求解平衡方程式所得到的计算公式；

（3）根据最小功原理和采用变分法所建立起来的计算公式；

（4）基于挤压应力与对数变形指数 $\ln\lambda$ 之间存在的线性关系而建立起来的经验公式或简化算式。

评价一个计算公式的适用性，首先是看它的精确度是否高，是否能够满足计算要求，而这与该公式本身建立的理论基础是否完善、合理，考虑的影响因素是否全面有关。其次是与计算式中包含的系数、参数能否正确选取有关。另外，能否应用于各种不同的挤压条件。

目前，尽管滑移线法、上限法和有限元法等在解析挤压力学方面已有长足的进展，但是目前用在工程计算上尚有一定的局限性。它们或者由于只限于解平面应变，或者由于计算手续繁杂，工作量大，而尚未在工程实际中获得广泛应用。因此，在挤压界一般仍广泛使用一些经验算式，简化算式，或按照第一种方法得到的计算式。

4.2.1 И.Л. 皮尔林公式

4.2.1.1 公式推导过程

皮尔林借助于塑性方程式和力平衡方程式联立求解的方法，建立了如表4-1所列的挤压力计算公式。由表可知，皮尔林公式在结构上是由四部分组成的：为了实现塑性变形作用在挤压垫上的力 R_s，为了克服挤压筒壁上的摩擦力而作用在挤压垫上的力 T_t，为了克服塑性变形区压缩锥面上的摩擦力而作用在挤压垫上的力 T_{zh}，以及为了克服挤压模工作带壁上的摩擦力而作用在挤压垫上的力 T_g。在这里，它忽略了以下三个可能的作用力：克服作用于制品上的反压力（+）和牵引力（-）Q，克服因挤压速度变化所引起的惯性力 I，以及挤压末期克服挤压垫上摩擦力 T_d等。

表4-1 И.П. 皮尔林挤压力公式汇总表

棒型材

挤压条件 / 挤压力分量	圆锭		扁锭
	单模孔挤压	多模孔挤压	单模孔挤压
R_s	$0.785(i+i_j)\left(\cos^{-2}\dfrac{\alpha}{2}\right)D_0^2\times 2\bar{S}_{zh}$		$1.15a_0b_0i\alpha(\sin^{-1}\alpha)\times 2\bar{S}_{zh}$
T_{zh}	$0.785i(\sin\alpha)D_0^2f_{zh}\bar{S}_{zh}$		$a_0b_0i(\sin^{-1}\alpha)f_{zh}\bar{S}_{zh}$
T_g	$\lambda F_gf_gS_{zh1}$	$\lambda(\sum F_g)f_gS_{zh1}$	$\lambda F_gf_gS_{zh1}$
T_t	$\pi D_0(L_0-h_s)f_tS_t$		$2(a_0+b_0)(L_0-h_s)f_tS_t$

圆管材

挤压条件 / 挤压力分量	圆锭		
	圆柱式固定针挤压	瓶式固定针挤压	桥式舌模挤压
R_s	$0.86i\left(D_0^2\cos^{-2}\dfrac{\alpha}{2}-d_1^2\cos^{-2}\dfrac{\varphi}{2}\right)\times 2\bar{S}_{zh}$		$0.75iD_0^2\times 2\bar{S}_{zh}$
T_{zh}	$1.57\sin^{-1}\alpha(D_0^2-d_1^2)\times\left[\ln\left(\dfrac{D_0-d_1}{D_1-d_1}\right)\right]f_{zh}\bar{S}_{zh}$	$\pi\left(\sin\dfrac{\alpha+\alpha_0}{2}\tan^{-2}\dfrac{\alpha-\alpha_0}{2}\right)\times t_0^2\left(\ln\dfrac{t_0}{t_1}\right)f_{zh}\bar{S}_{zh}$	$1.57D_0^2\left(\ln\dfrac{D_0-d_1}{D_1-d_1}\right)\bar{S}_{zh}$

续表 4-1

挤压条件 / 挤压力分量	圆锭		
	圆柱式固定针挤压	瓶式固定针挤压	桥式舌模挤压
T_g	$\pi(D_1+d_1)h_g\lambda f_g S_{zh1}$		
T_t	$\pi(D_0+d_1)(L_0-h_s)f_t S_t$		$\pi D_0 L_0 f_t S_t$

注：1. $i_j=\ln\sqrt[4]{\sum F_1 \bar{t}^{-2}}$，挤压 m 等断面圆棒材时，$i_j=\dfrac{1}{4}\ln m$；单模孔挤压圆棒材时，$i_j=0$。F_1 为制品断面积。

2. $\bar{t}$ 为型材平均壁厚，$\bar{t}=(t_1+t_2+\cdots+t_n)/n$。

3. a_0，b_0 为填充挤压后的锭坯宽度与高度。

4. φ 为挤管时，压缩锥开始球面与穿孔针表面的交线至锥顶连线所成夹角，$\varphi=\sin^{-1}\left(\dfrac{d_1}{D_0}\sin\alpha\right)$。

5. d_0，d_1 分别为瓶式针的针干与针尖的直径，d_1 亦表示圆柱式针直径。

6. α 为挤压模半锥角；平模正挤压时，$\alpha=60°$；平模反挤压时，$\alpha\approx80°$。

7. α_0 为瓶式针过渡锥面半锥角。

8. T_t 为对反挤压和静液挤压，令 $T_t=0$；对圆柱式随动针加压，可按圆柱式固定针挤压的公式计算，令 $D_1=0$。

9. 当 $\alpha>60°$时，$h_s=\dfrac{D_0-D_1}{2}(0.58-\cot\alpha)$；当 $\alpha\leqslant60°$时，$h_s=0$。

10. t_0，t_1 为穿孔后锭坯和管子的壁厚。

11. f_{zh}，f_g，f_1，$\bar{S}_{zh}$，S_g，S_t 的值见 4.2.1.2 节。

A 为了实现塑性变形作用在挤压垫上的力 R_s（不计接触摩擦）

为简化推导过程，提出以下假设：

（1）主应力面球面假定——变形区压缩锥主应力面设为球面形；

（2）平均化假定——压缩锥主应力球面上的塑性变形抗力 K_{zhx}、主应力 σ_{lx}，以及流动速度皆均匀分布，且终了球面 $A_1B_1C_1$ 上的主应力，$\sigma_{l1}=0$；

（3）$\tau_h=fS$——接触表面上的摩擦遵守库仑摩擦定理。

根据以上假设，作用在开始球面上的变形力 R_s 为：

$$R_s=\sigma_{l0}F_p \tag{4-3}$$

式中 σ_{l0}——$\overset{\frown}{A_0B_0C_0}$ 面上的应力；

F_p——$\overset{\frown}{A_0B_0C_0}$ 面的面积。

如图 4-6 所示，用单孔锥模挤制圆棒时，变形区压缩锥由接触锥面、开始球面 $\overset{\frown}{A_0B_0C_0}$ 和终了球面 $\overset{\frown}{A_1B_1C_1}$ 所围成，锥顶在 o 点。在压缩锥内取两个距终了球面分别为 x 和 $x+dx$ 的无限接近的同心球面 $\overset{\frown}{ABC}$ 和 $\overset{\frown}{A'B'C'}$。它们构成了一个单元体，其上分别作用有主应力 σ_{lx}、$\sigma_{lx}+d\sigma_{lx}$ 和 σ_{rx}。根据前述，已知 $\sigma_l>\sigma_r$，则可认为在塑性变形区压缩锥内的塑性条件是：

$$|\sigma_r|-|\sigma_l|=2\overline{S_{zh}}=\overline{K}_{zh} \tag{4-4}$$

式中 $\bar{S}_{zh}$——塑性变形区压缩锥内的金属平均塑性剪切应力；

$\bar{K}_{zh}$——塑性变形区压缩锥内的金属平均变形抗力。

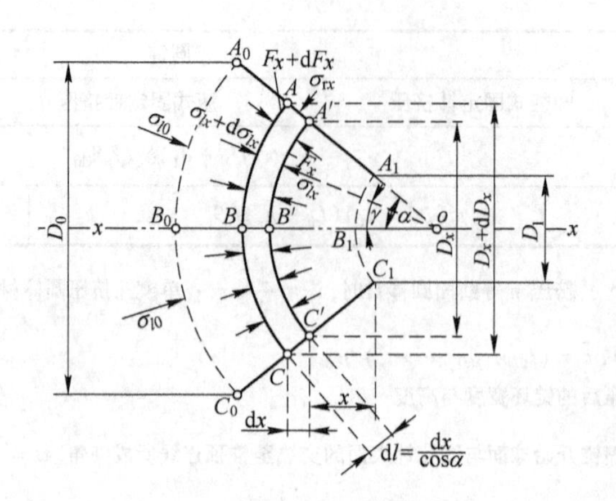

图 4-6 塑性变形区压缩锥内的
平均主应力示意图

写出作用于单元体上在 x-x 轴方向上的力平衡方程式。为此，先分别求出作 $\overset{\frown}{ABC}$ 和 $\overset{\frown}{A'B'C}$ 两个球面上所有单元力在 x-x 轴上的投影。

在 $\overset{\frown}{ABC}$ 面上：

$$\iint\limits_{ABC}(\sigma_{lx}+d\sigma_{lx})\cos\gamma dF_x=(\sigma_{lx}+d\sigma_{lx})\left[\frac{\pi}{4}(D_x+dD_x)^2\right] \tag{4-5a}$$

在 $\overset{\frown}{A'B'C'}$ 面上：

$$\iint\limits_{A'B'C'}\sigma_{lx}\cos\gamma dF_x=\sigma_{lx}\left(\frac{\pi}{4}D_x^2\right) \tag{4-5b}$$

式中 γ——σ_{lx} 与 x-x 轴间的变动夹角。

作用于单元体元体的 x-x 轴上投影分力的力平衡方程式为：

$$(\sigma_{lx}+d\sigma_{lx})\left[\frac{\pi}{4}(D_x+dD_x)^2\right]-\sigma_{lx}\left(\frac{\pi}{4}D_x^2\right)-\sigma_{lx}\left(\pi D_x\frac{dx}{\cos\alpha}\right)\sin\alpha=0 \tag{4-6}$$

将式（4-4）和由几何关系得到的 $x=\frac{D_x-D_1}{2\tan\alpha}$，$dx=\frac{dD_x}{2\tan\alpha}$ 公式代入式（4-6），经整理简化后得：

$$\frac{d\sigma_{lx}}{2\overline{S}_{zh}}=\frac{2dD_x}{D_x} \tag{4-7}$$

以边界条件为：

$$D_x=D_1\text{ 时},\sigma_{lx}=0$$
$$D_x=D_0\text{ 时},\sigma_{lx}=\sigma_{l0}$$

对式（4-7）积分，得主应力面 $\overset{\frown}{A_0B_0C_0}$ 上的轴向应力 σ_{l0}：

$$\sigma_{l0}=2\overline{S}_{zh}\ln\frac{D_0^2}{D_1^2}=2i\overline{S}_{zh} \tag{4-8}$$

式中，$i = \ln\dfrac{D_0^2}{D_1^2} = \ln\lambda$。

而$\overset{\frown}{A_0B_0C_0}$是球缺的球面，其球面面积按式（4-9）计算。

$$F_p = \frac{\pi D_0^2}{4\cos^2\dfrac{\alpha}{2}} = \left(\cos^{-2}\frac{\alpha}{2}\right)F_0 \tag{4-9}$$

式中　F_0，D_0——挤压筒内孔的横断面积与直径。

将式（4-8）与式（4-9）代入式（4-3）中，得R_s力的计算公式：

$$R_s = (\cos^{-2}\alpha/2)F_0(2\overline{S}_{zh})i \tag{4-10}$$

由式（4-10）可以看出，变形力的大小与挤压模模角α、挤压比λ、挤压筒横断面积F_0，以及金属变形抗力的大小成正比。当用平模挤压圆棒时，变形区压缩锥面为死区界面，其α角可取60°，此时的变形力计算式为式（4-11）的形式：

$$R_s = 2.66iF_0\overline{S}_{zh} \tag{4-11}$$

B　为了克服挤压筒壁上的摩擦阻力而作用在挤压垫上的力 T_t

在推导作用在挤压筒壁上的摩擦阻力计算公式时，应考虑基本挤压阶段开始出现突破压力时的筒壁摩擦面积。由于死区已形成，因此，挤压筒壁的摩擦面积计算式是$F_t = \pi D_0(L_0 - h_s)$。T_t则按下式计算：

$$T_t = F_t\overline{\tau}_t = \pi D_0(L_0 - h_s)f_t\overline{S}_t \tag{4-12}$$

式中　L_0——填充挤压后的锭坯长度；

h_s——死区高度，按表4-1的注所示出的计算式计算；

f_t——挤压筒壁上的摩擦系数；

$\overline{S}_t$——挤压筒内金属的平均塑性剪切应力。

C　为了克服塑性变形区压缩锥面上的摩擦阻力而作用在挤压垫上的力 T_{zh}

挤压时，金属质点在通过塑性变形区压缩锥时获得了一个加速度，流动速度越来越快，使金属与接触界面的相对移动速度时刻发生变化。因此，在推导T_{zh}力计算式时，应当采用功率平衡方程式求解。当挤压垫为克服压缩锥面上摩擦阻力所付出的功率为N_1，而挤压垫的移动速度为挤压速度v_j时，N_1用下式计算：

$$N_1 = T_{zh}v_j \tag{4-13}$$

它应当与锥面上阻止金属流动的反功率N_2相等。反功率N_2推导如下。

如图4-7所示，在距出口断面x和x+dx处取出一厚dl的单元体，其侧表面积用dF表示：

$$dF = \pi D_x dl = \pi D_x\frac{dx}{\cos\alpha}$$

根据金属单元体秒流量不变原则，可以认为任意断面上的流动速度是：

$$v_x = \frac{D_0^2}{D_x^2}v_j$$

作用在单元体锥面上的摩擦阻力反作用功率dN_x按下式计算：

$$dN_x = \left(\pi D_x \frac{dx}{\cos\alpha}\right)\frac{D_0^2}{D_x^2}v_i\tau_{zh}$$

而

$$dx = \frac{dD_x}{2\tan\alpha}$$

$$\tau_{zh} = f_{zh}\bar{S}_{zh}$$

得：

$$dN_x = \frac{\pi D_0^2}{2\sin\alpha}\cdot\frac{dD_x}{D_x}v_i f_{zh}\bar{S}_{zh} \quad (4\text{-}14)$$

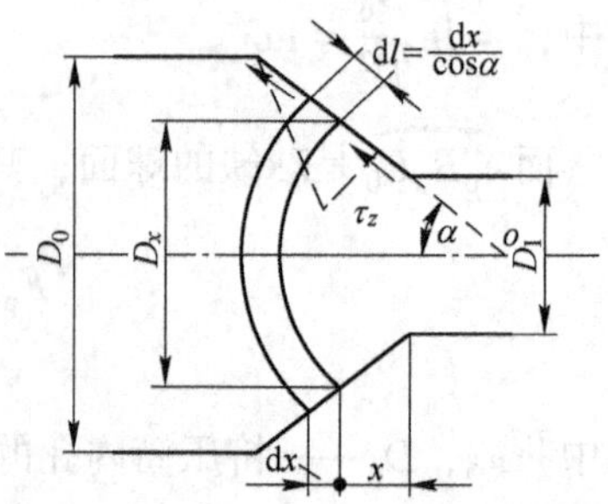

图 4-7 确定 T_{zh} 的示意图

以边界条件为：

$D_x = D_0$ 时，$N_x = 0$

$D_x = D_1$ 时，$N_x = N_2$

对式（4-14）积分，得压缩锥面上的摩擦阻力反作用功率 N_2：

$$N_2 = \frac{iF_0}{\sin\alpha}v_i f_{zh}\bar{S}_{zh} \quad (4\text{-}15)$$

由于 $N_1 = N_2$，得力 T_{zh} 计算公式：

$$T_{zh} = \sin^{-1}\alpha iF_0 f_{zh}\bar{S}_{zh} \quad (4\text{-}16)$$

应用式（4-16）进行计算时应注意：正挤压条件下，无论使用锥模（$\alpha>60°$）或平模（$\alpha=90°$），压缩锥角 α 都取 60°值；使用平模反挤压时，α 则取 75°~80°。这是由于在平模挤压时，压缩锥面上不再是金属与模子锥面间的外摩擦，可以认为是死区界面金属与滑移区金属间的内摩擦，变形区压缩锥部分的摩擦应力 τ_{zh} 达到金属塑性变形时的最大剪切应力 τ_{max} 值，亦即等于 $\bar{S}_{zh}$。于是，$f_{zh}\approx 1$。

D 为了克服工作带摩擦阻力而作用在挤压垫上的力 T_g

挤压垫的移动速度 v_j 低于工作带壁上的流出速度 v_1，$v_1:v_j=\lambda$，所以仍采用功率平衡方程式求解。

挤压垫为克服工作带侧表面 F_g 摩擦阻力所付出的功率用 N_1 表示：

$$N_1 = T_g v_j \quad (4\text{-}17a)$$

而挤压模工作带壁上的摩擦反作用功率 N_2：

$$N_2 = \tau_g F_g \lambda v_j \quad (4\text{-}17b)$$

根据功率平衡方程式 $N_1 = N_2$ 得力 T_g 计算公式：

$$T_g = \lambda\pi D_1 h_g f_g S_{zh1} \quad (4\text{-}18)$$

式中 h_g——工作带长度；

f_g——工作带壁上的摩擦系数；

S_{zh1}——变形区压缩锥出口处金属塑性剪切应力。

在推导了上述四个力的计算公式（4-11）、式（4-12）、式（4-16）和式（4-18）之后，按下式叠加，便可得到用圆锭单模孔正向挤压圆棒时的总挤压力计算公式：

$$P = R_s + T_t + T_{zh} + T_g$$

整理后，得皮尔林挤压力计算公式：

$$P = [\pi D_0(L_0 - h_s)]f_t\bar{S}_t + 2iF_0\left(\frac{f_{zh}}{2\sin\alpha} + \frac{1}{\cos^2\frac{\alpha}{2}}\right)\bar{S}_{zh} + \lambda(\pi D_1 h_g)f_g\bar{S}_g \quad (4\text{-}19)$$

式（4-19）的第二项显示了模角 α 的作用，随着 α 角增大，R_s增大而 T_{zh}减小，将此关系制成曲线如图 4-8 所示。由图可见，当 $\alpha=45°\sim60°$时，挤压力 P 最小。用符号 Y 引入式（4-19）中的第二项：

$$Y=\frac{f_{zh}}{2\sin\alpha}+\frac{1}{\cos^2\alpha/2}$$

令 $f_{zh}\approx1$，则可作出平模挤压时的 Y-α 关系曲线如图 4-9 所示。由图可知，当 $\alpha\approx50°$ 时 Y 值最小，挤压力亦最小。这一结果与前面述及的挤压力最小的最佳模角范围 $\alpha=45°\sim60°$是一致的。此外，随着变形区内摩擦系数 f_{zh}值的减小，曲线上的 Y 最小值将向小模角方向移动，这一分析已为静液挤压实验所证实。

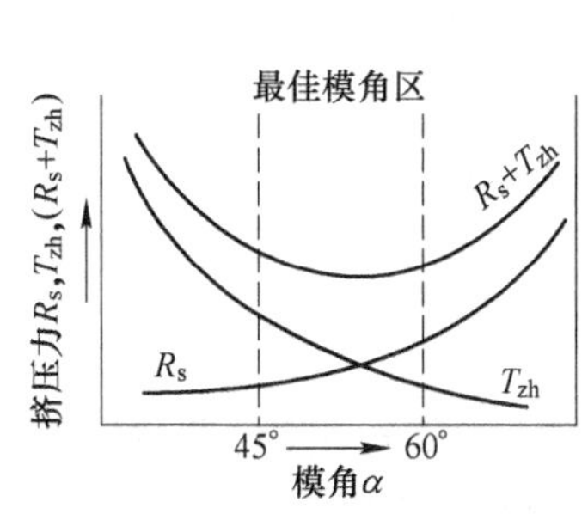

图 4-8 R_s、T_{zh}与 α 的关系曲线

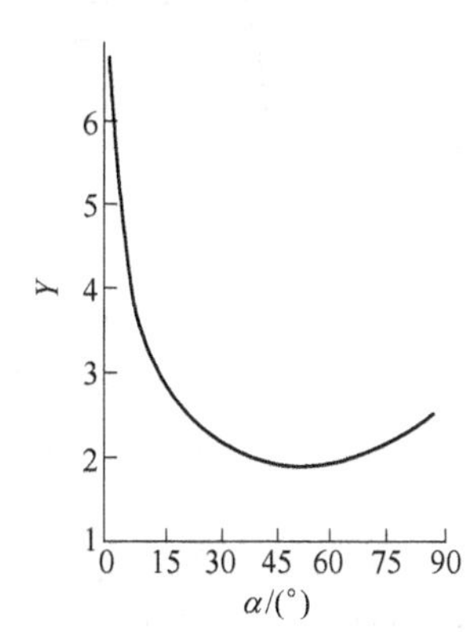

图 4-9 Y-α 关系曲线

4.2.1.2 挤压力计算公式中的参数确定

A 金属塑性剪切应力 S

热挤压时，金属在塑性变形区中的塑性剪切应力 S 与变形抗力 K 大小除与温度有关外，还与金属在变形区内停留的时间或变形速度有关。

（1）τ_t及 S_t的确定。金属与挤压筒壁间的摩擦应力 τ_t的精确值，可用挤压力曲线来确定。图 4-10 描述了挤压过程中金属温度发生变化和基本不受两种条件下的挤压力曲线。图 4-10（a）示出挤压过程中金属温度有变化的情况。在不同挤压阶段，摩擦应力 τ_t值可分别按下式计算：

$$\left.\begin{aligned}\tau_{t1}&=\frac{P_{a_1}-P_{b_1}}{\pi D_0L_1}\\ \tau_{t2}&=\frac{P_{a_2}-P_{b_2}}{\pi D_0L_2}\end{aligned}\right\}\tag{4-20}$$

而在挤压过程中金属温度与挤压速度基本不变的情况下，摩擦应力的平均值 $\bar{\tau}_t$ 可用式（4-21）求得：

$$\bar{\tau}_t=\frac{P_{max}-P_{min}}{\pi D_0L_f}\tag{4-21}$$

式中 L_f——锭坯与挤压筒壁存在摩擦的长度。

确定$\bar{\tau}_t$后，可按式（4-22）计算挤压筒内的金属塑性剪切应力S_t。

$$S_t = \frac{\tau_t}{f_t} \tag{4-22}$$

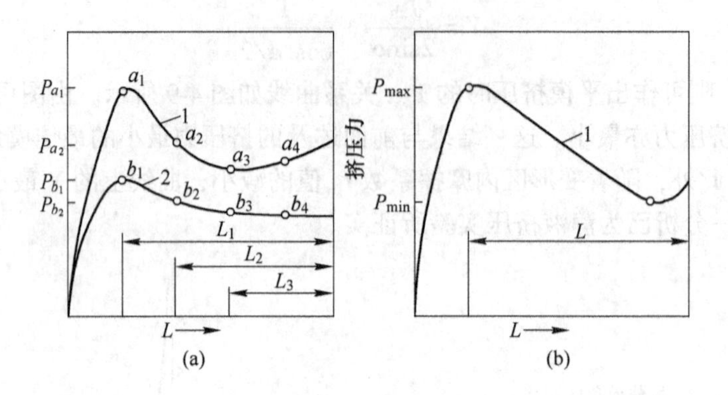

图4-10　挤压过程中挤压力变化曲线

（a）金属温度变化；（b）金属温度基本不变

1—作用在挤压垫上的压力；2—作用在挤压模上的压力

在缺少实测的挤压力曲线时，可以依据下列不同条件选择金属塑性剪应力值S_t：

1）带润滑挤压时，可以认为锭坯内部金属性能与表面层的相同，即：

$$S_t = S_{zh0} \tag{4-23a}$$

2）无润滑挤压但金属氧化皮很软能起润滑作用（如紫铜）时，

$$S_t = S_{zh0}$$

3）无润滑挤压但金属黏结挤压筒不严重时，

$$S_t = 1.25S_{zh0} \tag{4-23b}$$

4）无润滑挤压且金属剧烈黏结挤压筒或真空挤压时，

$$S_t = 1.5S_{zh0} \tag{4-23c}$$

（2）S_{zh0}、S_{zh1}及$\bar{S}_{zh}$的确定。在塑性变形区压缩锥内各处的金属塑性剪切应力S_{zh}是不同的，一般可用平均值$\bar{S}_{zh}$表示，即取变形区压缩锥入口的S_{zh0}值与变形区压缩锥出口的S_{zh1}值的算术平均值。

1）S_{zh0}的确定。S_{zh0}值目前尚难以用实验方法获得，因此可根据金属变形抗力与塑性剪切应力的关系$K=2S$可得：

$$S_{zh0} = 0.5K_{zh0} \tag{4-24a}$$

目前，在缺少变形抗力K_{zh0}值的情况下，可用相应加工温度下单向拉伸或单向压缩试验所得到的应力值，如抗拉强度σ_b值（或者屈服应力σ_s值）代替：

$$S_{zh0} = 0.5K_{zh0} \approx 0.5\sigma_b \approx 0.5\sigma_s \tag{4-24b}$$

表4-2~表4-7列出值为各种金属与合金不同温度下的屈服应力σ_s值。由于进行试验的材料合金成分的波动，加上锭坯规格与状态的不同，以及试验条件的差异，表4-2~表4-7所列数据σ_s值可能与其他资料的数值有较大出入，选用时应加以注意。

表 4-2 铝合金在不同温度下的屈服应力 σ_s (MPa)

合金牌号	变形温度/℃						
	200	250	300	350	400	450	500
纯铝	57.8	36.3	27.4	21.6	12.3	7.8	5.9
5A02	—	—	63.7	53.9	44.1	29.4	9.8
5A05	—	—	—	73.5	56.8	36.3	19.6
5A06	—	—	78.4	58.8	39.2	31.4	22.5
3A21	52.9	47.0	41.2	35.3	31.4	23.5	20.6
6A02	70.6	51.0	38.2	32.4	28.4	15.7	—
2A50	—	—	—	55.9	39.2	31.4	24.5
6063	—	—	—	39.2	24.5	16.7	14.7
2A11	—	—	53.9	44.1	34.3	29.4	24.5
2A12	—	—	68.6	49.0	39.2	34.3	27.4
7A04	—	—	88.2	68.6	53.9	39.2	34.3

表 4-3 铜及铜合金在不同温度下的屈服应力 σ_s (MPa)

合金牌号	变形温度/℃								
	500	550	600	650	700	750	800	850	900
铜	58.8	53.9	49.0	43.1	37.2	31.4	25.5	19.6	17.6
H96	—	—	107.8	81.3	63.7	49.0	36.3	25.5	18.1
H80	49.0	36.3	25.5	22.5	19.6	17.2	12.3	9.8	8.3
H68	53.9	49.0	44.1	39.2	34.3	29.4	24.5	19.6	—
H62	78.4	58.8	34.3	29.4	26.5	23.5	19.6	14.7	—
HPb59-1	—	—	19.6	16.7	14.7	12.7	10.8	8.8	—
HAl77-2	127.4	112.7	98.0	78.4	53.9	49.0	19.6	—	—
HSn70-1	80.4	49.0	29.4	17.6	7.8	4.9	2.9	—	—
HFe59-1-1	58.8	27.4	21.6	17.6	11.8	7.8	3.9	—	—
HNi65-5	156.8	117.6	88.2	78.4	49.0	29.4	19.6	—	—
QAl9-2	173.5	137.2	88.2	38.2	13.7	10.8	8.2	3.9	—
QAl9-4	323.4	225.4	176.4	127.4	78.4	49.0	23.5	—	—
QAl10-3-1.5	215.6	156.8	117.6	68.6	49.0	29.4	14.7	11.8	7.8
QAl10-4-4	274.4	196.0	156.8	117.6	78.4	49.0	24.4	19.6	14.7
QBe2	—	—	—	—	98.0	58.8	30.2	34.3	—
QSi1-3	303.8	245.0	196.0	147.0	117.6	78.4	49.0	24.5	11.8

续表 4-3

合金牌号	变形温度/℃								
	500	550	600	650	700	750	800	850	900
QSi3-1	—	—	117.6	98.0	73.5	49.0	34.3	19.6	14.7
QSn4-0.3	—	—	147.0	127.4	107.8	88.2	68.6	—	—
QSn4-3	—	—	121.5	92.1	62.7	52.9	46.1	31.4	—
QSn6.5-0.4	—	—	196.0	176.4	156.8	137.2	117.6	35.3	—
QCr0.5	245.0	176.4	156.8	137.2	117.6	68.6	58.8	39.2	19.6

表 4-4 白铜、镍及镍合金在不同温度下的屈服应力 σ_s (MPa)

合金牌号	变形温度/℃								
	750	800	850	900	950	1000	1050	1100	1150
B5	53.9	44.1	34.3	24.5	19.6	14.7	—	—	—
B20	101.9	78.9	57.8	41.7	27.4	16.7	—	—	—
B30	58.8	54.9	50.0	42.7	36.3	—	—	—	—
BZn15-20	53.4	40.7	32.8	27.4	22.5	15.7	—	—	—
BFe5-l	73.5	49.0	34.3	24.5	19.6	14.7	—	—	—
BFe30-1-1	78.4	58.8	47.0	36.3	—	—	—	—	—
镍	—	110.7	93.1	74.5	63.7	52.9	45.1	37.2	—
NMn2-2-l	—	186.2	147.0	98.0	78.4	58.8	49.0	39.2	29.4
NMn5	—	156.8	137.2	107.8	88.2	58.8	49.0	39.2	29.4
NCu28-2.5-1.5	—	142.1	119.6	99.0	80.4	61.7	50.0	39.2	—

表 4-5 镁及镁合金在不同温度下的屈服应力 σ_s (MPa)

合金牌号	变形温度/℃					
	200	250	300	350	400	450
纯镁	117.6	58.8	39.2	24.5	19.6	12.3
MB1	—	—	39.2	33.3	29.4	24.5
MB2，MB8	117.6	88.2	68.6	39.2	34.3	29.4
MB5	98.0	78.4	58.8	49.0	39.2	29.4
MB7	—	—	51.0	44.1	39.2	34.3
MB15	107.8	68.6	49.0	34.3	24.5	19.6

表 4-6 钛及钛合金在不同温度下的屈服应力 σ_s (MPa)

合金牌号	变形温度/℃							
	600	700	750	800	850	900	1000	1100
TA2、TA3	254.8	117.6	49.0	29.4	29.4	24.5	19.6	—
TA6	421.4	245.0	156.8	132.3	107.8	68.6	35.3	16.7
TA7	—	303.8	163.7	—	122.5	—	—	—

续表 4-6

合金牌号	变形温度/℃							
	600	700	750	800	850	900	1000	1100
TC4	—	343.0	205.8	—	63.7	—	—	—
TC5	—	215.6	73.5	—	68.6	—	24.5	19.6
TC6	—	225.4	98.0	—	73.5	—	24.5	19.6
TC7	—	274.4	98.0	—	89.0	—	29.4	19.6
TC8	—	499.8	230.3	—	96.0	—	—	—

表 4-7 常用钢铁材料在热加工温度下的屈服应力 σ_s (MPa)

钢 号	变形温度/℃				
	800	900	1000	1100	1200
A3	80.0	50.0	30.0	21.0	15.0
10	68.0	47.0	32.5	26.0	15.8
15	58.0	45.0	28.0	24.0	14.0
20	91.0	77.0	48.0	31.0	20.0
30	100.0	79.0	49.0	31.0	21.0
35	111.0	75.0	54.0	36.0	22.0
45	110.0	83.0	51.0	31.0	27.0
55	165.0	115.0	75.0	51.0	36.0
T7	61.0	38.0	31.0	19.0	11.0
T7A	96.0	64.0	37.0	22.0	17.0
T8	93.0	61.0	38.0	24.0	15.9
T8A	93.0	56.0	34.0	21.0	15.0
T10A	92.0	56.0	30.0	18.0	16.0
T12	69.0	28.0	24.0	15.0	13.0
T12A	102.0	61.0	35.0	18.0	15.0
20Cr	107.0	76.0	52.8	38.0	25.0
40Cr	149.0	93.2	59.5	43.7	27.0
45Cr	89.0	43.0	26.0	21.0	14.0
20CrV	58.6	48.7	33.0	24.0	17.0
30CrMo	117.4	89.5	57.0	37.0	25.0
40CrNi	135.0	92.7	63.2	46.0	33.0
12CrNi3A	81.0	52.0	40.0	28.0	16.0
37CrNi3	130.3	91.6	60.5	41.5	27.7
18CrMnTi	140.0	97.0	80.0	44.0	26.0
30CrMnSiA	74.0	42.0	36.0	22.0	18.0
40CrNiMn	135.0	93.0	63.2	46.0	22.3
45CrNiMoV	104.0	67.0	44.0	29.0	18.5

续表 4-7

钢 号	变形温度/℃				
	800	900	1000	1100	1200
18Cr2Ni4WA	113.0	66.0	49.0	27.0	19.0
60Si2Mo	81.0	57.0	34.0	26.0	33.0
60Si2	81.0	57.0	34.0	26.0	33.0
10Mn2	74.0	50.0	33.4	22.0	15.1
30Mn	83.0	54.5	35.5	23.2	15.2
60Mn	87.0	58.0	36.0	23.0	15.0
GCr15	100.0	74.0	48.0	30.0	21.0
Cr12Mo	198.0	101.0	54.0	25.0	8.0
Cr12MoV	125.0	83.0	47.0	25.0	8.0
W9Cr4V	222.0	95.0	64.0	33.0	21.0
W9Cr4V2	92.0	83.0	57.0	33.0	21.0
W18Cr4V	280.0	135.0	68.0	33.0	21.0
Cr9Si2	52.0	50.0	46.0	23.0	16.0
Cr17	41.0	22.0	21.0	14.0	8.0
Cr28	26.0	19.0	11.0	8.0	8.0
1Cr13	66.0	49.0	37.0	22.0	12.0
2Cr13	130.0	106.0	63.0	37.0	—
3Cr13	133.0	113.0	78.0	44.0	30.0
4Cr13	135.0	127.0	76.0	54.0	33.0
4Cr9Si2	88.0	85.0	50.0	28.0	16.0
1Cr18Ni9	122.0	69.0	39.0	31.0	16.0
1Cr18Ni9Ti	185.0	91.0	55.0	38.0	18.0
Cr17Ni2	—	64.0	41.0	28.0	—
Cr23Ni18	141.0	92.0	56.0	53.0	30.0
Cr18Ni25Si2	180.0	102.0	63.0	31.0	22.0
1Cr14Ni14W2Mo	—	146.0	72.0	44.0	27.0
2Cr13Ni14Mn9	127.0	76.0	42.0	23.0	14.0
1Cr25Al5	83.0	49.0	21.0	10.0	6.2
Cr13Ni14Mn9	146.0	71.0	44.0	23.0	14.0
4Cr14Ni14W2Mo	250.0	155.0	90.0	—	—
4Cr9Si2	88.0	80.0	50.0	26.0	16.0
18CrNi11Nb	221.0	—	62.0	—	22.0
Cr18Ni11Nb	151.0	—	54.0	—	20.0
Cr25Ti	26.0	19.0	11.0	8.0	8.0
Cr15Ni60	170.0	106.0	65.0	44.0	29.0

续表 4-7

钢号	变形温度/℃				
	800	900	1000	1100	1200
Cr20Ni80	228.0	105.0	58.0	38.0	23.0
CrW5	160.0	120.0	55.0	—	—
4CrW2Si	100.0	90.0	55.0	30.0	—
5CrW2Si	140.0	120.0	8.0	—	—

2）S_{zh1}的确定。

①S_{zh1}计算。经过塑性变形后处于变形区压缩锥出口的金属塑性剪切应力 S_{zh1} 大小，应考虑变形程度、变形速度和时间的影响。如果在变形时伴随着剧烈的温升，则还应考虑温升 ΔT 的影响。通常可用一个硬化系数 C_y表示金属材料在变形过程中的硬化程度。于是变形后金属塑性剪切应力 S_{zh1}按式（4-25）计算：

$$S_{zh1} = C_y S_{zh0} \tag{4-25}$$

式中　C_y——金属材料硬化系数，一般按表 4-8 选取；对挤压速度低的铝来说，不宜选用表 4-8 的数据，应依据图 4-11 进行选择。在选取数据 C_y前，应先计算出挤压比 λ 和金属在塑性变形区压缩锥内的停留时间 t_s。

表 4-8　金属硬化系数 C_y

挤压比 λ		2	3	4	15	1000
金属变形区中持续时间 t_s/s	≤0.001	3.35	4.15	4.50	4.75	5.00
	0.01	2.85	3.50	4.00	4.40	4.80
	0.1	2.00	2.90	3.20	3.40	3.60
	1.0	1.95	2.25	2.45	2.60	2.80
	≥10	1.00	1.00	1.00	1.00	1.00

②t_s计算。金属在塑性变形区内的持续时间 t_s可按式（4-26）计算：

$$t_s = \frac{V_s}{V_m} \tag{4-26}$$

式中　V_s——塑性变形区体积，根据不同挤压条件计算；

V_m——金属秒流量，$V_m = F_0 v_j = F_1 v_1$。

用圆锭挤压实心断面制品时，塑性变形区体积 V_s如图 4-12 所示，可用式（4-27a）计算挤压圆棒时的塑性变形区体积 V_s：

$$V_s = \frac{\pi(1 - \cos\alpha)}{12\sin^3\alpha}(D_0^3 - D_1^3) \tag{4-27a}$$

从而可以将式（4-27a）代入式（4-26）中得到金属在塑性变形区内的持续时间 t_s：

$$t_s = \frac{1 - \cos\alpha}{3\lambda v_j \sin^3\alpha}(\lambda D_0 - D_1) \tag{4-27b}$$

当 $\alpha = 60°$时，可使用简单公式计算：

$$V_s = 0.20(D_0^3 - D_1^3)$$

$$t_s = \frac{0.2566}{\lambda v_j}(\lambda D_0 - D_1) \tag{4-27c}$$

挤压非圆断面型材时，D_1值可用等断面积时的等效直径D_R代入。D_R按式（4-27b）计算：

$$D_R = 2\sqrt{\frac{F_1}{\pi}} \tag{4-27d}$$

用圆锭挤压管材时，根据塑性变形区内几何关系推导出体积V_s计算式：

$$V_s = 0.4[(D_0^2 - 0.75d_1^2)^{3/2} - 0.5(D_0^3 - 0.75d_1^3)] \tag{4-28a}$$

金属在塑性变形区内的持续时间t_s按式（4-28b）计算：

$$t_s = 0.4[(D_0^2 - 0.75d_1^2)^{3/2} - 0.5(D_0^3 - 0.75d_1^3)]/(F_0 v_j) \tag{4-28b}$$

用突桥式组合模挤压管材根据突桥式组合模的结构推导出塑性变形区体积计算式，如式（4-29a）所示。

$$V_s = 0.275D_0^3 + 0.108D_0^2 D_1 - 0.08D_0 D_1^2 - 0.025D_1^3 + 0.063D_0^3/\lambda \tag{4-29a}$$

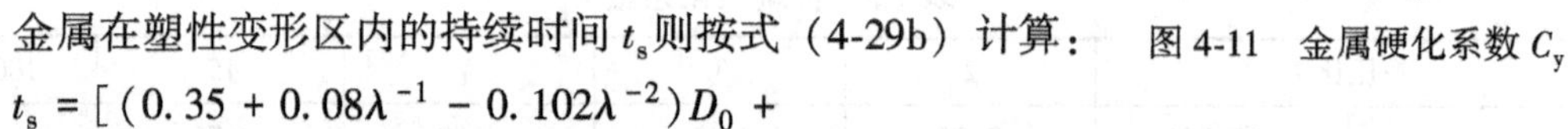

图4-11 金属硬化系数C_y

金属在塑性变形区内的持续时间t_s则按式（4-29b）计算：

$$t_s = [(0.35 + 0.08\lambda^{-1} - 0.102\lambda^{-2})D_0 + (0.138 - 0.032\lambda^{-2})D_1]/v_j \tag{4-29b}$$

3）$\bar{S}_{zh}$的确定。金属在塑性变形区压缩锥内各处的塑性剪切应力难以精细确定，一般将变形区内的平均塑性剪切应力$\bar{S}_{zh}$代入式（4-19）中以计算挤压力。一般情况下$\bar{S}_{zh}$按S_{zh0}和S_{zh1}的算术平均值代入。

$$\bar{S}_{zh} = (S_{zh0} + S_{zh1})/2 = \frac{1 + C_y}{2}S_{zh0} \tag{4-30a}$$

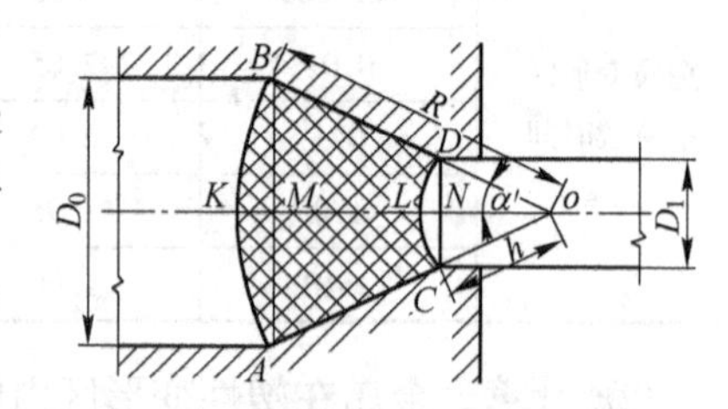

图4-12 塑性变形区体积图

但是，有的研究者认为，挤压时的变形程度很大，使用式（4-30a）所得到的$\bar{S}_{zh}$值偏高，建议采用几何平均值确定$\bar{S}_{zh}$值：

$$\bar{S}_{zh} = \sqrt{S_{zh0}S_{zh1}} = \sqrt{C_y}S_{zh0} \tag{4-30b}$$

B 摩擦系数f

摩擦系数可根据不同摩擦状态选取。

a 挤压筒和变形区内的表面摩擦系数f_t和f_{zh}

（1）带润滑热挤压时，可取$f_t = f_{zh} = 0.25$；

（2）无润滑热挤压但锭坯表面存在软的氧化皮（如紫铜挤压）时，可取$f_t = f_{zh} = 0.5$；

（3）无润滑热挤压，但金属黏结工具不严重时，可取$f_t = f_{zh} = 0.75$；

(4) 无润滑热挤压，金属剧烈黏结工具（如铝及其合金挤压、真空挤压），可取 $f_t = f_{zh} = 1.0$；

(5) 静液挤压，可取 $f_t = 0, f_{zh} = 0.1$。

b 工作带壁上的摩擦系数 f_g

工作带内金属塑性变形不明显。因此，作用在工作带壁上的金属正压力显著低于此时的金属变形抗力 K_g。一般按经验选用 f_g 值：

(1) 带润滑挤压时，可取 $f_g = 0.25$；

(2) 无润滑热挤压时，可取 $f_g = 0.5$。

4.2.2 经验算式

经验算式是根据大量实验结果建立起来的，其优点是算式结构简单，应用方便；其缺点是具有一定的局限性，不能准确反映各种挤压工艺对挤压力的影响，计算误差较大。在工艺设计中，经验算式可用来对挤压力进行初步估计。以下是一个半经验算式，可用于估算正向挤压时的挤压力。

$$p = ab\sigma_s\left(\ln\lambda + \mu\frac{4L_t}{D_t - d_z}\right) \tag{4-31}$$

式中 p——单位挤压力，MPa；

σ_s——变形温度下金属静态拉伸时的屈服应力，MPa；

μ——摩擦系数，无润滑热挤压可取 $\mu = 0.5$，带润滑热挤压时可取 $\mu = 0.2 \sim 0.25$，冷挤压时可取 $\mu = 0.1 \sim 0.15$；

D_t——挤压筒直径，mm；

d_z——穿孔针直径，mm，挤压型棒材时 $d_z = 0$；

L_t——坯料填充后的长度，mm；

λ——挤压比；

a——合金材质修正系数，可取 $a = 1.3 \sim 1.5$，其中强度高的取下限，强度低的取上限；

b——制品断面形状修正系数，简单断面的棒材和圆管材挤压取 $b = 1.0$；型材断面据其复杂程度在 1.1~1.6 范围内选取，具体见表 4-9。

表 4-9 型材挤压力计算时的制品断面形状修正系数

型材断面复杂系数	≤1.1	1.5	1.6	1.7	1.8	1.9	2.0	2.25	2.5	2.75	≥4.0
修正系数 b	1.0	1.1	1.17	1.27	1.35	1.4	1.45	1.5	1.53	1.55	1.6

此经验算式的最大优点是简单、计算方便。存在的最明显问题有两个，一是没有考虑挤压温度、速度变化对金属变形抗力的影响；二是对于只润滑穿孔针而不润滑挤压筒的挤压过程而言，正确选择摩擦系数存在一定困难。

部分金属及合金变形温度下静态拉伸时的屈服应力分别按表 4-2~表 4-7 中选取。

4.2.3 简化算式

下面介绍一个简便、适用于现代挤压机的挤压力计算的简化算式。该式经过适当变换，可以适合各种挤压过程，其具体表达式如下：

$$p = \beta A_0 \sigma_0 \ln\lambda + \mu\sigma_0 \pi(D + d)L \tag{4-32}$$

式中　p——单位挤压力，MPa；

A_0——挤压筒面积或挤压筒与穿孔针之间的环形面积，cm^2；

σ_0——与变形速度和温度有关的变形抗力，MPa；

λ——挤压比；

μ——摩擦系数；

D——挤压筒直径，cm；

d——穿孔针直径（用实心坯料挤压型材、棒材时 $d=0$），cm；

L——填充后的坯料长度，cm；

β——修正系数，取 $\beta = 1.3 \sim 1.5$，其中强度高的合金取下限，强度低的合金取上限。

此计算式的表达形式简单、明了，第一项表示的是为了使金属产生塑性变形而需要施加的挤压力；第二项是为了克服作用在挤压筒壁和穿孔针侧面上的摩擦力而需要施加的挤压力。该计算式的主要难点是如何确定不同挤压温度和应变速度下金属的真实变形抗力 σ_0。不同合金在不同挤压温度和挤压速度下的变形抗力，需要通过大量的实验来测定。由于目前有关这一方面的资料还很不全面，在实际中，可以用一个应变速度系数 C_v 来近似确定变形抗力：

$$\sigma_0 = C_v \sigma_s \tag{4-33}$$

式中　σ_s——变形温度下金属静态拉伸时的屈服应力，其值的选取具体见表4-2～表4-7。

铝、铜合金不同挤压温度下变形抗力的应变速度系数 C_v 可按图4-13所示确定。图中横坐标 $\dot{\varepsilon}$ 为平均应变速度，可根据下式计算

$$\dot{\varepsilon} = \frac{\varepsilon_e}{t_s} \tag{4-34}$$

式中　ε_e——挤压时的真实延伸应变，$\varepsilon_e = \ln\lambda$；

t_s——金属质点在变形区内停留的时间，s。

挤压过程中，金属质点在变形区中停留的时间可按照秒体积流量来计算：

$$t_s = \frac{B_M}{B_s} \tag{4-35}$$

式中　B_M——塑性变形区的体积，mm^3；

B_s——加压变形过程中金属的秒体积流量，mm^3/s。

单孔模挤压圆棒材时的塑性变形区体积可用式（4-36）计算：

$$B_M = \frac{\pi(1 - \cos\alpha)}{12\sin^3\alpha}(D_t^3 - d^3) \tag{4-36}$$

式中　D_t——挤压筒直径，mm；

d——棒材直径，mm；

α——模角。

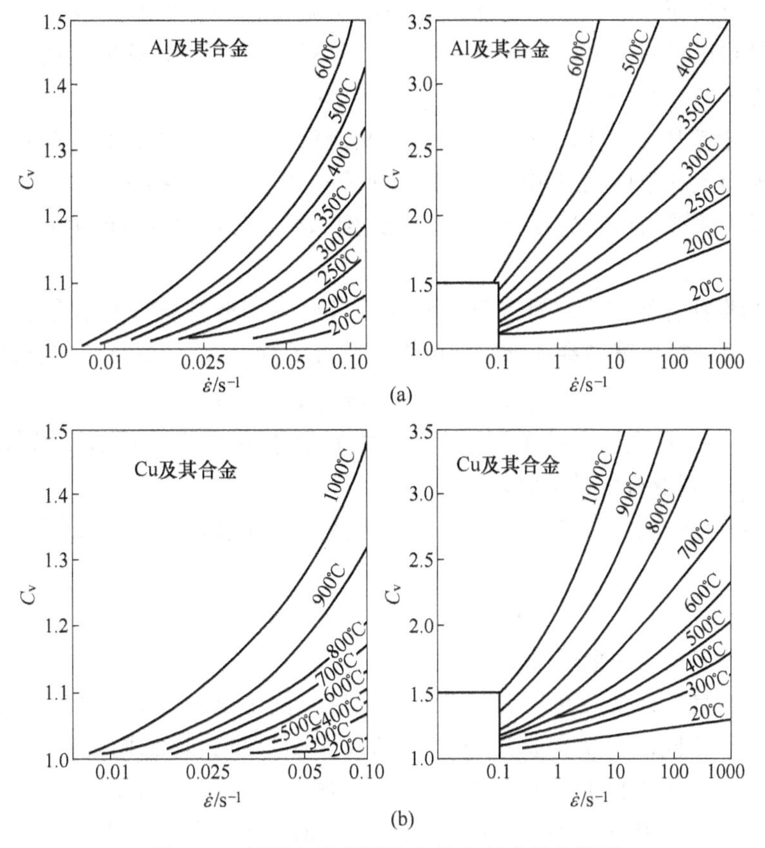

图 4-13 铝铜合金变形抗力的应变速度系数图

(a) Al 及其合金；(b) Cu 及其合金

金属质点在变形区中停留的时间为：

$$t_s = \frac{(1 - \cos\alpha)(D_t^3 - d^3)}{3\sin^3\alpha d^2 V_f} = \frac{(1 - \cos\alpha)(D_t^3 - d^3)}{3\sin^3\alpha D_t^2 V_j} \tag{4-37}$$

式中 V_f——制品流出模孔的速度，mm/s；

V_j——挤压杆前进的速度，mm/s。

挤压管材时的塑性变形区体积可用式（4-38）计算：

$$B_M = 0.4[(D_t^2 - 0.75d_z^2)^{3/2} - 0.5(D_t^3 - 0.75d_z^3)] \tag{4-38}$$

式中 D_t——挤压筒直径，mm；

d_z——穿孔针直径，mm。

则金属质点在变形区中停留时间为：

$$t_s = \frac{0.4[(D_t^2 - 0.75d_z^2)^{3/2} - 0.5(D_t^3 - 0.75d_z^3)]}{F_f V_f} \tag{4-39}$$

式中 F_f——挤压制品的断面积，mm²；

V_f——制品流出模孔的速度，mm/s。

(1) 无润滑挤压。对于无润滑热挤压过程来说，其表达式与式（4-32）相同。式中摩擦系数的选取，可视金属与工具的黏结状况而定。当金属与工具发生剧烈黏结（如铝合金挤压，真空挤压）时，根据密塞斯（Mises）屈服准则，可取$\mu=0.577$；当金属与工具的黏结不是很严重时，可取$\mu=0.4\sim0.45$；当坯料表面存在较软的氧化皮（如挤压紫铜等）时，可取$\mu=0.25\sim0.3$。

（2）全润滑挤压。对于既润滑穿孔针、又润滑挤压筒的热挤压过程来说，当二者与变形金属接触面上的摩擦状态相同时，其表达式与式（4-32）相同。根据实验，这时的摩擦系数大约是无润滑挤压时的四分之一，考虑到润滑条件不同可能产生的差异，可取摩擦系数$\mu=0.15\sim0.2$。

（3）只润滑穿孔针挤压。对于只润滑穿孔针、不润滑挤压筒的铝合金管材挤压过程来说，由于金属与挤压筒和穿孔针表面的摩擦状况不同，式（4-32）可改写成：

$$P=\beta A_0\sigma_0\ln\lambda+\sigma_0\pi(\mu D+\mu_1 d)L \tag{4-40}$$

式中 μ，μ_1——变形金属与挤压筒和穿孔针之间的摩擦系数，其取值分别按无润滑和全润滑挤压时选取。

（4）反向挤压。对于反向挤压过程来说，变形金属挤压筒壁无摩擦，式（4-32）可改写成：

$$P=\beta A_0\sigma_1\ln\lambda+\mu\sigma_1\pi dL \tag{4-41}$$

式中 σ_1——反向挤压时金属的变形抗力。

需要指出的是，即便是挤压温度、挤压速度相同，反向挤压时金属的变形抗力与正向挤压时也是不相同的，反向挤压时金属的真实变形抗力比相同变形条件下正向挤压时的大。其原因是因为反向挤压过程中变形金属与挤压筒壁间无摩擦，由于摩擦产生的热量少，变形区的温升很小。根据实测，在50MN挤压机的ϕ420mm挤压筒上，反向挤压2A11合金ϕ110mm棒材时，其温升只有25~60℃，加上变形区的体积很小且紧靠模子端面，而挤压速度又较相同条件下的正向挤压时的快，金属质点通过变形区的时间很短，所以加工硬化作用较显著。据资料介绍，正向挤压2A11合金时的温升可高达216℃，加上变形区的体积大，挤压速度较慢，金属质点通过变形区的时间长，有较足够的温度和时间条件发生软化，故其加工硬化程度较低，金属实际的变形抗力相对反向挤压较低。

金属的真实变形抗力值很难直接得到，特别是对于反向挤压过程来说。较切实可行的办法是根据不同合金，不同挤压温度、速度条件下挤压力的大量实测值，代入挤压力计算式，反推出相应条件下的金属变形抗力。式（4-42a）、式（4-42b）分别是通过实测方法得到的2A11、2A12硬铝合金反向挤压的变形抗力与挤压温度的关系式。根据此关系式，可方便地计算出适用于计算这两种合金反向挤压力用的变形抗力。对于其他金属及合金，也可通过大量实验，建立起该种适用于计算反向挤压力用变形抗力的算式。

$$\sigma_{1-2A11}=126.8-0.155t \tag{4-42a}$$

$$\sigma_{1-2A12}=121.5-0.124t \tag{4-42b}$$

目前，在对其他铝合金反向挤压时的真实变形抗力还没有试验数据的情况下，在350~500℃范围内，其取值可按静态拉伸时的屈服应力乘以系数1.5~2.5来选取，挤压温度高的取上限，挤压温度低的取下限。

4.2.4 塑性方程基础上推导的挤压力算式

4.2.4.1 单孔模挤压棒材时的挤压力

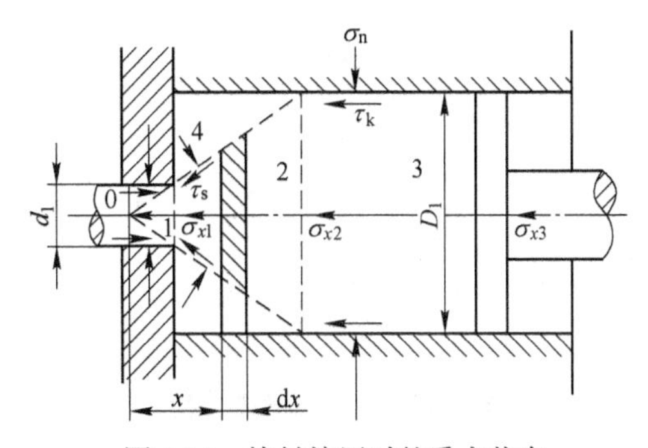

图 4-14 棒材挤压时的受力状态

如图 4-14 所示，正向挤压棒材时，根据金属的受力情况，可将其分成 4 个区域：定径区、变形区、未变形区和死区。

1 区：定径区。金属进入模孔后不再发生塑性变形，只有弹性变形。在无反压力或牵引力的作用情况下，金属从模孔流出时，除了受到模子工作带的正压力和摩擦阻力作用外，在与 2 区的分界面上还受到来自 2 区的压应力 σ_{x1} 的作用。

2 区：变形区。金属在此区域内受到了来自 3 区的压应力 σ_{x2} 的作用、4 区的压应力 σ_n 和摩擦应力 τ_s 的作用，同时还受到了 1 区的反压应力 σ_{x1} 的作用。

3 区：未变形区。金属在此区域内受到了来自挤压垫片的压应力 σ_{x3} 作用、挤压筒壁上的正压力 σ_n 和摩擦力 τ_k 的作用，同时还受到了来自 2 区的反压应力 σ_{x2} 的作用。

4 区：死区。此区域内的金属处于弹性变形状态。

下面从 1 区开始逐步推导挤压应力的计算式。

(1) 作用在定径区上的压应力 σ_{x1}。定径区金属的受力如图 4-15 所示。金属从模孔流出时受到工作带的摩擦阻力而产生的摩擦应力 τ_{k1} 可按库仑摩擦定律确定，并近似取 $\sigma_n = \sigma_s$。则：

$$\tau_{k1} = f_1 \sigma_n = f_1 \sigma_s \tag{4-43}$$

根据静力平衡方程：

$$\sigma_{x1} \frac{\pi}{4} d_1^2 = \tau_{k1} \pi d_1 l_1$$

$$\sigma_{x1} \frac{\pi}{4} d_1^2 = f_1 \sigma_s \pi d_1 l_1$$

$$\sigma_{x1} = \frac{4 f_1 \sigma_s l_1}{d_1} \tag{4-44}$$

式中 l_1——工作带长度，mm；

d_1——工作带直径，mm；

f_1——工作带与金属间的摩擦系数。

(2) 作用在变形区上的压应力 σ_{x2}。在变形区单元体上的受力情况如图 4-16 所示。在塑性变形区域死区的分界面上金属发生剪切变形，其应力达到最大值，既 $\tau_{k2} = \frac{1}{\sqrt{3}} \sigma_s = \tau_s$。作用在单元体锥面上的应力沿 x 轴方向的平衡方程为：

$$\frac{\pi}{4}(D + \mathrm{d}D)^2(\sigma_x + \mathrm{d}\sigma_x) - \frac{\pi}{4} D^2 \sigma_x - \pi D \frac{\mathrm{d}x}{\cos\alpha} \sigma_n \sin\alpha - \frac{1}{\sqrt{3}} \sigma_s \pi D \mathrm{d}x = 0 \tag{4-45}$$

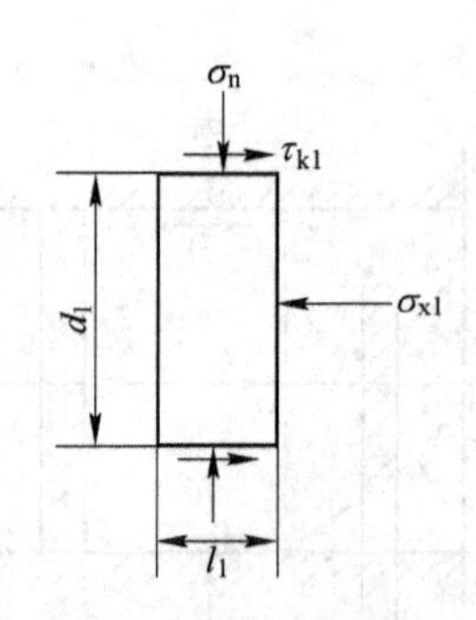

图 4-15 定径区受力分析

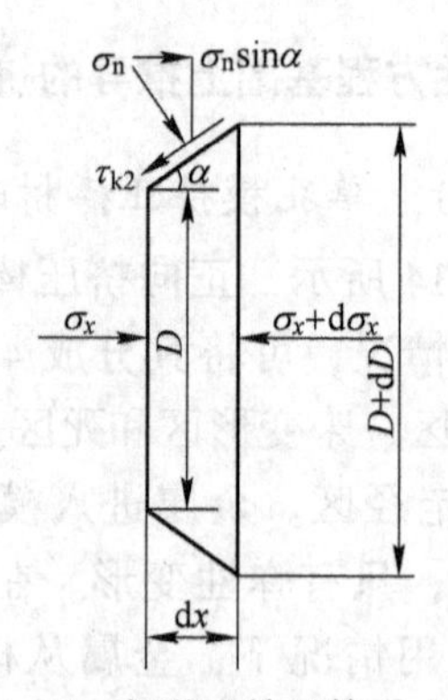

图 4-16 变形区单元体受力分析

整理后，略去高阶微量：

$$\frac{\pi D}{4}(D\mathrm{d}\sigma_x + 2\sigma_x\mathrm{d}D) - \frac{1}{2}\sigma_n\pi D\mathrm{d}D - \frac{\sigma_s}{\sqrt{3}}\cdot\frac{\pi D}{2\tan\alpha}\mathrm{d}D = 0$$

$$2\sigma_x\mathrm{d}D + D\mathrm{d}\sigma_x - 2\sigma_n\mathrm{d}D - \frac{2}{\sqrt{3}}\sigma_s\cdot\frac{\mathrm{d}D}{\tan\alpha} = 0 \tag{4-46}$$

将近似塑性条件（ $\sigma_n - \sigma_x = \sigma_s$ ）代入：

$$D\mathrm{d}\sigma_x - 2\sigma_s\mathrm{d}D - \frac{2}{\sqrt{3}}\sigma_s\cot\alpha\mathrm{d}D = 0$$

$$\mathrm{d}\sigma_x = 2\sigma_s\left(1 + \frac{1}{\sqrt{3}}\cot\alpha\right)\frac{\mathrm{d}D}{D} \tag{4-47}$$

将两边积分得：

$$\sigma_x = 2\sigma_s\left(1 + \frac{1}{\sqrt{3}}\cot\alpha\right)\ln D + C \tag{4-48}$$

当 $D = d_1$, $\sigma_x = \sigma_{x1} = \frac{4f_1l_1}{d_1}\sigma_s$

$$\frac{4f_1l_1\sigma_s}{d_1} = 2\sigma_s\left(1 + \frac{1}{\sqrt{3}}\cot\alpha\right)\ln d_1 + C \tag{4-49}$$

式（4-49）与式（4-48）相减得：

$$\sigma_x = 2\sigma_s\left(1 + \frac{1}{\sqrt{3}}\cot\alpha\right)\ln\frac{D}{d_1} + \frac{4f_1l_1}{d_1}\sigma_s$$

$$\sigma_x = \sigma_s\left(1 + \frac{1}{\sqrt{3}}\cot\alpha\right)\ln\left(\frac{D}{d_1}\right)^2 + \frac{4f_1l_1}{d_1}\sigma_s \tag{4-50}$$

当 $D = D_t$, $\sigma_x = \sigma_{x2}$ ，则：

$$\sigma_{x2} = \sigma_s\left(1 + \frac{1}{\sqrt{3}}\cot\alpha\right)\ln\left(\frac{D}{d_1}\right)^2 + \frac{4f_1l_1}{d_1}\sigma_s$$

$$\sigma_{x2} = \sigma_s\left(1 + \frac{1}{\sqrt{3}}\cot\alpha\right)\ln\lambda + \frac{4f_1l_1}{d_1}\sigma_s \tag{4-51}$$

(3) 挤压垫作用在金属上的压应力 σ_{x3}。在未变形区，挤压筒壁与金属间的压应力 σ_{n} 数值很大，可按常摩擦应力区确定，即 $\tau_{k}=\tau_{s}=\frac{1}{\sqrt{3}}\sigma_{s}$。则挤压垫上压应力 σ_{x3}（即挤压应力 σ_{j}）为：

$$\sigma_{j}=\sigma_{x3}=\sigma_{x2}+\frac{1}{\sqrt{3}}\sigma_{s}\frac{\pi D_{t}l_{3}}{\frac{\pi}{4}D_{t}^{2}}$$

$$\sigma_{j}=\sigma_{x2}+\frac{1}{\sqrt{3}}\frac{4l_{3}}{D_{t}}\sigma_{s} \tag{4-52}$$

将式（4-51）代入式（4-52），得：

$$\sigma_{j}=\sigma_{s}\left[\left(1+\frac{1}{\sqrt{3}}\cot\alpha\right)\ln\lambda+\frac{4f_{1}l_{1}}{d_{1}}+\frac{4}{\sqrt{3}}\frac{l_{3}}{D_{t}}\right] \tag{4-53}$$

挤压力为：

$$P=\sigma_{j}\frac{\pi}{4}D_{t}^{2} \tag{4-54}$$

其中：

$$l_{3}=l_{0}-l_{2}=l_{0}-\frac{D_{t}-d_{1}}{2\tan\alpha}$$

式中 P——挤压力，N；
σ_{j}——挤压应力，MPa；
α——死区角度，平模挤压时取 $\alpha=60°$，锥模挤压时可取 α 为模角；
λ——挤压比；
D_{t}——挤压筒直径，mm；
l_{3}——未变形区的长度，mm；
l_{0}——镦粗后的坯料长度，mm；
l_{2}——变形区长度，mm；
σ_{s}——金属的变形抗力，MPa，可按照4.2.3节的方法确定。

4.2.4.2 挤压型材时的挤压力

挤压型材时，其挤压力的计算方法可以在单孔模挤压棒材计算式的基础上加以修正得到。其挤压应力 σ_{j} 可按式（4-55）计算：

$$\sigma_{j}=\sigma_{s}\left[\left(1+\frac{\sqrt[3]{a}}{\sqrt{3}}\cot\alpha\right)\ln\lambda+\frac{\sum Zl_{1}f_{1}}{\sum F}+\frac{4l_{3}}{\sqrt{3}D_{t}}\right] \tag{4-55}$$

$$a=\frac{\sum Z}{1.13\pi\sqrt{\sum F}}$$

式中 $\sum Z$——制品断面总周长，mm；
$\sum F$——制品的总断面积，mm^{2}；

a——经验系数，主要考虑制品断面形状的复杂性及模孔数的多少对挤压力变化的影响而对单孔模挤压力计算式的修正。

4.2.4.3　挤压管材时的挤压力

管材挤压在挤压时有两种方式：固定针挤压和随动针挤压。挤压方式的不同，使得挤压力的大小也不相同。挤压管材时的挤压力相对于挤压棒材时的有所增加，这是因为要克服穿孔针的摩擦力而增加了一部分挤压力。

（1）采用固定穿孔针挤压时的挤压力：

$$\sigma_j = \sigma_s\left[\left(1 + \frac{1}{\sqrt{3}}\cot\alpha \cdot \frac{\overline{D} + d}{\overline{D}}\right)\ln\lambda + \frac{4f_1 l_1}{d_1 - d} + \frac{4}{\sqrt{3}}\frac{l_3}{D_t - d'}\right] \tag{4-56}$$

$$P = \sigma_j \frac{\pi}{4}(D_t^2 + d'^2)$$

$$\overline{D} = \frac{1}{2}(D_t + d_1)$$

式中　$\overline{D}$——变形区金属的平均直径，mm；

d——制品内径，mm；

d_1——制品外径，mm；

d'——瓶式针为针杆直径，圆柱形针 $d'=d$，mm。

（2）随动针挤压时的挤压力。随动针挤压时与固定针挤压不同，该未变形区部分金属与穿孔针之间没有相对运动，因此无摩擦力。摩擦力只出现在金属流动速度大于穿孔针的前进速度的部分。挤压力计算式为：

$$\sigma_j = \sigma_s\left[\left(1 + \frac{1}{\sqrt{3}}\cot\alpha \cdot \frac{\overline{D} + d}{\overline{D}}\right)\ln\lambda + \frac{4f_1 l_1}{d_1 - d} + \frac{4}{\sqrt{3}}\frac{l_3 D_t}{D_t^2 - d^2}\right] \tag{4-57}$$

$$P = \sigma_j \frac{\pi}{4}(D_t^2 - d^2)$$

4.2.4.4　反向挤压时的挤压力

（1）反向挤压棒材时的挤压力。反向挤压棒材时，坯料与挤压筒之间无摩擦，故只需要将式（4-53）中的最后一项去掉。但必须注意，在其他条件相同的情况下，反向挤压时的 σ_s 选取与正挤压的不同。

$$\sigma_j = \sigma_s\left[\left(1 + \frac{1}{\sqrt{3}}\cot\alpha\right)\ln\lambda + \frac{4f_1 l_1}{d_1}\right] \tag{4-58}$$

$$P = \sigma_j \frac{\pi}{4}D_t^2$$

（2）反向挤压管材时的挤压力。反向挤压管材时，坯料与挤压筒之间无摩擦，可将式（4-56）中的最后一项去掉。同样也要考虑到反向挤压时的 σ_s 选取与正向挤压的不同。

$$\sigma_j = \sigma_s\left[\left(1 + \frac{1}{\sqrt{3}}\cot\alpha \cdot \frac{\overline{D} + d}{\overline{D}}\right)\ln\lambda + \frac{4f_1 l_1}{d_1 - d}\right] \tag{4-59}$$

$$P = \sigma_j \frac{\pi(D_t^2 - d_1^2)}{4}$$

4.2.4.5 分流模挤压时的挤压力

分流模是挤压铝合金空心型材和有焊缝管材最常用的模具，如图4-17所示。

在挤压时，坯料金属在强大的挤压力作用下分成若干股从挤压筒流入分流孔并进入焊合室，当金属充满焊合室后从模芯与模孔形腔所构成的间隙流出形成所需要的空心制品。在这个过程中，金属的变形是分两个过程完成的。第一步：由实心坯料分成若干股从分流孔进入焊合室并在模芯周围形成二次变形的空心坯料；第二步：把焊合室中这个二次变形的空心坯料从模孔中挤出得到所需要的空心制品。因此，分流模挤压时的挤压力也是由两部分组成：一是坯料由挤压筒进入分流孔的变形力 P_1；二是金属由焊合室进入模孔的变形力 P_2。在计算总挤压力时，金属由焊合室进入模孔的变形力 P_2 要乘以延伸系数（即分流比）λ_k，这是由于挤压垫上的压力传递给焊合室内的金属，必须经过分流孔才能实现。则总的挤压力为：

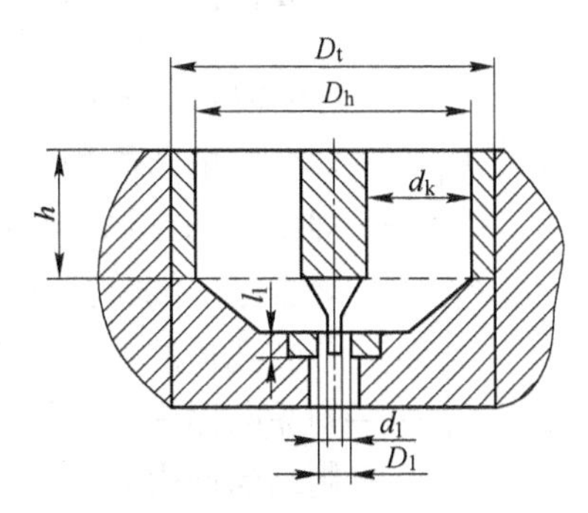

图4-17 分流模示意图

$$P = P_1 + \lambda_k P_2 \tag{4-60}$$

其中，

$$\lambda_k = \frac{F_t}{nF_k}$$

式中 λ_k——由挤压筒进入分流孔的延伸系数；

F_t——挤压筒断面积，mm^2；

F_k——一个分流孔的断面积，mm^2；

n——分流孔数目。

如果各分流孔的断面积不相等，则 nF_k 为分流孔的总断面积。

（1）金属充满焊合室阶段所需的挤压力 P_1 为：

$$P_1 = R_s + T_y + T_t + T_f \tag{4-61}$$

式中 R_s——实现金属进入分流孔的纯塑性变形所需要的力，N；

T_y——克服挤压筒中塑性变形区压缩锥面上的摩擦所需要的力，N；

T_t——克服挤压筒壁上的摩擦所需要的力，N；

T_f——克服分流孔道中的摩擦所需要的力，N。

对于圆柱形分流孔道，P_1 为：

$$P_1 = 4.83F_t\bar{\tau}\ln\lambda_k + 4.7D_t(L_0 - 0.9D_t)\tau_1 + 0.5\lambda_k F_k\tau_2 \tag{4-62}$$

式中 $\bar{\tau}$——塑性变形区压缩锥面内金属的平均剪切应力，MPa；

D_t——挤压筒直径，mm；

L_0——坯料长度，mm；

τ_1——塑性变形区入口处金属的剪切应力，MPa；

τ_2——塑性变形区压缩锥出口处金属的剪切应力，MPa。

（2）金属充满焊合室进入模孔的：

$$P_2 = 3F_h\left(\ln\frac{F_{k1}}{F_1} + \ln\frac{Z_z}{Z_u}\right)\bar{\tau} + \lambda F_f\tau_2 + 1.8(D_h^2 - d_1^2)\ln\frac{D_h - d_1}{D_1 - d_1}\bar{\tau} + 0.5\lambda(Z_n + Z_w)l_1\tau_2 \tag{4-63}$$

式中　F_h——焊合室的断面积，mm^2；

D_h——焊合室的直径，mm；

F_{k1}——焊合室一端分流孔的总断面积，mm^2；

F_f——分流孔道的总侧面积，mm^2；

Z_z，Z_u——制品断面周长及等断面圆周长，mm；

Z_n，Z_w——制品断面内周长、外周长，mm；

l_1——模子工作带长度，mm；

F_1——制品断面积，mm^2；

D_1，d_1——制品的外径、内径，mm；

λ——总的挤压比。

4.2.5　穿孔力及穿孔摩擦拉力计算

4.2.5.1　穿孔力计算

在双动挤压机上采用实心坯料穿孔法挤压管材时，完成穿孔所需要的穿孔力 P_Z是由穿孔缸提供的。在挤出管材的前端，会产生一段外径与模孔一致的实心穿孔料头。在穿孔时，一旦穿孔针进入坯料中，就会受到来自针前端面上坯料金属的正压力和侧表面上金属向后流动的摩擦力的作用，如图4-18所示。

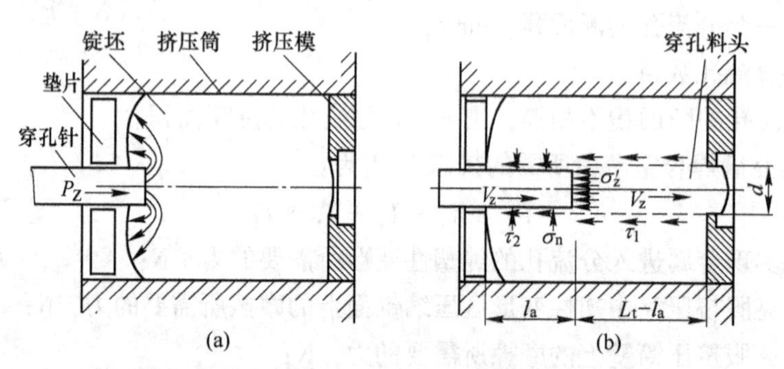

图4-18　穿孔过程中金属流动和穿孔针受力情况

（a）穿孔开始阶段金属流动情况；（b）穿孔力达到最大时金属流动与穿孔针受力情况

随着穿孔深度 l_Z的逐渐增加，金属向后流动的阻力逐渐增大，穿孔针侧表面所受摩擦力也逐渐增大，从而使得穿孔所需要的力也迅速增大。当穿孔深度达到一定值（l_a）时，作用在针前端面上的力足以使针前面的一个金属圆柱体与坯料之间产生剪切变形而被完全剪断做刚体运动，此时穿孔力达到最大值。当穿孔针继续前进时，随着料头逐渐被推出模孔，穿孔力降低。在穿孔结束时，穿孔力下降至最小值。

如图4-19所示，在穿孔过程中，穿孔力出现峰值的时间或穿孔力达到最大值时的穿孔深度 l_a与穿孔针的直径 d_Z有关。一般情况下，小直径穿孔针的穿孔应力峰值相对于大直径针时出现得较晚，即 l_Z/L_t 的值较大，其原因是在挤压筒的直径 D_t 一定的情况下，当穿孔针的直径很粗，d_Z/D_t 趋于 1 时，穿孔过程类似于型棒材的挤压过程，最大穿孔应力出现在穿孔初期；当穿孔针很细，d_Z/D_t 趋于 0 时，在穿孔过程中所需要克服的阻力，主要是穿孔针侧表面上的摩擦力，因而穿孔应力达到峰值时的穿孔深度大，在快要穿出坯料时达到最大值，而且所需要的穿孔力也大。

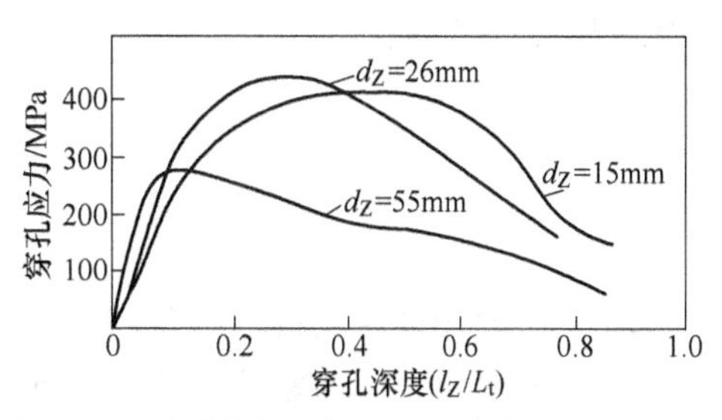

图 4-19 不同针径时穿孔过程中穿孔应力的变化

作用在穿孔针前端面上的压力 P_{Z1} 为：

$$P_{Z1} = \frac{\pi}{4} d_Z^2 \sigma'_Z \tag{4-64}$$

式中 d_Z——穿孔针直径，mm；

σ'_Z——作用在穿孔针前端面单位面积上的正压力，MPa。

当穿孔力达到最大值时，P_{Z1} 与作用在穿孔料头侧表面上的剪切力相等，即：

$$P_{Z1} = \pi d(L_t - l_a)\tau_1 \tag{4-65}$$

式中 d——管材外径，mm；

L_t——坯料填充后的长度，mm；

l_a——穿孔力达到最大值时的穿孔深度，mm；

τ_1——被穿孔金属的塑性剪切应力，MPa；可取 $\tau_1 = 0.5\sigma_s$。

作用在穿孔针侧表面上的摩擦力 P_{Z2} 为：

$$P_{Z2} = f\pi d_Z l_a \sigma_n = \pi d_Z l_a \tau_2 \tag{4-66}$$

式中 f——穿孔针接触表面的摩擦系数；

σ_n——作用在穿孔针侧表面上的单位正压力，MPa；

τ_2——作用在穿孔针侧表面上的摩擦应力，$\tau_2 = f\sigma_n$。由于正确确定单位正压力 σ_n 的值比较困难，可近似取 $\tau_2 = \tau_1$。

于是，最大穿孔力为：

$$P_Z = P_{Z1} + P_{Z2} = \pi d(L_t - l_a)\tau_1 + \pi d_Z l_a \tau_2 \tag{4-67}$$

将 $\tau_2 = \tau_1 = 0.5\sigma_s$ 代入式（4-67）中，于是有：

$$P_Z = \frac{\pi d_Z}{2}\sigma_s\left[(L_t - l_a)\frac{d}{d_Z} + l_a\right] \tag{4-68}$$

在实际生产中，由于要对穿孔针进行润滑、冷却，这样将使穿孔针与坯料之间的温差加大。穿孔时，穿孔针对刚出炉的坯料金属起着冷却作用，使金属的变形抗力升高，从而使穿孔应力增大。为此，在式（4-68）中考虑一个温度修正系数（或称为金属冷却系数）Z，即：

$$P_Z = Z\frac{\pi d_Z}{2}\sigma_s\left[(L_t - l_a)\frac{d}{d_Z} + l_a\right] \tag{4-69}$$

温度修正系数为：

$$Z = 1 + \frac{39.12 \times 10^{-7}\lambda'\Delta Tt}{D_t\left(1 - \frac{d_Z}{D_t}\right)} \tag{4-70}$$

式中　ΔT——穿孔针与坯料的温差，℃；

t——填充挤压开始到穿孔终了的时间，s；

λ'——变形金属的热导率，J/(s·m·℃)。铝及铝合金在300℃、400℃、500℃、600℃的热导率 λ' 的值分别为15.6J/(s·m·℃)、18.2J/(s·m·℃)、21.3J/(s·m·℃)、24.2J/(s·m·℃)。

4.2.5.2　*穿孔针摩擦拉力计算*

用实心坯料穿孔挤压管材时，在穿孔过程中，穿孔针受压应力作用；在穿孔结束后的挤压过程中，穿孔针又受到摩擦拉力作用。

（1）圆柱针挤压时的摩擦拉力计算。圆柱针挤压时金属流动作用在穿孔针上的摩擦拉力 Q 可用式（4-71）计算：

$$Q = 2.72DL\mu C_v\sigma_s \tag{4-71}$$

式中　D——穿孔针直径，mm；

L——填充后的坯料长度，mm；

μ——摩擦因数；

C_v——应变速度系数，按图4-13所示确定；

σ_s——变形温度下金属静态拉伸时的屈服应力，按表4-2~表4-7所示确定。

（2）瓶式针挤压时的摩擦拉力计算。瓶式针挤压时穿孔针受力情况如图4-20所示。

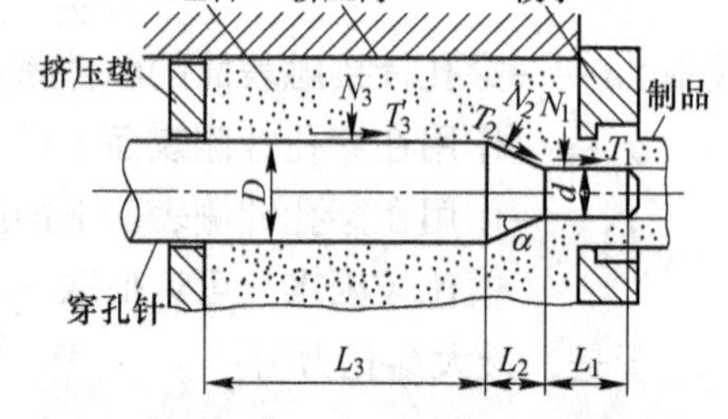

图4-20　瓶式针挤压时穿孔针受力示意图

金属在变形流动过程中作用在穿孔针上的轴向拉力 Q 由以下几部分组成：

$$Q = T_1 + T_2\cos\alpha + T_3 - N_2\sin\alpha \tag{4-72}$$

式中　T_1——金属流动作用在针尖圆柱段侧表面上的摩擦拉力，N；

T_2——金属流动作用在针尖与针杆过渡锥面上的摩擦力，N；

T_3——金属流动作用在针杆侧表面上的摩擦力，N；

N_2——变形金属作用在针尖与针杆过渡锥面上的正压力，使穿孔针受到向后的压应力作用，N；

α——针尖与针杆过渡锥面斜角。

在实际操作中，一般控制模孔工作带位于针尖圆柱段的中间部位，这样出模孔后的管材内表面仍与针尖表面接触，但由于此时对针产生的摩擦拉力远小于出模孔前，可不计，故：

$$T_1 = \pi dl_1\mu C_v\sigma_s/2$$

$$T_3 = \pi D l_3 \mu C_v \sigma_s = \pi D \mu C_v \sigma_s \left(L - l_1/2 - \frac{D-d}{2}\cot\alpha\right)$$

$$T_2 = \frac{\pi}{4}(D^2 - d^2)\frac{1}{\sin\alpha}\mu C_v \sigma_s$$

$$N_2 = \frac{\pi}{4}(D^2 - d^2)\frac{1}{\sin\alpha}C_v \sigma_s$$

式中 d，l_1——针尖圆柱段的直径、长度，mm；

D——穿孔针针杆直径，mm。

最后整理得：

$$Q = \frac{\pi}{4}[4\mu DL - 2\mu(D-d)l_1 - \mu(D-d)^2\cot\alpha - D^2 + d^2]C_v\sigma_s \qquad (4\text{-}73)$$

（3）摩擦系数的确定。挤压时的摩擦系数大小与挤压温度、速度条件下金属的变形抗力有关。不同合金在不同挤压温度、速度条件下的变形抗力是不相同的，所以摩擦系数有一定的差异。因此，摩擦系数的正确选取应根据实验测定来确定。

图4-21所示为5A02、2A11、2A12三种牌号铝合金无润滑热挤压时的摩擦系数 μ 与挤压温度、速度条件下的金属变形抗力 $C_v\sigma_s$ 的实验曲线。根据对2A12铝合金管材的挤压实验，润滑穿孔针挤压时，作用在穿孔针上的摩擦拉力约是不润滑挤压时的四分之一。

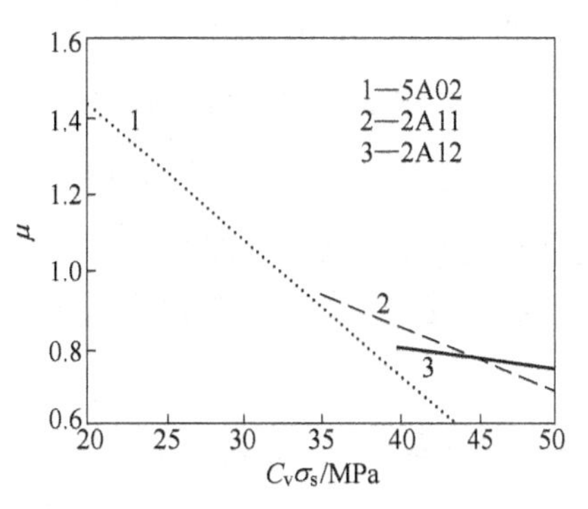

图4-21 铝合金摩擦系数与变形抗力的关系

其数学表达式为：

$$\mu_{5A02} = 2.1366 - 0.0353C_v\sigma_s \qquad (4\text{-}74a)$$

$$\mu_{2A11} = 1.5380 - 0.0170C_v\sigma_s \qquad (4\text{-}74b)$$

$$\mu_{2A12} = 1.0470 - 0.0061C_v\sigma_s \qquad (4\text{-}74c)$$

目前，在缺乏其他金属及合金实验资料的情况下，其摩擦系数也按照4.2.1.2节确定。

4.3 挤压力计算例题

［例4-1］ 在15MN挤压机上将 ϕ150mm×200mm 锭坯挤压成 ϕ19mm×2mm 紫铜管。挤压筒 D_0=155mm；锥模 α=65°，h_g=10mm；圆柱式针，挤压温度 T_j=900℃；挤压速度 v_j=80mm/s。试用皮尔林公式计算挤压力。

［解］（1）挤压比 $\lambda = F_0/F_1 = 175$；填充后锭长 $L_0 = L_p\dfrac{D_p^2}{D_0^2} = 187.30$mm；

金属流出速度 $v_1 = \lambda v_j = 175\times80 = 14000$mm/s；$h_s$=7.73mm。

（2）确定 S_{zh0}、$\bar{S}_{zh}$和$\bar{S}_t$、$\bar{S}_g$、i、f_t、f_{zh}、f_g：

1）据表4-3查得紫铜900℃时 σ_b=17.6MPa，根据式（4-24b）确定 S_{zh0}：

$$S_{zh0} = 0.5K_{zh0} = 0.5\sigma_b = 0.5\times17.6 = 8.8\text{MPa}$$

2）确定 S_{zh1}。计算金属在变形区中持续时间 t_s 根据公式（4-28b）：

$$t_s = 0.4[(D_0^2 - 0.75d_1^2)^{\frac{3}{2}} - 0.5(D_0^3 - 0.75d_1^3)]/(F_0 v_j)$$
$$= 0.4\frac{[(155^2 - 0.75 \times 19^2)^{\frac{3}{2}} - 0.5(155^3 - 0.75 \times 19^3)]}{\pi\left(\frac{155}{2}\right)^2 \times 80}$$
$$= 0.5(s)$$

按表4-8确定 $C_y \approx 3.1$。

根据式（4-25）确定 S_{zh1}，$S_{zh1} = C_y S_{zh0} = 27.3\text{MPa}$。

3）计算$\overline{S_{zh}}$。根据公式（4-30a）确定$\overline{S_{zh}}$，$\overline{S_{zh}} = \frac{1 + C_y}{2} S_{zh0} = 18.04\text{MPa}$。

4）确定和计算f_t，f_{zh}，f_g，i，$\overline{S}_t$，$\overline{S}_g$：

①紫铜热挤压时，挤压筒和变形区内的表面摩擦系数 f_t 和 f_{zh} 的确定，根据本章4.2.1.2节选取，$f_t = f_{zh} = 0.5$。

②工作带壁上的摩擦系数f_g，根据本章4.2.1.2节选取，$f_g = 0.25$。

③$i = \ln\lambda = \ln 176 = 5.2$。

④$\overline{S}_t$。根据式（4-23）确定 $\overline{S}_t$，$\overline{S}_t = S_t = S_{zh0} = 8.8\text{MPa}$。

⑤$\overline{S}_g$。当金属进入模孔后仅发生弹性变形，此时金属塑性剪切应力 S_g仍是金属出塑性变形区时的值 S_{zh1}，即 $\overline{S}_g = S_g = S_{zh1} = 27.3\text{MPa}$。

将上述确定的所有参数代入式（4-19）计算 P：

$$P = [\pi D_0(L_0 - h_s)]f_t\overline{S}_t + 2iF_0\left(\frac{f_{zh}}{2\sin\alpha} + \frac{1}{\cos^2\frac{\alpha}{2}}\right)\overline{S}_{zh} + \lambda(\pi D_1 h_g)f_g\overline{S}_g$$

$$= [\pi \times 155(187.3 - 7.73)] \times 0.5 \times 8.8 + 2\ln 17.6\left(\frac{0.5}{2\sin 65°} + \frac{1}{\cos^2\frac{65°}{2}}\right) \times 18.04 +$$
$$176(\pi \times 19 \times 7.73) \times 0.25 \times 27.3 = 384740.6 + 913.3 + 554240.5$$
$$= 9.4(\text{MN})$$

根据皮尔林公式计算求得 $P = 9.4\text{MN}$，实测挤压力为10MN，说明采用皮尔林公式计算得到的挤压力 P 的精度较高。

［例4-2］ 在49MN挤压机的 ϕ360mm挤压筒上，用 ϕ350mm×1000mm坯料，挤压2A12铝合金 ϕ110mm 棒材。模子工作带长度5mm，挤压温度420℃，挤压速度1.55mm/s。分别用简化算式和解析式计算挤压力（实测挤压力为45.9MN）。

［解1］ 用简化算式计算挤压力。根据式（4-32），挤压棒材时挤压力的计算式变化为 $P = \beta A_0\sigma_0\ln\lambda + \mu\sigma_0\pi DL$。

（1）选取修正系数，取$\beta = 1.3$；

（2）计算挤压筒断面积，$A_0 = 101736\text{mm}^2$；

（3）计算挤压比，$\lambda = 10.71$；

（4）根据式（4-34）、式（4-35）、式（4-36）、式（4-37）及图 4-13，确定应变速度系数 $C_v=1.13$；

（5）根据表 4-6 确定挤压温度下材料的屈服应力 $\sigma_s=37\text{MPa}$；

（6）根据式（4-9）确定挤压温度速度条件下金属的变形抗力 $\sigma_0=41.81\text{MPa}$；

（7）根据式（4-74c）确定摩擦系数 $\mu=0.79$；

（8）计算镦粗后的坯料长度 $L=945\text{mm}$；

（9）将有关数据代入上式中计算出挤压力为 48.06MN，与实测挤压力的误差为 4.7%。

[**解 2**] 用解析式计算挤压力。根据题意，工作带长度 $l_1=5\text{mm}$，工作带直径 $d_1=110\text{mm}$，$D_t=360\text{mm}$。按照式（4-53）和式（4-54）计算挤压棒材时挤压力。

（1）计算挤压比，$\lambda=10.71$；

（2）确定模角，平模挤压时取 $\alpha=60°$；

（3）确定摩擦系数，无润滑挤压时可取工作带与金属间的摩擦系数 $f_1=0.5$；

（4）计算镦粗后的坯料长度 $l_0=945\text{mm}$；

（5）计算未变形区长度，$l_3=l_0-l_2=l_0-(D_t-d_1)/(2\tan\alpha)=872.83\text{MPa}$；

（6）根据表 4-6 确定挤压温度下材料的屈服应力为 37MPa；

（7）根据式（4-33）确定挤压温度速度条件下金属的变形抗力 $\sigma_s=41.81\text{MPa}$；

（8）将有关数据代入式（4-53）计算得：$\sigma_j=370.144\text{MPa}$；

（9）将有关数据代入式（4-54）计算挤压力得：$P=37.66\text{MN}$，与实测挤压力的误差为 17.95%。

思 考 题

4-1 计算挤压力的目的和意义是什么？

4-2 计算挤压力的算式包括哪几类？各自分别具有什么特点？

4-3 根据挤压时的受力分析，挤压力主要由哪几部分组成？

4-4 影响挤压力的主要因素有哪些？它们分别是如何影响的？

4-5 用皮尔林公式计算挤压力时，挤压力主要由哪几部分组成？各部分的摩擦系数怎么确定？

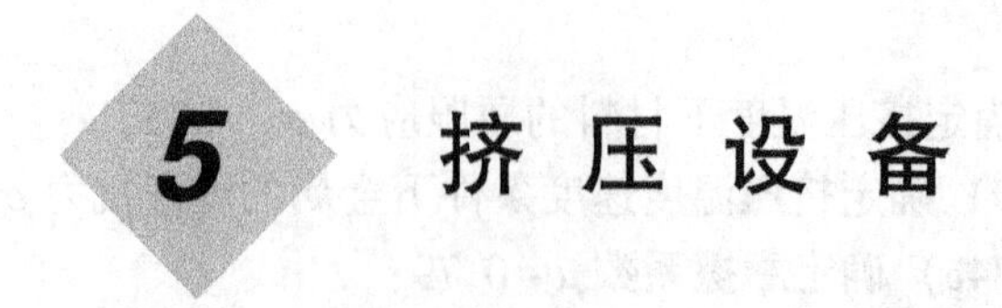

5 挤压设备

5.1 概 述

挤压机在金属压力加工中已应用的相当广泛，主要用于管、棒材、型材及线坯的生产，目前主要有两大类：普通挤压机和Conform连续挤压机，这是两类结构完全不同的挤压机。

5.2 普通挤压机的类型及其结构特点

普通挤压机按其传动方式分为机械传动挤压机和液压传动挤压机。机械传动挤压机是通过曲轴或偏心轴将回转运动变成往复运动，从而驱动挤压杆对金属进行挤压。这种挤压机的主要特点是挤压速度快。但是，由于速度的调节反应不够灵敏，所以挤压速度是变化的，在负荷变化时易产生冲击，对工具的寿命等不利，现在很少使用。

液压传动的挤压机是挤压机的主体，具有运行平稳，对过载的适应性好，速度易调整等优点，已得到广泛应用。液压传动挤压机按总体结构分为卧式挤压机和立式挤压机。按其用途和结构分为型棒挤压机和管棒挤压机，或者称为单动式挤压机和双动式挤压机。按挤压方法可分为正向挤压机和反向挤压机，但其基本结构没有原则性差别。按照主柱塞行程的长短或装坯料的方式不同可分为长行程挤压机和短行程挤压机，二者结构基本相同。

5.2.1 卧式和立式挤压机

根据挤压机上主要部件的运动方向与地面的关系，挤压机有卧式和立式两大类，如图5-1及图5-2所示。在卧式挤压机上，运动部件的运动方向跟地面平行；而在立式挤压

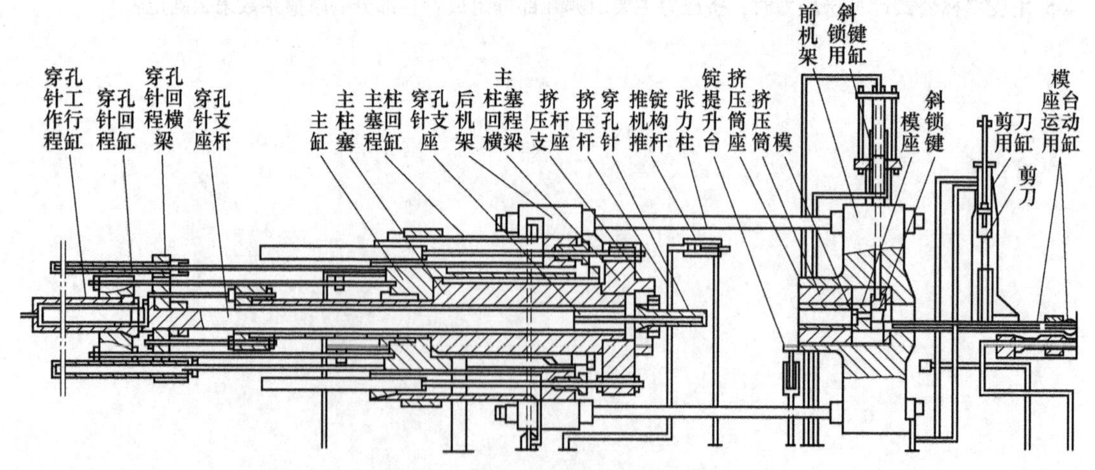

图5-1 25MN卧式挤压机示意图

机上，运动部件的运动方向与地面垂直。

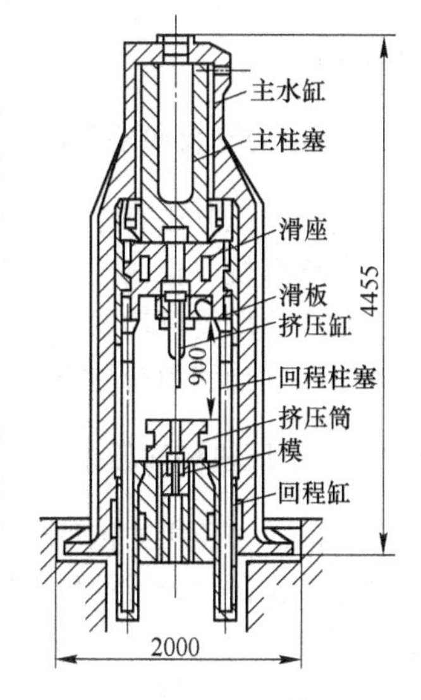

图 5-2 6MN 立式挤压机

一般来说，卧式挤压机的占地面积比立式挤压机的大，另外由于卧式挤压机的动梁只是单面（底面）和导轨接触并沿其滑动，所以在长期工作后由于磨损的缘故，动梁就要发生单方向（向下）偏移，并导致与它连接的挤压杆及穿孔针也单方向偏移，结果会造成挤压管材时出现些壁厚不均即偏心。

立式挤压机虽然不存在以上问题，但由于其出料方向与地面垂直，因此出料必须构筑很深的地槽，或把挤压机的基础提高（这将使厂房相应也增高）。所以立式挤压机吨位受到限制，一般在 6~10MN 左右，仅在特殊情况下安装 15MN 的立式挤压机。

5.2.2 单动式和双动式挤压机

根据挤压机是否带有独立穿孔系统，可以分成单动式（不带独立穿孔系统）和双动式（带独立穿孔系统）两种。无论是卧式还是立式，挤压机都有单动和双动之分。单动式挤压机比双动式挤压机结构简单。

用单动式或双动式挤压机均可挤压出金属的管材、棒材、型材和线坯。不过用单动式挤压机生产管材时必须用空心的坯料。挤压时穿孔针的作用仅在于确定管材的内径，而且在挤压管材时穿孔针是随动的（被挤压杆带动一起运动）。用双动式挤压机挤压管材时，坯料既可用实心的也可用空心的，在用实心坯料时，穿孔针必须先把坯料穿孔，而后再挤压，挤压过程中穿孔针既可动也可固定。

5.2.3 长行程和短行程挤压机

目前，国内使用的卧式挤压机均属于长行程挤压机。用这种挤压机时，坯料从挤压筒的后面装入，因此在装料过程中挤压杆及穿孔针必须先后退一个坯料长度的距离，考虑到坯料可能的最大长度可以接近等于挤压筒的长度，所以在设计挤压杆、穿孔针及驱动它们的工作柱塞的最短行程时，必须使其大于挤压筒长度的 2 倍，如图 5-3 所示。

短行程挤压机在挤压时，坯料是从挤压筒的前面装入，装料时挤压筒后退一个坯料长度的距离，待坯料送上合适位置时，挤压筒前进并将坯料套入挤压筒内，如图 5-4 所示。这样挤压杆、穿孔针及驱动它们的工作柱塞的最短行程只需大于挤压筒的长度，也就是说其长度比长行程挤压机减少将近一半。由于挤压机的主体长度跟工作柱塞的行程有直接关系，所以短行程挤压机的本体长度将比长行程的大大缩短，这是短行程挤压机的一个突出

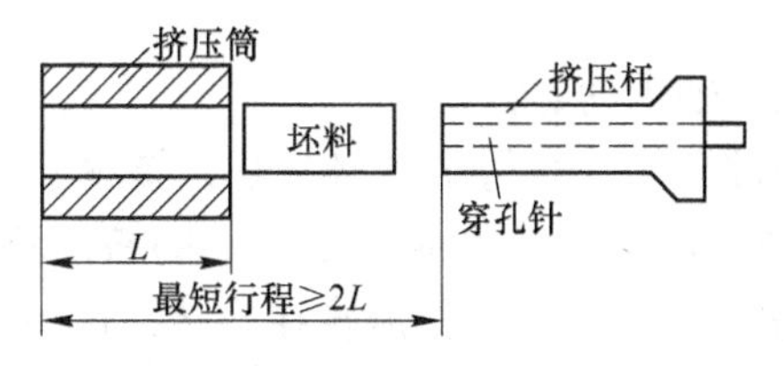

图 5-3 长行程挤压机装料形式

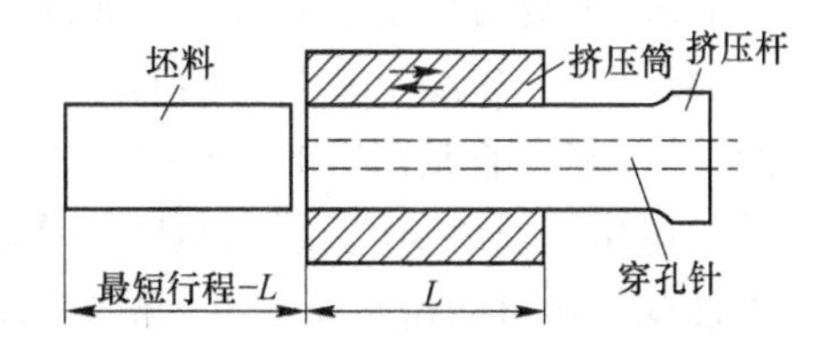

图 5-4 短行程挤压机的装料形式

优点。不过，由于在使用短行程挤压机时，穿孔针不易暴露出来，所以穿孔针的润滑和冷却不易进行。

5.2.4 正向和反向挤压机

由于挤压方法有正向挤压和反向挤压之分，所以在挤压设备上也相应地有正向挤压机和反向挤压机，且在正向挤压机上有时也能实现反向挤压。例如，我国有些有色金属加工厂，就用挤压筒可动的卧式挤压机来进行反向挤压。专门的反向挤压机，由于其结构复杂，所以设计和制造的很少。

5.2.5 水压机和油压机

目前，挤压机的传动介质有两种：油和乳化液。使用油作传动介质的称为油压机，使用乳化液作传动介质的称为水压机。水压适合大吨位、高速度、高压力的挤压机，挤压速度调节范围宽，设备维修较容易，可多机联合使用；缺点是需要水泵站系统，设备占地面积大。油压易实现自动化，不需要泵站，油泵一般安装在机上或机旁，结构紧凑，占地面积小，设备维修比水压机较复杂。油压机的驱动装置是直接作用的油泵，油压机广泛应用于轻金属挤压，目前油压机也逐渐在重金属挤压中应用。而大吨位、高速度油压直接驱动的挤压机也可与油压蓄势器的应用结合起来。有色金属挤压采用油压机的较多，也是未来的发展方向。

5.3 Conform 连续挤压机的结构及特点

Conform 连续挤压机在铜及黄铜和软铝合金小规格型材、管材及导线包覆等方面得到较为广泛的应用。这种挤压机在结构及原理上与上述的普通挤压机不同，其结构也较简单。

Conform 连续挤压法克服了常规挤压法的过程不连续性和变形金属与工具接触摩擦所带来的许多不足，是对常规挤压工艺和设备的一次重大革新。普通的 Conform 连续挤压机的结构形式主要有立式（挤压轮轴铅直配置）和卧式（挤压轮轴水平配置）两种，其中以卧式占多数。根据挤压轮上凹槽的数目和挤压轮的数目，挤压机的类型可分为单轮单槽、单轮双槽、双轮单槽等几种。

（1）单轮单槽连续挤压机。单轮单槽式是 Conform 连续挤压机的主流，一般采用卧式结构和直流电机驱动方式。卧式单轮单槽连续挤压机的基本结构如图 5-5 所示。生产铝合金和铜合金线材、管材和型材时，一般采用径向出料方式（见图 5-5（a））；生产铝包钢线等包覆材料时，一般采用切向出料方式（见图 5-5（b））。

Conform 连续挤压机主要由四大部件组成：

1）挤压轮。轮缘上车制有凹形沟槽，它由驱动轴带动旋转。

2）挤压靴。它是固定的，与挤压轮相接触的部分为一个弓形的槽封块，该槽封块与挤压轮的包角一般为90°，起到封闭挤压轮凹形沟槽的作用，构成一个方形的挤压型腔，相当于常规挤压机的挤压筒。由于槽封块固定在挤压靴上不动，挤压轮在旋转，这一方形挤压筒的三面为旋转挤压轮凹槽的槽壁，第四面是固定的槽封块。

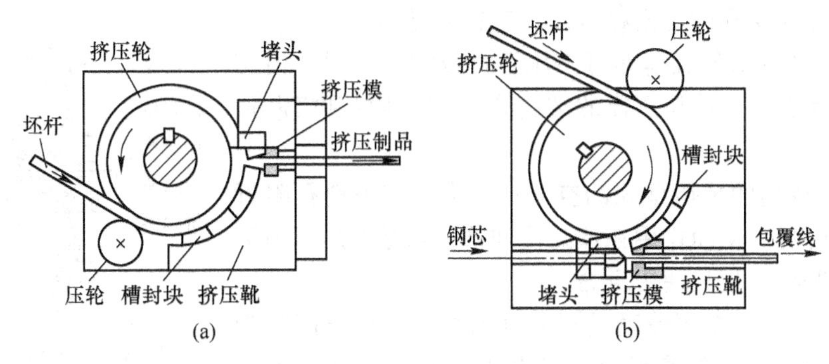

图 5-5 卧式单轮单槽 Conform 连续挤压机基本结构图
（a）径向出料方式；（b）切向出料方式

3）堵头。固定在挤压型腔的出口端，其作用是把挤压型腔出口端封住，迫使金属只能从挤压模孔流出。

4）挤压模。挤压模或安装在堵头上，实行切向挤压；或安装在挤压靴上实行径向挤压。在多数情况下，挤压模安装在挤压靴上，因这里有较大的空间，允许安装较大的挤压模，以便挤压尺寸较大的制品。

Conform 连续挤压机设备本体的结构较简单，体积较小。通常情况下它与坯料的矫直、清洗、冷却、检测及卷取等装置组合在一起组成一个连续挤压生产线，如图 5-6 所示。

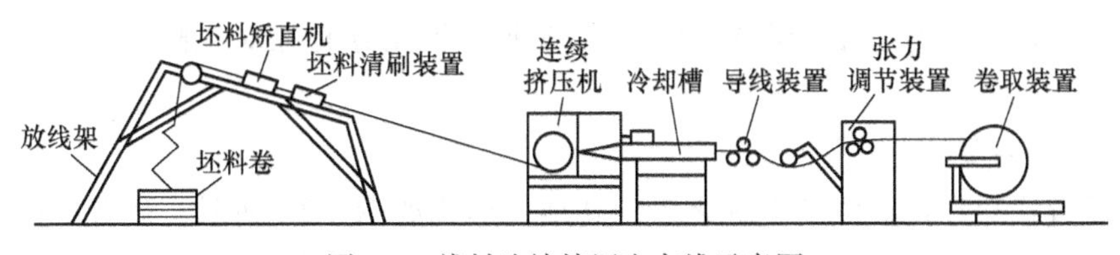

图 5-6 线材连续挤压生产线示意图

（2）单轮双槽连续挤压机。单轮双槽连续挤压机是巴布科克（Babcock）公司的独创性技术，其基本原理是在挤压轮上制作两个凹槽，同时供应两根坯料，两个凹槽内的坯料通过槽封块上的两个进料孔，汇集到挤压模前的预挤型腔内，焊合成一体后再通过挤压模挤出产品，如图 5-7 所示。单轮双槽连续挤压机有两种结构形式：一种是径向挤压方式，挤压制品沿挤压轮半径方向流出，用于各种管材、棒材、型材、线材的挤压，如图 5-7（a）所示；另一种为切向挤压方式，主要用于包覆材料挤压，如图 5-7（b）所示。

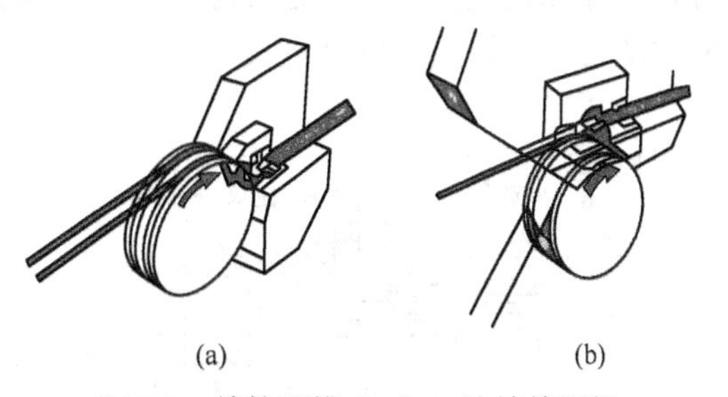

图 5-7 单轮双槽 Conform 连续挤压机
（a）单轮双槽式挤压机；（b）单轮双槽包覆挤压机

（3）双轮单槽连续挤压机。双轮 Conform 连续挤压机是在同一平面上，两个反向运转的挤压轮带动两根坯料进入挤压模前的预挤型腔，然后通过模孔进行挤压，如图 5-8 所示。

与单轮单槽或单轮双槽连续挤压机相比，双轮单槽挤压机在结构和控制上要复杂一些，但在挤压管材和空心型材方面具有较明显的优势：

1）不需要使用分流模即可挤压管材或空心型材。模芯可以安装在堵头上，使挤压模的结构简化，挤压模和模芯强度提高。

2）挤压模前的预挤型腔的空间比较大，使进料孔附近的压力显著降低，从而作用在槽封块和挤压轮缘上的压力下降，可减轻磨损，延长使用寿命。

3）对称供料，金属流动的对称性增加，在挤压薄壁管或包覆材料时，可以提高壁厚（或包覆层）的尺寸精度与均匀性。

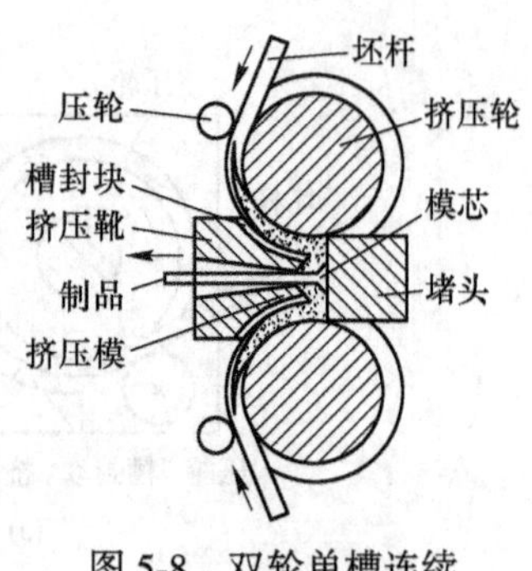

图 5-8 双轮单槽连续挤压机示意图

5.4 挤压机的结构

不论是卧式挤压机还是立式挤压机，都由三种基本部件组成，即机架、缸与柱塞、挤压工具。

5.4.1 挤压机主机结构

液压缸的配置是为了保证挤压工具和一些辅助机构完成往复运动的。棒型材挤压机由于没有穿孔系统，故液压缸数目少，配置较简单，如图 5-9 所示。而管棒挤压机的主缸，即挤压缸（主缸）和穿孔缸的配置形式有许多种。根据穿孔缸对主缸的位置，主机有三种形式。

5.4.1.1 *后置式*

所谓后置式即穿孔缸位于主缸之后，其结构形式如图 5-10 所示。后置式的挤压机的穿孔柱塞行程一般比主柱塞行程长些，因此在挤压过程中穿孔针逐渐向前移动一段距离，从而减轻了穿孔针所受的拉力使之不被拉断，增加了穿孔针的使用寿命。另外，此种结构的挤压机没有穿孔针轴向调整结构，穿孔针长短不同时，可借助于主柱塞与穿孔柱塞的相对移动使穿孔针端面与挤压杆前面的垫片端面对齐，这一点是填充挤压时所必需的。由图可知，穿孔系统很长，中心线难于对中，铜套易磨损，挤压的管材易产生偏心。此种结构形式的另一个缺点是机身较长。

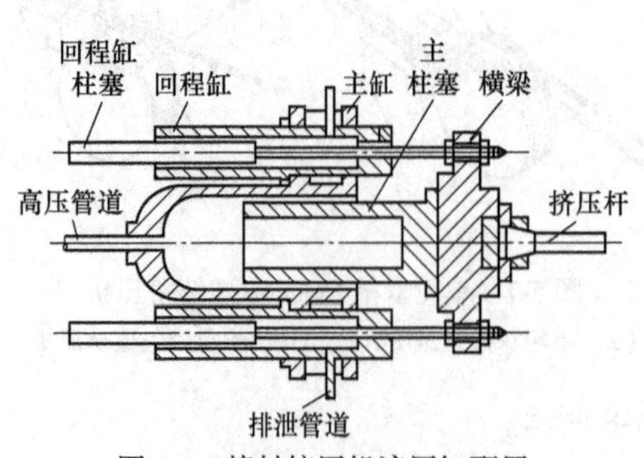

图 5-9 棒材挤压机液压缸配置

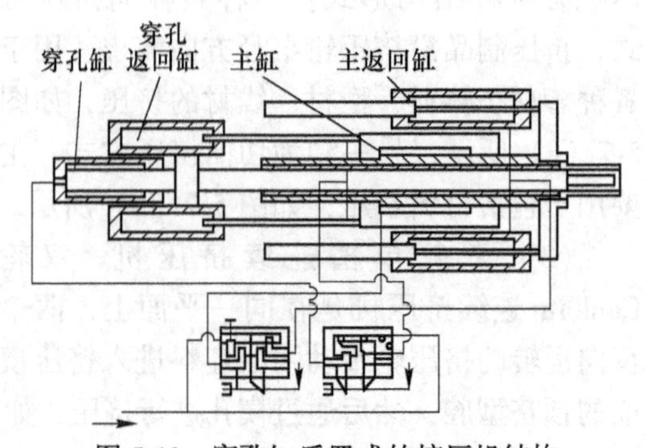

图 5-10 穿孔缸后置式的挤压机结构

5.4.1.2 侧置式

侧置式配置的特点是穿孔工作缸位于主缸的两侧，如图5-11所示。穿孔柱塞与主柱塞行程相同，在挤压过程中，穿孔针固定在模孔中不动。此点是借助于在穿孔柱塞杆上面两个穿孔行程限制器实现的，当穿孔针位于模孔后，两个行程限制器则靠在穿孔缸的端面上，这就限制了穿孔针继续向前移动。当穿孔针在挤压时不动对其寿命是不利的，这是因为金属变形在模孔处最大，温度最高，故针常被拉细、拉断。穿孔针沿轴线上的调整是借助于安装在穿孔横梁中的蜗轮、蜗杆机构实现的，此种结构的挤压机由于在主缸后面尚安装有主柱塞及穿孔柱塞回程缸，故机身也很长。

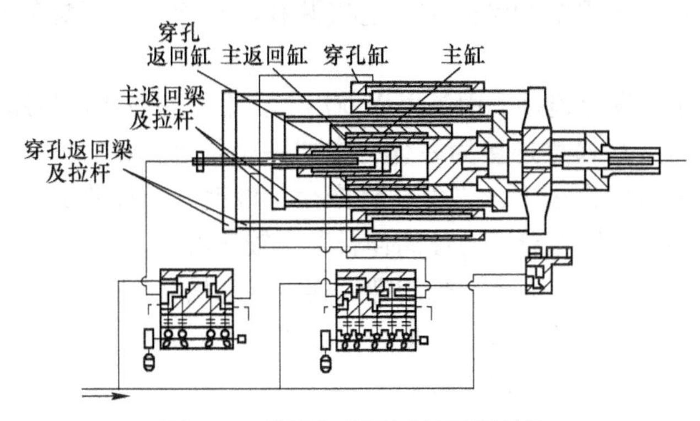

图5-11 穿孔缸侧置式挤压机结构

5.4.1.3 内置式

内置式挤压机是一种结构上较先进的挤压机，其特点是穿孔缸安置在主柱塞前部的空腔中。穿孔缸所需的工作液体用一个套筒式导管供给，其原因是穿孔缸在主柱塞移动时也要跟着移动，如图5-12所示，其特点是没有主柱塞回程缸，而主柱塞返回靠两个穿孔柱塞回程缸带回，故结构较简单，内置式挤压机由于穿孔系统位于主柱塞中，故缩短了机身长度。内置式挤压机的另一突出的优点是不易偏心。穿孔针在挤压时可以随着主柱塞一同前进，有助于提高其使用寿命。内置式穿孔系统存在一些缺点：穿孔缸是运动的，因此必须采用活动的高压导管，这样密封和维护就比较麻烦。

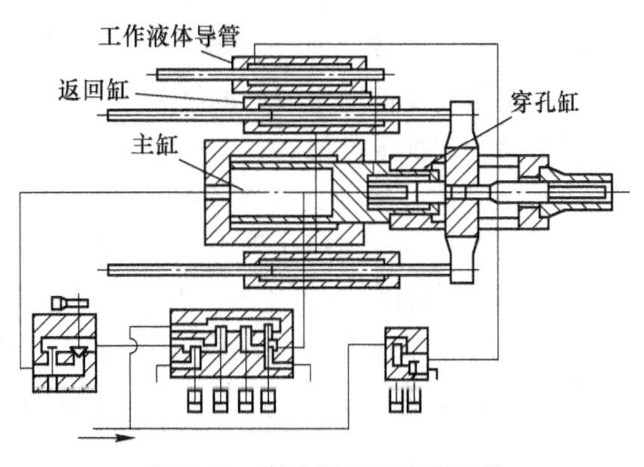

图5-12 穿孔针内置式挤压机

目前，水压机上多采用后置式或侧置式结构，油压机多采用内置式结构，这是由于油比水密封和维护等问题要容易解决的原因。

5.4.2 挤压机主体结构

5.4.2.1 机架

机架是由机座、横梁、张力柱所组成。

(1) 机座是由前机座、中间机座、后机座三部分对接组成，后机座用以支承后横梁，中间机座通过导板支承活动横梁（挤压横梁、穿孔横梁），前机座支承前横梁，后横梁与机座的轴向位置是由固定键来确定的，即后横梁相对机座是固定不动的。相反，前横梁由上滑板支承，它不仅可以在上滑板上沿轴向滑动，而且可由调整上滑板而相对机座作升降移动，还可以调整侧向的调整螺钉使它沿机座横向左右移动。

挤压机在安装时，后横梁按要求确定位置后，前横梁可以通过上述调整螺钉进行调整，以保证前后横梁轴线一致。

（2）横梁包括前横梁、后横梁。对中小型挤压机，有时把后横梁和主缸制成一体，以利加工和装配。但大型挤压机的后横梁都是单独铸件。后横梁是挤压机的主要受力部件之一，用来安装主缸、回程缸和穿孔缸，它安装在后机座上，用螺钉和键与后机座固定连接。

前横梁与机座不是固定连接，而是可以前后、上下、左右相对机座移动的。

（3）张力柱把前、后横梁连接为一体，组成一个刚性框架，张力柱最常用的有三柱式或四柱式。在挤压力的作用下，张力柱将产生弹性变形，即张力柱将会发生微量的伸长，这时要求前横梁必须能随着张力柱的伸长而沿轴向滑移。

张力柱机架应用较广泛，但由于采用螺纹连接，易松动与损坏。目前，国外已采用预应力机架，因为这种预应力的张力柱变形小，还可作为挤压筒座和挤压活动横梁的导轨。另外，也有在圆断面张力柱上用预张力。

5.4.2.2　缸与柱塞

挤压机的缸与柱塞有三种形式：圆柱式、活塞式和阶梯式，如图5-13所示。

（1）圆柱式柱塞与缸（图5-13（a））是挤压机中的基本结构形式，其特点是只能单向运动，柱塞需要借助于另外的缸才能实现返回，挤压机的主缸和穿孔缸采用此种结构形式，使用及维护都很方便。

（2）活塞式柱塞与缸（图5-13（b））可做往复运动，主要用于辅助机构，如挤压筒移动缸等方面。主缸和穿孔采用活塞式的柱塞是不合适的。

（3）阶梯式柱塞与缸（图5-13（c））做单向运动，主要用于回程缸。缸的典型结构如图5-14所示，在缸的开口端镗有密封室，用于放置密封填料和压紧环，并在里面镗有孔，青铜衬套以轻配合压入，其中，衬套的作用在于防止柱塞与缸相互摩擦并进行导向。

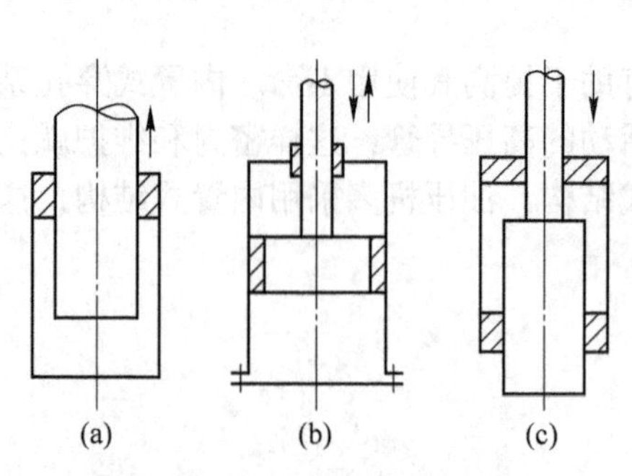

图5-13　缸与柱塞的结构形式

（a）圆柱式柱塞与缸；（b）活塞式柱塞与缸；（c）阶梯式柱塞与缸

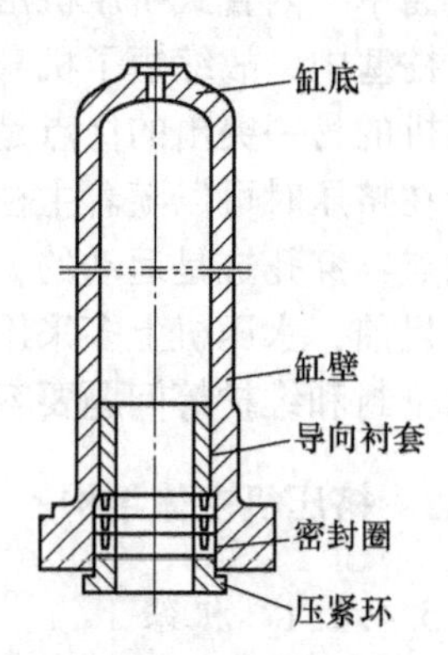

图5-14　缸的典型结构

铸造缸所用的材料一般为含碳0.3%~0.4%的钢，而主柱塞常由含碳量0.4%~0.5%的钢铸成。

思考题

5-1 目前的挤压机主要有几大类？分别是什么？

5-2 普通挤压机中的液压传动挤压机按不同的方法分别可以分为哪些类型？

5-3 什么是单动式挤压机？什么是双动式挤压机？各自的主要用途是什么？

5-4 Conform 连续挤压机的用途是什么？它具有什么优点？普通的 Conform 连续挤压机的结构形式主要有哪几种？

5-5 挤压机的主要部件包括哪些？各自的主要作用是什么？

6 挤压工模具及其设计

6.1 挤压工具的组成

根据挤压机的结构、用途以及所生产的产品不同，挤压工模具的组成和结构形式也不完全一样。挤压工模具包括：基本挤压工具、模具和辅助工具三大类，其组装示意图见图6-1。

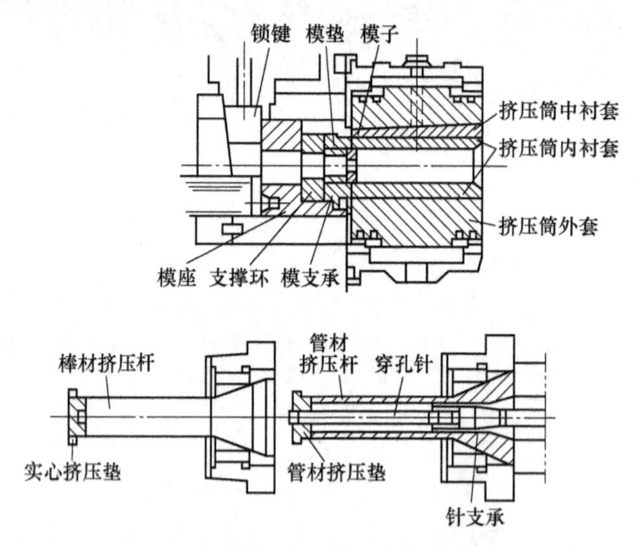

图6-1 挤压工模具组装示意图

基本挤压工具是指尺寸及重量较大，通用性强、使用寿命也较长的一些工具，它们在挤压过程中承受中等以上的载荷。基本挤压工具主要有挤压筒、挤压杆、空心模子轴、挤压垫、模支承、支撑环、针支承、堵头等，其中挤压筒是尺寸及重量最大、工作条件最恶劣、结构设计最复杂、价格最昂贵的基本工具。

模具包括模子、模垫和穿孔针（或芯棒）等，是直接参与金属塑性成型的工具。模具的品种规格及结构形式多，当挤压不同品种规格的产品，就需要更换模具。模具的工作条件非常恶劣，消耗量很大。因此，提高模具的使用寿命，减少消耗，对降低挤压生产的模具成本具有重要意义。

辅助工具有导路、牵引爪子、辊道以及修模工具等。这些辅助工具对于提高生产效率和产品质量都具有一定的作用。

由于挤压工模具承受着长时间的高温、高压、高摩擦作用，使用寿命较短，消耗量很大，成本高。因此，正确地选择工模具材料，设计工模具结构、尺寸，制定合理的工艺流程是挤压生产中的关键问题，本章分别对挤压工模具及其设计进行介绍。

6.2 挤 压 模

挤压模是金属成型的工具，变形金属从模孔中挤出，获得所需要的断面形状和尺寸的制品。挤压模对挤压制品的质量、产量、成品率及生产成本具有重要的影响，要求挤压模耐高温、耐高压且耐磨。

6.2.1 挤压模的类型

模具按结构形式可分为整体模、可拆卸模、舌模以及分流组合模、镶嵌模及专用模具等结构类型。

6.2.1.1 整体模

由整块钢料或镶嵌为一体的挤压模，按模孔的形状分为平模、锥模、双锥模、平锥模、流线模、碗形模和平流线模，如图6-2所示。整体模制造简单，广泛用于管棒型材挤压。

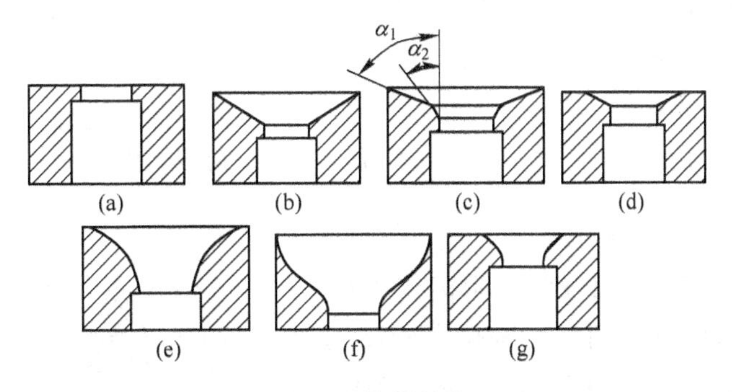

图6-2 整体模的类型

(a) 平模；(b) 锥模；(c) 双锥模；(d) 平锥模；(e) 流线模；(f) 碗形模；(g) 平流线模

(1) 平模。平模的模角 α 为90°，如图6-2 (a) 所示。其中，模角指的是模具的工作面与模具轴线的夹角。该模具在挤压时存在死区，金属流动时形成的自然模角一般为40°~70°，用平模生产的挤压制品表面质量好，但挤压力大，能量消耗增加。

(2) 锥模。锥模的模角 α 小于90°，一般 α 为55°~70°，如图6-2 (b) 所示。该模具挤压时金属流动均匀，挤压力比平模的小，但制品表面质量不如平模好，适用于大规格管材和难变形金属管棒型材挤压。

(3) 双锥模。双锥模的模角 α_1 为60°~65°，α_2为10°~15°，如图6-2 (c) 所示。该模具挤压时金属流动条件好，适合于挤压铜合金、镍合金和铝合金管材。

(4) 平锥模。平锥模介于平模和锥模之间，如图6-2 (d) 所示。该模具挤压时兼有两者的优点，适于钢和钛合金挤压。

(5) 流线模。流线模的模孔呈流线形，如图6-2 (e) 所示。该模具挤压时金属变形均匀，适于钢和钛合金挤压。

(6) 碗形模。碗形模的模孔呈碗形，如图6-2 (f) 所示。该模具主要用于润滑挤压和无压余挤压。

（7）平流线模。平流线模的模孔介于平模与流线模之间，如图 6-2（g）所示。该模具兼有平模和流线模的优点，适于钢与钛合金的挤压。

6.2.1.2　可拆卸模

可拆卸模是由几个模块组装而成，如图 6-3 所示，用于变断面型材的挤压。

6.2.1.3　舌模

舌模又称桥式模，是将模子和舌芯做成一整体，根据舌芯形式不同，可分为突桥式、半突桥式和隐桥式三种结构（见图 6-4）。舌模有许多优点，它可用实心锭挤压空心材。产品尺寸精确、壁厚偏差小、内表面质量好，但制品有焊缝，挤压力较一般穿孔挤压时的高，压余长。

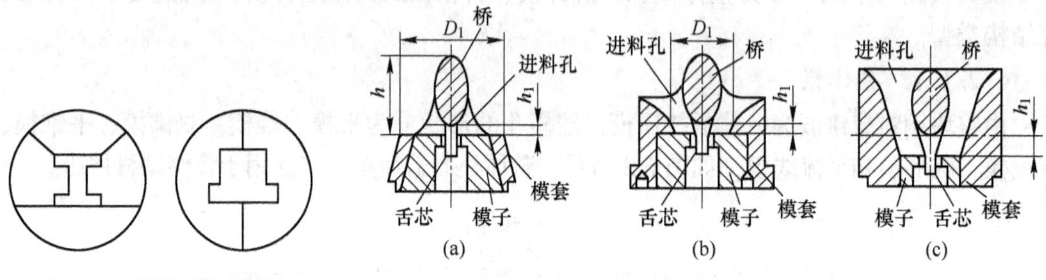

图 6-3　可拆卸模示意图

图 6-4　舌模示意图
（a）突桥式；（b）半突桥式；（c）隐桥式

6.2.1.4　分流组合模

分流组合模由阳模（上模）、阴模（下模）、定位销和连接螺钉四部分组成，根据它的结构形式可分孔道式组合模和叉架式组合模，如图 6-5 所示。

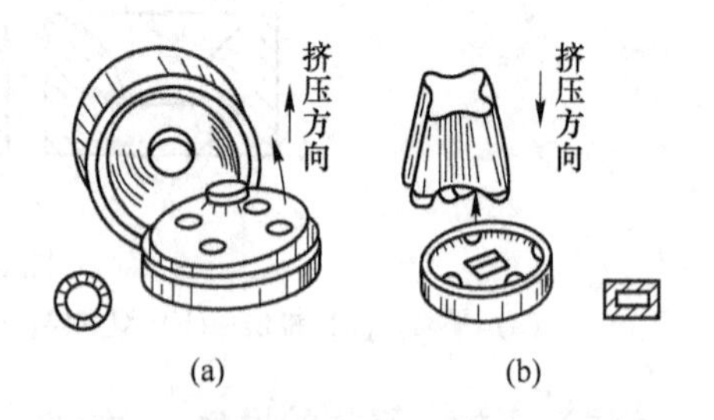

图 6-5　分流组合模
（a）孔道式；（b）叉架式

（1）孔道式组合模。适用于所有的空心铝型材，但挤压阻力较大，易造成闷车（挤压不动），用此模生产空心型材成品率较高，模具加工制造方便，生产操作简单，能生产形状复杂的空心型材和多孔空心型材。但挤压完毕或中途修模比较困难。

（2）叉架式组合模。适用于外形尺寸较大的空心型材，挤压阻力较孔道式分流组合模小些，此模生产成品率较高，挤压完毕后清理残料较容易，但模具加工困难。

目前应用最广泛的是孔道式分流组合模，本章以后所讲的分流组合模均指的是孔道式分流组合模。

6.2.2　挤压模设计

6.2.2.1　整体模设计

A　棒（管）材模设计

a　单孔模设计

单孔棒材模设计时要确定的参数包括模角 α、工作带长度 l、模孔尺寸、入口圆角半

径 r、模孔出口处直径 d 及模子的外形尺寸，如图 6-6 所示。

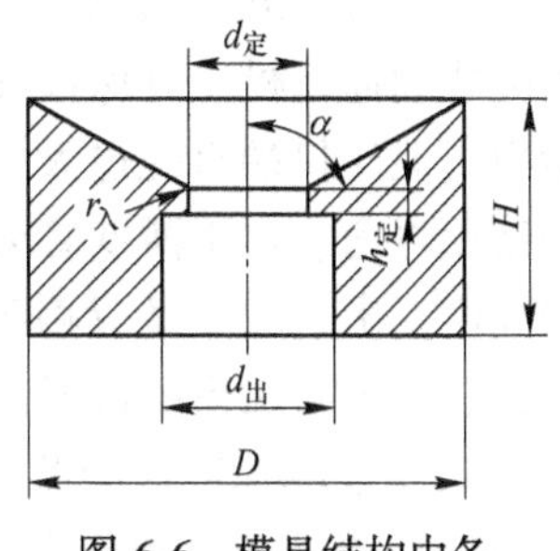

图 6-6　模具结构中各参数示意图

(1) 模角 α。模角是指模具的轴线与其工作端面间所构成的夹角，用 α 来表示。平模的模角为 90°，挤压时存在较大的死区，制品的表面质量较好，但挤压力较大。

锥模的最佳模角为 45°～60°，在此范围的挤压力较小。但如果模角太小，产品表面质量就难以保证，这是因为模角太小时死区小，锭坯表面的氧化皮、脏物、杂质易挤入制品。

随着挤压条件的改变，模角 α 也是变化的，可根据不同的情况来确定最佳模角。例如，静液挤压时，最佳模角为 15°～40°之间，当挤压比小时最佳模角可取下限，当挤压比大时最佳模角可取上限。

(2) 工作带（定径带）长度 l。工作带又称定径带，是用以获得制品尺寸和保证制品表面质量的关键部分。

工作带长短直接影响制品的质量。若工作带过短，则模子易磨损，制品的形状不易保证；若工作带过长，容易黏结金属，使制品表面产生划伤、毛刺和麻面等缺陷，而且使得挤压力增大。挤压时模孔工作带的长度要选择合理，根据经验确定的值如表 6-1 所示。

表 6-1　不同合金挤压时常用的工作带长度

合　金	工作带长度
铝合金	2.5～3mm，最长为 8～20mm
紫铜、黄铜	8～22mm，在立式挤压机上所用的模子工作带长度取 3～5mm
白铜、镍合金	20～25mm
难熔金属	4～8mm
钛合金	20～30mm
钢　材	10～25mm

一般情况下，挤压机吨位大、挤压制品的规格大时，模子的工作带应长一些。

(3) 模孔尺寸。设计棒材工作带模孔尺寸时，与其制品名义直径不相等，应考虑出模后冷却收缩、模子热膨胀和受压变形、制品拉伸矫直等影响，一般比制品名义直径大，其计算公式如式（6-1）所示，其中的 C 是设计时用的裕量系数，可按表 6-2 进行选择。

$$d = d_{制品}(1 + C) \tag{6-1}$$

式中　$d_{制品}$——对棒材为其名义直径，对方棒为其边长，对六角棒材为其内切圆直径。

表 6-2　裕量系数 C

合　金	C 值
纯铝、防锈铝、镁合金	0.015～0.020
硬铝和锻铝	0.007～0.010
紫铜、青铜、含铜量大于 65%的黄铜	0.017～0.020
含铜量小于 65%的黄铜	0.014～0.016
钛合金等稀有金属	0.01～0.04

（4）模孔出口处直径。模子的出口端直径一般应比工作带直径大3~5mm，以保证制品能顺利通过模子并保证其表面质量。若出口直径太小，则会划伤制品表面，甚至会引起堵模。但出口端直径过大，会削弱工作带的强度，易引起工作带过早变形、压塌、降低模子使用寿命。对于薄壁管或变外径管材的模子，此值可增大到10~20mm。为了增大模子的强度，出口端可做成喇叭锥，其锥角可取1°30′~10°。为了保证工作带部分的抗剪强度，工作带与出模的过渡部分可做成20°~45°的斜面，或以圆角半径 r（即模孔入口圆角半径 $r_入$）为4~5mm的圆弧连接，以增加工作带的厚度。

（5）模孔入口圆角半径 $r_入$ 是模子工作面与定径带形成的端面角。在工作带模孔入口处设有圆角半径 $r_入$，可以防止塑性差的合金产生裂纹和减少金属的非接触变形；防止高温下模子棱角处压堆而改变模孔尺寸；减少金属流入定径带时的非接触变形，防止高温下模子棱角被压秃或压堆，以保证制品尺寸精度。$r_入$ 值的选用与被挤压金属的强度、挤压温度、制品断面尺寸有关。$r_入$ 值大小见表6-3。铝合金通常在设计时可以不考虑，在修模时掌握。

表6-3 各种金属的挤压模孔入口圆角半径 $r_入$

金属及合金	模孔入口圆角半径/mm
铝合金	0.2~0.5
紫铜、黄铜	2~5
白铜、镍合金	4~8
镁合金	1~3
钢、钛合金	3~8

（6）模子的外形尺寸。模子的外形尺寸包括模子的外圆直径 D 和模子的厚度尺寸 H。模子的外圆直径 D 主要依据挤压机的吨位大小来确定，模子的外圆直径和厚度的确定要从强度、系列化及节约钢材等因素考虑。一般情况下，对于棒材、管材、外接圆直径不大的型材和排材，模子外圆的最大直径 D_{max} 等于挤压筒内径的0.80~0.85。对外接圆直径较大、形状复杂的型材和排材，取模子外接圆直径等于挤压筒内径的1.15~1.3。模子的厚度主要依据强度要求和挤压机吨位来确定。在保证模具组件（模子+模垫+垫环）有足够强度的条件下，模子的厚度尽量薄，规格尽量减少，以便于管理和使用。根据经验，对于中小型挤压机，取模子厚度 H=30~80mm，万吨挤压机取模子厚度 H=90~110mm。模子的厚度也应系列化。

（7）模子的外形结构。模子的外形结构视安装方式而定，有带正锥与带倒锥两种外形结构，如图6-7所示。带正锥的模子用于型、棒材模，带倒锥的模子用于管材模。正锥体模在操作时顺着挤压方向装入模支承中，为了便于安放和取出，锥度为1°30′，也有的取2°~4°，如图6-7（a）所示。如果角度小，人工取模比较困难，但角度也不能取得太大，否则在模座靠紧挤压筒时，模子容易由模支承中弹出来。倒锥体模操作时，逆挤压方向装入模支承中，其外圆锥度一般为6°，如图6-7（b）所示。为了便于加工模子外圆的锥度，一般在锥体上有一段长10mm左右的圆柱部分。

一般情况下，每台挤压机均采用一种或几种规格外圆直径和厚度的标准模子。常用挤压模具的外形尺寸见表6-4。

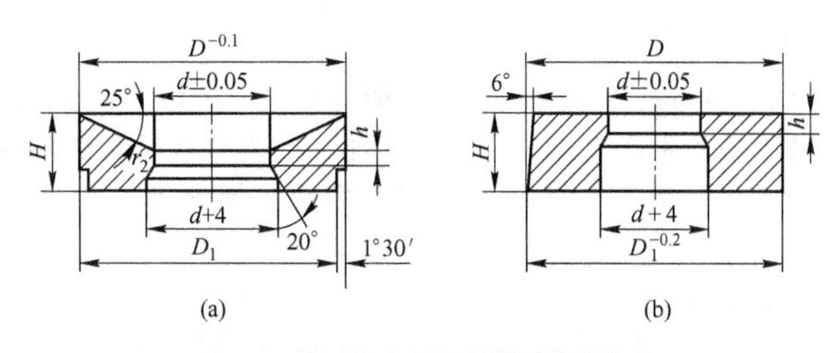

图 6-7　挤压机上所用的模子外形结构

（a）带正锥的模；（b）带倒锥的模

表 6-4　常用挤压模具的外形尺寸

挤压机能力/MN	挤压筒直径/mm	D_1/min	H/mm	β/(°)
7.5	85，95	113，132	16，32	3
12~15	115，130	148	32，50，70	3
20	170，200	198	40，60，80	3
35	280，370	230，330	60，80	3
50	300，360，420，500	270，306，360，420	60，80	6
125	420，500，650，800	300，420，570，670，880	60，80，120，150	6，10
200	650，800，1100	570，670，900，1000	80，120，150，200	10，15

在 35MN、16.3MN 卧式挤压机上使用的挤压管材用锥形模具结构参数如图 6-8 所示，模具的结构尺寸见表 6-5。

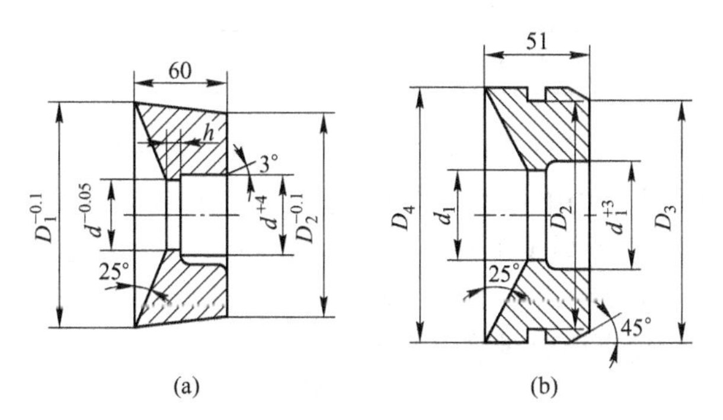

图 6-8　管材挤压模具图

（a）卧式挤压机用模具；（b）立式挤压机用模具

表 6-5　16.3MN、35MN 卧式挤压机用锥形模的结构尺寸

挤压机吨位 /MN	挤压筒直径 /mm	模孔直径 d /mm	模子外圆 D_1 /mm	模子外圆 D_2 /mm	工作带长度 h /mm
35	220	30~90	160	158	3
	280	41~145	230	228	4
	370	143~269	330	328	5~6
16.3	140~200	15~100	140	150	3

b 多孔模设计

在生产直径为30~40mm以下（与挤压机能力有关）的棒材和形状简单的小断面型材时，为了提高挤压机的生产效率、降低挤压比，或受料台长度的限制，常采用多孔模挤压；此外，挤压小规格复杂断面型材时，为使金属流动均匀，也常采用多孔模挤压。

（1）模孔数目 n 的选择。模孔的数目既关系到生产率的高低，又关系到模具强度和产品质量。多孔模的模孔数目可多达10~12个，但一般不超过6个，这是因为当模孔数过多时，常会因金属出模孔后互相扭绞在一起互相擦伤，而且多根制品扭绞在一起不易分开，也给后续操作带来困难。

当仅考虑产品的力学性能时，模孔数目 n 可按式（6-2）计算：

$$n=\frac{F_0}{\lambda F_1} \tag{6-2}$$

式中 F_0——挤压筒内孔的断面积，mm^2；

F_1——每根挤压制品的断面积，mm^2；

λ——挤压比，可根据挤压机吨位大小、挤压筒大小、力学性能要求和合金变形抗力大小来确定。要保证制品的力学性能，通常挤压比不能小于10。

挤压铝合金棒材常用的挤压比范围见表6-6。

表6-6 不同挤压筒上常用挤压比范围

挤压筒直径/mm	500	420	360	300	200	170	130	115	95
挤压比 λ	3~9	7~11	8~13	10~20	13~18	16~25	20~40	35~45	35~45

（2）模孔排列采用单孔模挤压棒材时，模孔的重心置于模子的中心，采用多孔模挤压棒材时，金属的流动要比用单孔模的均匀一些。模孔排列应遵循以下原则：

1）各个模孔应布置在距模子中心一定距离的同心圆上，且各孔之间的距离相等。尽可能做到各孔金属的供应体积均衡，否则会造成挤出制品长短不齐。多孔模模孔理论重心的同心圆直径 D 与挤压筒直径 D_0 有如下关系：

$$D_{同}=\frac{D_0}{a-0.1(n-2)} \tag{6-3}$$

式中 a——经验系数，一般为2.5~2.8，通常取2.6。

2）模孔与模孔间应保持一定距离。模孔之间的距离过小，会降低模子的强度。在实际生产中，对于80MN以上的大型挤压机取60mm以上，50MN挤压机取35~50mm，20MN以下挤压机取20~30mm。

3）模孔边部距筒壁间应保持一定距离（见表6-7）。模孔边缘距离挤压筒壁的距离太近，会导致死区流动，恶化制品表面质量，出现起皮、分层等缺陷。在挤压硬铝合金时，若模孔太靠近挤压筒壁，会因外侧金属供应量少、流速快而造成制品外侧出现裂纹并使粗晶环深度增加；但是，如果模孔太靠近模子中心，则因为中心部位的金属供应不足，在制品的内侧易出现裂纹。

表 6-7　模孔间距及模孔距模外缘最小距离

挤压机吨位/MN	模孔距模外缘最小距离/mm	模孔间距/mm
50	≥80～50	40～50
35	≥30～50	35～50
20	≥20～25	24
12～7	≥15	20

总之，多孔棒材模挤压时，模孔数目的选择原则应该遵守以下四个方面：合理的挤压系数；足够的模子强度；良好的制品表面质量；金属流动尽可能均匀。

B　普通型材模设计

普通型材主要用单孔或多孔的平面模挤压。挤压型材的断面是非常复杂的，其特点是：绝大多数断面是不对称的；型材断面与坯料断面不相似；型材断面各部位壁厚差较大；许多型材断面上还带有各种形状的凹槽或半空心。这样就易造成金属从模孔流出速度不均匀，型材出现扭拧、弯曲、波浪、裂纹，甚至某些部位充不满金属等缺陷；降低了模具的使用寿命，具有凹槽和半空心型材的模具更易出现早期失效及损坏。

因此在型材模具设计时，要解决的主要问题是减少金属流速不均匀和提高模子强度。

a　减少金属流动不均性的主要措施

减少挤压时金属流动不均匀的措施很多，在设计时可根据具体情况采用其中一种或几种。

（1）合理布置模孔。模孔在模子端面上的合理布置对减少金属流动的不均匀性具有很大影响。特别对于不对称、不等厚型材，如果模孔布置不合理，采取其他措施往往都很难解决金属的流动不均问题。根据型材的断面形状和尺寸，模孔布置应遵循下列原则：

1）具有两个以上对称轴的型材，将型材的几何中心布置在模子中心上，如图 6-9 所示。

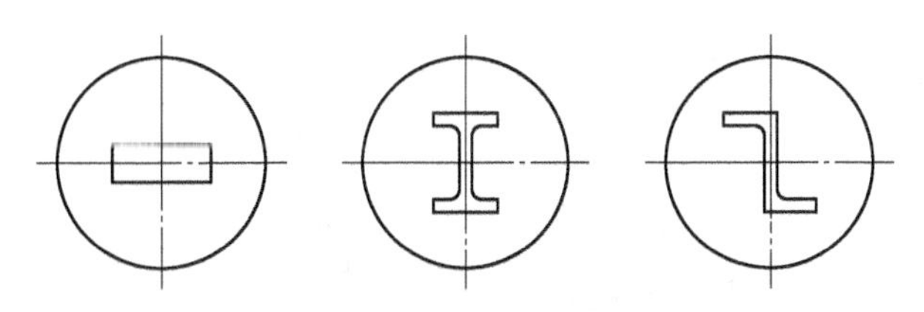

图 6-9　轴对称型材的模孔布置

2）具有一个对称轴，且型材断面的壁厚相等或相差不大时，应使型材的重心（不是几何中心）位于模子中心，如图 6-10 所示。

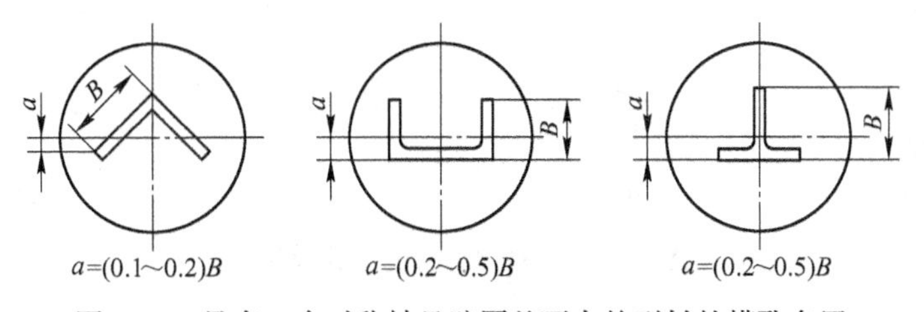

图 6-10　具有一个对称轴且壁厚差不大的型材的模孔布置

3）没有对称轴或有一个对称轴，其断面壁厚差较大的型材，应将型材重心相对模子中心偏移一定距离，且将金属不易流动的壁薄部位靠近模子中心，尽量使金属在变形时的单位静压力相等，如图6-11所示。

4）对于壁厚差不太大但断面较复杂的型材，可将型材外接圆的圆心布置在模子中心上，如图6-12所示。

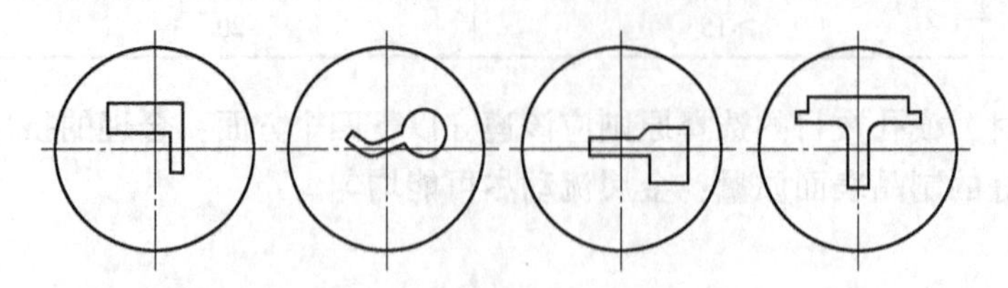

图6-11 不对称型材的单孔模排列

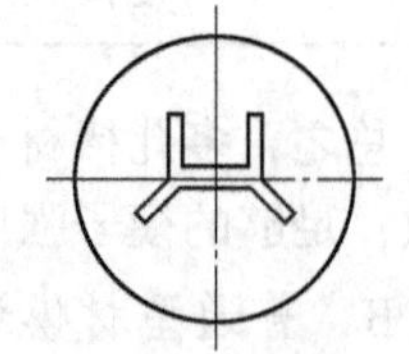

图6-12 外形较复杂、壁厚差不大型材的模孔布置

5）对于断面尺寸较小，或轴对称性很差的型材，可以采用多孔模排列，如图6-13所示。

采用多孔排列时，模孔的布置必须遵守中心对称原则。在配置模孔时，还应考虑到模孔各部位到挤压筒中心的距离不同，金属的流动速度是有差异的，故应将型材断面上壁薄部位靠向模子中心，壁厚部位靠向模子边缘，既可以减轻金属流动不均现象，还有利于提高模子强度。

为了保证模子强度，多孔型材模的模孔之间也应保持一定距离。对于80MN以上的大型挤压机取60mm以上；能力在50MN左右的挤压机取35~50mm；20MN以下的挤压机取20~30mm。

为了保证制品的质量，模孔边缘与挤压筒壁之间的距离不能太小，避免制品边缘出现成层缺陷。型材模孔边缘与挤压筒壁之间的最小距离与多孔棒材模相同。

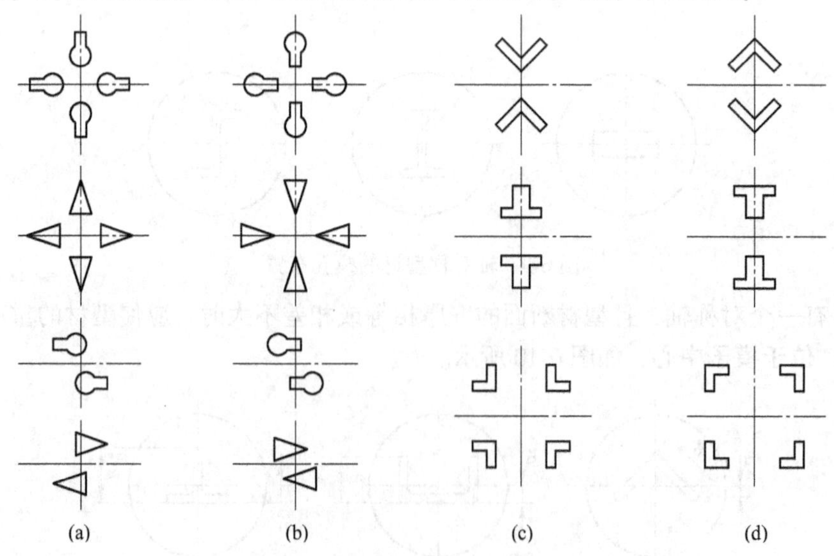

图6-13 不对称型材的多孔模排列

（2）设计合理的工作带长度。工作带对金属的流动起阻碍作用。增加工作带长度，

可以使该处的摩擦阻力增大，导致此处流动的金属供应体积中的流体静压力增加，从而迫使金属向阻力小的位置流动，达到均匀流动的目的。因此，对于壁厚不相同的型材，不同壁厚处采用不同的工作带长度值。型材的壁越薄，比周长（型材断面周长与其所包围的断面面积的比值）越大部位的工作带应越短。但是工作带也不能过长，否则也不起作用。如在挤压铝合金时，工作带的极限长度≤15~20mm。在计算工作带长度时，先根据经验给出型材壁厚最薄处的工作带长度，再依次计算出其他壁厚处的工作带长度（具体的计算工作带长度的方法见本章后面内容）。不同吨位挤压机模孔上模孔工作带的最小长度如表6-8所示。

表6-8　模孔工作带最小长度

挤压机能力/MN	125	50	35	16~20	6~12
模孔工作带最小长度/mm	5~10	4~8	3~6	2.5~5	1.5~3

上述确定工作带长度的方法存在着一个明显缺陷，即对于型材壁厚相同部分（包括等壁厚型材），无论距离挤压筒中心位置的远近，其工作长度是一样的。在实际的挤压过程中，处于挤压筒内不同部位的金属，其流动条件不一样。挤压筒半径方向不同部位金属流动条件的差异必然会对模孔各部位金属的均匀流动产生不利影响。如果型材的外接圆尺寸较小，各部位流动条件的差异小，可以不考虑其影响，按照上述方法确定工作带长度是可以的。

（3）设计阻碍角或促流斜面。在挤压不等壁厚型材时，如果计算的工作带长度超出了极限值，这样依靠设计不等长工作带的方法调整金属流速的作用就会明显减弱，这时可以采用设计阻碍角或促流斜面的方法来调整金属流速。

设计阻碍角，就是在型材的壁较厚、金属流速较快的模孔入口侧做一个小斜面，以增加金属的流动阻力，如图6-14所示。设计的这个小斜面与模子轴线的夹角叫阻碍角。阻碍角对金属流动起阻碍作用的主要原因是增大了摩擦面积，使金属流动时产生附加弯曲变形，延长了流动路程。阻碍角一般取3°~12°，最大不超过15°。

同样，在金属流动阻力较大的薄壁部位，也可以设计促流斜面来增大金属的流速。即在型材壁较薄、金属不易流动的模孔入口端面处做一个促流斜面，迫使金属向薄壁部位的模孔中流动，如图6-15所示。把促流斜面与模子平面间的夹角叫促流角。促流斜面对金

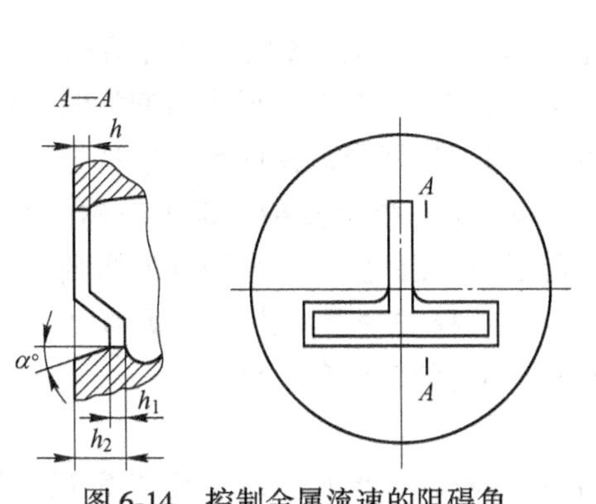

图6-14　控制金属流速的阻碍角

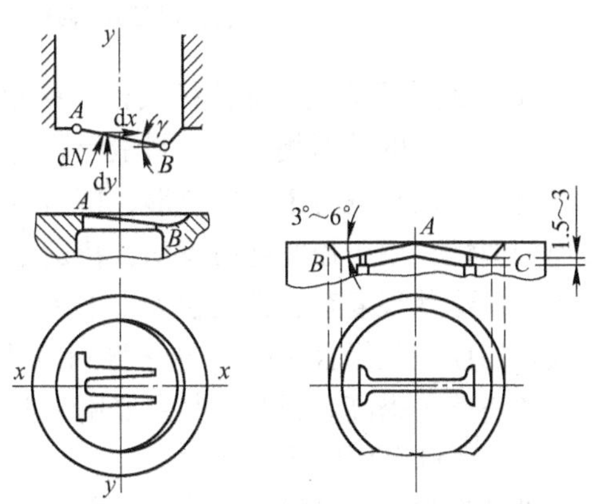

图6-15　控制金属流速的促流斜面

属流动起促进作用的主要原因是，在模子端面对金属反作用力 dN 的水平方向分力 dx 的作用下，促使金属向流动阻力大的薄壁部位流动，增加该部位金属的供应量，增大流体静压力，加快金属流速，起到调节流速的作用。促流角一般取 3°~10°。

（4）采用平衡模孔。挤压某些对称性很差的型材和用穿孔针方式挤压异形偏心管时，由于模子上只能布置一个型材模孔，为了平衡金属流速，可采用平衡模孔方式，如图6-16所示。平衡模孔最好是圆形的，以便挤出制品能够得到利用。

设计平衡模孔的关键是确定其大小、形状、个数以及与型材模孔之间的距离。否则会因为金属流动不均而造成穿孔针偏移，导致异形管壁厚不均。采用平衡模孔增加金属流动均匀性不是一种理想的措施，在实践中应用较少。

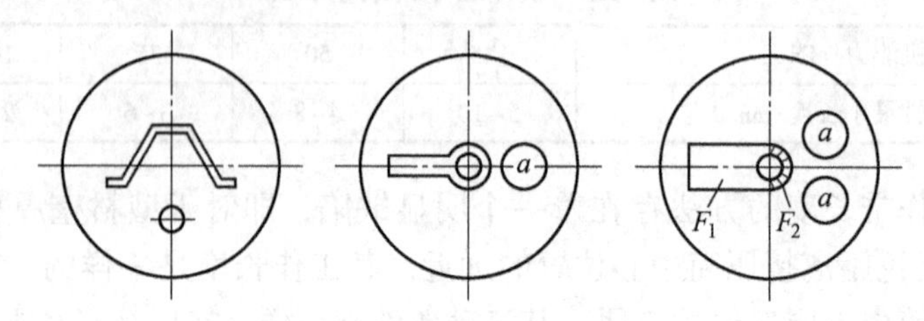

图6-16 带平衡模孔的模子

（5）设计附加筋条或工艺余量。挤压宽厚比很大的壁板型材时，由于受挤压筒直径的限制，一般只能采用单孔模，甚至要用宽展模或扁挤压筒。如果壁板的对称性很差，可采用附加筋条或工艺余量的方式平衡金属流速。如图6-17所示的壁板中有一段没有筋条，如果仅采用不等长工作带和阻碍角来平衡金属的流速是很困难的，此时可在无筋条的一段加上筋条，待挤出后再将其铣掉。

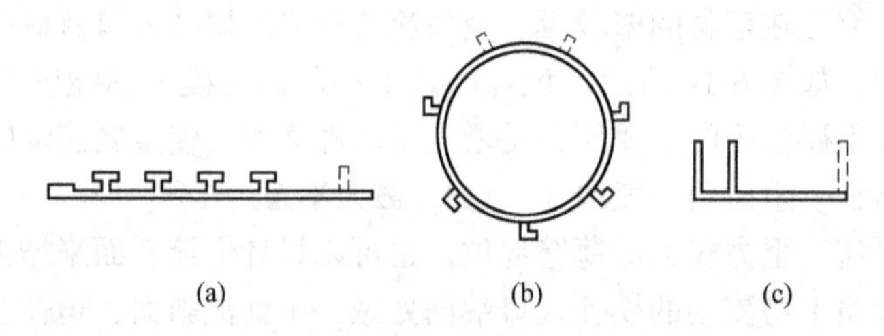

图6-17 采用附加筋条平衡金属流速
（a）用扁挤压筒挤压；（b），（c）用圆挤压筒挤压

（6）设计导流模。导流模又称为前室模，在型材模的前面，增加一个导流模，其型腔形状与型材的外形相似。坯料镦粗后，先通过导流模产生预变形，形成与型材断面相似的坯料，然后再进行第二次变形，挤出所需断面的型材。采用导流模增大了坯料与型材的几何相似性，便于控制金属流动，特别是对于壁厚差很大、外形复杂、很不对称的型材。对于一些形状很复杂、舌比较大、采用普通平面模无法挤压的型材，采用导流模则可以获得较好的成型效果且使模具寿命得到显著提高。但导流模的主要缺点是金属需经二次变形，使挤压力提高。因此，其主要用于挤压变形抗力不高的软合金型材。

b　型材模孔尺寸设计

设计型材工作带模孔尺寸时，主要考虑挤压制品的材料、形状、尺寸及其横断面的尺寸公差；制品和模具的热膨胀系数；模的弹性变形；制品拉矫直时的断面尺寸收缩等因素，要根据影响模孔变化的各种条件和因素进行详细的计算：

$$A_k = A_m + (C_T + C_w + C_l + C_f + C_j)A_0 + \Delta \tag{6-4}$$

式中 A_k——模孔的实际尺寸；

A_m——型材断面的名义尺寸；

C_T——金属的热收缩系数，$C_T = a_x t_x - a_m t_m$，其中 a_x、a_m 为型材与模子的线胀系数，t_x、t_m 为型材与模子的温度；

C_w——模子工作带形状畸变（弹性变形）引起的型材尺寸减小系数；

C_l——由于拉缩引起的型材的肢长尺寸减小系数；

C_f——由于非接触变形引起的型材肢厚尺寸减小系数；

C_j——由于拉伸矫直引起的型材尺寸减小系数；

Δ——型材的正公差（在挤压铝型材、铜材及稀有金属材时考虑此项）。

上述的系数，除 C_T 以外，可以通过实验和在生产中积累的经验求得。一般在设计型材模孔时可将上述的有关系数用一个综合的经验系数代替。

（1）型材的外形尺寸（指型材的宽与高）A_k：

$$A_k = A_m(1 + C_1) + \Delta_1 \tag{6-5}$$

式中 C_1——裕量系数，见表 6-2；

Δ_1——型材外形尺寸的正偏差。

（2）型材的壁厚尺寸 S_k：

$$S_k = S_m + \Delta_2 + C_2 \tag{6-6}$$

式中 S_m——型材壁厚的名义尺寸；

Δ_2——型材壁厚的正偏差；

C_2——裕量系数，对铝合金 C_2 为 0.05~0.15，其中薄壁的取下限，厚壁取上限，在某些情况下还要考虑经验值。

（3）工作带长度：

1）对壁厚相同的型材。对壁厚相同的型材，工作带长度可按不同合金挤压时常选用的经验值取值，见表 6-1。但这样对于型材壁厚相同部分（包括等壁厚型材），无论距离挤压筒中心位置的远近，其工作带长度值一样。在实际的挤压过程中，处于挤压筒内不同部位的金属其流动条件是不一样的，如图 6-18（a）所示就是沿挤压筒半径方向的不同部位金属的流动速度指数，这必然会对模孔各部位金属的均匀流动产生不利影响。在设计中，如果型材的外接圆尺寸较小则各部位流动条件差异小，可不考虑其影响，按常选用的工作带长度的经验值取相等值即可。但是，当型材外接圆尺寸较大（大于挤压筒直径的 1/3）时，对于等壁厚型材（或型材断面上壁厚相同的部分），应先按上述办法确定离中心最远处的工作带长度，且需要在此工作带长度的基础上根据不同部位金属的流动指数进行修正，最后确定出各部位的工作带长度，如图 6-18（b）所示。或者，可以采用更简单的办法，从模子中心每相距 10mm 画若干个同心圆，相同壁厚位于同一个同心圆内的工作带长度相等，远离或靠近模子中心的同心圆内的工作带长度应适当的减小或增加，以进行适当修正，具体的增减数值如表 6-9 所示。而且对于型材的一些端部（见图 6-18（b）），由于该部位的摩擦阻力比相邻部位的大，该部位的工作带长度可减短 1mm 左右。

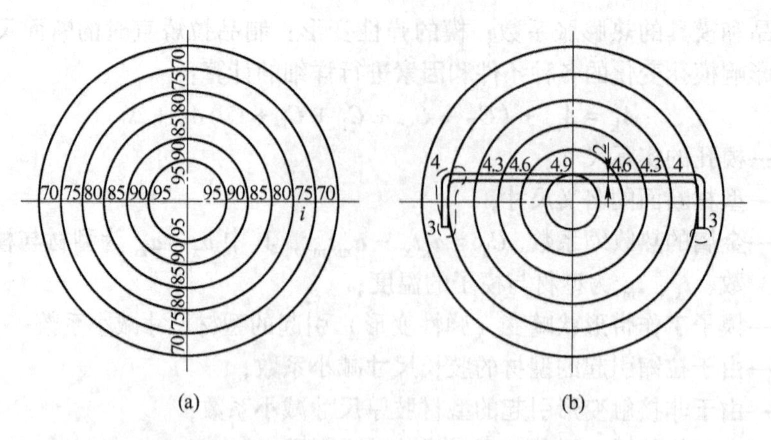

图6-18 挤压筒内各部位的金属流速指数及模孔工作带长度的合理分布
(a) 金属流动速度指数；(b) 工作带长度的合理分布

表6-9 工作带长度增减值 (mm)

型材断面壁厚	每相距10mm工作带长度增减值
1.2	0.2
1.5	0.23
2	0.3
2.5	0.35
3	0.4

2）壁厚不相同的型材。可以通过调整各部分工作带长度的方法来调整各个部分金属的流速。一般在设计工作带长度时，常根据型材断面各部分厚度上的差异，把型材断面分成若干区段，如图6-19所示。

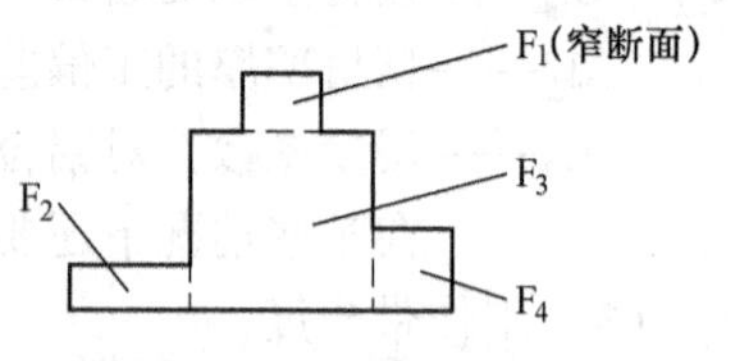

图6-19 各部分具有不同厚度的型材的分区

模子各部分的工作带长度可按式（6-7）计算：

$$h_{F_2}=\frac{h_{F_1}Z_{F_1}f_{F_2}}{Z_{F_2}f_{F_1}} \qquad (6\text{-}7)$$

式中 h_{F_1}，h_{F_2}——窄断面 F_1、宽断面 F_2 部分的工作带长度；

Z_{F_1}，Z_{F_2}——窄断面 F_1、宽断面 F_2 的周长；

f_{F_1}，f_{F_2}——窄断面 F_1、宽断面 F_2 的断面积。

一般先假定小断面上的工作带长度，再根据式（6-7）进行其他大断面部位的工作带长度。不同合金挤压时常用的工作带长度值如表6-1所示。

式（6-7）是基于金属在流动时模孔各部分都受到相等的单位压力，从而达到均匀流动目的而导出的。在推导该公式时，取各断面的延伸系数等于总延伸系数。实际上各部分的延伸系数与其在模子上的位置有关，并且可能与总延伸系数有很大差别，彼此之间并不相同。此外，各部分延伸系数在挤压过程中也在变化。因此用上式计算出的工作带长度只是近似的。

当型材的宽度与厚度之比（宽厚比）小于30或型材最大宽度小于 $D_t/3$（筒）时，使用式（6-8）较合理：

$$\frac{h_{F_1}}{h_{F_2}}=\frac{f_{F_1}}{f_{F_2}}\frac{Z_{F_2}}{Z_{F_1}}=\frac{e_2}{e_1} \tag{6-8}$$

当型材宽厚比大于30或型材宽度大于 $D_t/3$ 时，模孔工作带长度除考虑上述因素外，还应考虑型材区段距挤压筒中心的距离。由于即使型材厚度均匀（金属流量分配均匀），挤压筒中心金属流速也会大于边缘金属流速，因此模子中心区的工作带应加长，以增大阻碍，沿缘板宽度方向上的工作带做成变的，以减少缘板中心区与边缘区金属流速差。

在生产中，当型材对称性好，且较简单，及型材最大宽度小于挤压筒直径1/4，经常采用更简单的方法，即根据型材厚度的比值求出工作带的长度，见本章后面例6-3中的不等厚铝型材图6-38。

$$h_{F_2}=\frac{h_{F_1}S_2}{S_1} \tag{6-9}$$

另外，对于一些特殊型材或型材的特殊部位，在模孔尺寸设计时应采取特殊的方法：

（1）带有圆角、圆弧的型材。对于带有圆角和圆弧的型材（见图6-20），没有偏差要求的圆角和圆弧，模孔尺寸可按型材名义尺寸设计；有偏差要求的圆角、圆弧以及由圆角和圆弧组成的型材，其模孔尺寸仍按上述方法计算。

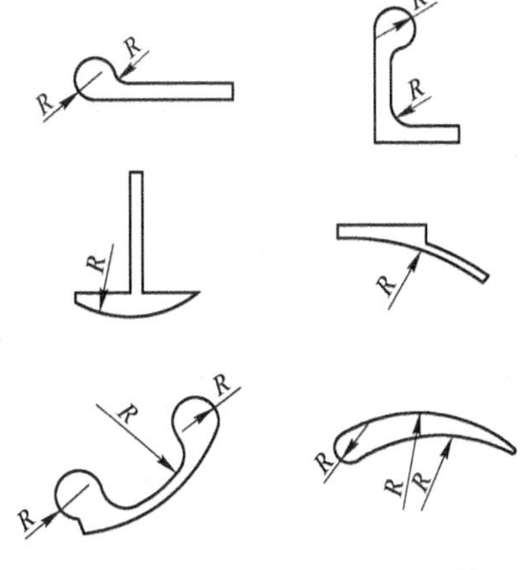

图6-20　带有圆角、圆弧的型材

（2）带有角度的型材。对于带有角度的型材，应根据具体情况加以判断后确定模孔尺寸。一般分为三种情况，1）对于薄壁（$t<3$mm）角型材（见图6-21（a）），在挤压时有并口现象，在设计时将其角度扩大1°～2°即92°；2）对于槽形薄壁型材（见图6-21（b）），挤压时有扩口现象，在设计时将其角度减少1°～2°即88°；3）对于除这两种类型以外的其他类型的有角度型材（见图6-21（c）），α 角和 β 角均按名义尺寸设计，不做任何处理（无论 α 角和 β 角是否有公差）。

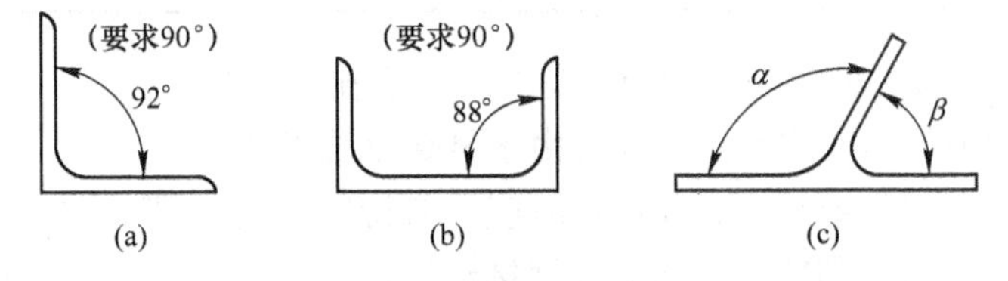

图6-21　带有角度的型材

（3）型材的特殊部位设计：

1）对于各部分壁厚尺寸相差悬殊，且远离挤压筒中心的壁薄部分，金属流出模孔时该部位金属的流动速度较慢，从而受强烈的拉应力作用而产生较大的非接触变形，不能充满模孔，在设计时应适当增大该部位的模孔尺寸，如图6-22（a）所示。

2）对于宽而薄的排材，由于挤压时模具的变形，其中间部分流速快易产生非接触变形，尺寸变小，在设计时应适当增大其尺寸，如图 6-22（b）所示。

3）槽形型材的底部，由于悬臂部分的变形，一方面流速快产生非接触变形，另一方面造成型材底部模孔尺寸变小，型材底部变薄，在设计时应适当增大其尺寸，如图 6-22（c）所示。

这些部位在设计时，根据模孔的具体形状和尺寸，适当增大 0.1~0.8mm。

c 型材模强度校核

在型材模设计时，模具的强度是一个重要的问题，特别是在挤压如图 6-23 所示的半空心型材时，模具最容易在悬臂部分变形或损坏。为了解决该问题，引进了一个舌比的概念和采取模装配形式。把型材所包围的面积 A 与型材开口宽度 W^2 之比称为舌比，即 $R=A/W^2$。R 值越大，模具悬臂梁根部能够承受的挤压力就越小，越容易损坏。R 大于一定值以上的型材称为半空心型材，小于此值的仍看做是普通的实心型材。W 与 R 之间应保持如表 6-10 所示的范围。为了增加模子强度，常采用模垫、支承环以增加模孔断面厚度和强度。图 6-24 为模具装配情况。

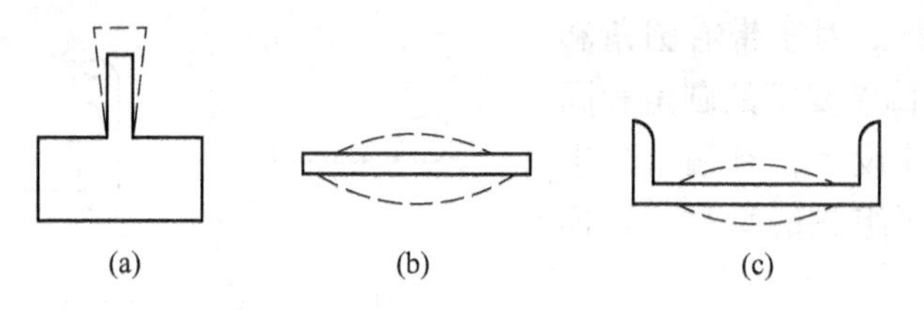

图 6-22 型材特殊部位模孔设计示意图

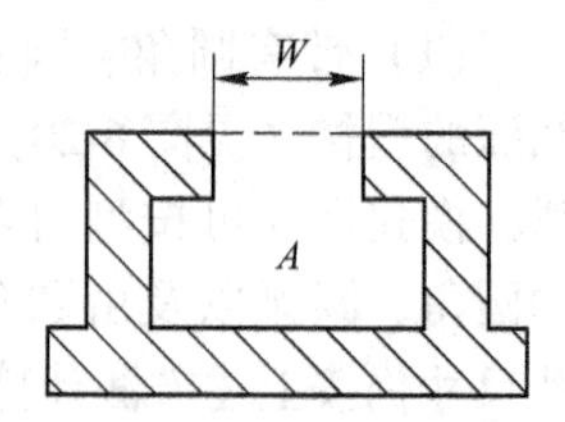

图 6-23 半空心型材

表 6-10 舌比 $R=A/W^2$

W/mm²	R
0.76~1.57	1.5
1.58~8.15	2
3.16~6.30	3
6.31~12.7	4
12.8 以上	6

对于带有悬臂部分的半空心型材模具，当舌比较大（超过表 6-10 中数值）时，在生产中往往由于悬臂梁强度或刚度不够，引起模孔变形或损坏，在设计时应采取特殊措施加以保护。舌比较小时，则按普通的实心型材模设计。

普通型材模设计时，其强度校核主要针对两种类型的模具进行强度校核：一种是带有悬臂的各种断面形状的槽形型材模具（如图 6-25（a）），这种模具通常是以悬臂梁发生弯曲变形而损坏，需要进行抗弯强度校核；另一种是多孔布置的扁条状型材模具，如图 6-25（b）所示，它通常是以两孔连接部分发生剪切变形而损坏，需要进行抗剪强度校核。

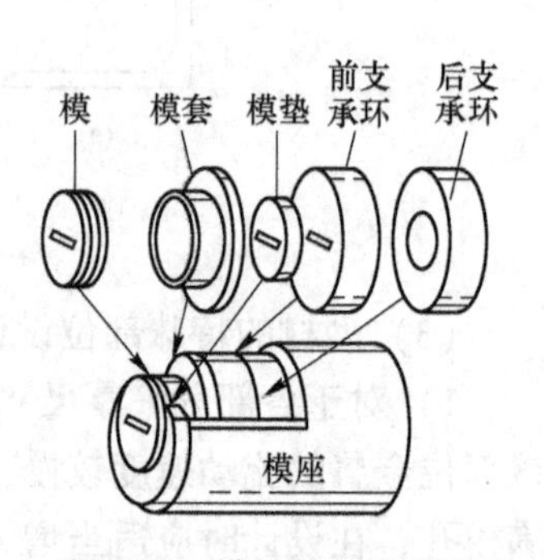

图 6-24 模具装配示意图

(1) 槽形型材强度校核。对于带有悬臂的槽形型材模具（见图 6-25（a）），把模具的突出部分看成是一个受均布载荷的悬臂梁，梁的根部是危险截面。按照材料力学中一端固定均布载荷的悬臂梁计算公式进行校核，求出危险断面的最小厚度（模具最小厚度）H。

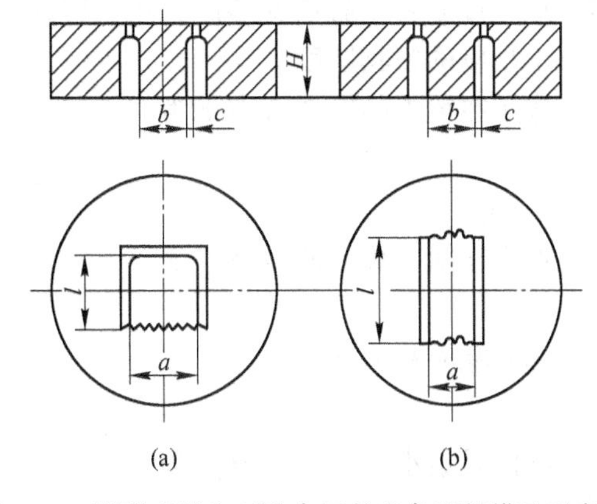

图 6-25 槽形型材和双孔布置的扁条型材模具示意图

$$\sigma_w = \frac{M}{W} \leqslant [\sigma_b]$$

$$M = \frac{paL^2}{2},\quad W = \frac{bh^2}{6}$$

$$H = L\sqrt{\frac{3pa}{[\sigma_b]b}} \tag{6-10}$$

式中 σ_w——悬臂梁根部的弯曲应力，MPa；

$[\sigma_b]$——模具材料许用抗弯强度，MPa，当模具材质选用 4Cr5MoSiV1 钢和 3Cr2W8V 钢时，在 450℃，可分别取 $[\sigma_b]$=860MPa、980MPa，在 500℃，可分别取 $[\sigma_b]$=800MPa、930MPa；

L——模具悬臂长度（型材槽的深度），mm；

a——模孔入口处悬臂梁根部危险断面的宽度（型材开口宽度），mm；

b——模孔出口处悬臂梁根部危险断面的宽度，mm；

p——挤压筒内最大单位压力（通常称挤压机比压），MPa。

计算出 h 值后，可取整数，与现有模具厚度比较，可取相邻近模子厚度。

在实际中，为了计算方便，可令 $a=b$，其结果对模具厚度影响不大。则

$$H = L\sqrt{\frac{3P}{[\sigma_b]}} \tag{6-11}$$

当模具的厚度满足式（6-11）要求时，模具一般不会发生破坏，但由于悬臂梁端部发生弯曲变形，会使型材底部的模孔尺寸改变而影响型材的尺寸精度。模具的最大挠曲变形按式（6-12）计算：

$$\delta_{min} = \frac{qL^4}{8EJ} \tag{6-12}$$

式中 q——悬臂梁单位长度上的压力，$q=Q/L$，N/mm；

E——模具材料弹性模量，对于 4Cr5MoSiV1 钢和 3Cr2W8V 钢，可取 $E=2.2\times 10^5$MPa；

J——悬臂梁截面的惯性矩，$J=bH^3/12$，mm^4。

一般情况下，只有当 $\delta_{max}<1$mm 时，才能保证型材的尺寸精度。

根据式（6-13）也可以计算出一个模具厚度值。因此，在进行槽形型材模具强度校核时，应根据式（6-12）和式（6-13）分别计算出模具的最小厚度，取数值最大者作为模具设计的依据。

(2) 双孔扁条状型材模强度校核。如图 6-25（b）所示，这类模子在挤压时通常是以

两个危险截面发生剪切变形而破坏。因此，可按两端固定的均布载荷梁校核其抗剪强度，计算出相应的模具厚度。

作用在梁上的剪切应力 τ 为：

$$\tau = \frac{Q}{2F} \leqslant [\tau]$$

作用在简支梁上的载荷 Q 为：

$$Q = paL$$

梁的截面积 F 为：

$$F = Hb$$

则模具最小允许厚度 $H_{\min}$ 为：

$$H_{\min} = \frac{apL}{2[\tau]b} \tag{6-13}$$

式中 p——挤压筒单位压力，MPa；

a——两模孔模面间距离，mm；

b——两模孔出口端距离，mm；

$[\tau]$——模具材料的许用剪切应力。对于 3Cr2W8V 钢和 4Cr5MoSiV1 钢，在 450℃，可分别取 $[\tau]$ = 680MPa、600MPa；在 500℃，可分别取 $[\tau]$ = 650MPa、560MPa。

在实际设计中，如果型材不是标准的槽形型材或标准排材，则作用在梁上的载荷 Q 应根据模子悬臂梁或简支梁的实际受力面形状进行计算。

6.2.2.2 分流组合模

由于工业的发展，对空心型材的形状、精度要求越来越高，而用带穿孔针的挤压管材方法满足不了要求。近年来，国内外都采用舌形模和分流组合模挤压空心型材，特别是分流组合模发展迅速，与舌形模比较具有模具加工方便、生产操作简单、能生产形状较复杂的空心型材和多孔空心型材的特点。

分流组合模使金属在流动过程中会产生两次激烈变形，一次是进入模腔的变形，一次是进入模孔的变形，金属流动阻力大。因此，这种模子适用于挤压纯铝、防锈铝、锻铝等焊合性好的金属，而挤压硬铝则比较困难。

(1) 分流组合模的结构。分流组合模是由阳模（上模）、阴模（下模）、定位销、连接螺钉四部分组成。为了保证模具强度、减少或消除模子变形，还要配备专用模垫和模后座，如图 6-26 所示。

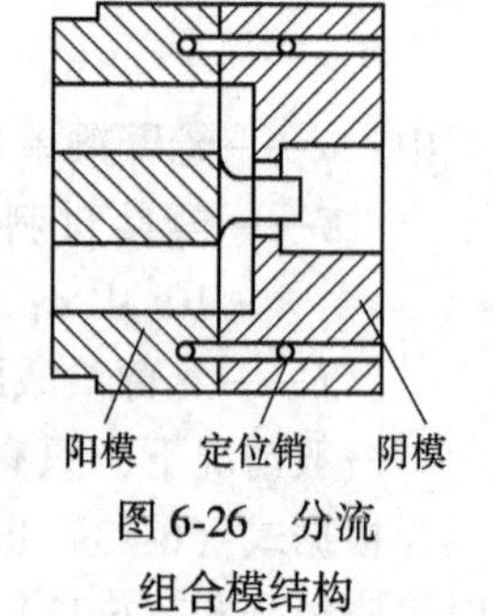

图 6-26 分流组合模结构

阳模：在阳模上有分流孔、分流桥、模芯。分流孔是金属通往型孔的通道。分流孔腔是入口小、出口大的喇叭形，以减少金属流动阻力。分流桥是支承模芯用的。模芯用来形成型材内腔。

阴模：在阴模上有焊合室和型孔。焊合室是把被分流孔分开的金属重新焊合起来，以形成围绕模芯的整体。型孔确定型材的外部尺寸。

在模芯和型孔上都做有工作带（也叫定径带）和空刀。利用工作带的长度来调整金属的流速。做空刀的目的是使金属在流动中不受阻碍，不划伤制品。空刀的形式不同，可直接影响到模工作带的强度。

定位销是阳模和阴模装配定位。

连接螺钉把上下模牢固地连接在一起，形成一个整体。

（2）分流组合模设计：

1）挤压比 λ 也称断面减缩率或挤压延伸系数，它是在挤压筒内，锭坯填充后的断面积 F_0 与制品断面积 F_1 之比。F_0/F_1 称为挤压比。

在分流组合模的挤压过程中，金属流动经过二次激烈变形，阻力很大。因此，λ 要选择合适，否则影响焊合质量。λ 一般为 30~80，纯铝 λ 可选择大些。

2）分流比 K 分流比是分流孔的总面积与制品断面积之比，即

$$K=\frac{\sum F_{\mathrm{f}}}{F_1} \tag{6-14}$$

式中 F_{f}——分流孔面积，mm^2；

F_1——挤压制品截面积，mm^2。

分流比是确定分流孔面积的主要依据。分流比 K 的大小直接影响到挤压阻力大小、制品的成型和焊合质量。K 值越小，挤压变形阻力越大，这对模具和挤压生产都是不利的。

为了提高制品焊缝质量，保证正常挤压的情况下，对型材取 $K=10\sim30$；对管材取 $K=5\sim10$。对非对称空心型材或异形管材，应尽量保证各部分的分流比 K 基本相等。

3）分流孔分流孔的形状、大小及排列方式等影响到挤压制品的质量、挤压力和模具的寿命。

分流孔的数目有二孔、三孔、四孔、六孔、多孔等，分流孔的形状有半圆形、腰子形、扇形、异形。分流孔的数目和形状主要根据产品的形状、断面大小、一次挤压的根数以及不同的挤压条件确定。

①同一形状产品而断面尺寸不同，可以采用不同数目和形状的分流孔，如图 6-27 所示。

图 6-27 不同断面尺寸的管材采用不同的分流孔形式

②对于尺寸小、形状较对称的简单或复杂的制品，可用二孔或三孔的分流孔，如图 6-28 所示。

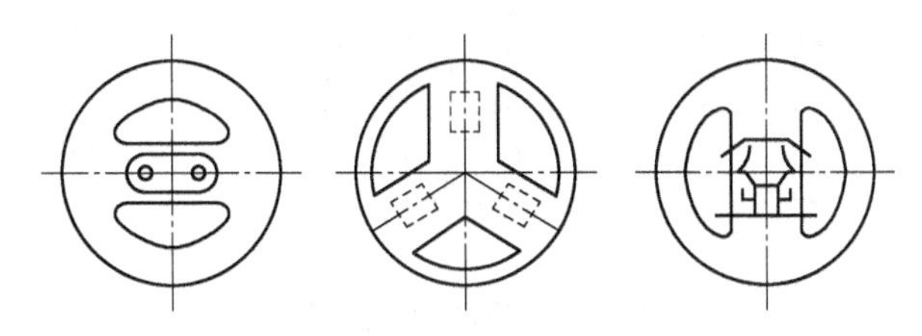

图 6-28 尺寸小、形状较对称的简单或复杂型材分流孔形式

③对断面形状复杂并且尺寸较大的型材，采用四、六孔的分流孔，如图 6-29 所示。

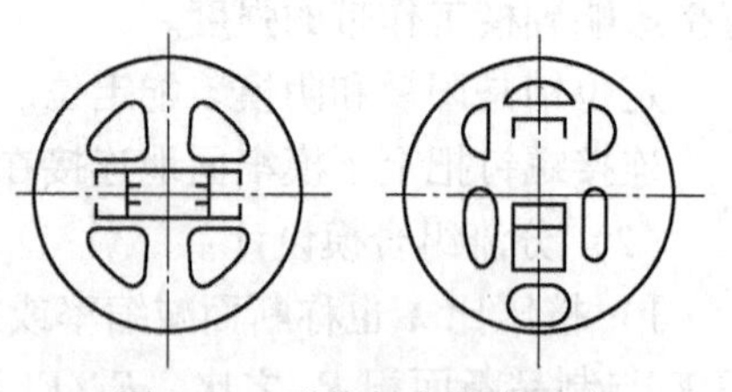

图 6-29 形状复杂的大尺寸型材采用四、六个分流孔的形式

以上只是列举三种情况，在设计分流孔时，采用的数目和形状一定要根据制品的形状、尺寸、模孔的排列而具体确定。一般情况下，分流孔数量尽量少，以减少焊缝、增大分流孔的面积和降低挤压力。制品的外形尺寸大，扩大分流孔受到限制时，分流孔可做成斜孔，一般取 3°~6°。

分流孔的布置应尽量与制品保持几何相似性，为了保证模具强度和产品质量，分流孔不能布置得过于靠近挤压筒或模具边缘，但为了保证金属的合理流动及模具寿命，分流孔也不宜布置得过于靠近挤压筒的中心。

4）分流桥。分流桥的结构如图 6-30 所示，它直接影响到挤压金属的流动快慢、焊合质量、挤压力大小和模具强度等。分流桥宽度 B，从加大分流比、降低挤压力来考虑，B 可选择小些，但从改善金属的流动来考虑，模孔最好被分流桥遮住，B 选择大些。根据经验，一般 $B=b+(3\sim10)\text{mm}$，b 为型材空腔的宽度。型材外形及内腔尺寸大取下限，反之取上限。

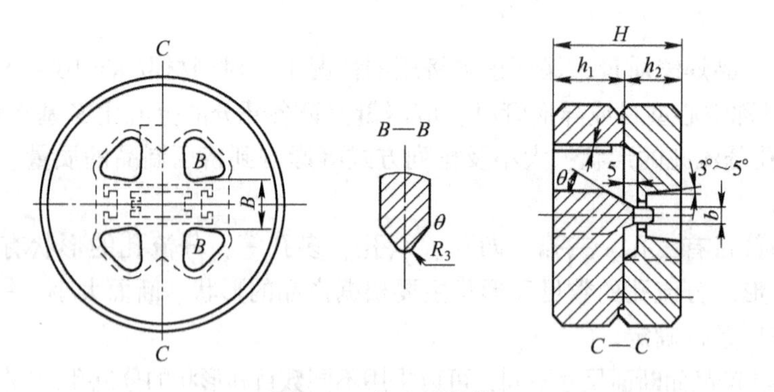

图 6-30 分流桥结构

分流桥的截面多采用矩形、倒角或近似水滴形截面，有利于金属流动与焊合，分流桥的斜度取 $\theta=45°$，对难挤压的 θ 取 30°，桥底圆角半径 $R=2\sim5\text{mm}$。

为了增加桥的强度，要在桥两端做桥墩。

5）模芯。模芯的结构形式有锥式、锥台式、凸台式三类，如图 6-31 所示。当型材内腔的宽度 $b<10$ 时采用锥式，强度和刚度高，但不易加工。

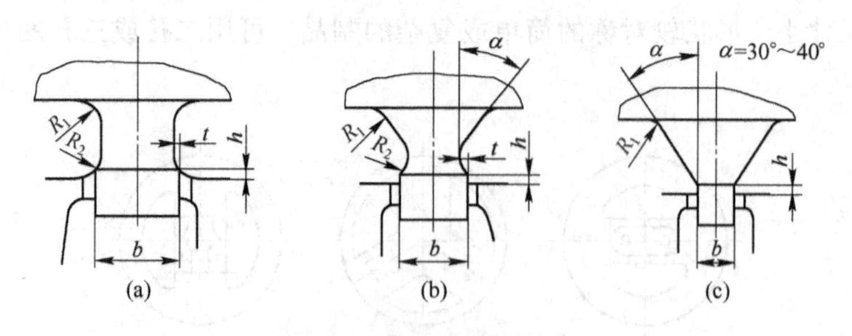

图 6-31 模芯的结构形式

(a) 凸台式；(b) 锥台式；(c) 锥式

当型材内腔宽度 10<b<20 时，多采用锥台式，其强度和刚度比锥式稍低，但加工容易些。

当型材内腔的宽度 b>20 时，多采用凸台式，其强度和刚度低，但加工容易。

设计者可根据不同的型材尺寸、形状加以确定模芯的形式。

6）焊合室的选择。焊合室的高度、形状和入口形式均影响焊合质量和挤压阻力的大小。焊合室高度 h 大，有利于焊合，但太高会影响模芯的稳定性，使型材出现壁厚不均的现象。焊合室的高度一般以挤压筒内径而定，见表 6-11。

表 6-11　焊合室的高度

挤压筒直径/mm	焊合室高度 /mm
95~130	10~15
150~200	20~25
220~280	30~35
300~500	40~50
>220~280	50~60

常见焊合室的形状有圆形和蝶形两种，如图 6-32 所示。

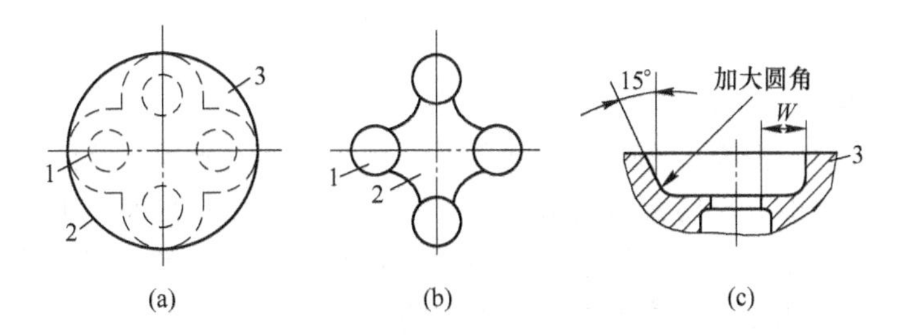

图 6-32　焊合室的形状及尺寸

（a）圆形焊合室；（b）蝶形焊合室；（c）焊合室的尺寸

对于管材和外接圆直径较小的型材一般采用圆形焊合室，但圆形焊合室在两个分流孔之间会产生一个十分明显的死区，这不但增大了挤压阻力，而且影响焊缝质量。对于外接圆直径较大且断面较复杂的型材一般采用蝶形焊合室，有利于消除死区，提高焊缝质量。

根据需要，也可采用与型材外形大体相似的矩形或异型焊合室。

为了消除死区，可采用大圆角（R=5~20mm）过渡，或将焊合室的入口做成15°左右的角度。同时，对着分流桥根部做成相应的凸台，以消除桥根处金属流动死区。

7）模孔尺寸在模具设计中，主要考虑金属制品冷却后的缩减量和拉伸矫直后的缩减量。型材外形的模孔尺寸 A 可由式（6-15）确定：

$$A = A_0 + KA_0 = (1 + K)A_0 \tag{6-15}$$

式中　A——制品外形的模孔尺寸；

A_0——型材外形的名义尺寸，mm；

K——经验系数，对铝及铝合金一般取 0.007~0.015。

型材壁厚的模孔尺寸 B 可由式（6-16）确定：

$$B = B_0 + \Delta \tag{6-16}$$

式中　B——制品壁厚的尺寸；

B_0——制品壁厚的名义尺寸，mm；

Δ——壁厚模孔尺寸增量，当 $B_0 \leqslant 3$mm 时，取 $\Delta = 0.1$mm，当 $B_0 > 3$ 时，取 $\Delta = 0.2$mm。

若型材尺寸大或具有悬臂梁部分挤压时，模具易产生弹塑性变形而引起制品壁厚尺寸变小，对壁厚模孔进行修正，如图 6-33 所示。

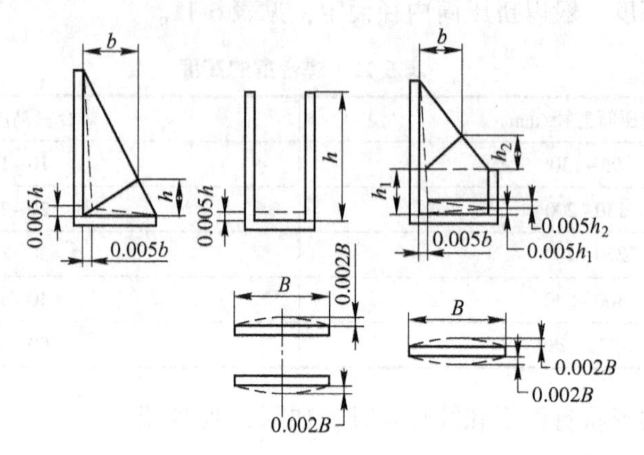

图 6-33　壁厚模孔修正尺寸

8）工作带长度。

确定平面分流模的模腔工作带长度比平面模复杂得多，要考虑型材的壁厚差；距挤压筒中心的远近；模孔被分流桥遮蔽的情况；分流孔的大小和分布等。在按不等分流孔的原则设计模子时，从分流孔中流入的金属量的分布甚至对调节金属流动起主导作用。因此，设计工作带时，不同部位的工作带长度是不同的：

①处于分流桥底下的模孔部位，由于金属流进困难，应作为模腔工作带长度的最短处，一般此处工作带长度取 $2s$（s 为型材壁厚）。即便是处于分流桥下面的各部位，其工作带长度也不能一样，距离分流孔附近的部位，供料较充分，金属容易流动，工作带长度可参考上述最小值适当加长。

②位于分流孔下面的模孔部位，金属可直接到达，其工作带长度取桥下部位工作带长度的 1.5~2 倍。

当其他条件相同时，距离模子中心近的部位，工作带长度应适当加长。另外，平面分流模的工作带长度应较平面模的大些，有利于金属的焊合。

9）模孔空刀结构尺寸设计平面分流模的空刀结构形式主要有三种：直空刀、斜空刀和加强式直空刀，如图 6-34 所示。一般情况下，当制品壁厚 $s \geqslant 2.0$mm 时，可采用易加工的直空刀；当制品壁厚 $s<2.0$mm 时，可采用斜空刀，可防止制品表面被划伤；对于危险断面处和悬臂处，可采用加

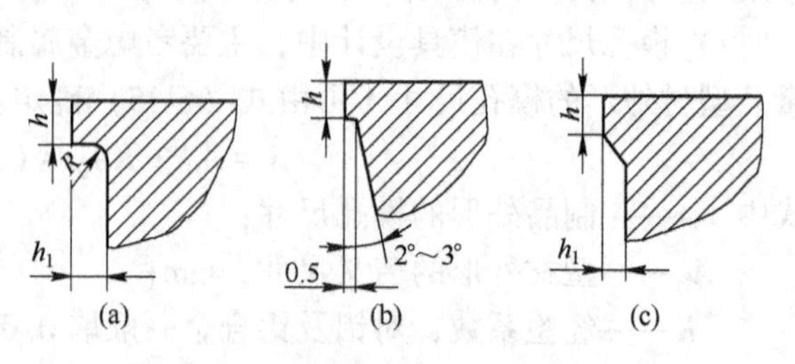

图 6-34　模子出口端空刀结构

（a）直空刀；（b）斜空刀；（c）加强式直空刀

强式直空刀。同时，空刀结构设计要考虑易于加工。空刀尺寸一般为1.5~3mm。空刀量过大，则定径带的支承减弱，在冲击载荷和闷车的情况下可能把定径带压坏；空刀量过小则易划伤制品的表面。

不同吨位挤压机上的模孔空刀尺寸见表6-12。在设计空刀时，还要考虑模孔工作带的长度，一般工作带长度长时空刀尺寸可取大些，以便于加工。反之空刀尺寸应小些。

表6-12　不同吨位挤压机上的模孔空刀尺寸

挤压机能力/MN	125	50	35	16~20	6~12
模孔工作带最小长度/mm	5~10	4~8	3~6	2.5~5	1.5~3
模孔空刀尺寸/mm	3	2.5	2	1.5~2	0.5~1.5

（3）平面分流模的强度校核。平面分流组合模主要校核分流桥中的弯曲应力及剪切应力。按两端固定，均匀载荷的简支梁计算，校核分流桥的厚度H：

$$H = l\sqrt{\frac{p}{2[\sigma]}} \tag{6-17}$$

式中　H——分流桥的最小厚度，mm；

l——分流桥的长度（两危险断面之间的距离），mm；

p——作用在挤压垫上的最大单位压力，MPa；

$[\sigma]$——模具材料在工作温度下的许用弯曲应力，MPa。

抗剪强度校核

$$\tau = \frac{Q_d}{F_d} < [\tau] \tag{6-18}$$

式中　τ——剪切应力，MPa；

Q_d——分流桥端面上的总压力，N；

F_d——分流桥受剪的总面积，mm^2；

$[\tau]$——模具材料在工作温度下的许用弯曲剪切应力，MPa。

计算结果应是$\tau < [\tau]$。

对于叉架式分流模，要验算分流桥接触表面的压应力，即叉架式几只支脚上的压应力。

$$\sigma_j = \frac{pF_d}{F_j} \tag{6-19}$$

式中　σ_j——分流桥接触面上的单位压力，MPa；

p——作用在挤压垫上的最大单位压力，MPa；

F_d——分流桥端面受压总面积，mm^2；

F_j——分流桥与上模接触总面积，mm^2。

验算结果应是$\sigma_j < [\sigma]$。

6.2.2.3　模孔几何形状与精度

制品的精度和质量取决于模子的加工质量。模孔和模子工作带的尺寸应该保证精度。因此，模孔的最终研磨工序用手工进行。

在加工模子时，必须满足以下基本要求：第一，模孔的尺寸精度应在下述公差范围以内；第二，工作带和挤压中心线的不平行度不应超过±5′；第三，工作带平面的凹陷不大于0.025mm；第四，模子的各平面间以及模子和模垫的平面之间要严格地保持相互平行；第五，工作带表面及其出口处应平坦，没有擦伤，模孔尺寸与公差对照见表6-13。

表6-13 制品尺寸与公差对照 (mm)

尺寸	1~10	10.1~30	30.1~50	50.1~80	80.1~120	120.1~180	180.1~260	>260
公差	−0.05	−0.07	−0.1	−0.12	−0.14	−0.17	−0.2	−0.3

6.2.3 典型模具设计例题

[例6-1] 六角棒形状及尺寸如图6-35所示，六角棒平行面间距离 $D=45^{+0.00}_{-1.60}$mm，断面积为1753.7mm^2，制品的材质为H68黄铜，挤压机为12MN，挤压筒为 ϕ150mm，铸锭为145mm×250mm，挤压比为10。

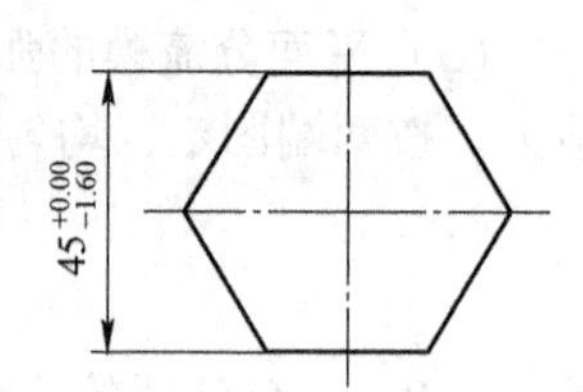

图6-35 H68黄铜六角棒的形状与尺寸

[解] 设计如下：

（1）模角 $\alpha=90°$。

（2）模子厚度 $H=40$mm。

（3）工作带模孔尺寸 $D=CD_0=1.015\times45=45.6$mm，模孔制造公差取$^{-0.02}_{-0.05}$。

（4）工作带长度 $l_1=11$mm。

（5）工作带模孔入口圆角 $r=2$mm。

（6）模子锥角 $\gamma=2°$正锥形。

（7）模子外圆直径 $D_{max}=0.8D_t=120$mm。

（8）模出口带尺寸出口带比工作带模孔尺寸大4mm。

（9）模的材质H13钢。

（10）校核模具的抗压能力：

$$\sigma_y=\frac{P_{max}}{F}$$

$$\sigma_y=\frac{12000000}{\frac{150^2\pi}{4}-1753.7}=754<[\sigma]$$

六角棒材模设计见图6-36。

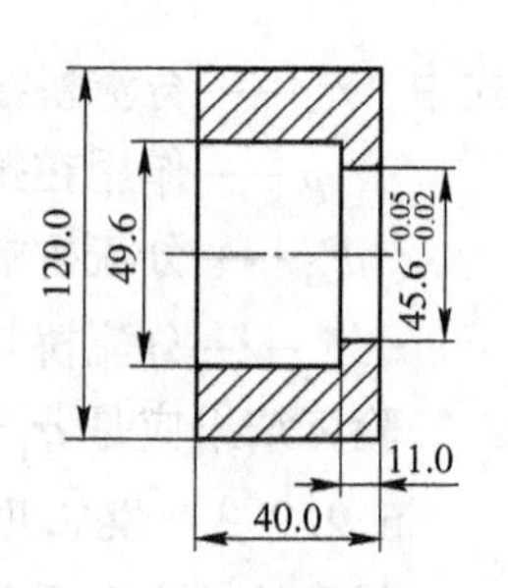

图6-36 六角棒材模设计

[例6-2] 试设计用直径为95mm的挤压筒挤压断面为58.4mm硬铝合金等边角材的模孔尺寸（见图6-37（a））。

[解] （1）确定延伸系数及模孔数 n：

$$F_0=\frac{\pi95^2}{4}=7100\text{mm}^2$$

初步选用4个模孔挤压，则：

$$\Sigma F_1=4\times58.4=234\text{mm}^2$$

$$\lambda = \frac{7100}{234} = 30$$

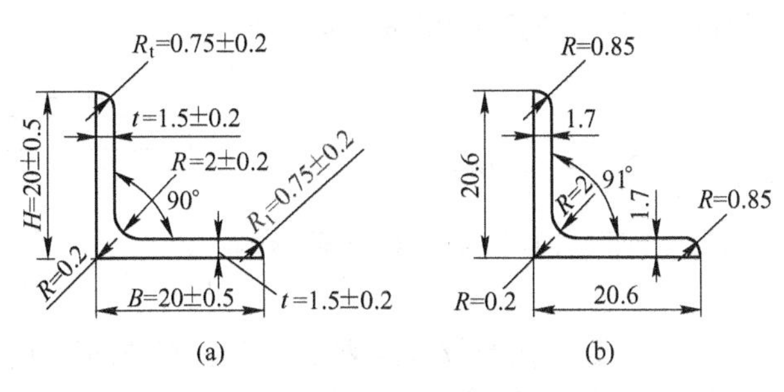

图 6-37 角型材及模孔断面图

（a）型材；（b）模孔

因 λ 值未超出表 6-14 所给的数值，挤压力不会超过设备能力，因而可用。

表 6-14 铝合金挤压时常用的 $\bar{\lambda}$

挤压筒直径	500	420	360	300	200	170	130	115	95
$\bar{\lambda}$	3~9	7~11	8~13	10~20	13~18	16~25	20~40	35~45	35~45

（2）确定模孔尺寸：

$$H_k = B_k = 20(1 + 0.007) + 0.5 = 20.64 (\text{取} 20.6\text{mm})$$

$$S_k = 1.5 + 0.2 = 1.7\text{mm}$$

$$R_k = 0.75 + 0.1 = 0.85$$

这种角材在挤压时有并口现象，角度取 91°。模孔制造偏差为$^{-0.02}_{-0.05}$mm（见图 6-37（b））。

（3）确定工作带长度。因是等壁厚型材，又采用了对称排列模孔，所以工作带长度皆取 2~3mm，不必用不等长工作带来控制金属的流速。

［**例 6-3**］ 设计不等壁厚的硬铝合金角材模孔尺寸（见图 6-38），H、B 为 30mm；S_1、S_2分别为 3mm 和 6mm。

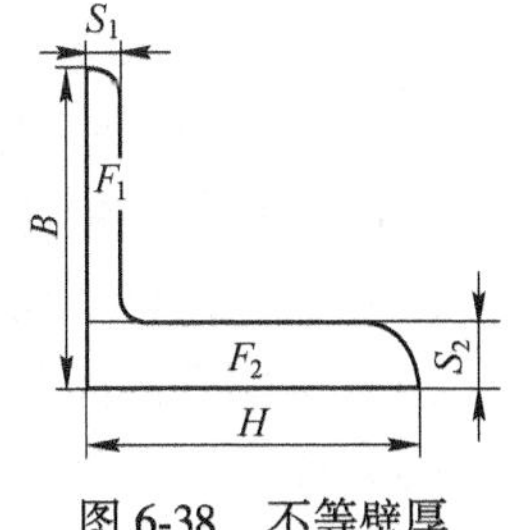

图 6-38 不等壁厚的角型材

［**解**］（1）确定工作带长度。首先给定薄肢 S_1 工作带长度为 3mm，则厚肢 S_2工作带长度 h_{F_2}，由式（6-8）可得：

$$h_{F_2} = \frac{h_{F_1} Z_{F_1} f_{F_2}}{Z_{F_2} f_{F_1}} = \frac{3\times30\times6\times[(30-6)\times2+3]}{(30-6)\times3\times[(30+6)\times2-3]} = \frac{4590}{851} = 5.4\text{mm}$$

计算工作带长度未超出允许极限值，因而该模具不必用阻碍角。

（2）确定模孔尺寸取型材的正偏差为 0.4mm，则模孔尺寸为：

$$H_k = B_k = 30 \times (1 + 0.007) + 0.4 = 30.61\text{mm} (\text{取} 30.6\text{mm})$$

$$S_{1k} = 3 + 0.4 = 3.4\text{mm}$$

$$S_{1k} = 6 + 0.4 = 6.4\text{mm}$$

所有圆角皆不变化。

[例6-4] 不等壁厚型材如图6-39所示，计算各处的工作带长度。

[解] 若取B_1部分的工作带长度为2mm，那么B_2部分的工作带长度为：

$$l_{1,2} = l_{1,2}\frac{s_2}{s_1} = 2 \times \frac{2}{1} = 4\text{mm}$$

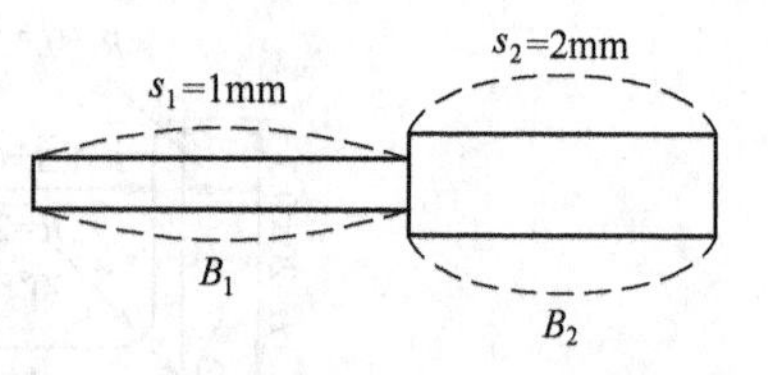

图6-39 不等壁厚工作带长度的确定

若B_1、B_2部分比较短，那么模孔的位置因素影响不大。

若B_1、B_2部分比较长，那么模孔的位置因素要按上述原则加以考虑。

[例6-5] 薄壁槽形铝型材形状与尺寸如图6-40（a）所示，采用25MN卧式挤压机，ϕ258mm挤压筒，型材断面积为432mm²。

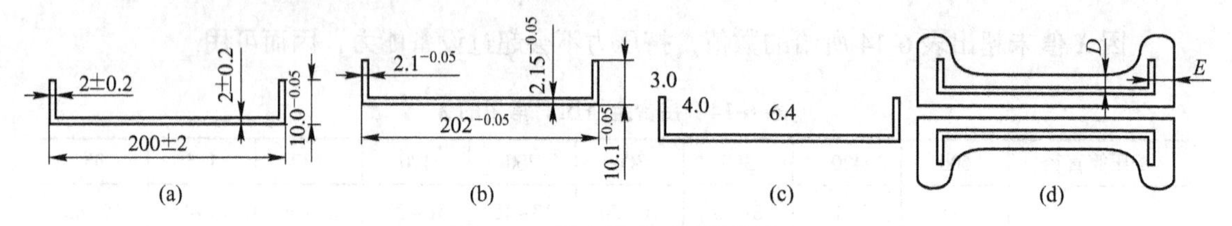

图6-40 薄壁槽形型材模设计

[解] 设计步骤如下：

（1）确定延伸系数及模孔数初步选用2个模孔挤压，则延伸系数λ为60.5。

（2）模角α=90°。

（3）模子厚度H=80mm。

（4）模孔尺寸采用综合余量系数进行设计，模孔尺寸如图6-40（b）所示，模子的制造公差一般取下限$^{-0.05}_{-0.02}$。

（5）工作带长度以型材开口端的顶点为基准点，则L_1=1.5mm，s_0=3mm，$L_2=L_1+1$=4mm。

从端点起到模孔中心，每距10mm工作带长度增加0.3mm，则L_3=4.3mm，L_4=4.6mm，L_5=4.9mm，L_6=5.2mm，L_7=5.5mm，L_8=5.8mm，L_9=6.1mm，L_{10}=6.4mm，工作带长度见图6-40（c）。

（6）棋子出口带尺寸$a_{xh}=s_1+4=2.1+4=6.1$mm。

（7）两模孔的间距a_j=40mm。

（8）模孔距模外缘的最小距离d=35mm。

（9）引流槽设计引流槽距模孔底边的距离C大于距槽孔侧边的距离E，取C=10mm，E=8mm，如图6-40（d）所示。

（10）模子外圆直径D_w=320mm。

（11）校核模孔如图6-40所示，模的材质为H13钢，根据式（6-11）进行抗弯强度校核，挤压筒的比压$p=\dfrac{P}{F_t}=\dfrac{25 \times 10^6 \times 4}{258^2\pi}=478.2\text{MPa}$；H13钢在450~500℃时的许用应力[$\sigma$]取1000MPa；$a$=197.8mm；$b$=193.8mm。则求出模子危险断面的最小厚度$H$：

$$H = L\sqrt{\frac{3P_a}{[\sigma]b}} = 8 \times \sqrt{\frac{3 \times 478.2 \times 197.8}{1000 \times 193.8}} = 10\text{mm}$$

模子的强度满足要求。

[例 6-6] 方形空心铝型材的形状与尺寸如图 6-41 所示。采用 8MN 挤压机，挤压筒 $D_t = 134\text{mm}$，铸锭规格 124mm×495mm，挤压比 $\lambda = 88.1$，选用两个模孔，制品的断面积为 80.4mm^2。制品材质为 6063 铝合金。

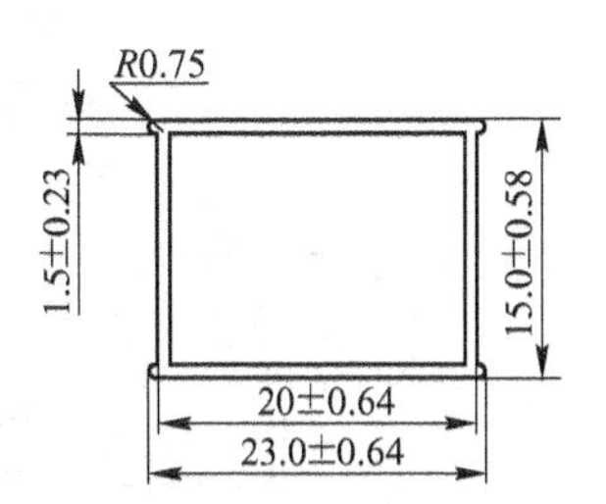

图 6-41 方形空心铝型材的形状与尺寸

[解] 设计步骤如下：

（1）分流比。选取 $3D$。

（2）分流孔。分流孔取 4 个，梯形形状，每个分流孔的断面积 $F_f = 1206\text{mm}^2$。

（3）分流桥宽度。$B = b + (3 \sim 10) = 13 + 7 = 20\text{mm}$。

（4）组合模下模的设计。模角 $\alpha = 90°$；模厚 $H = 55\text{mm}$；圆角 $r = 0.5\text{mm}$；模外圆直径 $D = 180\text{mm}$（由于采用滑动式模座）；焊合室高度 $h = 20\text{mm}$，焊合室为蝶形，圆心与模心重合，半径 $R = 60\text{mm}$，为消除死区，斜度取 $\beta = 5°$，过渡圆角 $R = 5\text{mm}$；模孔尺寸按 $A = A_0(1 + C)$ 确定；壁厚 s，按 $s = s_0 + \Delta$（Δ 为型材壁厚 s_0 的公差）计算；工作带长度的确定，在桥底入料困难处工作带长度 $L_1 = 2s = 2.2\text{mm}$，进料孔处金属流动较好，其工作带长度为 $L_2 = L_1 + 1 = 3\text{mm}$；出口带宽度比相应工作带模孔尺寸大 4mm。下模设计见图 6-42。

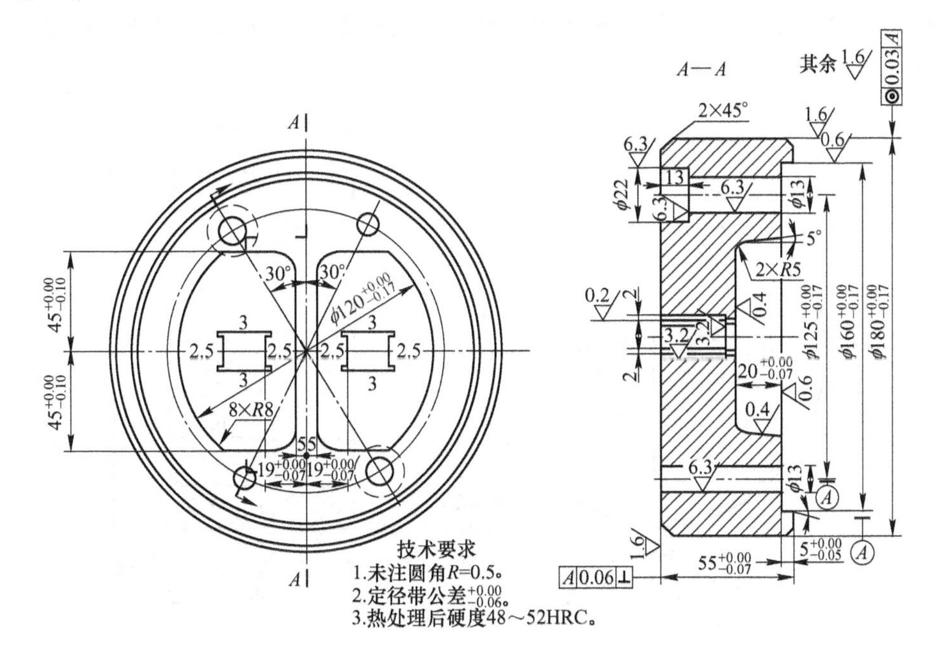

图 6-42 方形空心型材组合模的下模设计

（5）组合模的上模设计。模芯选用锥台式，模芯长度 $A = A_1 - 2s = 20.2 - 2 \times 1.1 = 18\text{mm}$，模芯宽度 $B = A_1 - 2s = 15.2 - 2 \times 1.1 = 13\text{mm}$；模芯的工作带应比相应模孔的工作带长 1mm，应为 4.2mm；分流孔与焊合室的外轮廓线重合，因为 $A = 18\text{mm}$，所以上下两分流孔间距为 20mm；由分流孔面积，可确定分流孔高度 $h = 35\text{mm}$；距离模子中心为

5mm。上模的形状与尺寸如图6-43所示。

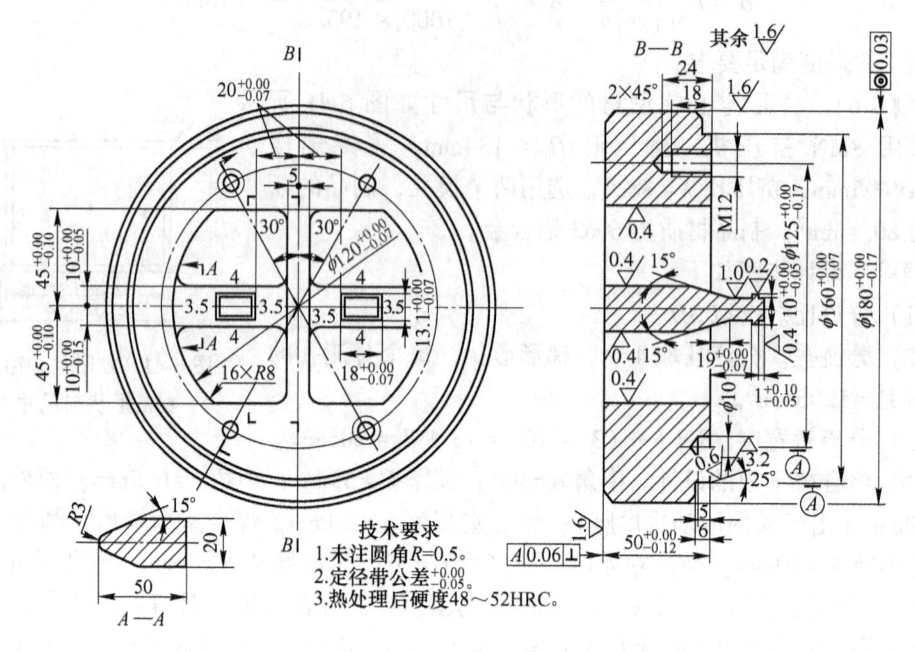

图6-43　组合模上模设计

（6）上下模装配。上下模用螺栓M12连接，定位销取10mm，上下模装配如图6-44所示。

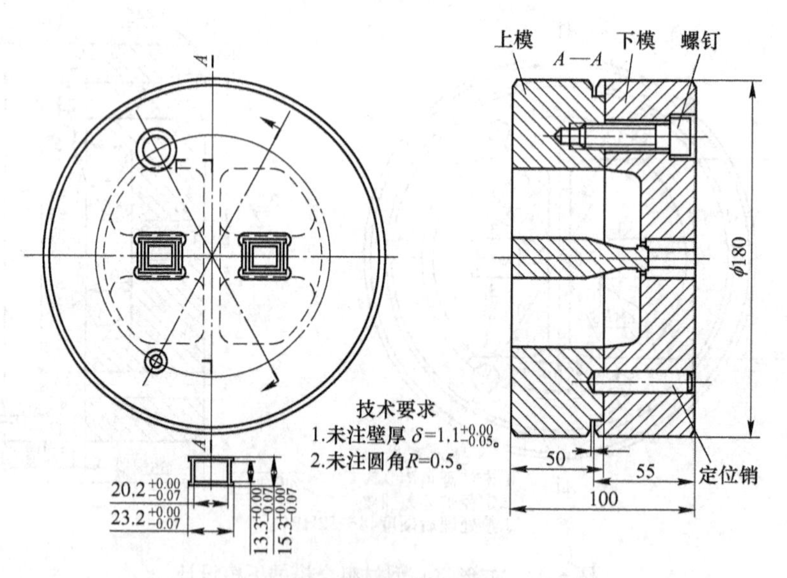

图6-44　组合模装配图

（7）模具材质。模子材质选用H13钢。

（8）校核分流组合模。主要校核分流桥的弯曲应力及剪切应力对双孔或四孔的分流桥，可认为是一个受均布载荷的简支梁。

模桥的抗弯强度：

$$H = L\sqrt{\frac{P}{2[\sigma]}} = 45\sqrt{\frac{8000000 \times 4}{2 \times 1000 \times 134^2\pi}} = 24\text{mm}$$

因此，上模的设计高度为 50mm 是合理的。

抗剪强度的校核：

$$\tau = \frac{Q_Q}{F_Q} = \frac{155.35 \times 10^4\text{N}}{3000\text{mm}^2} = 517.8\text{MPa} < [\tau]$$

$$[\tau] = \frac{1}{\sqrt{3}}[\sigma] = 617.8\text{MPa}$$

抗剪强度也满足要求。

综上所述，模子的设计是安全的。

[例 6-7] 铜及其合金常用的空心型材。

铜及其合金常用的空心型材一般有以下几种，如图 6-45 所示。

(1) 带中心圆孔的对称矩形（方形）或带非圆形中心孔的圆形型材（见图 6-45 (a)）。在模具设计时需要确定模孔与穿孔针的尺寸，主要考虑金属在挤压后热收缩和型材尺寸公差，根据实际情况，制品外形尺寸 60mm 以内，收缩裕量取 1%，大于 60mm 时取 2%。型材内孔的尺寸和长度的确定，在卧式挤压机上，生产内孔小（13~30mm）、长度大（20~30m）的型材时，应采用瓶式穿孔针。

(2) 带矩形孔的矩形型材（见图 6-45 (b)）挤压时必须将穿孔针对准模孔进行精确调整后固定，以防其转动。因此，采用专用工具可进行挤压，如图 6-46 所示。

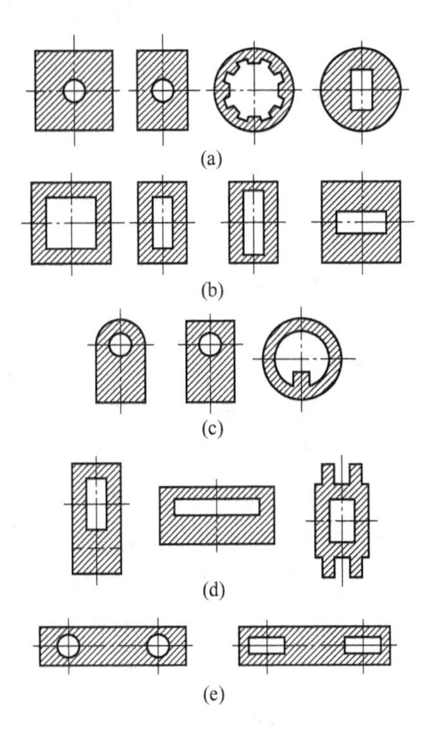

图 6-45 铜及其合金空心型材

(3) 带偏心孔的型材（见图 6-45 (c)、(d)）挤压时金属流动不均匀，需要采用专门的模具孔型设计，最常用的方法是带附加孔（空棒）的挤压模孔型设计。

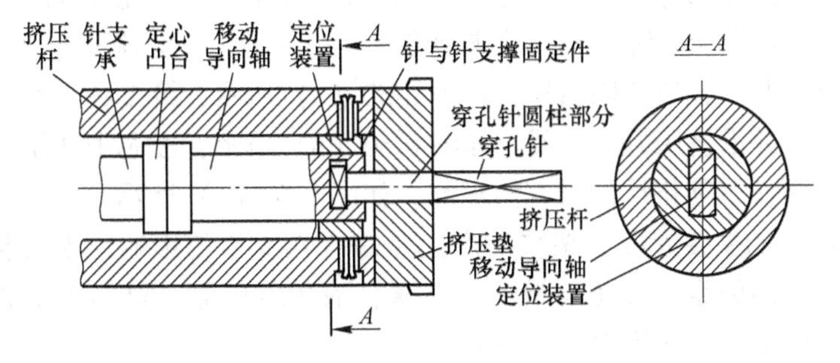

图 6-46 挤压铜型材采用的专用工具示意图

（4）多孔型材（见图6-45（e））。双孔型材可采用平模与带2个针头的固定针的挤压方法，如图6-47所示，或用2个活动针和带凸台的模具（见图6-48）挤压。

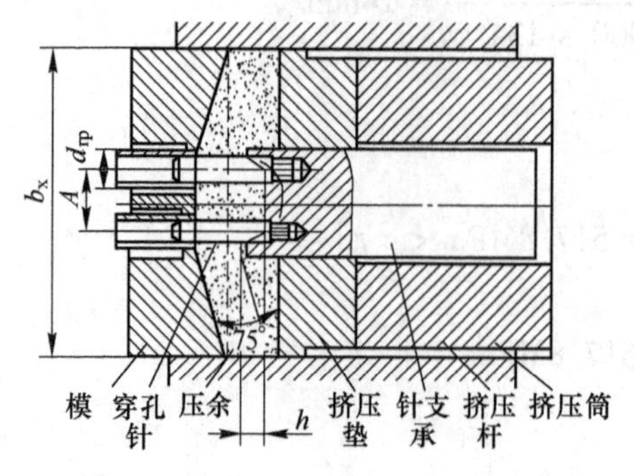

图6-47　带2个针头的固定针的挤压工具

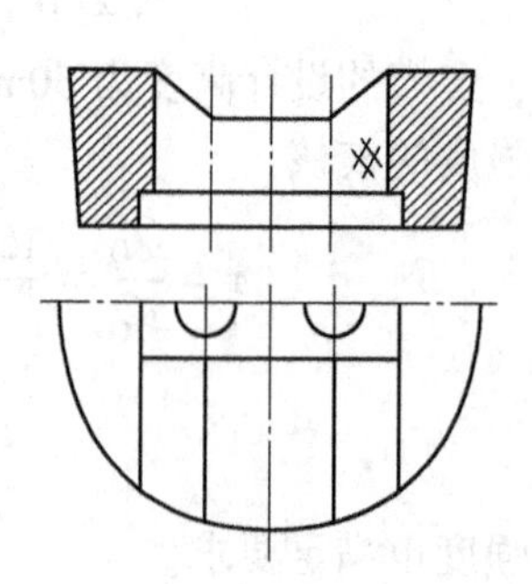
图6-48　挤压铜型材的组合模具

6.2.4　模具的寿命

模具的寿命是评价某一挤压方法或挤压工艺经济可行的决定因素。有关模具的寿命问题，作出通用的定量说明比较困难，其原因包括以下几方面：模的形状和各部位所受的磨损不一样；由于制品用途不同，所要求的允许偏差标准（尺寸、表面精度等）也不一样。另外，由于许多挤压制品，特别是型材制品，在后道工序都不需要改变外形尺寸，如果模具使局部超过允许偏差就不能再进行生产使用。

目前，我国铝合金挤压工模具的平均使用寿命为5~10t/模，一次上机合格率为50%左右，大大落后于国际上15~20t/模和一次上机率为67%的先进水平。其中，模具一次上机合格率的定义为：在规定时段内，模具一次上机合格套数与上机总套数的比率（一次上机合格率=一次上机合格套数/上机总套数）。

日本某公司对铝型材模具使用寿命的实际情况做了调查研究，发现热挤压中磨损约占90%，其余10%是裂纹。空心模的裂纹所占的比例比实心模的要大。

6.2.4.1　挤压模具裂纹

（1）实心材模的裂纹。实心材模的裂纹有三种典型的形态：第一种，靠近模子外周的模孔的角部产生裂纹，并沿径向扩展，如图6-49（a）所示；第二种，在空间（悬臂梁受挤压力的部分）大的孔型根部产生裂纹，朝内扩展，如图6-49（b）所示；第三种，在模孔周围生成很多细小裂纹，并沿孔的法线方向扩展，如图6-49（c）所示。

（2）空心材模的裂纹。空心材模具的阴模裂纹形态与实心模的相同（如图6-49所示），而其阳模有如图6-50所示的三种典型形态：第一种，在分流孔与模子外圆之间的环状部位产生裂纹，并由分流孔侧朝外，如图6-50（a）所示；第二种，在连接分流孔之间的桥上产生裂纹，并沿挤压方向扩展，如图6-50（b）所示；在芯子和桥的交叉（芯子的根部）部位产生裂纹，朝挤压的反方向扩展，如图6-50（c）所示。

（3）裂纹产生的主要原因。裂纹的产生是综合性因素的影响，主要包括两方面：一是与模具本身有关的因素；二是与挤压工艺条件有关的因素。这与模的设计、制造、维护、保养以及挤压工艺条件等均有密切关系。

在模具设计方面，主要考虑模具的强度、模具挤压时所受的应力分布状态以及模的圆

角 R 大小。为了增强模具的耐磨性以及强度，要进行热处理及硬化处理，因此要考虑模制作时的热处理制度以及硬化处理前模的应力分布大小，这些都是与模具产生裂纹的相关因素。

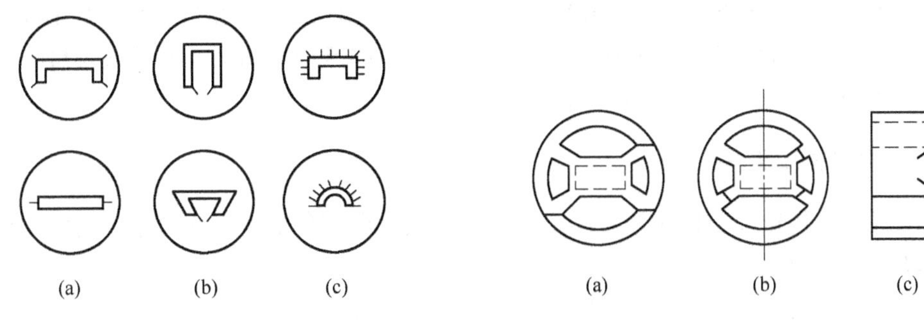

图 6-49 实心材模子的裂纹形态

图 6-50 空心材模子的裂纹形态

另外，还要考虑挤压工艺条件的因素。由于挤压时各个挤压阶段和铸锭接触侧的模具表面附近的温度波动范围很大，另外同一模孔的中间与端部的温差也大，由模具温度不均匀所产生的热应力和温度上下波动而产生热疲劳等叠加在模子因挤压力而产生的应力上，将促进模子裂纹的产生，缩短模子寿命。

6.2.4.2 提高模具寿命的措施

挤压模具的工作条件非常恶劣，使用寿命较短，为了延长挤压模具工作寿命，应提高模具材料的强韧性、耐磨性、疲劳强度、热稳定性及模具的合理设计与制造等。

（1）合理设计模具。模具的合理设计能充分发挥材料的性能，在模具设计时，应尽量使各部分受力均匀，避免尖角及一些特殊部位产生过大的应力集中，引起热处理变形、开裂及使用过程中的破裂或早期热裂。确定模具的合理结构，并进行可靠的强度校核。

（2）选择模具材料。根据模具的工作条件和性能要求，正确选择其材料也是提高寿命的有效措施。目前大多工厂采用的模具材料是4Cr5MoV1Si（H13）钢，它比3Cr2W8V钢的疲劳强度与热稳定性好。对于模具材料的研究，主要集中在如何提高热强度、热稳定性、热疲劳强度及热耐磨性等方面。

（3）热处理和表面强化处理。模具的工作寿命在很大程度上取决于热处理质量，把材料、热处理和表面强化处理三者有机结合起来，才能获得理想的热处理质量。

（4）挤压工艺条件和工作环境。挤压工艺方法和工艺参数、工作条件和工作环境等直接影响模具的使用寿命。因此，在挤压前，应选择最佳的设备系统与挤压工艺参数（如挤压温度、挤压速度、挤压系数和挤压压力等），改善挤压时的工作环境。

（5）硬质合金（陶瓷）镶嵌模的应用。为了提高模具寿命和制品质量，有些中小型模具应采用硬质合金模具。但由于硬质合金模具承载能力差，所以在使用时需要镶套增加模具强度。硬质合金模具结构如图 6-51 所示。

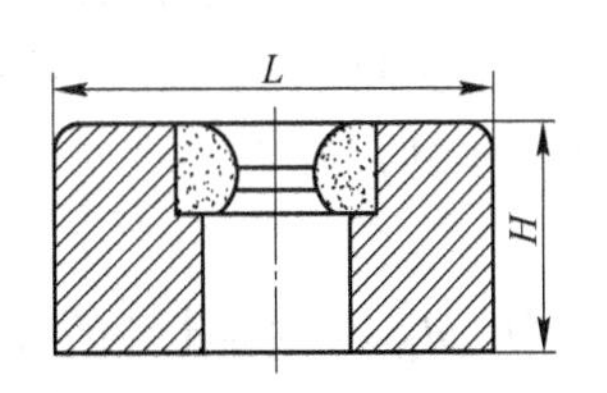

图 6-51 硬质合金模具

总之，模具的质量和使用寿命的提高，是优质材料的选择、合理的结构设计、先进的加工工艺、模具的热处理与表面处理、模具的修理及合理使用等的有机结合。

6.3 挤压垫

挤压垫片是将挤压杆与锭坯隔开，并传递挤压力所用的工具。挤压垫片是减小杆端面的磨损，防止杆端面温度过高，保护挤压杆，延长杆的使用寿命。此外，还可改善挤压过程。

挤压垫的种类有两种：自由式和固定式。

6.3.1 自由式挤压垫片

自由式指的是垫片与挤压杆不固定在一起，垫片靠一套单独系统传递，其种类与结构形式如图6-52所示。

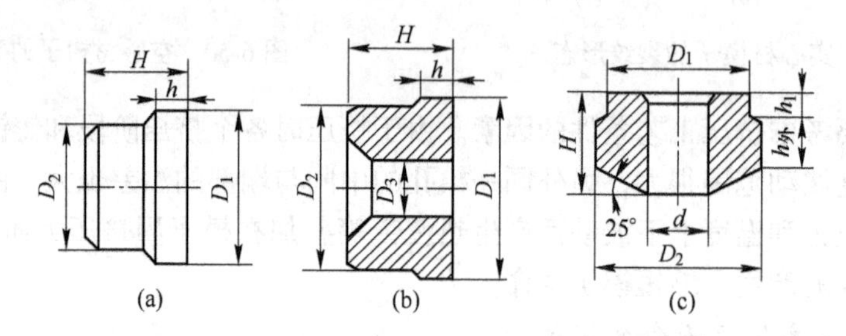

图6-52　挤压铝合金常用挤压垫的结构和形式

（a）挤压棒材用挤压垫；（b）挤压管材用挤压垫；（c）立式挤压机用挤压垫

6.3.1.1　尺寸确定

（1）挤压垫的外径尺寸$D_{垫}$的确定。挤压垫的外径尺寸主要取决于挤压筒的直径和挤压机的结构形式，挤压垫的外径尺寸可由式（6-20）确定：

$$D_{垫} = D_0 - \Delta D \tag{6-20}$$

式中　D_0——挤压筒内径，mm；

ΔD——挤压筒直径与挤压垫外之差，对于卧式挤压机，ΔD取0.5~1.5mm；对于立式挤压机，ΔD取0.15~0.4mm。挤压筒直径大时取上限，挤压筒直径小时取下限。

ΔD值的取值不能太大，否则可能形成局部脱皮挤压，残余在筒内的金属残屑在下次挤压时可能包覆在制品上形成起皮分层；此外，在挤压管材时不能有效地控制穿孔针的位置，容易产生偏心。但是如果ΔD取得太小，则在挤压时由于垫片与筒内衬摩擦，将增大挤压筒的磨损，降低挤压筒的寿命，此外挤压垫还容易被卡在挤压筒中。

（2）挤压垫的内径尺寸$d_{垫}$的确定。挤压垫的内径尺寸主要取决于穿孔针的结构和尺寸。卧式挤压机一般用瓶式针，其挤压垫的内径尺寸主要取决于穿孔针的针杆直径。可由式（6-21）确定：

$$d_{垫} = d_{杆} + \Delta d \tag{6-21}$$

式中　$d_{杆}$——穿孔针的针杆直径，mm；

Δd——挤压垫内孔与穿孔针的针杆直径之差，通常可取0.3~1.2mm，穿孔针粗时取上限，穿孔针细时取下限。

立式挤压机一般用圆柱形针，是根据管材的内径尺寸配置的，通常都是在能够挤压的管材规格范围内，每 1mm 配置一个规格穿孔针。如果每一个规格穿孔针都要配置一个与之相配套的挤压垫，则必然会增加大量的工具费用。为此，在穿孔针设计时，在针本体的后端设计一个圆台与挤压垫配合，这个圆台在穿孔针装配好后露在挤压杆的外面，相当于瓶式针的针杆。这样许多规格穿孔针都可以设计相同尺寸的圆台，也就可以采用一个规格挤压垫。通常情况下，每 10mm 配置一个规格挤压垫、穿孔针后端的圆台直径与挤压垫的内径之差 Δd 一般取 0.15~0.5mm。

Δd 的取值不能太大，否则将不能有效控制穿孔针在挤压筒中的位置，易造成管材偏心；还易造成金属倒流，包住穿孔针。但其取值也不能太小，否则将增大穿孔针的磨损，易划伤穿孔针表面而影响管材的内表面质量；当操作不当时，挤压垫易卡在穿孔针上。

（3）挤压垫的厚度 $H_{垫}$。挤压垫的厚度 $H_{垫}$ 主要根据挤压筒直径和比压大小来确定。在一般情况下，挤压垫的厚度可按照式（6-22）确定：

$$H_{垫} = (0.25 \sim 0.5) D_{垫} \tag{6-22}$$

挤压垫过厚就会较笨重而且浪费钢材，如果过薄则易变形和损坏。

（4）挤压垫工作带厚度及凸缘高度。在一般情况下，取 $h_{垫} = (1/4 \sim 1/3) H_{垫}$。$h_{垫}$ 过小，易磨损；$h_{垫}$ 过大，摩擦阻力大，易黏金属。工作带凸缘高度 M 一般取 1.5~5.0mm。大挤压筒取上限，小挤压筒取下限。

部分挤压机上挤压铝合金用挤压垫的规格尺寸如表 6-15 所示。

表 6-15　部分挤压机用挤压垫的尺寸

挤压机能力/MN	挤压筒直径/mm	穿孔针的针杆或圆台直径/mm	挤压垫尺寸/mm				
			$D_{垫}$	$d_{垫}$	Δh	$H_{垫}$	$h_{垫}$
6.17	100	$30^{-0.5}$，$40^{-0.5}$，$50^{-0.5}$	99.8	30，40，50	1.5	56	20
	120	$40^{-0.5}$，$50^{-0.5}$，$60^{-0.5}$，$70^{-0.5}$	119.8	40，50，60，70	1.5	56	20
	135	$50^{-0.5}$，$60^{-0.5}$，$70^{-0.5}$	134.8	50，60，70	1.5	56	20
7.5	90		89.7		2.5	50	20
	100		99.7		2.5	50	20
12.5	130		129.6		2.5	70	30
16	170	65	169.8	65.2	1.5	70	20
	200	90	199.8	90.2	1.5	70	20
20	170		169.6		2.5	70	30
	200		169.5		2.5	70	30
25	260	75	259.6	75.3	2.5	100	15，20
		95	259.6	95.3	2.5	100	15，20
34.3	280	100	279.5	100.6	5	100	40
		130	279.5	130.6	5	100	40
	370	130	369.5	130.6	5	100	40
		160	369.5	160.6	5	100	40
		200	369.5	200.6	5	100	40

续表 6-15

挤压机能力/MN	挤压筒直径/mm	穿孔针的针杆或圆台直径/mm	挤压垫尺寸/mm				
			$D_垫$	$d_垫$	Δh	$H_垫$	$h_垫$
50	300		299.4		5	150	50
	360		359.3		5	150	50
	420		419.2		5	150	50
	500		499		5	150	50
125	420	210，150	419.4	211，151	4	150	50
	500	300，250，210	499.2	301，251，211	5	150	50
	650	360，300，250	649	361.2，301，251	5	150	50
	800	510，430	798.8	511.2，431.2	5	150	50

6.3.1.2 垫片的强度校核

挤压垫长期与高温金属直接接触，挤压机的挤压力是通过挤压垫传递给金属，并使其产生塑性变形。挤压力的大小、挤压温度的高低以及连续作业时间的长短，对挤压垫的强度都会带来一定的影响。在挤压过程中，挤压垫主要是承受压应力作用。因此，对挤压垫要进行抗压强度校核。

$$\sigma_d = \frac{P_{max}}{F_d} \leqslant [\sigma] \tag{6-23}$$

式中 σ_d——挤压垫片承受的单位压力，MPa；

P_{max}——挤压机最大挤压力，kN；

F_d——挤压垫片工作面积，mm^2；

$[\sigma]$——挤压垫片材料允许压应力，MPa。

当垫片的内径尺寸很大时，还应该校核其抗弯强度。

6.3.2 固定式挤压垫片

固定式挤压垫片的结构与自由式的不同，如图 6-53 所示。此垫片由内挤压垫片和外挤压垫片组成，用螺栓固定在挤压杆上。内垫片比外垫片凸出 1mm 左右，其目的是当挤压时，内垫片对外垫片有作用力，使外垫片胀开，外挤压垫片外周与挤压筒接触，完成挤压工序。当挤压杆返回时，内、外垫片的作用力恢复原状，无作用力，内垫片又凸出来推动压余，使压余与垫片分离开，当然在挤压时对挤压垫片应润滑，有利于压余与垫片的分离。

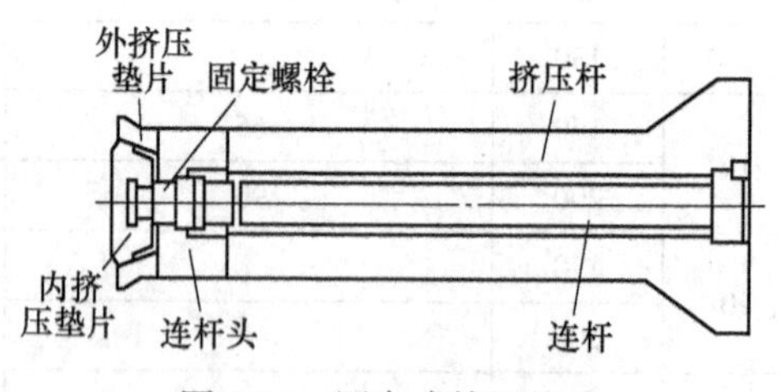

图 6-53 固定式挤压垫片

6.4 穿孔针

穿孔针用于生产一般圆断面管材、异型管材以及逐渐变断面型材。用实心坯料挤压管材时，穿孔针的作用是挤压时对锭坯进行穿孔并确定制品内孔尺寸和形状。用空心型材挤压时，穿孔针起芯棒的作用，确定制品的内孔尺寸和形状。穿孔针在保证管材内表面质量起着决定性作用。穿孔针是管材挤压生产中最容易损坏的工具，其结构形式有圆柱式针、瓶式针和浮动式针等，其结构如图 6-54 所示。生产中可根据挤压机结构和挤压操作方法及产品要求进行选用。图 6-55 所示是典型穿孔系统结构图。

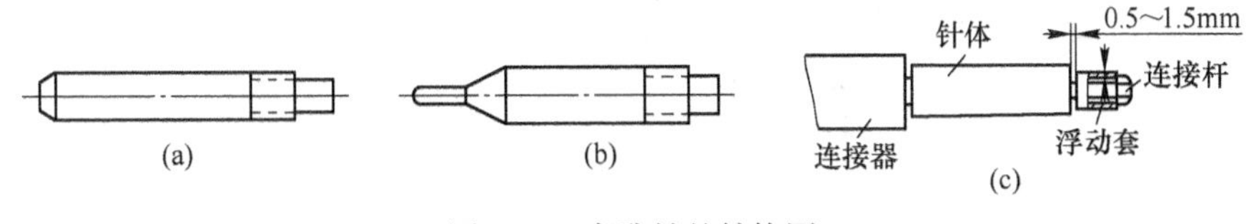

图 6-54 穿孔针的结构图

（a）圆柱式；（b）瓶式；（c）浮动式

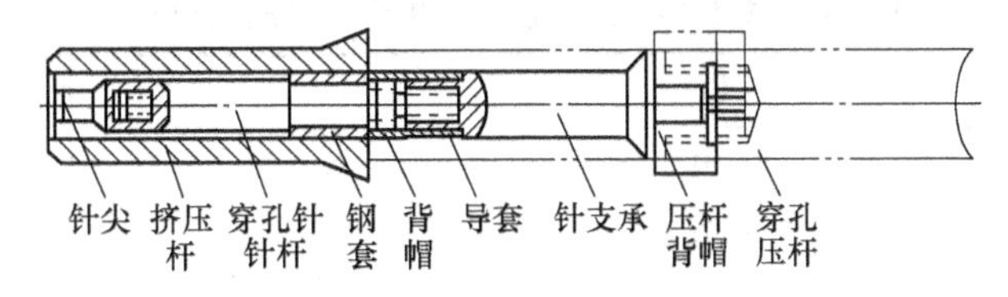

图 6-55 典型穿孔系统结构图

6.4.1 圆柱式穿孔针

在无独立穿孔系统的单动式挤压机上使用的圆柱形穿孔针，是通过螺纹连接方式直接安装在挤压杆上，在挤压过程中随挤压杆同时进行。穿孔针的结构主要是由针前端的圆柱形针本体和针后端的连接配合螺纹部分所构成。

（1）穿孔针直径 $d_{针}$ 的确定：

$$d_{针} = d_{内} - 0.7\%d_{内} \quad (6\text{-}24)$$

式中 $d_{内}$——管材的名义内径尺寸。

在单动式挤压机上采用随动针方式挤压管材的圆柱形穿孔针在长度方向上带有很小的锥度，一方面可减少金属流动时作用在针上的摩擦拉力；另一方面，当挤压过程结束时，便于穿孔针能够顺利地从管子中退出，以便分离残料和进行下一个周期的挤压操作。穿孔针的针体前后端直径差一般为 0.2~0.5mm。

（2）穿孔针工作部分长度 $L_{针}$ 的确定：

$$L_{针} = L_{锭} + h_{垫} + h_{定} + l_{出} \quad (6\text{-}25)$$

式中 $L_{锭}$——坯料的长度，mm；

$h_{垫}$——挤压垫的厚度，mm；

$h_{定}$——模子工作带长度，mm；

$l_{出}$——穿孔针前端伸出模子工作带的长度，一般取 10~20mm（不包括最前端有锥角的部分）。

（3）穿孔针的后端尺寸。穿孔针后端的尺寸是根据与挤压杆和挤压垫的连接配合要求来确定的，其原则是保证穿孔针的稳定性、与挤压杆的同轴度和穿孔针的连接强度。

6.17MN 单动立式挤压机用圆柱形穿孔针的结构和尺寸如图 6-56 和表 6-16 所示。穿孔针不论是柱式针还是瓶式针，它与针座的连杆连接一般用细牙螺纹，其缺点是装卸针慢且难，而先进的挤压机则采用机械装卸。

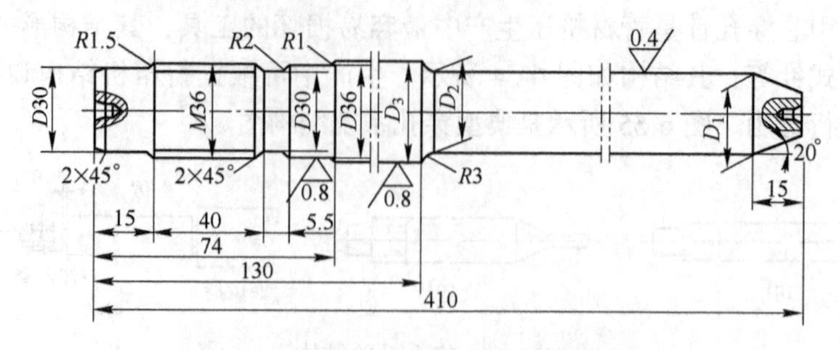

图 6-56 6.17MN 单动立式挤压机用穿孔针

表 6-16 6.17MN 立式挤压机用穿孔针的主要尺寸 (mm)

管材内径	D_1	D_2	D_3
13~25	D_2-0.5	12.7~25.2	30
26~35	D_2-0.5	26.2~35.3	40
36~45	D_2-0.5	36.3~44.3	50
46~55	D_2-0.5	45.3~55.3	60
56~65	D_2-0.5	56.3~64.3	70

6.4.2 瓶式穿孔针

在双动式挤压机上挤压管材时，一般都使用瓶式针，而很少使用圆柱形针。这是因为圆柱形针在穿孔时易弯曲和过热，从而导致穿孔不正使管材出现偏心，可能会造成穿孔针过早拉细或拉断；穿孔针表面易被挤压垫划伤，影响管材内表面质量；穿孔针沿长度方向有锥度，会影响到管材的纵向尺寸精度；挤压大、中规格管材时，工具费用多，成本高。采用瓶式针挤压时，管材的内径尺寸是通过安装在针杆前端的针尖来控制。变换规格时，只需要更换针尖就可以实现，从而可减少工具费用，降低成本，这在挤压小批量的大、中规格管材时效果非常明显；针尖工作圆柱段虽然也有一定的锥度，但由于在挤压过程中针是固定不动的，从而有利于控制管材的内径尺寸精度；针尖部分易加工、处理，根据需要还可以采用更高级的合金或其他复合材料（如陶瓷材料），有利于提高管材的内表面质量和尺寸精度。

(1) 针尖直径的确定。瓶式针的针尖工作圆柱段直径，决定着管材的内径尺寸及精度，按式（6-26）确定。

(2) 针尖工作圆柱段长度的确定：

$$L_{针} = h_{定} + l_{出} + l_{余} \tag{6-26}$$

式中 $l_{余}$——余量，一般不应大于压余的厚度，通常取 20~30mm。

(3) 针尖与针杆过渡区设计。针尖与针杆采用圆锥光滑过渡，其锥角一般为 30°~45°。过渡区的长度视针尖与针杆的直径差而定，一般不宜过大。

(4) 针杆直径 $d_{径}$ 的确定。针杆的最大直径取决于挤压杆的最大内孔直径。根据针支承与挤压杆内孔的配合结构要求，穿孔针的针杆最大直径一般应比挤压杆内孔直径小5mm以上。针杆的最小直径由压缩强度和稳定性来确定。首先根据压缩应力计算出针杆的最小直径 $d_{径\min}$，然后用稳定性进行校核，最后根据挤压工具的系列化，确定合适的针杆直径。一般情况下，每个规格挤压筒可配备1~3种规格的针杆。

$$d_{杆\min} = \sqrt{\frac{4p_{比}}{\pi[\sigma_s]}} \tag{6-27}$$

（5）针杆长度 $L_{杆}$ 的确定。穿孔针的针杆长度主要由稳定性校核来确定，此外也与装配方式、穿孔系统工具的分段设计及配合等有一定关系。

表6-17所示是35MN挤压机的瓶式穿孔针针杆的尺寸参数。

表6-17 35MN挤压机瓶式穿孔针针杆的尺寸参数 (mm)

挤压筒	D_1	D_2	D_3	D_4	D_5	D_6	D_7	D_8	M_1	M_2	L_1	L_2	L_3
220	85	57	35.9	36.5	30.25	57.6	48	46	螺纹 $l^3/8''$	$M56\times5.5$	95.5	38.1	25.4
280	100	57	35.9	36.5	30.25	101.6	91	89.6	螺纹 $l^3/8''$	$M100\times6$	95.5	95	25.4
	100	80	53.15	53.15	45.15	101.6	91	89.6	$M52\times3$	$M100\times6$	154	95	25.4
	125	120	78	78	70	101.6	91	89.6	$M76\times4$	$M100\times6$	154	95	25.4
370	160	155	102	102	92.5	135	121	120	$M100\times4$	$M130\times6$	174	120	20
	230	225	135.2	135	120.2	135	121	120	$M130\times6$	$M130\times6$	230	170	32

6.4.3 穿孔针的强度校核

穿孔针在生产过程中的工作条件非常恶劣，穿孔针承受着高温、高摩擦的作用；承受着激冷（润滑时）、激热（工作时）作用；承受着反复循环应力作用；承受着拉、压和纵向弯曲等复合应力作用；在进、退针时还会受到冲击载荷的作用等。从而造成在工作过程中经常出现断针和弯曲的情况。

6.4.3.1 穿孔时针的稳定性校核

在穿孔时，穿孔针受到纵向压缩和由于针与挤压筒的不同心产生的纵向弯曲应力的作用，使穿孔针产生弯曲变形的临界压力 P_{kp} 可用式（6-28）计算：

$$P_{kp} = \frac{\pi^2 EJ}{(\mu L)^2} \tag{6-28}$$

式中 E——弹性模量，取 $E=2.2\times10^5$ MPa；

J——穿孔针的惯性矩，$J=\pi d_{针}^4/64$，mm^4；

$d_{针}$——穿孔针直径（瓶式针为针杆直径），mm；

L——穿孔针的有效长度（包括瓶式针的针尖部分），mm；

μ——针的稳定性系数，一端固定另一端自由时取1.5~2.0。

穿孔时，穿孔针的稳定安全条件为

$$P_Z \leqslant P_{kp}/n \tag{6-29}$$

式中 P_Z——穿孔力，N，见式（4-67）；

n——穿孔针的稳定安全系数，一般取1.5~3.0。

穿孔时，实际穿孔力应小于临界压力，一般取安全系数为1.5~3.0。

6.4.3.2 穿孔时针的抗拉强度校核

穿孔过程结束后，随着金属从模孔流出，穿孔针又将受到变形金属的摩擦拉力作用。因此，还需要对穿孔针的拉伸强度进行校核。

$$\sigma_p = Q/F \leqslant [\sigma_p] \tag{6-30}$$

式中 Q——作用在穿孔针上的拉力，N；圆柱形针见式（4-71），瓶式针见式（4-73）；

F——穿孔针上最薄弱部位的截面积，mm^2；

σ_p——穿孔针上的最大拉伸应力，MPa；

$[\sigma_p]$——穿孔针材料的许用拉伸应力，MPa。

穿孔针上的最薄弱部位，与穿孔针的设计结构、各部位的尺寸、工作条件以及应力集中情况等有关。一般情况下，穿孔针的最薄弱部位是与针支承相连接的根部螺纹前面的退刀槽或螺纹处，因此，穿孔针设计时，要特别注意穿孔针根部螺纹部位的配合结构和尺寸设计。

6.5 挤 压 杆

挤压杆是将挤压机主缸内产生的压力传递给锭坯，使锭坯产生塑性变形从模孔中流出，形成挤压制品用的工具。挤压杆是与挤压筒及穿孔针配套使用的最重要的工具之一。

6.5.1 挤压杆的结构与尺寸

6.5.1.1 挤压杆的结构形式

挤压杆分空心与实心两种。实心挤压杆用于单动式挤压机，用于挤压棒型材。空心挤压杆用于双动式挤压机，用于挤压管棒材。挤压杆的结构示意图如图6-57所示。

挤压杆一般为圆柱形整体结构，可分端头、杆身及根部。在大吨位挤压机上，挤压杆做成变断面的，以增加纵向抗弯强度。此时挤压筒应具有变断面的内孔。另外，为了节省优质合金钢，有时挤压杆做成过盈装配式的，杆身部分用的材料强度比根部用的可高些。

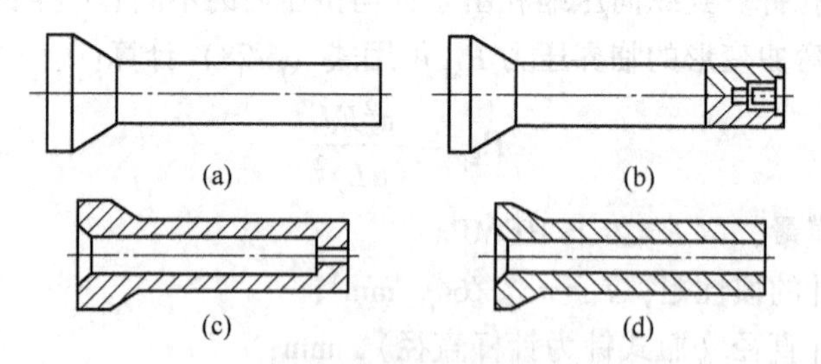

图6-57 挤压杆结构示意图

（a）挤压型棒材的实心挤压杆；（b）挤压管材用实心挤压杆；（c）台肩式空心挤压杆；（d）通孔式

6.5.1.2 挤压杆的尺寸确定

（1）实心挤压杆断面尺寸的确定。实心挤压杆的尺寸参数如图6-58所示。挤压杆的外径 d 根据挤压筒的内径大小确定。卧式挤压机挤压杆的外径一般比挤压筒内径小4~

10mm，大型挤压机可达到 20mm；立式挤压机挤压杆的外径比筒内径小 2~5mm。

（2）空心挤压杆断面尺寸的确定。挤压管材用空心挤压杆的尺寸参数如图 6-59 所示。

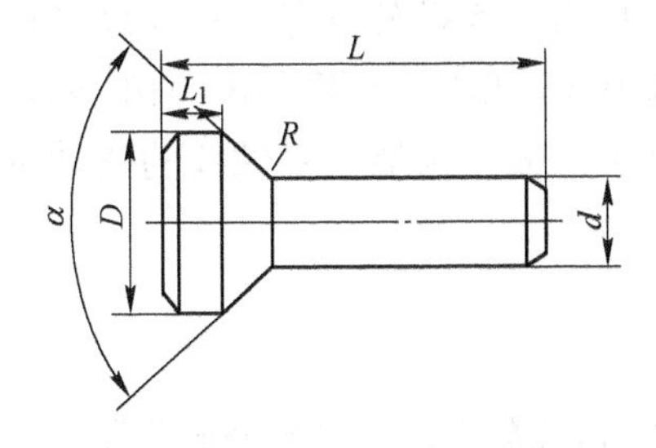

图 6-58　实心挤压杆尺寸参数图

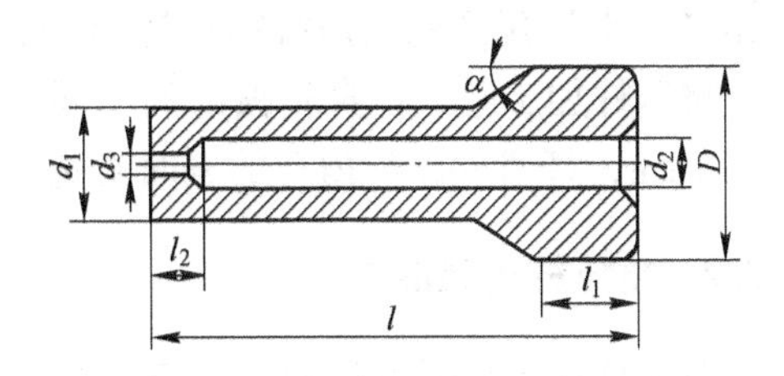

图 6-59　空心挤压杆尺寸参数图

1）挤压杆的外径尺寸 d_1 的确定。挤压杆的外径尺寸 d_1 根据挤压筒的内孔直径 D_t 的大小来确定，与实心挤压轴的相同。

2）挤压杆内孔直径 d_2、d_3的确定。挤压杆内孔直径的最大值应根据空心轴环形截面上所承受的应力不超过材料的许用应力范围来确定，即：

$$d_{2\max} = \sqrt{D_t^2 - \frac{4p_{比}}{\pi[\sigma_s]}} \tag{6-31}$$

表 6-18 是部分挤压机常用空心挤压杆的主要尺寸（单位：mm）。

表 6-18　部分挤压机常用空心挤压杆的主要尺寸

挤压机能力 /MN	挤压筒直径 /mm	D /mm	d_1 /mm	d_2 /mm	d_3 /mm	l /mm	l_1 /mm	l_2 /mm	α/(°)
16.3	170	355	165	96	96	965	30	—	30
	200	355	195	76	76	965	30	—	30
25	180	440	174	100	82.5	1260	35	150	25
	200	440	194	100	82.5	1260	35	150	25
	230	440	224	120	102.5	1260	35	150	25
	280	440	274	150	132.5	1260	35	150	25
35	280	660	274	165	102.0	1615	185	150	30
	320	660	314	185	132.0	1615	166	150	30
	370	660	364	205	162.0	1615	166	150	30
125	420	800	410	230	230	2760	40	—	30
	500	800	490	310	310	2760	40	—	30
	650	1000	640	385	385	2760	80	—	30
	800	1000	790	530	530	2760	80	—	30

挤压杆在高温下工作，其端头有可能发生塑性变形而被镦粗。因此实心挤压杆的端头直径应做得小些，而空心挤压杆的端头内径则应大一些，以免变形后换用大穿孔针时放不进去。为了避免应力集中，挤压杆的根部的过渡部分应做成锥形，并有较大的圆角，其半径 $R \geqslant 100$mm，圆弧过小或根部与杆身部直径配合不好会使挤压杆断裂。

挤压杆的长度等于挤压杆支承器的长度加挤压筒的长度再加5~10mm，以便把压余和垫片从挤压筒中推出来。

挤压杆的材料用高强度（$\sigma_b = 1600 \sim 1700\text{MPa}$）的合金钢锻件制造，一般为5CrNiMo、4CrNiW，对装配式的挤压杆杆身为3Cr2W8V，根部为5CrNiMo，硬度HB=418~444。

挤压杆加工时，杆身和根部的不同心度不大于0.1mm，两端面对轴线的摆动量不大于0.1mm，杆身外圆和内孔的表面粗糙度为1.25~2.50μm。

6.5.2 挤压杆的强度校核

挤压杆在工作时不仅受到压应力作用，还受到偏心载荷作用。受到偏心载荷主要是由于挤压杆与挤压筒不可能完全同心造成的。挤压杆的强度校核主要就是校核挤压杆工作端面的面压、轴的纵向弯曲应力和稳定性。

（1）挤压杆的面压$P_{面}$的计算。为了防止挤压杆在使用过程中端面压塌，作用在挤压杆端面上的最大单位压力（面压）应不大于挤压杆材料的许用压缩应力。即：

$$P_{面} = \frac{P}{F} \leqslant [\sigma]_{压} \tag{6-32}$$

式中 P——挤压机的额定挤压力，N；

F——挤压杆断面面积，mm^2；

$[\sigma]_{压}$——挤压杆材料的许用压缩应力。在400℃时，对于5CrNiMo钢，取$[\sigma]_{压} = 950\text{MPa}$；对于3Cr2W8V钢，取$[\sigma]_{压} = 1100\text{MPa}$。

（2）纵向弯曲应力计算。在挤压时，挤压杆所受到的全应力σ应等于其所受到的压应力σ'和弯矩所引起的应力σ''的总和，即：

$$\sigma = \sigma' + \sigma'' \tag{6-33a}$$

由挤压力所产生的压应力σ'可由式（6-33b）计算：

$$\sigma' = \frac{P}{\varphi F} \leqslant [\sigma]_{稳} \tag{6-33b}$$

式中 P——挤压机的额定压力，N；

F——挤压杆的横截面面积，mm^2；

φ——许用应力的折减系数，其取值与挤压杆的柔度（细长比）λ和材料有关；

$[\sigma]_{稳}$——稳定条件下的许用应力，$[\sigma]_{稳} \approx \varphi[\sigma_s]$，MPa。

由弯曲力矩M所产生的应力σ''为：

$$\sigma'' = \frac{M}{W} = \frac{Pl}{W} \tag{6-33c}$$

式中 W——挤压杆截面模数，对于空心挤压杆，$W = 0.1d_w^3\left(1 - \frac{d_n^4}{d_w^4}\right)$；

l——偏心距，最大可达挤压筒与挤压杆直径差之半，即$(D_t - d_w)/2$；

d_w——挤压杆外径；

d_n——挤压杆内径。

挤压杆的柔度λ，可用下式计算：

$$\lambda = \frac{\mu L}{i_{\min}}$$

式中　μ——长度系数，取μ=1.5~2.0；

L——挤压杆的工作长度；

i——挤压杆截面的惯性半径，$i = \frac{1}{4}\sqrt{d_w^2 + d_n^2}$。

在已知挤压杆的柔度和材料后，就可确定式（6-33b）中的φ值。为了简化计算，一般可取φ=0.9。

（3）挤压杆的稳定性计算。当挤压杆的柔度λ>100时，应按照欧拉公式校核挤压杆的稳定性：

$$P_k \geqslant P/n \tag{6-34a}$$

式中　n——强度安全系数，取n=1.1~1.25；

P_k——许可的最大临界载荷。

当挤压杆开始失稳时，所许可的最大临界载荷按下式计算

$$P_k = \frac{\pi^2 EJ}{(\mu l_c)^2} \tag{6-34b}$$

式中　P_k——许可最大临界载荷，kN；

E——材料的弹性模量，对3Cr2W8V为2.2×10^5MPa；

J——断面惯性矩，cm^4，对圆形挤压杆$J = \frac{\pi d^4}{64}$；

μ——长度系数，挤压杆一端固定、一端自由状态时，取μ=1.5，而随着挤压杆两端支持方式的不同，μ在0.5~2.0范围内；

l_c——挤压杆有效工作长度，cm。

计算结果P_k应大于挤压机吨位1~2倍，否则挤压杆容易失稳而发生弯曲。根据经验，挤压杆长度是其直径的7~10倍为安全。

6.6　挤　压　筒

6.6.1　挤压筒的结构

挤压筒是容纳锭坯，承受挤压杆传给锭坯的压力并同挤压杆一起限制锭坯受压后只能从模孔挤出的挤压工具。挤压筒在整个挤压过程中，承受着高温、高压、高摩擦和复杂状态应力的作用。

圆形挤压筒一般都是由二层或三层以上的衬套，通过过盈配合热组装合在一起构成的。挤压筒作成多层的原因是使筒壁中的应力分布均匀，降低应力峰值，增加承载能力，延长其使用寿命；另外，挤压筒磨损可更换内衬，不必换整个挤压筒，从而减少昂贵的工具材料的消耗；此外，也可根据挤压筒不同衬套的工作条件和受力状况，选用不同的材料，减少昂贵金属材料的用量，从而降低工具的成本。另外，由于每层衬套的厚度和质量减小，便于工具材料的熔炼、锻造、加工和热处理，有利于保证质量，也使材料的选择具

有更大的灵活性和合理性。常用的挤压筒是圆形；而扁挤压筒主要用于挤压壁板。下面主要介绍圆形挤压筒。

挤压筒衬套的层数应根据挤压时其工作内套所承受的最大单位压力来确定。在工作温度条件下，当最大应力不超过挤压筒材料屈服强度的40%～50%时，挤压筒一般由两层组成，即内衬和外套；当应力超过材料屈服强度70%时，应由三层套或四层套组成。由于各层套间的预紧压应力作用，使得应力分布越趋均匀，拉应力峰值下降。

挤压筒各层衬套之间的配合结构如图6-60所示，各层衬套的配合面形状可以是圆柱形、圆锥形或端部带止口的圆柱形。圆柱形衬套的配合面易加工，但更换衬套比较麻烦。圆锥形衬套的锥面不易加工，当长度超过1m以上时，锥面上的平直度不易保证，锥面各点的尺寸不易检查，但更换衬套较容易。带止口的内衬套与圆柱形衬套基本相同，只是热装时不必先找热装位置，依靠止口自动找准。

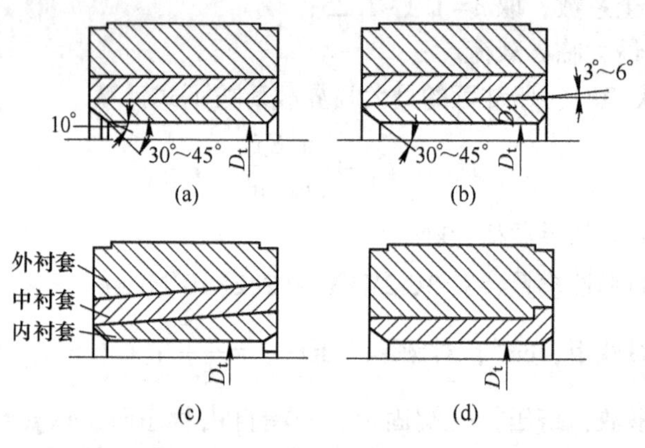

图6-60　挤压筒各层衬套的配合结构（箭头表示挤压方向）

对内衬套是圆锥形的而言，两端都做成锥面，有助于在挤压时顺利地将锭坯和垫片推入挤压筒内，且能准确处于挤压中心线上，以保证管子不偏心。因此，将挤压筒的这个锥面部分叫定心锥，其是与模座相配合的。挤压轻合金时，内衬套定心锥取10°～20°，模座圆柱部分宽30mm。对于重金属，当用斜锁板时采用双锥结构，如图6-60（a）所示，除30°～45°锥面外，还有10°的锥面。在用平锁板时，由于挤压筒水缸压紧力很大，能保证内衬套与模座贴合密封，可以采用30°～45°的锥面及模座前沿有宽10～20mm的圆柱部分。

6.6.2　挤压筒的加热

挤压筒在工作前应预热，在工作中应保温，其主要目的是为了减小金属流动的不均匀和使挤压筒免受过于激烈的热冲击。从理论上讲，挤压筒内衬套工作表面温度应基本接近被挤压金属的温度，以减小金属变形流动的不均匀性。但如果当挤压筒的加热温度超过500℃时，工具材料的氧化脱碳加速，降低强度，使用寿命缩短。因此，无论挤压高熔点的钢铁材料，或是挤压低熔点的铝、镁合金时，挤压筒的加热温度一般控制为350～400℃。

挤压筒的加热方式主要有两种：一种方式为工频感应加热，且大多采用这种方式；另一种是采用电阻元件由挤压筒外面加热（电阻丝外加热器加热）。

6.6.3 挤压筒内套的结构形状

挤压筒内套的外表面结构形状有圆柱形、圆锥形和台肩圆柱形，如图 6-61 所示。

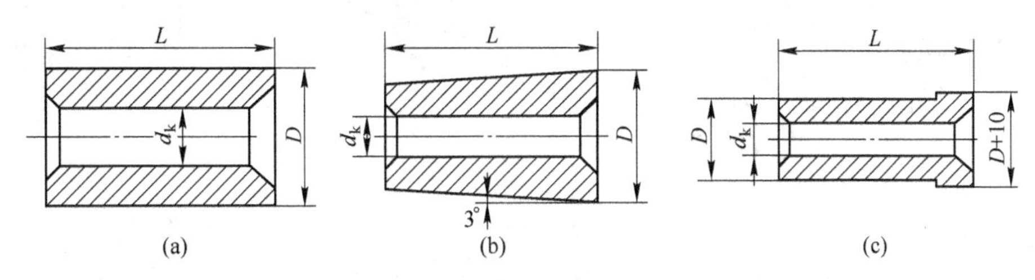

图 6-61 挤压筒内套外表面结构形状
（a）圆柱形；（b）圆锥形；（c）台肩圆柱形

圆柱形内套主要应用在中、小型挤压机上，其主要优点是易于加工制造和测量尺寸；更换衬套时尺寸配合问题较少；工作部分磨损后可调头使用，具有较高的寿命。但也具有以下缺点：更换衬套时退套较困难；如果过盈量选择不当，配合面磨损，挤压筒加热温度过高或内外套温差大的情况下，从筒中推出压余或闷车坯料以及模座靠近挤压筒时，易将内套顶出。

圆锥形内套多在 20MN 以上吨位的大型挤压机上使用，其主要优点是：便于更换挤压机内套，甚至在有的挤压机上可直接装上或卸下内套，而不需要将外套从挤压筒支架中取出，减少停工时间，提高效率。其缺点是锥面不易加工和检测；如果内外套的配合锥面加工尺寸精度不能保证，易造成受力不均匀；工作部分磨损后不能调头使用。

台肩圆柱形内套与圆柱形内套基本相同，只是在热装时不必先找准热装位置，依靠台阶自动找正比较方便，台阶可防止内套从挤压筒中脱出。前端锥面通常被称为定心锥，后端锥面有利于挤压时能够顺利的将坯料和挤压垫送入挤压筒中。

6.6.4 挤压筒与模具平面的配合

挤压筒与模具平面的配合方式主要是根据被挤压合金的种类、产品的品种及形状、挤压方法、工模具结构和挤压筒与模子间的压紧力大小等来设计。在卧式挤压机上一般采用两种配合方式，即平封方式和锥封方式，如图 6-62 所示。对于挤压管材的挤压机，一般应采用锥封配合。在立式挤压机上，一般是把模子的一部分或整个模子放入挤压筒中（见图 6-63）。

6.6.5 挤压筒的主要尺寸设计

6.6.5.1 挤压筒工作内孔直径 D_1 的确定

挤压筒的工作内孔直径（通常称为挤压筒直径），主要是根据挤压机的吨位及前机架的结构、制品的允许挤压比范围、被挤压金属产生塑性变形所需要的单位压力等确定。在挤压机能力（吨位）一定的情况下，挤压筒的最大内孔直径应保证垫片上的单位压力（扣除了克服外摩擦所要消耗的挤压力部分后）不低于挤压温度下被挤金属的变形抗力。另外，金属挤压筒的最大内径还受到挤压机前机架空间的限制，而挤压筒的最小直径，应

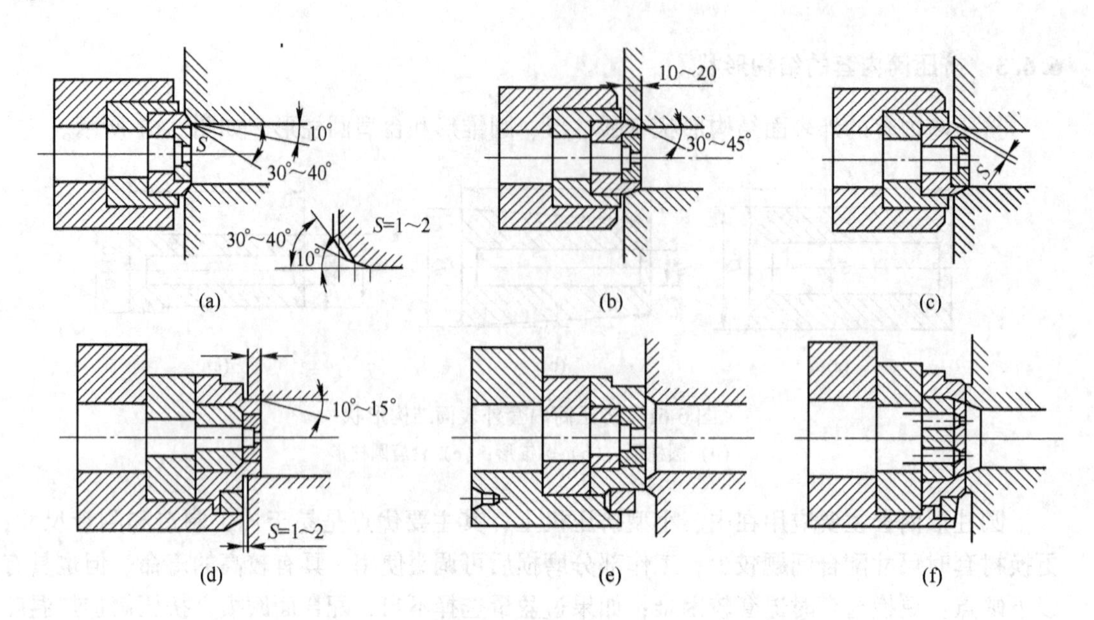

(a) (b) (c)
(d) (e) (f)

图 6-62 卧式挤压机上挤压筒与模具的配合
(a) 双锥面配合；(b) 单锥面配合；(c) 锥模密封；(d) 锥面密封；
(e) 挤压管材的平面密封；(f) 挤压棒材的平面密封

保证工具的强度特别是挤压杆的强度。

在综合考虑上述因素的情况下，根据所要挤压的合金、规格范围，确定挤压筒工作内孔的直径。在一般情况下，根据挤压机能力大小，一台挤压机上配备 2~4 种规格挤压筒。如果挤压制品的规格范围比较集中、单一，则可配备 1~2 种规格挤压筒。一些管棒材挤压机常用的挤压筒直径尺寸如表 6-19 所示。

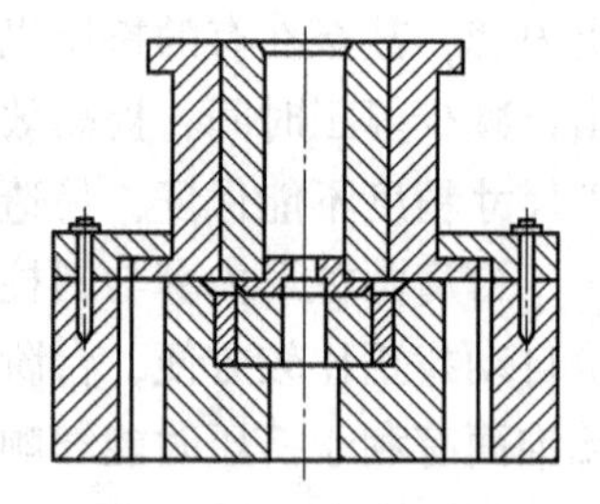

图 6-63 立式挤压机上挤压筒与模具的配合

挤压筒的尺寸如图 6-64 所示，挤压筒内套内径 D_1 和其他尺寸分别见表 6-20 和表 6-21。

表 6-19 常用管棒材挤压机上配备的圆挤压筒规格

挤压机能力 /MN	挤压筒直径 /mm	挤压筒长度 /mm	挤压机能力 /MN	挤压筒直径 /mm	挤压筒长度 /mm
6. 17	100；120；135	400	16	170；200	740
8	100；125；150	560	16. 17	150~200	780
8. 6	95~125	550	25（反向）	240；260	1150
9. 8	100~140	570	28（反向）	262	1720
13. 23	130~160	680	34. 3	280；370	1000
15. 68	155~205	815	45（反向）	320；420	1900
125	420；650；800	2000	100	300~600	1900

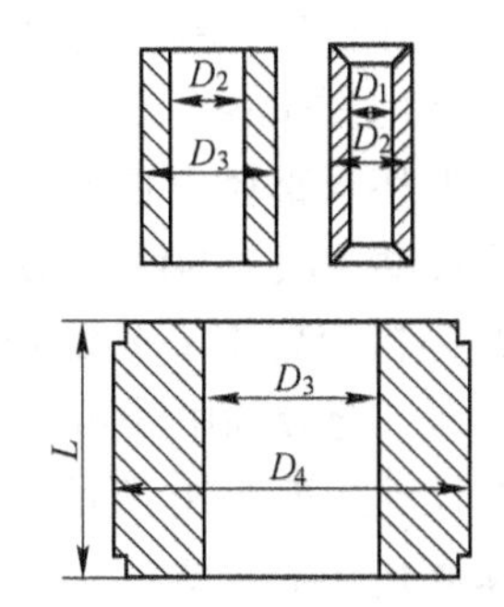

图 6-64 挤压筒的尺寸（具体数值在表中）

表 6-20 挤压筒内套的内径 D_1 的尺寸

挤压机吨位/MN	单位压力/MPa								
	1000	900	800	710	630	560	500	450	400
10	112	118	125	135	140	150	160	170	180
15	140	150	170	170	180	190	200	212	224
20	160	170	190	190	200	212	224	236	250
35.5	212	224	250	250	265	280	300	315	335
50	250	265	300	300	315	336	375	400	425

表 6-21 挤压筒衬套的尺寸

挤压应力 σ/MPa	加压筒的形式	内套外径 D_2/mm	中套外径 D_3/MPa	外套外径 D_4/mm
1000	3 层	$1.6D_1$	$1.8D_2$	进行计算
800		$1.6D_1$	$1.6D_2$	
630		$1.5D_1$	$1.5D_2$	
500	2 层	$2D_1$	—	进行计算
400		$1.8D_1$	—	
315		$1.6D_1$	—	
250		$1.4D_1$	—	

6.6.5.2 挤压筒长度 L_t 的确定

挤压筒的长度与其直径大小、被挤压合金的性能、挤压力大小、挤压机结构、挤压杆强度等因素有关。虽然长挤压筒可以采用较长坯料进行挤压以提高生产效率和成品率，但相应也会导致挤压力增大，增大金属流动对穿孔针的摩擦拉力，易导致穿孔针被拉细、拉断；用实心坯料穿孔挤压时，还易出现穿不透的现象。另外，挤压筒越长，所需要的挤压杆也就越长，削弱了挤压杆的强度和稳定性。对于双动式挤压机，挤压杆的弯曲会带动穿孔针偏离中心位置从而造成管材偏心。

挤压筒的长度 L_t 为：

$$L_t = L_{pmax} + t + S \tag{6-35}$$

式中 L_{pmax}——铸锭坯料的最大长度，用实心坯料挤压棒型材时取 $L_{pmax}=(3\sim4)D_t$，用空心坯料挤压管材时取 $L_{pmax}=(2\sim3)D_t$，如果采用实心坯料穿孔挤压管材时则比空心坯料时还要低一些，这是因为锭坯穿孔时金属向后流动；

t——模子进入挤压筒的深度，mm；

S——挤压垫片的厚度，取坯料直径 D 的 0.4~0.6 倍。

在近代卧式挤压机上，挤压筒长度一般为 800~1000mm，挤压管材和棒材用的锭坯长度不超过 500mm，磨损最厉害的是内衬套离模子平面 150~350mm 的塑性变形区。两头带装配锥的衬套可以在局部磨损后换向，充分利用其两端工作表面。

常用管棒挤压机所用挤压筒的长度如表 6-20 所示。

6.6.5.3　挤压筒各层衬套厚度尺寸的确定

挤压筒衬套结构参数如图 6-65 所示。在设计时，可根据表 6-20 确定 D_1，再根据经验确定各层的尺寸。也可在确定坯料尺寸之后，确定挤压筒内套的 D_1 值，然后进行挤压筒的强度校核。确定 D_1 之后，可根据表 6-21 确定 D_2、D_3、D_4。挤压筒外径尺寸根据应力计算决定，但根据经验，一般是挤压筒内径 D_1 的 4~5 倍。

6.6.5.4　挤压筒各衬套间配合过盈量设计

多层套挤压筒均以过盈热装配形式配合，即内套的外径尺寸应比外套的内径尺寸稍大一些，有一定过盈量。装配时，先将外套加热到一定温度，使之膨胀，然后将内套装入其中，等外套冷却后则对内套产生一预紧装配应力。过盈量越大，产生的预紧应力也越大。图 6-66 所示是双层套挤压筒的受力图。

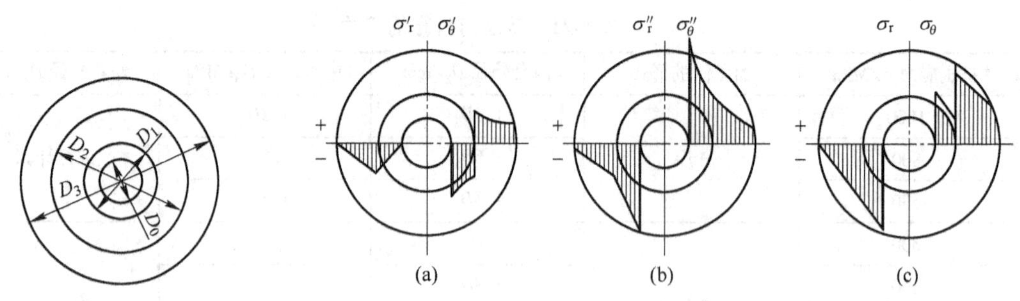

图 6-65　挤压筒衬套结构参数

图 6-66　双层套挤压筒受力示意图
(a) 装配应力；(b) 工作应力；(c) 合成应力

过盈量的大小与挤压筒的比压、各层厚度和层次有关，其各层衬套过盈量的选择非常重要，过小时不足以降低合成拉应力值，过大可能会使衬套产生塑性变形和更换内衬套困难。一般，挤压筒的比压越大，过盈量也应选大一些；多层套挤压筒靠近内套的层次，其过盈量应选大一些；装配对的尺寸越大，衬套越厚，其过盈量应选大一些。通常，使过盈配合引起的热装配应力以不超过挤压工作时最大单位挤压力的 70%。

挤压筒配合面的最小过盈量可按式（6-36）计算：

$$\delta_{\min} = \frac{2p_{\min}}{E} \cdot \frac{D_{配}^3 (D_{2a}^2 - D_{1i}^2)}{(D_{2a}^2 - D_{配}^2)(D_{配}^2 - D_{1i}^2)} \tag{6-36}$$

式中　$\delta_{\min}$——最小过盈量，mm；

$p_{\min}$——最小装配压力，MPa；

$D_{配}$——配合面直径，mm；

D_{2a}——外衬外径，mm；

D_{1i}——内衬内径，mm；

E——材料弹性模量，取 $E=2.2\times10^5$ MPa。

最小装配压力按式（6-37）计算：

$$p_{min} \geqslant \frac{P}{\pi D_{配} lf} \tag{6-37}$$

式中　P——挤压机额定挤压力，N；

f——被挤金属与挤压筒内壁的摩擦系数；

l——坯料长度，mm。

几种挤压筒的最佳过盈量选择如表 6-22 所示，一般不同尺寸的装配过盈量可按照装配对处直径的 1/800~1/400 来选取。

表 6-22　挤压筒配合过盈值范围　（mm）

挤压筒结构	配合直径	过盈值
双层	200~300	0.45~0.55
	310~500	0.55~0.65
	510~700	0.7~1.00
三层	800~1130	1.05~1.35
	1600~1810	1.40~2.35
四层	1130	1.65~2.20
	1500	2.05~2.30
	1810	2.50~3.00

在近代挤压机上，由于生产率的提高，会导致衬套材料在工作过程中急剧软化和塑性变形，要求建立挤压筒冷却系统。

6.6.5.5　挤压筒的强度校核

挤压筒在工作时所受的力是很复杂的：它不仅受到变形金属由内向外给予的压力和热装配合由外向内所产生的压力，还受到热应力和摩擦力的作用。这些力的作用结果导致在挤压筒中产生轴向应力 σ_1、径向应力 σ_r和周向应力 σ_t。为了简化计算，对于由坯料与挤压筒壁间摩擦力引起的 σ_1 和热应力引起的 σ_1 和 σ_r忽略不计，只考虑由热装配合和金属变形所产生的 σ_r和 σ_t 的值。变形金属作用在筒壁上的单位压力 p_n 与作用在挤压垫上的单位压力 p_d是不相同的，一般取 $p_n=(0.5\sim0.8)p_d$，其中硬金属取下限，软金属取上限。

多层套挤压筒的强度校核，可按照承受内外压力的厚壁圆筒各层同时屈服的条件进行计算。根据拉梅公式：

$$\sigma_t = p_{比}\frac{r^2}{R^2-r^2}\left(1+\frac{R^2}{\rho^2}\right) \tag{6-38}$$

$$\sigma_r = p_{比}\frac{r^2}{R^2-r^2}\left(1-\frac{R^2}{\rho^2}\right) \tag{6-39}$$

式中　$p_{比}$——挤压筒的比压，MPa；

r，R——挤压筒的内、外半径，mm；

ρ——从挤压筒轴线到所求应力点的距离，mm。

按照第三强度理论，等效应力 $\sigma_{等效}$ 为：

$$\sigma_{等效} = \sigma_t - \sigma_r = \frac{p_{比} 2r^2R^2}{(R^2 - r^2)\rho^2} \tag{6-40}$$

根据上述三个计算式可以看出，在挤压筒内表面上（$\rho=r$）出现最大应力值为：

$$\sigma_t^{内} = p_{比}\frac{R^2 + r^2}{R^2 - r^2} \tag{6-41}$$

$$\sigma_r^{内} = -p_{比} \tag{6-42}$$

$$\sigma_{等效}^{内} = p_{比}\frac{2R^2}{R^2 - r^2} \tag{6-43}$$

如果用 $K=r/R$ 表示挤压筒的壁厚系数，则上述三个式子可表示成如下形式：

$$\sigma_t^{内} = p_{比}\frac{1 + K^2}{1 - K^2} \tag{6-44}$$

$$\sigma_r^{内} = -p_{比} \tag{6-45}$$

$$\sigma_{等效}^{内} = p_{比}\frac{2}{1 - K^2} \approx [\sigma] \tag{6-46}$$

则整个挤压筒上的最大允许压力 p_{max} 可用式（6-47）进行计算：

$$p_{max} = \frac{1 - K^2}{2}[\sigma] \tag{6-47}$$

6.7 挤压工模具用材料

在挤压生产中，工模具消耗很大，一般可占挤压生产成本的10%，甚至更高。因此，延长工模具的使用寿命具有重要的经济意义。为了提高工模具的使用寿命，可以采用优化模具设计结构、采用合适的工艺制度、合理选用工模具材料以及科学管理和使用模具等多种措施。其中，合理选用工模具材料是非常重要的前提条件。

6.7.1 对工模具材料的要求

根据挤压工模具的工作条件，制造工模具的材料应该满足以下主要条件：

（1）足够高的强度和硬度值、耐磨性能好。挤压工模具是在高比压条件下工作，变形金属与挤压筒、穿孔针、模子等之间存在很大的摩擦，因此，要求工模具在工作条件下不因变形而损坏，不因磨损而过早失效。挤压铝合金时，要求模具材料在常温下的 σ_b 值应大于1500MPa。

（2）具有高的冲击韧性和断裂韧性值。挤压时，由于挤压杆、穿孔针、挤压筒和模子之间的不完全同心以及操作等多方面的原因，工模具往往还需要承受一定的偏心载荷和很大的冲击载荷作用，要求工模具具有足够的韧性。

（3）高的耐热性、耐回火性和高温抗氧化性能。挤压工模具是在高温下工作，要求工模具在工作条件下能保持足够高的强度，且不会过早产生退火和回火现象，不易产生氧化皮。挤压铝合金时，在工作温度下工具材料的 σ_b 不低于 850MPa，模具材料的 σ_b 不低于 1200MPa。

（4）具有小的热膨胀系数和良好的导热性能。模具的膨胀系数小，有利于保证挤压制品的尺寸精度。模具材料的导热性能好，有利于迅速将挤压过程中产生的摩擦热和变形热从其表面散发出去，防止挤压件产生局部过烧，防止模具强度损失过大而损坏。

（5）具有良好的加工工艺性能。工模具钢应该具有良好的冶金、锻造、加工、热处理性能。从而有利于保证材料的质量和工模具的加工制造质量。

（6）容易获取，且价格低廉。可以看出，任何材料都很难完全满足上述的所有要求，因此需要根据工模具的实际工作条件选用合适的材料。

6.7.2 常用工模具钢的特点

制造挤压工模具的典型热模具钢是含钒、钼和钴的铬钼钢或者含钒、钨和钴的铬钨钢。铬钼钢的主要特点是导热性较好，对热裂纹不太敏感，韧性较好。铬钨钢的主要特点是具有较好的耐高温性能，但韧性较低。目前挤压工业中常用的热模具钢有 5CrNiMo、5CrMnMo、3Cr2W8V、4Cr5MoSiV1 等，其中最具有代表性的铬钨钢是 3Cr2W8V 钢，最具代表性的铬钼钢是 4Cr5MoSiV1 钢。

3Cr2W8V 钢是 20 世纪 50 年代研制的，它是在铝、铜、钛和钢材挤压生产中应用最广泛的一种热模具钢，与美国的 H21、日本的 SKD5、德国的 30WCrV3411 接近。它具有较高的高温强度和热稳定性，在 650℃时 σ_s 仍可保持 1100MPa，热处理后具有良好的耐磨性，广泛用于制造重载荷工具，在我国早期的挤压模具制造中得到了广泛应用，但是，由于 3Cr2W8V 钢的导热能力较差、热膨胀系数较高、热疲劳抗力和高温韧性低、冶金过程工艺性能较差而难以制造超过 1000kg 的大型优质锻件，因此其使用受到了一定限制。

4Cr5MoSiV1 钢近二十几年在我国铝合金挤压模具方面逐渐取代了 3Cr2W8V 钢，它与美国的 H13、日本的 SKD61、德国的 40CrMoVSi 接近。4Cr5MoSiV1 钢与 3Cr2W8V 钢相比，具有化学成分设计合理，易于采用先进的熔铸技；钢的改锻、冷加工和电加工工艺稳定，易控制；热处埋工艺稳定，易于操作和控制质量；热处理后具有更好的综合性能。该合金除强度略低外，其他性能均优于 3Cr2W8V 钢。我国常用挤压工模具钢及其力学性能见表 6-23。

表 6-23 常用热挤压模具钢及其力学性能

模具钢牌号	试验温度/℃	力学性能指标						热处理制度
		σ_b/MPa	$\sigma_{0.2}$/MPa	δ/%	ψ/%	a_k /kJ·m^{-2}	HB /N·mm^{-2}	
5CrNiMo	20	1432	1353	9.5	42	373	418	820℃在油中淬火，500℃回火
	300	1344	1040	17.1	60	412	363	
	400	1088	883	15.2	65	471	351	
	500	843	765	18.8	68	363	285	
	600	461	402	30.0	74	1226	109	

续表 6-23

模具钢牌号	试验温度/℃	力学性能指标						热处理制度
		σ_b/MPa	$\sigma_{0.2}$/MPa	δ/%	ψ/%	a_k/kJ·m^{-2}	HB/N·mm^{-2}	
5CrMnMo	100	1157	951	9.3	37	373	351	850℃在空气中淬火，600℃回火
	300	1128	883	11	47	637	331	
	400	990	843	11.1	61	480	311	
	500	765	677	17.5	80	314	302	
	600	422	402	26.7	84	373	235	
3Cr2W8V	20	1863	1716	7	25	290	481	1100℃在油中淬火，550℃回火
	300	—	—	—	—	—	429	
	400	1491	1373	5.6	—	607	429	
	450	1471	1363	—	—	506	402	
	500	1402	1304	8.3	15	556	405	
	550	1314	1206	—	—	570	363	
	600	1255	—	—	—	621	325	
	650	—	—	—	—	—	290	
4Cr5MoSiV1	20	1630	1575	5.5	45.5	—	—	1050℃淬火，625℃在油中回火 2h
	400	1360	1230	6	49	—	—	
	450	1300	1135	7	52	—	—	
	500	1200	1025	9	56	—	—	
	550	1050	855	12	58	—	—	
	600	825	710	10	67	—	—	

6.7.3 挤压工模具材料的合理选择

工模具材料的选择原则是在保证产品质量、降低生产成本的前提下如何延长其实用寿命。一般来说，工模具材料的强度越高，其价格越贵，挤压生产成本就越高。因此，选择工模具材料时应主要考虑以下几方面因素的影响。

（1）被挤压金属的性能。被挤压金属的变形抗力越高、挤压温度越高，工模具材料的强度、硬度和耐热性能也应越高，这是选用模具材料的主要依据。我国挤压工业通常选用的模具材料是3Cr2W8V、4Cr5MoSiV1钢。其中，挤压铜合金和钢铁材料制品时，选用3Cr2W8V钢；挤压铝合金制品时，选用4Cr5MoSiV1钢。

（2）产品的品种、形状。挤压圆棒和圆管材所用模具，可选用中等强度的模具钢；挤压复杂形状的空心型材时，则选用高强度的模具钢。例如，挤压铝合金圆棒和圆管时选用5CrNiMo、5CrMnMo，既满足使用要求，又降低了模具成本；而挤压铝合金型材时选用4Cr5MoSiV1钢。

（3）规格及用途大小。挤压铜合金和钢材所用的模具，选用3Cr2W8V钢；挤压铝合金圆管和圆棒时可选用5CrNiMo、5CrMnMo钢，挤压铝合金型材时选用4Cr5MoSV1钢。

挤压铝合金型材的模垫可用5CrNiW或4Cr5MoSV1钢，模支承则用5CrNiW、5CrNiMo钢。制造挤压筒用的热作模具钢一般选用5CrNiW、5CrNiMo、4Cr5MoSV1、3Cr2W8V钢等。其中25MN以下吨位挤压机的挤压筒内套选用4Cr5MoSiV1钢或3Cr2W8V钢，外套选用5CrNiMo钢，且内、外套均可选用5CrNiW钢代替。35～50MN挤压机的挤压筒一般选用5CrNiW钢，也可用5CrNiMo、4Cr5MoSiV1钢代替。125MN挤压机的扁挤压筒，内套选用3Cr2W8V或4Cr5MoSiV1钢，中套选用5CrNiMo钢，外套则可选用45号锻钢。

制造挤压杆所选用的热模具钢一般为5CrNiMo、4Cr5MoSiV1、3Cr2W8V钢。其中，20MN以下吨位挤压机所用的小规格挤压杆一般用4Cr5MoSiV1、3Cr2W8V钢，35MN以上吨位挤压机所选用的大规格挤压杆用5CrNiMo钢。挤压杆材料也可用5CrNiW钢代替。组合式挤压杆的工作部分采用3Cr2W8V或4Cr5MoSiV1钢，基座部分则采用5CrNiMo钢。

直径ϕ130mm以下挤压垫材料采用3Cr2W8V或4Cr5MoSiV1钢，ϕ130mm以上则采用5CrNiMo钢或4Cr5MoSiV1钢。

思 考 题

6-1 模具按结构形式可以分为哪些类型？各自分别具有哪些特点？

6-2 整体结构的挤压模具可以分为哪几类？分别适合于什么情况时的挤压？

6-3 模角是挤压模具最重要的结构参数之一，简述模角的大小对挤压力及挤压制品的质量的影响。

6-4 什么情况下适合采用多孔模进行挤压？多孔棒材模设计时，模孔的选择原则是什么？

6-5 实心型材模设计时，如何对模孔进行合理布置？

6-6 多孔型材模设计时，应遵循什么原则？如何合理布置模孔？

6-7 型材模设计时，控制各部分金属流速均匀的主要措施有哪些？

6-8 分流模的结构形式有哪几种？各自的优缺点是什么？

6-9 简述分流比的定义，及分流比大小对挤压空心型材质量的影响。

6-10 挤压筒采用多层形式的原因是什么？并简述挤压筒内套结构形式的种类及每种各自的优缺点。

6-11 如何合理选择挤压用模具材料？提高模具寿命的途径有哪些？

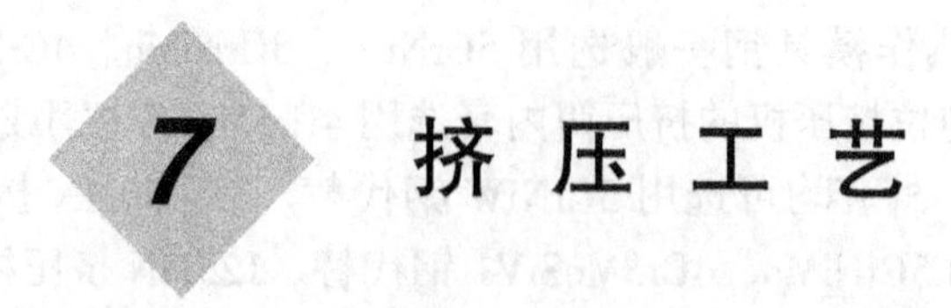

不同的金属及合金、不同的产品品种规格，所采用的挤压工艺是不完全相同的。采用常规挤压法生产管棒型材的工艺流程，如图7-1所示。

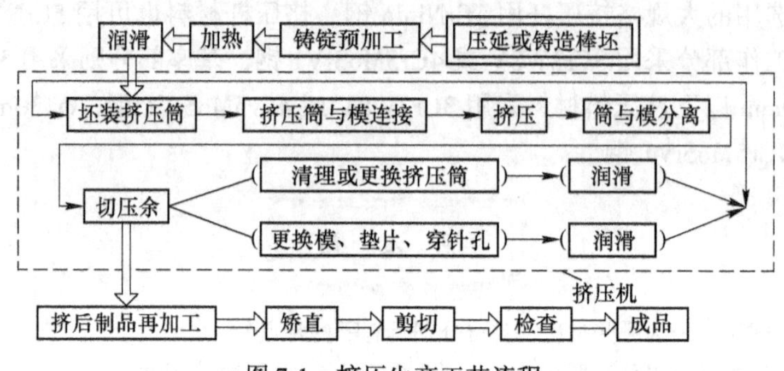

图7-1 挤压生产工艺流程

最佳的挤压工艺应该包括：正确选择挤压方法与挤压设备；正确确定挤压工艺参数；选择优良的润滑条件；确定合理的锭坯尺寸；采用最佳的挤压模设计方法五个方面。除了挤压方法、挤压设备及挤压模具设计在前面已经叙述外，本章主要就其他内容分别叙述。

7.1 挤压工艺参数的确定

热挤压时的主要工艺参数是挤压温度、挤压速度和挤压比。确定工艺参数时，要综合考虑被挤压金属的可挤压性和对制品质量的要求，在满足产品质量要求的前提下，尽可能提高成品率和生产效率，并降低生产成本。

在具体确定挤压工艺参数范围时，要找到一个既考虑到所有的影响因素又保证生产要求的理论分析方法，是十分困难的。所以一般是在理论分析的基础上进行各种工艺试验，考察产品质量，并参考实际生产的经验值。一般的挤压工艺参数值见表7-1。

表7-1 热挤压各种金属材料时的工艺参数值

金属材料		挤压温度/℃	挤压比	流出速度/$m \cdot s^{-1}$	单位挤压力/MPa
铝及铝合金	纯铝	450~550	500左右	0.42~1.25	300~600
	防锈铝合金	380~520	6~(30~80)	0.25~0.50	400~1000
	硬铝合金	400~480	6~30	0.025~0.10	750~1000
铅及铅合金		200~250	—	0.1~1.0	300~650
镁及镁合金	纯镁	350~440	100左右	0.25~0.50	800左右
	MB2，MB5，MB7	300~400	10~(50~80)	0.016~0.16	1000左右
	镁铝合金	300~420	10~80	0.008~1.25	—

续表 7-1

金 属 材 料		挤压温度/℃	挤压比	流出速度/$m \cdot s^{-1}$	单位挤压力/MPa
锌及锌合金	纯锌	250~350	200 左右	0.033~0.38	700 左右
	锌合金	200~320	50 左右	0.033~(0.083~0.2)	800~900
铜及铜合金	纯铜	820~910	10~400	0.10~5.0	300~650
	α+β 黄铜，青铜	650~840	10~(300~400)	0.10~3.3	200~500
	含 10%~13%Ni 白铜	700~780	10~(150~200)	0.10~1.67	600~800
	含 20%~30%Ni 白铜	980~1000	—	0.10~(0.4~0.6)	500~850
镍及镍合金		1000~1200	玻璃润滑~200	0.3~3.7	—
			石墨润滑~20		
钢	低合金钢	1100~1300	10~(45~50)	6.0~3.7	400~1200
	不锈钢	1150~1200	10~35		
	高速钢	1100~1150	—		
钛及钛合金	纯钛	370~540	玻璃润滑 20~100	0.006~0.025	—
		870~1040			
	钛合金	650~760	黄油润滑	0.04~0.08	
		815~1040	8~40		
特殊合金	钯	1100~1150	10~18	—	—
	锆	850~960	30 左右		
	铍	400~1000	400~450℃，8 左右		
	钨	1400~1650	3~10		

7.1.1 挤压温度

7.1.1.1 挤压温度的确定原则

挤压温度的确定原则：在所确定的温度范围内，金属具有高的塑性和低的变形抗力；同时满足制品组织、性能和表面质量的要求。确定挤压温度的原则与确定热轧温度的原则相同，但与热轧相比，由于挤压时的变形热效应大，所以挤压温度一般要比热轧的温度低些，即锭坯的加热温度低一些。

确定合理的挤压温度范围，应该是采用“三图”定温的方法，即根据“合金的状态图”、“塑性图”和“第二类再结晶图”这三个图共同决定的。

7.1.1.2 挤压温度的确定方法

（1）合金的状态图。合金的状态图能够初步给出铸锭的加热温度范围。挤压温度的上限应低于固相线的温度 $T_{固}$，为了防止坯料加热时铸锭过热和过烧，通常热加工温度上限取（0.85~0.9）$T_{固}$，而下限温度对单相合金取（0.65~0.7）$T_{固}$；对于有二相以上的合金，如图 7-2 所示，挤压温度要高于相变温度 50~70℃，以防止在挤压过程中由于温降而产生相变。因为相变不仅造成了合金的组织不均匀，而且由于性质不同的二相的存在，在挤压时将产生较大的变形和应力的不均匀性，增加了晶间的副应力和降低了合金的加工性能。所以，热加工通常在单相区进行。但有的在单相区硬而脆，伸长率下降，而在二相区内塑性反倒较高。因此，此种情况下热加工时，应在二相区进行。

合金状态图只能给出一个大致的温度范围，具体温度还要参考塑性图。

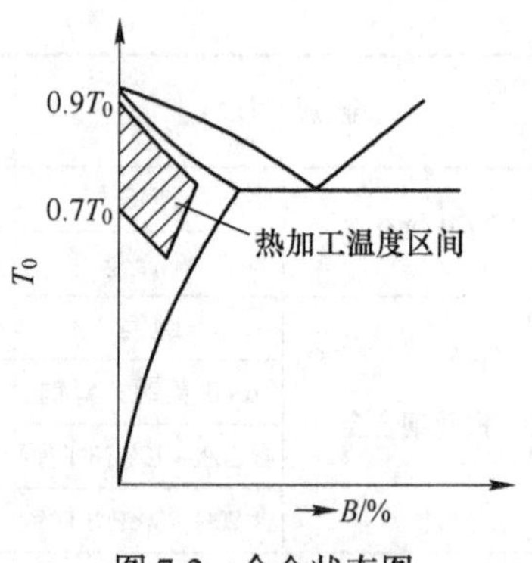

图 7-2　合金状态图

（2）塑性图。塑性图是金属和合金的塑性在高温下随变形状态以及加载方式而变化的综合曲线图，这些曲线可以是冲击韧性 α_k、断面收缩率 ψ、伸长率 δ、扭转角 θ 以及镦粗出现第一个裂纹时的压缩率 ε_{max} 等。

通常利用塑性图中拉伸断裂时的断面收缩率 ψ 与镦粗出现第一个裂纹时的最大压缩率 ε_{max} 这两个塑性指标来衡量热加工时的塑性。从塑性图可以得出合金塑性较好的温度范围，如图 7-3 所示的 2A12 合金热加工温度应选在 350 ~450℃。

塑性图能够给出金属与合金的最高塑性的温度范围，它是确定热加工温度的主要依据，但塑性图不能反映挤压后制品的组织与性能，因此还要根据合金的第二类再结晶图来进一步缩小热加工温度范围。

（3）第二类再结晶图。第二类再结晶图是金属及合金的晶粒大小在一定的温度条件下随变形程度而变化的关系图。挤压制品出模孔的温度对其组织和性能影响很大，所以参照第二类再结晶图，通过控制制品出模孔的温度，就可以控制制品的晶粒度，从而获得所需要的组织和性能。图 7-4 所示是铜的第二类再结晶图，可以看出挤压出模孔温度为 500℃时比较合适，如果终了温度太高会发生聚集再结晶而使晶粒粗大，而如果温度过低则引起加工硬化和能耗增大。

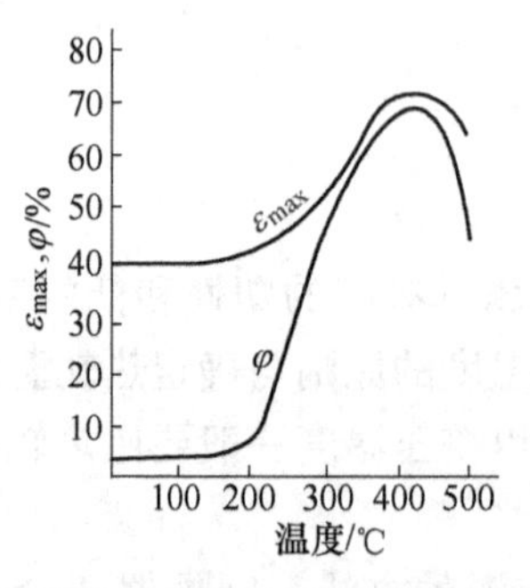

图 7-3　2A12 合金热加工

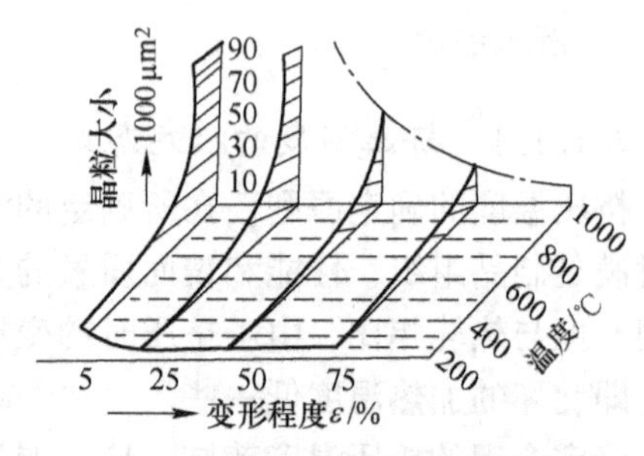

图 7-4　铜的第二类再结晶图

7.1.1.3　实际生产中挤压温度的确定

总之，“三图”定温是确定热加工温度的主要理论依据，同时还要考虑挤压加工的特点，如挤压的金属与合金、挤压方法、热效应等。

（1）金属与合金挤压温度的影响。当挤压高温下易氧化的金属与合金（铜、铜镍合金和钛合金）以及在高温时易于和工具产生黏结的金属与合金（铝合金、铝青铜）时，应降低挤压温度，一般取下限温度。

（2）挤压热效应的影响。对某些如果在挤压时由于变形程度大而产生的变形热及摩擦热使变形区的温度升高的合金，在选择挤压温度时要适当地降低。

（3）合金相的影响。如黄铜的挤压温度的选择。对具有单相α黄铜，当加热到任何温度都没有相的转变时，则铸锭加热温度的确定很简单，它的下限高于脆性区的界限（见图7-5），它的上限尽可能接近固相线，但以不获得很粗大晶粒组织为限，在此情况下不需要有其他方面的考虑。

当挤压在高温下有相转变的黄铜时，问题就比较复杂。如（α+β）黄铜的脆性区域在低温度范围，因此（α+β）黄铜可在较高温度挤压。总之，每一种成分的黄铜其挤压温度都是不同的，不论对于有相变的α黄铜，还是（α+β）黄铜，应该使整个挤压过程在一相中进行，并在高于相变线10~20℃时结束。

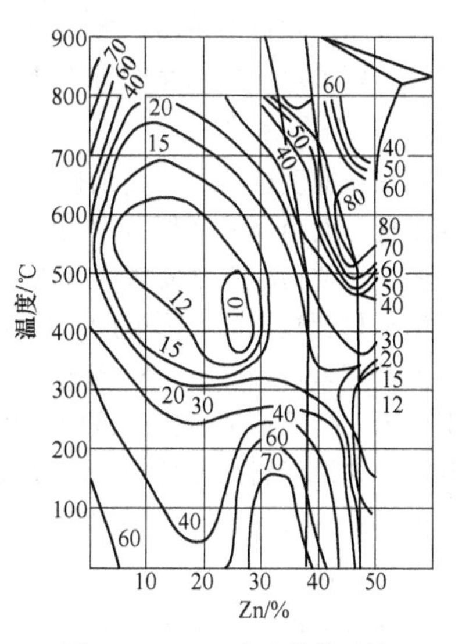

图7-5 Cu-Zn合金拉伸时的断面收缩率（图中的曲线数字表示断面收缩率）

（4）挤压机的形式。一般立式挤压机上挤压锭坯的温度应比卧式挤压机的锭坯温度低些。这是因为立式挤压机的挤压速度较快，锭坯冷却慢，同时由于变形速度大，所产生的热效应也大。

综上所述，当确定挤压温度时，必须考虑影响挤压结果的一系列因素，并在各种情况下采用不同规程，以保证在设备生产率、成品率以及对挤压制品要求的性质与质量上获得优良的生产指标。选择锭坯加热温度时，必须估计到金属在挤压时温度的变化，特别是在金属变形区中流出时瞬间的温度变化。

7.1.2 挤压速度和金属流出速度

挤压时的速度一般有三种表示方法：

（1）挤压速度 $V_{挤}$ 所谓挤压速度系指挤压机主柱塞运动速度，也就是挤压杆与垫片前进的速度；

（2）流出速度 $V_{流}$ 是指金属流出模孔的速度，$V_{流}=\lambda V_{挤}$；

（3）变形速度是指最大主变形与变形时间之比，也称应变速度。

一般在工厂中大多采用流出速度，这是因为它对不同的金属或合金都有一定的数值范围，该值取决于金属或合金的塑性。流出速度与挤压速度的关系在前面已经叙述过，也就是 $V_{流}=\lambda V_{挤}$，当变形速度一定，变形程度越大，则流出速度就越高。变形速度只是在理论上应用，在变形程度一定时，变形速度与流出速度成正比。

7.1.2.1 挤压速度的确定

确定挤压速度的原则是，在保证产品质量和设备能力（吨位、速度）允许的前提下，尽可能提高挤压速度，提高生产效率，但挤压速度过快时制品易产生裂纹。确定挤压速度时要考虑下列因素的影响：

A 金属及合金的可挤压性

挤压速度与金属及合金的可挤压性有密切关系。一般来说，当挤压比一定时，挤压速度越快，相应的变形速率就越高，金属会在不同程度上产生加工硬化而使变形抗力增大，使挤压力升高。因此，对于塑性较差，高温塑性范围窄，加工硬化程度较高的金属及合金，应采用较低的挤压速度。而对于塑性好，高温塑性范围宽，加工硬化程度低的金属及合金，则可以采用较高的挤压速度，以提高生产效率。

B 挤压温度

挤压速度往往还要受到挤压温度的限制。如前所述，挤压力与被挤压金属的变形抗力成正比，而金属的变形抗力与挤压温度成反比。热挤压的目的，就是利用金属材料在高温下的变形抗力较低来实现大变形量的加工。因此，对于具有较高变形抗力的金属及合金，必须加热到较高的变形温度。但是，铝合金挤压时，挤压筒、穿孔针等工具的温度与坯料的温度相差较小，工具对金属的冷却作用小，温降不明显，金属通常是在近似于绝热条件下变形，挤压速度越快，挤压过程中产生的热量就越不容易逸散，从而导致变形区中温度升高。如果坯料的原始加热温度较高，而又选择较快的挤压速度，则易使出模孔附近的温度上升到接近被挤压金属的固相线温度，造成制品表面粗糙、产生裂纹，并导致组织性能的显著恶化。

而对于铜合金来说，由于挤压筒等工具的温度比坯料的加热温度低，在挤压过程中易产生温降，所以可以采用较高的挤压速度。而变形温度更高的钛合金和钢铁材料挤压时，则需要采用高的挤压速度，原因是为了避免工具对金属的冷却作用和防止工模具在高温下变形而降低其使用寿命。

C 设备能力

挤压速度受挤压机能力制约。首先，挤压速度的提高将使金属的变形速率升高，加工硬化程度增大，金属的变形抗力增大，使挤压力升高，但最大挤压力不能超过挤压机的能力。其次，提高挤压速度，需要增大推动主柱塞前进所需的高压液体的流量，要考虑高压泵的生产能力能否满足要求。另外，还要考虑坯料加热炉的生产能力。

挤压速度 V 与挤压机能力、合金的性质、挤压温度 T 之间的相互关系可用图 7-6 所示的曲线来描述。从图 7-6 可以看出，易挤压合金和难挤压合金的挤压速度极限图是不一样的。图 7-6（a）表示易挤压合金，有很宽的加工范围；图 7-6（b）表示难挤压合金，其加工范围很窄。

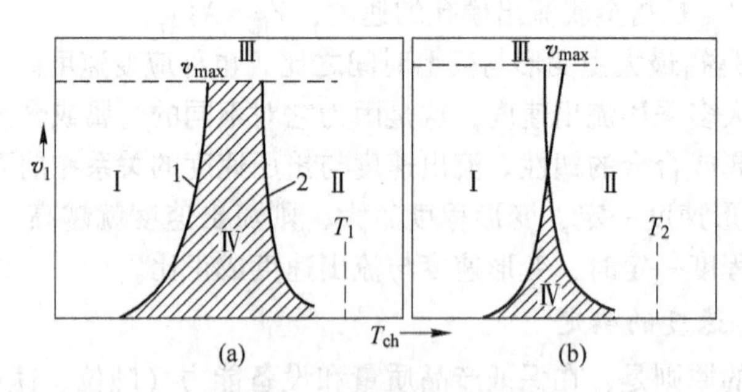

图 7-6 挤压速度极限图

（a）易挤压合金；（b）难挤压合金

1—挤压机能力（挤压力）极限曲线；2—合金的冶金学极限曲线

Ⅰ区—超过挤压机能力；Ⅱ区—制品表面粗糙或裂纹；Ⅲ区—高压泵流量不足；Ⅳ—允许的加工范围

图 7-6 中的曲线 1 表示设备能力的挤压力极限，即当所需要的挤压力超过它时，不可

能实现挤压。如图中Ⅰ区所示，当温度很低时，即便是挤压速度非常慢，由于金属的变形抗力很高，使金属产生塑性变形所需要的挤压力很大，超出了挤压机的能力，挤压过程很难实现。随着温度升高，金属的变形抗力下降，所需要的挤压力下降，则挤压速度可随之提高。

挤压力曲线可用式（7-1）表示：

$$V_{jp} = \left[\frac{P_{max}}{K_{zho} \left(\frac{6i}{D_t} \right)^m e^{-dT_{ch}^2} \left(F_t i \frac{1}{\eta} + \pi D_t l_t f_t \right)} \right]^{\frac{1}{m}} \tag{7-1}$$

式中　V_{jp}——与挤压机能力有关的最大挤压速度；

P_{max}——最大挤压力；

K_{zho}——变形区压缩锥入口处的金属变形抗力；

i——挤压比的对数值；

D_t——挤压筒内孔直径；

F_t——挤压筒内孔断面积；

T_{ch}——制品出模孔时的温度；

η——变形效率因子；

l_t——镦粗后的坯料长度；

f_t——坯料与挤压筒之间的摩擦因子；

d，m——常数。

曲线2表示制品表面很粗糙或开始出现裂纹的冶金学极限，即当出模孔附近的金属实际温度超过它时，挤出制品的表面变得非常粗糙或开始出现裂纹，故也称为制品的表面质量曲线。如图中Ⅱ区所示，在高温挤压时，随着挤压速度的提高，金属变形过程中产生的热效应增大，坯料的原始温度与热效应产生的温度叠加，就会使得出模孔附近的温度升高到接近被挤压金属的固相线温度，从而造成制品表面非常粗糙或出现裂纹。挤压制品的表面质量曲线可用式（7-2）表示：

$$V_{jA} = a \cdot e^{-bT_{ch}^2} \tag{7-2}$$

式中　V_{jA}——A合金的挤压速度；

a，b——常数。

图中Ⅲ区则表示，当挤压速度过快时，由于高压泵的生产能力所限，满足不了主柱塞快速前进所需要的高压液体的流量。

曲线1和曲线2之间的Ⅳ区，表示该合金允许的挤压工艺参数范围，两条线的交点则表示理论上的最大挤压速度和相应的最佳出模孔温度。令 $V_{jA}=V_{jP}$，则最大挤压速度可由式（7-3）计算：

$$V_{jmax} = \left[\frac{a^c P_{max}}{K_{zho} \left(\frac{6i}{D_t} \right)^m e^{-dT_{ch}^2} \left(F_t i \frac{1}{\eta} + \pi D_t l_t f_t \right)} \right]^{\frac{1}{m+c}} \tag{7-3}$$

式中　V_{jmax}——允许的最大挤压速度；

c——常数。

应用生产数据和实验方法得到上述常数后，便可研究挤压工艺参数对最大挤压速度的影响。实际的挤压极限曲线因合金的种类、挤压筒的加热温度等不同而异。

图7-7所示为6063、2A11合金的最大挤压速度 V_{jmax} 与挤压机能力 P_{max} 和挤压筒直径 D_0 间关系的计算曲线。由图可知，只要挤压机能力稍有增大，就会使最大挤压速度明显增大，这种最优化对于难挤压的一些合金具有特别重要的意义。

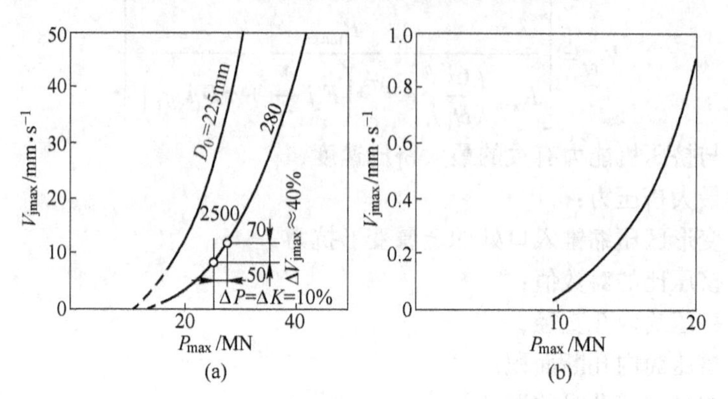

图7-7 最大挤压速度与挤压机能力间关系的计算曲线

（a）6063铝合金；（b）2A11铝合金

D 其他因素对挤压速度的影响

除以上因素外，坯料的原始状态（合金元素的比例及杂质控制、晶粒大小、高温均匀化处理等）、挤压生产方式、挤压比的大小、制品断面的复杂性等对挤压速度也有一定的影响。

（1）坯料的晶粒组织。坯料晶粒尺寸的大小，直接影响着合金的加工性能，通常要求坯料应具有细小的晶粒组织。这是因为坯料组织晶粒细小，材料的各向异性小，成分偏析程度降低，变形抗力低，塑性好，变形较均匀。

（2）合金成分的变化。合金中各元素的百分含量可在一定范围内波动，从而造成合金成分变化。这种成分的变化，会影响到坯料结晶组织中金属间化合物和强化相的多少及其分布，从而影响其变形抗力，影响挤压力，影响挤压速度。

图7-8为Al-Mg-Si系合金中Mg、Si元素含量与坯料金属变形抗力的实验曲线。可以看出，在合金成分允许范围内，随着Mg、Si含量增加，金属的变形抗力增大，则挤压力增大，挤压速度则应相应降低。这种成分的变化，还会造成合金固相线温度的变化，从而使合金的熔点发生变化。当挤压速度的提高使得变形区出口温度超过固相线温度时，制品表面就会产生裂纹。这说明低的 Mg_2Si 浓度有利于提高Al-Mg-Si系合金的固相线温度和极限挤压速度。

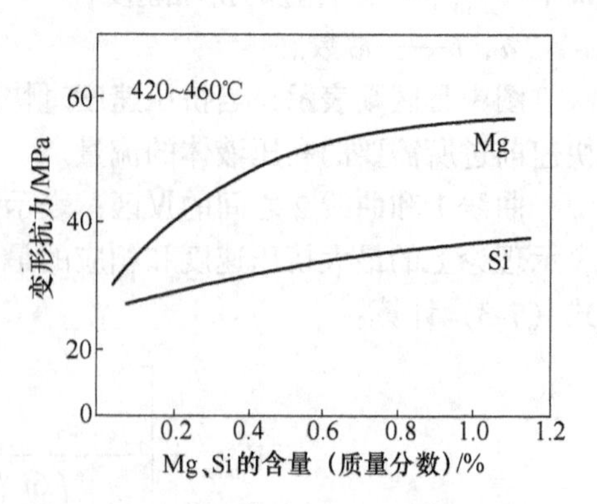

图7-8 6063合金中Mg、Si含量对变形抗力（Y）的影响

（3）坯料均匀化退火。在工业生产条件下，

由于铸造时的冷却速度较快，使得结晶时的扩散过程受阻，凝固后的铸态组织通常偏离平衡状态。若对坯料进行均匀化退火，这些富集在晶粒和枝晶边界上的可溶解的金属间化合物和强化相就会发生溶解和扩散，充分地从基体中析出，从而使坯料组织均匀，消除铸造应力，提高坯料塑性，降低基体的屈服强度，减小变形抗力，改善其挤压加工性能。例如，对6063铝合金坯料进行均匀化退火处理后挤压，可使挤压力降低6%~10%，挤压速度提高22%以上，使每小时产量提高12%以上；而对硬铝合金坯料进行充分均匀化退火后挤压，可使挤压力减小10%以上，挤压速度提高20%~30%。

采用不同的均匀化工艺对挤压速度的影响也不同。对2A12合金空心坯料进行均匀化-析出退火处理，与采用常规的均匀化退火处理相比较，可以使挤压管材时的速度提高40%~60%。

（4）挤压方式。与正向挤压法相比较，反向挤压时坯料与挤压筒壁之间无相对运动，二者之间无外摩擦；反向挤压管材时，摩擦力仅作用在与穿孔针的接触面上。外摩擦小，变形区中金属的温升小，挤压力比正向挤压时小30%~40%，因而有利于提高挤压速度，特别是在挤压硬合金时，挤压速度可提高0.5~1.0倍。铝合金管材正向、反向挤压的速度规范如表7-2所示。

表7-2　铝合金管材正、反向挤压速度规范

合　金	制品流出速度/m·min^{-1}	
	正向挤压	反向挤压
纯铝、3A21、6063	15~20	15~20
5A02	4~6	8~10
5A03	2~3.5	6~8
5A05、5A06	1.5~2	2~3.5
2A50	1.5~2.5	2~4
2A11、2A14	1.5~2.5	2~3
2A12	1.5~1.8	1.5~2.5
7A04	1.0~1.5	1.5~2.0
6A02、6061	7~10	10~15

与固定针方式相比较，用随动针方式挤压管材时，变形金属与穿孔针之间的摩擦小，可以采用较快的挤压速度。表7-3所示为用固定针和随动针方式挤压铝合金管材的速度规范。

表7-3　用固定针和随动针挤压管材的金属流动速度

合金牌号	坯料规格/mm	挤压管材规格/mm	坯料加热温度/℃		制品流出速度/m·min^{-1}	
			固定针挤压	随动针挤压	固定针挤压	随动针挤压
2A12	150×64×340	29×3.5	400	380	2.7	3.3
5A06	256×64×260	44×3	370	440	2.45	3.2
2A11	225×94×430	76×5	330	300	4.4	6.0

采用润滑挤压时，可以大幅度减小摩擦力及摩擦发热，从而使挤压力降低30%～40%，为提高挤压速度创造有利条件。

对模子和穿孔针的针尖部分进行冷却，可有效降低变形区出口处的温度，甚至抵消热效应的影响，提高挤压速度，并可延长模具的使用寿命。当用液氮对模具进行冷却，可使硬铝合金的挤压速度提高0.75～1.0倍，制品表面质量好，且模具的寿命可提高50%以上。表7-4为用随动针方式挤压铝合金管材时，对穿孔针进行冷却和不进行冷却情况下挤压速度的变化。

表7-4 用随动针挤压时冷却和不穿孔冷却穿孔针条件下的挤压速度

合金牌号	坯料规格 /mm	挤压管材规格 /mm	挤压条件	坯料加热温度 /℃	挤压模具温度 /℃	制品流出速度 /m·min^{-1}
2A12	156×64×290	29×3	不冷却/冷却	400/420	350/380	3.2/4.25
5A05	156×64×360	50×5	不冷却/冷却	400/430	350/360	4.1/5.1
5A06	156×64×230	45×4	不冷却/冷却	430/400	340/400	3.2/4.5

(5) 挤压比的大小。在坯料加热温度一定的情况下，挤压比大小对挤压速度的影响主要是通过变形热起作用的。挤压比越大，变形量越大，挤压过程中的变形能就大，产生的变形热也就越大，则变形区中的温升就越大，从而限制了挤压速度的提高。因此，在一定的挤压温度范围内，当挤压比较大时，应适当降低挤压速度。

(6) 制品断面形状、尺寸及模具结构。制品断面形状越复杂，挤压速度应越慢。挤压型材时的速度应比挤压棒材的慢。挤压大断面尺寸型材的速度应比小断面的慢。用分流模挤压空心型材时的速度应比用平面模挤压普通实心型材的慢。

虽然影响挤压速度的因素比较多，但是在实际生产中，对于不同的金属，其主要的影响因素是不完全相同的。对于挤压过程中热效应比较明显的铝合金，影响挤压速度最主要的因素是挤压温度。对于挤压温度比较高的铜合金，为了避免发生温降，一般应尽可能采用高速挤压，影响挤压速度的最主要因素是不同合金的挤压比的大小。

7.1.2.2 挤压过程中的温度—速度控制

综合以上可知，由于合金化学成分的波动、铸造工艺因素及均匀化退火的影响所造成的坯料组织性能的变化，金属流动预测的困难性，挤压过程中压力与速度的不恒定，坯料加热温度的不均匀性，变形金属与工具表面的摩擦生热、金属的变形发热以及热量传递的不稳定性，各工艺参数之间的相互影响、相互依赖，从而造成了挤压过程的复杂性，给挤压工艺参数的正确合理选择带来了一定困难，也给产品质量带来了一定影响。

热挤压过程的基本参数是挤压温度和挤压速度，两者构成了挤压过程控制十分重要的温度—速度条件。最关键的是控制金属出模孔时的温度要均匀一致，即实现等温挤压，才能保证制品的质量并提高效率。

选择挤压温度、速度参数的概念是建立在Stenger提出的方法上，其基本概念表明在图7-6所示挤压速度极限图上，是实现等温挤压的基础。

实现等温挤压的主要方法有以下4种：

(1) 对坯料进行梯温加热。所谓梯温加热，是指坯料加热后在其长度或断面上存在温度梯度。最常采用的方法是沿坯料长度上的梯温加热，即使其前端的温度比后端高出一定值以保证其在挤压过程中温度变化不大，从而避免由于温度的逐渐升高而造成制品性能不均匀。表7-5是2A12合金坯料进行均匀加热和梯温加热挤压的对比实验结果，可以看出，虽然两种方法加热后沿制品长度方向上均存在性能差，但采用梯温加热的性能差异较小。

确定梯温加热制度时，应考虑被挤压金属与工具材料的导热性能、金属允许的加热温度范围、坯料的长度与直径之比，以及在空气中的冷却时间等的影响。

表7-5 2A12合金坯料不同加热方式挤压制品的力学性能

加热方式	坯料温度/℃		允许流出速度/m·min^{-1}	抗拉强度/MPa			屈服强度/MPa			伸长率/%		
				取样位置								
	头	尾		头	中	尾	头	中	尾	头	中	尾
均匀加热	320	320	4.95	494	544	558	327	385	393	15.0	11.9	11.0
梯温加热	400	250	6.0	567	570	573	405	411	414	11.2	11.3	10.9
	450	150	6.0	558	544	562	400	385	399	10.4	12.0	11.0

（2）控制工模具温度。通过控制工模具温度来实现等温挤压的原理是及时将变形区内的热量逸散出去，其方法主要是采用水冷模挤压和液氮冷却模挤压。近20年来，国外开始采用液氮或用氮气冷却挤压模，其原理如图7-9所示。液氮流经模支承对挤压模的出口端和制品进行冷却，提高了挤压速度和模具寿命，同时还可以保护制品表面不产生氧化。根据对2000系、5000系、7000系铝合金的研究结果表明，采用液氮冷却挤压模，可以使制品的极限流出速度提高50%~80%。

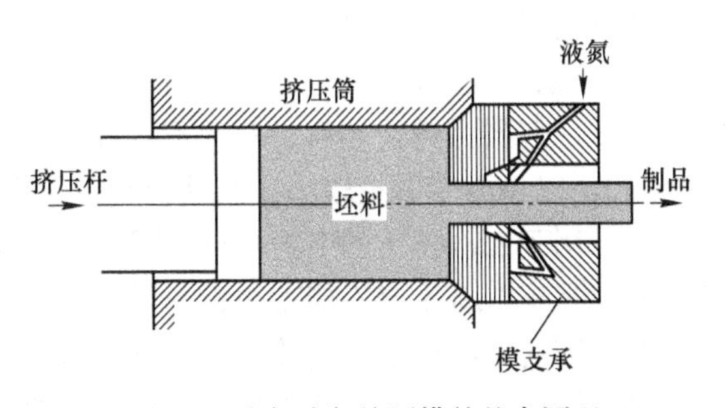

图7-9 液氮冷却挤压模的基本原理

在挤压管材时，一般情况下只需对模子进行冷却就可满足要求，但对于内表面质量要求很高的制品还可对穿孔针的针尖部分进行冷却，在提高挤压速度的同时，提高了管材的内表面质量，但是冷却穿孔针的操作会更麻烦一些。

（3）调整挤压速度。挤压速度快时变形剧烈，产生的热量由于不能及时地通过工具等散出去而导致变形区温度升高；而当挤压速度慢时，坯料散发出的热量由于不能及时地由变形产生的热量来补充而导致变形区的温度下降。因此，可以通过调整挤压速度来控制变形区内的金属温度。调整挤压速度的方法主要有以下几种：1）根据制品表面质量调整挤压速度；2）在挤压后期降低挤压速度；3）模拟等温挤压。

（4）温度和挤压速度闭环控制。随着温度测量技术的发展，特别是无接触反射式多波长红外测温仪的出现，为实现挤压过程的温度测量提供了可靠保证，使得铝合金等温挤压技术得到了新的发展，出现了温度和挤压速度采取闭环控制的等温挤压技术。该等温挤压技术是目前国际上先进的挤压技术，可对任何材质和不同截面形状的制品，实现挤压过程的优化。

7.1.3 挤压比

挤压比的大小对挤压制品的组织、性能、成品率、生产效率以及挤压过程的顺利进行都有很大影响。当挤压比过大时，会引起挤压力升高；在挤压变形抗力较高的合金时，可能会发生挤不动的“闷车”事故，影响生产的顺利进行；为了避免发生“闷车”事故，必须缩短坯料长度，使成品率降低；还会因为变形热增大而使变形区温度明显升高，从而限制了挤压速度的提高，影响生产效率。但如果挤压比过小：一方面，由于变形量不足使产品的力学性能降低，甚至不能满足要求；另一方面，在相同的坯料长度条件下挤出制品的长度缩短，使切头、切尾所产生的几何废料所占的比例增大，成品率降低。因此，选择挤压比时要综合考虑合金性质、制品品种及质量要求、设备能力、生产效率、成品率以及其他工艺因素的影响。

（1）合金的性质。金属的变形抗力越高，使其产生塑性变形所需要的挤压力就越大。在挤压变形抗力较高的硬合金时，挤压比不能取得过大。如果挤压比过大，就可能因所需要的挤压力过大而出现挤不动的“闷车”现象，甚至损坏工具。金属塑性好，适合塑性变形的温度范围宽，则挤压比可取得大一些。

（2）制品的质量要求。挤压制品的组织性能与挤压时的变形量大小有关。通常情况下，挤压用坯料为铸造坯料，对于不再进行冷加工变形的热挤压制品，挤压比一般不得小于8~10，以免因变形量较小，制品中有铸态组织残余而使得性能达不到要求。

对于用于二次挤压的毛料，可不限制挤压比的大小，但为了减少几何废料，提高生产效率和成品率，挤压比不能太小，一般控制在10左右。

对于需要继续冷加工（冷轧制、冷拉拔等）的管毛料，挤压比最好不小于5。原因是挤压管材用的空心坯料，其内外表面通常都要进行镗孔、车皮加工，当挤压比较小时，由于坯料内孔表面层金属的延伸变形较小，经常会残留有坯料的机械加工痕迹，此时管材的外表面质量通常也较差，从而影响冷加工后的管材表面质量。

（3）设备能力。挤压机上所配备挤压筒的规格，是根据所要挤压合金的强度、作用在挤压垫上的最大单位压力（通常称比压）的大小及工模具的强度、使用寿命等来确定的。在挤压机能力（吨位）一定的情况下，挤压筒的最大直径，应保证作用在挤压垫上的使金属产生塑性变形的单位压力（扣除了克服外摩擦所要消耗的挤压力部分后）不低于挤压温度下金属的变形抗力。因此，在确定挤压比时，对于同一台挤压机来说，在大规格挤压筒上生产时，挤压比应小一些；在小规格挤压筒上生产时，挤压比可相对大一些。

在实际中，为了扩大产品的规格范围，许多挤压机都配置有最小规格挤压筒，但如果按照挤压机的额定能力进行强度校核，这些挤压筒大多数都不能通过强度校核，即当实际挤压力达到或接近挤压机所能提供的最大挤压力时，挤压筒内衬就会产生裂纹而破坏。因此，在制订工艺时，挤压比不能太大，同时还要采用较短坯料，使实际的挤压力控制在挤压筒强度允许的范围内，不能达到挤压机所能提供的最大挤压力值。

（4）生产效率及成品率。挤压时，变形能的绝大部分将转变为热量，使变形区中金属的温度升高。挤压比越大，变形能越大，产生的变形热越多，变形区中的温升就越高，易造成制品晶粒粗大，降低制品表面质量和尺寸精度，并使挤压速度降低。因此，为了提高制品质量，提高挤压速度，提高生产效率，希望挤压比小一些。但从提高成品率的角度来说，则希望挤压比稍大一些。因此，在挤压时应该综合考虑生产效率和成品率，选择合适的挤压比。

（5）其他因素的影响：

1）坯料加热温度。当挤压加热温度较高的合金或采用较高温度挤压时，挤压比应小一些，以防变形热过大，造成变形区温度过高，降低挤压速度，降低生产效率，并影响制品的表面质量。

2）工具温度。当挤压筒、穿孔针及模子等工具的预热温度与变形金属的挤压温度相差较大且工具的温度较低时，容易造成坯料金属发生温降，使其变形抗力升高而导致挤压力的升高。为防止发生“闷车”事故，应取得较小的挤压比。

3）坯料长度。坯料的长度影响摩擦力的大小。坯料越长，摩擦力越大，所需要的挤压力也越大。因此，当采用长坯料挤压时，应采用相对较小的挤压比。如果因为设备条件的限制，挤压比不能小时，可采用较短的坯料，但不能小于允许的最短坯料长度。

4）挤压方法。挤压管材时，如果采用润滑穿孔针方式挤压，作用在穿孔针上的摩擦拉力大约是不润滑挤压时的四分之一，这时的挤压比可比不润滑穿孔针时稍大一些。但是，挤压硬合金冷加工薄壁管用管毛料时，如果挤压比过大，在管毛料的尾端易产生内表面擦伤缺陷，影响管毛料的质量和成品率，因此挤压比应稍小一些。采用随动针方式挤压时，挤压比可比固定针挤压时稍大一些。反向挤压时挤压力比正向挤压时小，故挤压比可比正向挤压时大。

用组合模挤压空心型材时，希望挤压比稍大一些，以保证在焊合室内建立起足够大的静水压力，有利于提高焊合质量。

在立式挤压机上挤压管材时，最大挤压比的选择要考虑地坑深度和最短坯料长度的限制。

7.2 坯料尺寸的选择

锭坯尺寸选择得是否合理，直接影响到挤压制品的质量、成品率、生产率等技术经济指标。锭坯尺寸（直径和长度）越大，制品越长，从而使切头尾、切压余的几何损失和挤压周期内的辅助时间所占的比例降低。对压余所导致的金属几何损失，增大直径或者增加长度对成品率的影响不同。锭坯体积一定时，增大直径和减短长度使几何损失增加，减小直径增加长度，几何损失减小。

7.2.1 选择挤压筒

选择挤压筒是坯料尺寸选择的前提。对于一般挤压工厂来说，均配备有挤压能力由小到大的许多挤压机和一系列不同直径的挤压筒。因此，挤压工艺的选择范围是很宽的。关键是确定所要生产的产品应该选择的挤压机的能力和挤压筒的规格。

挤压无缝管材时，一次只能挤压一根制品，选择挤压筒的主要依据是合理的挤压比范围。同时还要考虑挤压生产效率和成品率因素的影响。

挤压型材、棒材时，既可采用单孔模也可采用多孔模，选择挤压筒时，不仅要考虑合理的挤压比范围，还要考虑模孔数目及模孔的合理布置。一般可按照下面的步骤选择挤压筒。

（1）预选挤压筒。对于外形尺寸比较大的型材，首先应根据制品外接圆直径以及型材模孔与挤压筒壁之间的最小距离的要求，预选挤压筒最小直径。当这个最小挤压筒确定后，凡是大于此挤压筒的所有挤压筒都在预选之列。

（2）确定模孔数。对于形状、尺寸复杂的空心型材和高精度型材，最好采用单孔模挤压。

对于尺寸、形状简单的型材和棒材，可以采用多孔模挤压。简单型材1~4孔，最多6孔；复杂型材1~2孔；棒材、排材1~4孔，最多12孔，特殊情况可达24孔以上。

（3）工艺试排。当模孔数确定后，进行工艺试排，确定合适的模孔排列方案。

（4）验算挤压比确定挤压筒。对于各个可能排下的挤压筒均计算一下挤压比，从而最终确定出可获得合理挤压比的挤压筒规格。

7.2.2 坯料尺寸选择

7.2.2.1 确定坯料的直径

为了使加热后的坯料能顺利地装入挤压筒中，坯料的外径应小于挤压筒的直径。用空心坯料润滑穿孔针方式挤压管材时，为了避免涂抹在穿孔针上的润滑剂被坯料端面刮落掉在挤压筒内，影响润滑效果且污染挤压筒，坯料的内孔应大于穿孔针直径。

坯料与挤压筒和穿孔针之间的间隙大小与挤压机的结构形式（卧式或立式）、挤压筒的直径、坯料的种类、挤压方法、变形金属的热膨胀系数、挤压温度、坯料直径的偏差量、坯料的直线度、挤压制品的质量及力学性能要求等有关。

在卧式挤压机上坯料是水平装入挤压筒中，装坯料较困难，坯料与挤压筒的间隙应大一些。在立式挤压机上坯料是垂直装入挤压筒中，装坯料容易，坯料与挤压筒的间隙可小一些。

用空心坯料不穿孔方式挤压管材时，通常是先将坯料装入挤压筒中，涂抹润滑剂的穿孔针从坯料的内孔中穿过并使其前端位于模孔中，然后才开始挤压。对于卧式挤压机，已经装入挤压筒中的坯料的中心低于挤压筒和穿孔针的中心，当涂抹有润滑剂的穿孔针进入坯料内孔时，涂抹在针的上表面上的润滑剂易被坯料端面刮掉，所以坯料内孔与穿孔针的间隙应大一些。但对于立式挤压机，坯料与挤压筒和穿孔针的中心是一致的，偏差很小，故坯料内孔与穿孔针的间隙可小一些。

坯料加热后会发生膨胀使其直径增大，坯料的原始直径不同，加热后其直径的增大量也不同。因此，在确定坯料直径时，挤压筒直径越大，坯料与挤压筒的间隙也应越大；挤压筒直径小时，坯料与挤压筒的间隙可小一些。

在相同直径的挤压筒上，使用实心坯料时，坯料与挤压筒的间隙应大一些；使用空心坯料时，坯料与挤压筒的间隙可小一些。

挤压温度不同，坯料加热后的直径增大量就不同；不同合金的热膨胀系数不同，其直径的增大量也不同。在确定坯料与挤压筒的间隙大小时，应考虑不同合金、不同挤压温度的影响。

因此，确定坯料的直径时，应根据具体情况，综合考虑上述因素的影响。坯料的直径可按式（7-4a）和式（7-4b）计算确定：

$$D_p = D_0 - \Delta D \tag{7-4a}$$

$$d_p = d_0 + \Delta d \tag{7-4b}$$

式中 D_p，d_p——坯料的外径和空心坯料的内径，mm；

D_0，d_0——挤压筒直径和穿孔针的针杆直径，mm；

ΔD，Δd——坯料外径与挤压筒、空心坯料内径与穿孔针针杆的直径差，mm。

一般情况下，坯料与挤压筒和穿孔针的间隙值可按表 7-6 所示的数值选取，挤压筒和穿孔针直径大的取上限，直径小的取下限。不同吨位挤压机挤压铝合金制品常用坯料的直径如表 7-7 和表 7-8 所示；挤压铜合金制品常用坯料的直径如表 7-9 和表 7-10 所示。

表 7-6 坯料与挤压筒和穿孔针的间隙

挤压机类型	坯料外径与挤压筒直径差/mm	坯料内径与穿针孔直径差/mm
卧式	4~20	4~15
立式	2~5	3~5

表 7-7 常用铝合金实心坯料的直径

挤压机能力/MN	挤压筒直径/mm	坯料直径/mm
50	500	485
	420	405
	360	350
	300	290
20~16	200	192
	170	162
12	130	124
	115	110
8	95	91

表 7-8 挤压铝合金管材常用空心坯料的直径

设备能力/MN	设备结构	挤压方式	挤压筒直径/mm	穿针孔针杆直径/mm	坯料直径/mm	
					外径	内径
35	卧式、正向	润滑穿孔针、固定针挤压	370	200	360	210
				160	360	170
				130	360	140
				100	360	106
			280	130	270	140
				100	270	106
16.3	卧式、正向	润滑穿孔针、固定针挤压	200	90	192	95
			170	65	164	70
6.3	立式	润滑穿孔针、随动针挤压	135	72~13	132	比针大3mm
			120	60~13	117	
			100	45~13	97	
25	卧式、反向	不润滑穿孔针、固定针挤压	260	95	255	97
				75	255	77

表7-9 挤压铜合金常用实心坯料的直径

挤压机能力/MN	挤压筒直径/mm	坯料直径/mm
12	125	120
	150	145
	185	180
15	150	145
	200	195
	250	245
25	200	195
	250	245
	300	295
35	200	195
	250	245
	300	295
	370	360
	420	410

表7-10 4MN立式挤压机挤压铜合金管材常用空心坯料的直径

合金牌号	管材尺寸/mm		挤压筒直径/mm	坯料尺寸/mm	
	外径	壁厚		外径	内径
T2~T4、HSn77-2、HSn70-1	25~30	1.0~2.0	72	69~69.5	34
		2.5~3.5			32
		4.0~6.0			29
H68、H62、H96、HPb59-1		1.0~2.0			32
		2.5~3.5			29
		4.0~6.0			26
HPb59-1		2.0~8.0			34~22
紫铜、黄铜	26	1.0~2.0	82	78~79.5	38
		2.5~3.5			35
		4.0~5.5			32
		6.0~7.0			29
HPb59-1	35~40	1.0~2.5			43
		3.0~4.0			40
		4.5~5.5			38
		6.0~7.0			35
	31~40	2.0~8.0			43~22
紫铜、黄铜	40~45	2.0~3.0	102	98~99	46
		3.5~4.5			43
		5.0~6.5			40
		7.0~8.0			37

续表 7-10

合金牌号	管材尺寸/mm		挤压筒直径/mm	坯料尺寸/mm	
	外径	壁厚		外径	内径
HPb59-1	46~50	2.0~3.0	102	98~99	51
		3.5~4.0			48
		4.5~6.0			46
		6.5~8.0			43
	41~50	2.0~10.0			51~30

7.2.2.2 确定坯料长度

坯料长度选择是否合理，直接影响到挤压生产的效率、成品率以及制品的质量等。坯料越长，挤压制品越长，从而使切头尾、切压余的几何废料所占的比例降低，成品率提高，生产效率提高。但是，随着坯料长度的增加，摩擦力增大，使挤压力增大，易发生闷车事故；挤压管材时，使作用在穿孔针上的摩擦拉力增大，易发生断针事故。当坯料直径一定时，增大其长度，会造成填充挤压过程的变形不均，易产生双鼓变形，从而影响制品的表面质量，易产生起皮、气泡缺陷。另外，坯料的长度还受挤压比大小、挤压方式（润滑穿孔针与不润滑穿孔针、正向与反向、立式与卧式挤压）、出料台的长度以及挤压筒长度的限制。

坯料的长度与挤压制品的合金、规格、品种和交货长度等有关。当交货长度为非定尺时，在保证产品质量和挤压生产顺利进行的情况下，应尽可能选用长坯料，以减少几何废料损失，提高成品率和生产效率。对于定尺交货的制品，其坯料长度应通过计算来确定，以免造成不必要的浪费。

A 挤压铝合金型材、棒材坯料长度

挤压型材、棒材定尺制品的挤压长度按式（7-5）确定：

$$L_{出} = L_{定} + L_{头} + L_{试} + L_{速} + L_{余} \tag{7-5}$$

式中 $L_{出}$——制品的挤压长度，mm；

$L_{定}$——制品的定尺长度，mm，当定尺长度较短时，按倍尺计算；

$L_{头}$——切头尾长度，mm；

$L_{试}$——取试样长度，mm，对于非100%检查力学性能的小规格制品可不考虑；

$L_{速}$——多孔挤压时的流速差，mm，2孔取300mm，4孔取500mm，6孔模取1000~1500mm；

$L_{余}$——工艺余量，mm，一般取500~800mm。

挤压铝合金型材、棒材时的切头尾长度按表7-11所示中的数值选取。

表 7-11 铝合金型材、棒材的切头切尾长度

制品种类	棒材直径或型材壁厚/mm	切头长度/mm	切尾长度/mm	
			硬合金	软合金
型材	≤4.0	100	500	500
	4.1~10.0	100	600	600
	>10.0	300	800	800

续表 7-11

制品种类	棒材直径或型材壁厚/mm	切头长度/mm	切尾长度/mm	
			硬合金	软合金
棒材	≤26	100	900	1000
	27~38	100	800	900
	40~105	150	700	800
	110~125	220	600	700
	130~150	220	500	600
	160~220	220	400	500
	230~300	300	300	400

注：硬合金指 7A04、2A11、2A12、2A14、2A80、2A50、5A05、5A06 等；软合金指纯铝、3A21、5A02、6063 等。

挤压型材、棒材用坯料长度按式（7-6）计算：

$$L_0 = \left(\frac{L_{出}}{\lambda} \cdot K_m + H_1\right) K \tag{7-6}$$

式中 L_0——坯料长度，mm；

$L_{出}$——制品的挤压长度，mm；

K_m——考虑型材壁厚正偏差时引起断面积增大对挤压比的修正系数；

λ——挤压比；

K——填充系数；

H_1——增大残料厚度，mm。

型材面积系数（K_m）通常可用式（7-7）计算：

$$K_m = \frac{F + \Delta F}{F} = 1 + \frac{\Delta F}{F} \approx 1 + \frac{\Delta S}{S} \tag{7-7}$$

式中 F，S——按名义尺寸计算的型材截面积（cm^2）和壁厚（mm）；

ΔF——壁厚正偏差所引起面积的增量，cm^2；

ΔS——壁厚允许正偏差，mm。

实际中，计算时留出的定尺余量很大，可不考虑正偏差对挤压比的影响，即取 $K_m = 1$。但对于定尺较长、挤压比较小、生产量很大的制品，则要考虑其影响。型材挤压比的修正系数值如表 7-12 所示。

表 7-12 挤压比的修正系数值

S/mm	ΔS/mm	K_m	S/mm	ΔS/mm	K_m
1.0	0.20	1.20	5.0	0.30	1.06
1.5	0.20	1.13	6.0	0.30	1.05
2.0	0.20	1.10	7.0	0.35	1.05
2.5	0.20	1.08	8.0	0.35	1.04
3.0	0.25	1.08	9.0	0.35	1.04
3.5	0.25	1.07	10.0	0.35	1.03
4.0	0.30	1.07	—	—	—

增大残料厚度（H_1）按式（7-8）计算：

$$H_1 = H_{正} + (l_{正} - 300)/\lambda \tag{7-8}$$

式中 $H_{正}$——正常残料厚度（见表7-13），mm；

$l_{正}$——正常切尾长度（见表7-11），mm。

表7-13 挤压铝合金时的正常残料厚度

挤压筒直径/mm	正常残料厚度/mm	
	一般型材、棒材	纯铝排材
85、95	20	15
115、130	25	20
170、200	40	25
300、360	65	55
420、500	85	65

B 挤压铝合金管材时的坯料长度

挤压管材的坯料长度可按式（7-9）计算：

$$L_0 = \frac{nL_{定} + 800}{\lambda} + H_{余} \tag{7-9}$$

式中 L_0——坯料长度，mm；

$L_{定}$——管材定尺长度，mm；

n——每根挤出管材切成管毛坯的定尺数；

λ——挤压比；

$H_{余}$——挤压残料（压余）厚度，mm；

800——常数，是考虑了切头尾、取试样的长度总和。

正向挤压铝合金管材的压余厚度可按表7-14所示选取。

表7-14 铝合金管材热挤压时的压余厚度

挤压筒直径/mm	挤压管材种类	压余厚度/mm
420~800	所有品种	60~80
150~230	所有品种	20~30
80~130	所有品种不定尺	10
	所有品种定尺	20
280~370	二次挤压用中间毛料	50
	厚壁管	40
	薄壁管毛料	30

反向挤压铝合金管材时的压余厚度按式（7-10）计算：

$$H_{余} = 30 + (D - d)/2 \tag{7-10}$$

式中 D——瓶式穿孔针的针杆直径；

d——瓶式穿孔针的针尖直径。

对于热挤压铝合金厚壁管材，在通常情况下，其外径尺寸要求为正偏差，内径尺寸要求为负偏差，而且公差带很宽。在实际生产中，模具配置时，一般取模子的直径比管材的外径尺寸大，穿孔针（瓶式针为针尖）的直径比管材的内径尺寸小，挤出管材的实际壁厚比要求的尺寸大。为了充分估计挤出管材的实际壁厚比名义壁厚尺寸大很多时对压出长度的影响，在计算挤压比时，管材的名义壁厚 S_1 应加上一个修正值，如表7-15所示。

计算采用的坯料长度很可能是一个小数或整数部分的最后一位数字不为零。为了便于管理，对于定尺制品，其坯料的长度按每10mm一挡锯切，不足部分向上进。

对于不定尺制品，不计算坯料长度，一般根据经验和实际生产中的具体情况确定，其长度按50mm分挡锯切。为了提高生产效率和成品率，挤压纯铝、3A21、6063、5A02、6061等软合金制品时，尽可能采用所允许的最长坯料。

表7-15 外径全为正、内径全为负偏差时厚壁管计算挤压比时的壁厚修正系数

管材外径/mm	普通级				高精度			
	外径偏差/mm	内径偏差/mm	壁厚修正值/mm	修正量与偏差比	外径偏差/mm	内径偏差/mm	壁厚修正值/mm	修正量与偏差比
25	+1.32	−1.32	1.0	0.76	+1.08	−1.08	0.75	0.69
>25~50	+1.66	−1.66	1.25	0.75	+1.28	−1.28	1.0	0.78
>50~100	+1.98	−1.98	1.5	0.76	+1.52	−1.52	1.25	0.82
>100~150	+3.40	−3.40	1.75	0.51	+2.50	−2.50	1.5	0.60
>150~200	+5.00	−5.00	2.5	0.50	+3.80	−3.80	2.0	0.53
>200~250	+6.60	−6.60	3.5	0.53	+5.08	−5.08	2.5	0.49
>250~300	+8.20	−8.20	4.5	0.55	+6.36	−6.36	3.5	0.55
>300~350	+10.00	−10.00	5.0	0.50	+7.60	−7.60	4.0	0.53
>350~400	+11.60	−11.60	5.5	0.47	+8.90	−8.90	4.5	0.51

7.3 铝及铝合金的挤压

挤压加工产品中铝及铝合金产品约占70%以上，而全世界的铝挤压产品中，6000系铝合金挤压产品约占80%，日本甚至高达90%，其次为纯铝挤压产品，占不到5%。表7-16为各种铝合金挤压产品的性能及主要用途。

表 7-16 铝合金挤压产品的材料性能及主要用途

合金	产品形状			材料特性	主要用途
	棒/线	管	型		
1050 1070	○ ○	○ ○		高纯铝，导电导热性、耐蚀性优良，富有光泽	导电材料，热交换器，化工管道，装饰材料
1100 1200	○ ○	○ ○	○ ○	一般纯铝，耐蚀性、加工性优良	热交换器，化工装置，厨房用品，建筑材料
2011	○			强度高，切削性好，但腐蚀性较差	切削加工用材料
2014 2017 2117 2024	○ ○ ○ ○	○ ○ ○	○ ○ ○	高强度硬铝合金，热加工性良好，但耐蚀性较差	一般结构材料，飞机材料，锻造材料，汽车、摩托车用结构材料，体育用品材料（2024）
3003 3203	○	○ ○	○ ○	强度略高于纯铝，耐热性、耐腐蚀性良好	热交换器，复印机感光辊筒，建筑材料
5052	○	○	○	中等强度，耐蚀性、焊接性良好	化工装置管道，机械零部件
5154 5454		○ ○		中等强度，耐蚀性、焊接性、加工性良好	化工装置管道，机械零部件，车轮（5454）等
5056	○	○		耐蚀性、切削性、表面处理性良好，中上强度	机械零部件，照相机镜筒
5083	○	○	○	5×××中强度最高，耐蚀性与焊接性良好，但加工困难	化工、铁道、船舶等焊接构件
6061	○	○	○	中等强度构件材料，耐蚀性优，加工性良，可焊接	车辆、船舶用构件，建筑材料，体育用品材料
6063	○	○	○	耐蚀性、表面处理性良好，可挤压性优，占挤压产品大半	建筑、结构、装饰材料等，用途十分广泛
7003	○	○	○	焊接构件用中等强度合金，适合于薄壁材挤压	铁道车辆，汽车、摩托车部件，陆地结构材
7075	○	○	○	超硬铝，强度最高，但耐蚀性、焊接性较差	飞机、机械等高强度零部件，体育用品材料

7.3.1 正挤压

7.3.1.1 可挤压性与挤压条件

A 可挤性

金属的可挤压性（Z）是金属在高的流出速度和低的压力进行挤压的能力，即反映出金属在挤压加工中成材的可能性，它是定性评价金属挤压能力的综合指标，与金属的化学成分、塑性、变形抗力及制品外形有关。一般，取6063铝合金的可挤压性 $Z=100$，其他合金的 Z 值与其进行比较，其 Z 值越小越难挤。按 Z 值大小可将合金分为三种：易挤合金（$Z>100$）、中等挤压合金（$Z=50\sim100$）、难挤合金（$Z<50$）。

金属的可挤压性体现在挤压力的大小、最大可达挤压速度（生产效率）、挤压产品的质量、成品率、模具寿命等指标上。影响金属可挤压性的因素有挤压坯料、挤压技术、模具质量等，如图7-10所示。

表7-17所示为各种铝合金的可挤压性指数（也称为可挤压性指标）与挤压条件范围。不同的生产厂家，尤其是不同的挤压条件（包括型材的断面形状、挤压模的设计等）下，可挤压性指数的大小存在一定程度差异。

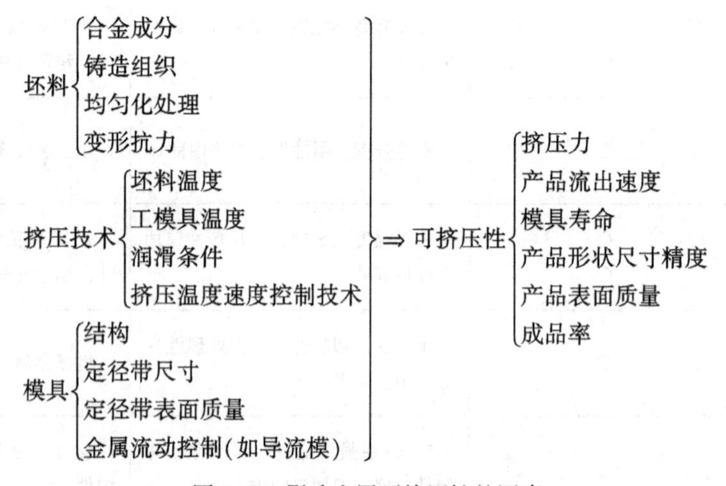

图7-10 影响金属可挤压性的因素

表7-17 铝及铝合金的可挤性与可挤压条件

合 金	可挤压性指数①	挤压温度/℃	挤压比	产品流出速度 /m·min^{-1}	分流模挤压
10×× 1100 1200	150 125	400~500	~500	25~100	可
2011 2014 2017 2024	30 20 15	370~480	6~30	1.0~6	不可
3003 3004 3203	100	400~480	6~30	1.5~30	可

续表 7-17

合　金	可挤压性指数①	挤压温度/℃	挤压比	产品流出速度 /m·min^{-1}	分流模挤压
5052	60	400~500	6~30	1.5~30	不可
5056　5083	25	420~480		1.5~10	
5086	30	420~480		1.5~10	
5454	50	420~480		1.5~30	
5456	20	420~480		1.5~10	
6061　6151	70	430~520	30~80	1.5~30	可
6N01	90			15~80	
6063　6101	100			15~80	
7001　7178	7	430~500	6~30	1.5~5.5	不可
7003	80			1.5~30	可②
7075	10	400~450	6~30	1.0~5.5	不可
7079	10	430~480		1.0~5.5	不可
7N01	60	430~500		1.5~30	可②

①以 6063 的可挤性指数为 100 时的相对值。
②大断面空心型材的挤压较困难。

B　挤压条件

(1) 挤压比。挤压比主要视最大挤压压力的大小、生产效率以及设备能力而定。最大可能的挤压压力除受设备能力限制外，大多数场合往往受工模具的强度、寿命的限制。挤压比的大小还通过与挤压速度有关而影响生产效率。

对于铝合金，塑性最好的纯铝的挤压比最大可达 500 以上，而强度最高的超硬铝合金的挤压比最大不超过 30。不同品种铝合金的挤压比范围如表 7-18 所示，不同设备能力的挤压比范围如表 7-19 和表 7-20 所示。

表 7-18　不同牌号铝合金的挤压比范围

合　金		挤压比范围	
合金系	合金牌号	型材、棒材	管材
1×××系列	1070、1060、1100、1200 等	8~500	15~120
2×××系列	2A11	8~40	10~60
	2A12、2011、2014、2017、2024 等	8~40	10~50
3×××系列	3A21、3003	8~100	10~100
	3004、3203	8~80	10~100
5×××系列	5A02、5052	8~70	10~100
	5A05、5A06、5056、5083 等	8~40	10~50

续表7-18

合　　金		挤压比范围	
合金系	合金牌号	型材、棒材	管材
6×××系列	6063	8~120	15~120
	6061、6A02	8~100	15~120
	6005、6082、6101、6351等	8~80	10~100
7×××系列	7A04、7A09、7075等	8~30	10~40

表7-19　不同吨位挤压机挤压铝合金型材、棒材的挤压比范围

挤压机能力/MN	挤压筒直径/mm	合适的挤压比范围	
		棒材	型材
7.5、8	85、95	26.8	30~45
12	115	23.6	25~40
	130	20.8	
20、16.3	170、200	17.8	18~35
35	280	—	11~35
	370	—	10~20
50	300	12.9	11~30
	360		11~25
	420	13.2	11~20
	500	≤11.8	≤10

注：1. 用分流模挤压纯铝、3A21、6063等软铝合金型材时，挤压比应大于30为宜；

2. 16.3MN和8MN挤压机生产6063合金建筑型材时，挤压比可达到150。

表7-20　不同吨位挤压机挤压铝合金管材的挤压比范围

挤压机能力/MN	挤压筒直径/mm	合适的挤压比范围	
		硬合金	软合金
6.3MN（立式）	100	13~21	13~23
	115	13~21	13~23
	130	12~18	12~20
12MN	115	20~40	20~55
	130	20~35	20~45
	150	15~30	20~35
16.3MN	140	15~45	20~60
	170	15~40	20~50
	200	15~30	20~40

续表 7-20

挤压机能力/MN	挤压筒直径/mm	合适的挤压比范围	
		硬合金	软合金
35MN	240	30~50	30~60
	280	25~45	30~55
	370	10~25	10~40

(2) 挤压过程中的温度-速度控制。各种铝合金的挤压温度主要视合金的性质、用户对产品性能的要求以及生产工艺而定。挤压温度越高，被挤压材料的变形抗力越低，有利于降低挤压压力，减少能耗。但挤压温度较高时，产品的表面质量变差，容易形成粗大组织。此外，挤压速度也与合金的可挤压性有密切关系。挤压速度增加时，挤压力上升。软铝合金的挤压产品流出速度一般可达 20m/min 以上，部分型材的挤压流出速度高达 80m/min 以上。中高强度铝合金挤压速度过高时，产品的表面质量显著恶化，故其挤压流出速度通常设定在 20m/min 以上。

挤压速度的选择往往还受挤压温度的限制。对于铝及铝合金而言，挤压速度越快，挤压过程中产生的热量越不容易逸散，从而导致坯料温度上升。当模口附近的温度上升到接近被挤压材料的熔点时，产品表面容易产生裂纹等材料，并导致产品组织性能的显著恶化。所以，挤压条件对合金的挤压性、挤压产品的质量均有显著影响。表 7-21 和表 7-22 分别是铝合金型棒材和管材的挤压温度-速度规范。

表 7-21　铝合金型棒材的挤压温度-平均速度规范

合　金	挤压制品	挤压温度/℃		平均流出速度/m·min^{-1}
		坯料温度	挤压筒温度	
2A14	圆棒、方棒、六角棒	380~440	360~440	1~2.5
2A12		380~440	360~440	1~3.5
2A80、2A70、5A02		320~430	350~400	3~15
7A04		350~430	330~400	1~2
1A70~1235、8A06		390~440	360~430	40~150
3A21		390~440	360~430	25~120
5A05、5A06		400~450	380~440	1~2
2A12、2A06	一般型材	380~460	360~440	1.2~2.5
	高强度型材和空心型材	430~460	400~440	0.8~2
	壁板型材和变断面型材	420~470	400~450	0.5~1.2
2A11	一般型材	330~460	360~440	1~3
6A02、6061	一般型材	480~520	450~500	8~50
6063	—	—	—	15~120

续表 7-21

合　金	挤压制品	挤压温度/℃		平均流出速度/m·min^{-1}
		坯料温度	挤压筒温度	
7A04	固定断面型材、变断面型材和壁板型材	370~450	360~430	0.8~2
		390~440	390~440	0.5~1
5A02、5A03、5A05、5A06、3A21	实心、空心型材和壁板型材	420~480	400~460	0.6~2
6061	装饰型材	320~500	300~450	12~60
6061、6A02	空心建筑型材	480~530	480~500	8~60
6063				20~120
6A02	重要型材	490~510	460~480	3~15

表 7-22　铝合金管材挤压比和挤压温度-速度规范

合　金	挤压温度/℃		挤压比	金属流出速度/m·min^{-1}
	坯料温度	挤压筒温度		
1A70~1235、8A06、6A02、6063	300~500	300~480	≥15~200	15~100
2A50、3A21	350~430	300~380	10~100	10~20
5A02	350~420	300~350	10~100	6~10
5A05、5A06	430~470	370~400	10~50	2~2.5
2A11、2A12	330~400	300~350	10~60	2~3

7.3.1.2　可挤压成型尺寸范围

A　型材的可挤压成型尺寸范围

铝合金挤压产品的断面尺寸主要根据用户的使用要求而定。常规挤压件下，6063 铝合金型材的较为合理的挤压尺寸范围如图 7-11 所示，图中各曲线表示其最小可挤压壁厚尺寸。不同的合金其最小可挤压壁厚不同，表 7-23 为各种合金的最小壁厚系数，将表 7-23 中的最小壁厚系数乘以 6063 的最小壁厚即为各种合金的最小可挤压壁厚。此外，最小可挤压壁厚还与产品的断面形状、表面质量（粗糙度等）的要求有关。所以，由图 7-11

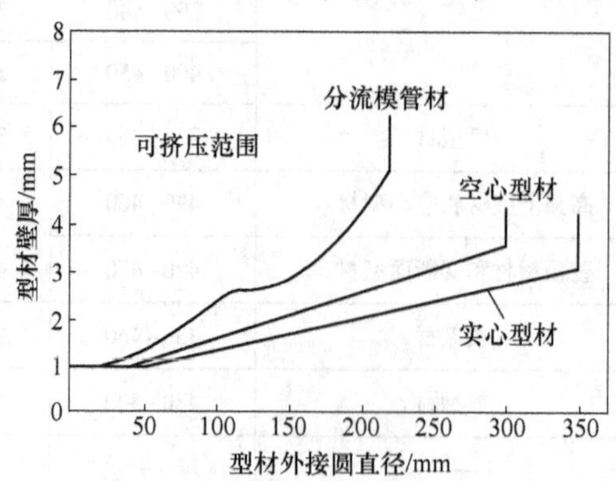

图 7-11　6063 铝合金型材与分流模管材的挤压生产范围（各曲线表示其最小壁厚）

及表7-23所确定的最小可挤压壁厚只不过是常规挤压条件下的一个大概值。实际上，可以通过采用一些新挤压技术或者为了一些特殊需要可以成型壁厚尺寸更小的产品。

表7-23 型材与分流模管材的最小壁厚系数

<table>
<tr><th rowspan="2">合 金</th><th colspan="3">系 数</th></tr>
<tr><th>实心型材</th><th>空心型材</th><th>分流模管材</th></tr>
<tr><td>10×× 11×× 12××</td><td>0.9</td><td>0.9</td><td>0.9</td></tr>
<tr><td>6063 6101</td><td>1.0</td><td>1.0</td><td>1.0</td></tr>
<tr><td>6N01</td><td>1.0</td><td>1.0</td><td>1.2</td></tr>
<tr><td>3003 3203</td><td>1.2</td><td>1.2</td><td>0.9</td></tr>
<tr><td>6061</td><td>1.4</td><td>1.4</td><td>1.4</td></tr>
<tr><td>7003</td><td>1.5</td><td>1.5</td><td>1.5</td></tr>
<tr><td>5052 5454</td><td>1.6</td><td rowspan="4" colspan="2">空心型材或分流模管材成型困难</td></tr>
<tr><td>5086 7N01</td><td>1.8</td></tr>
<tr><td>2014 2017 2024</td><td>2.0</td></tr>
<tr><td>5083 7075</td><td>2.0</td></tr>
</table>

注：由图7-11求得6063的最小壁厚系数后乘以上述系数，即得各种合金型材或分流模管材的最小壁厚。

型材的最大可成型断面外形尺寸主要取决于挤压设备的能力。一般情况下，硬质铝合金实心型材的外接圆直径的上限为300mm，其余合金与6063大致相同。采用超大型设备，可以生产外接圆直径在350~550mm以上的大断面型材。

B 管材的挤压成型尺寸范围

管材的可挤压尺寸范围随挤压方法的不同而不同。常规的穿孔针挤压法挤压管材的最大外径小于300mm，最小内径25~35mm，最小壁厚2~5mm。考虑到穿孔针的强度与刚性上的原因，挤压管材的最小内径与壁厚受到较大限制。其中，软铝合金管材的最小内径与最小壁厚可取上述范围的下限，硬铝合金则取其上限。此外，当管材的外径较大时，管材的最小壁厚通常以不小于管材外径的7%为宜。外径300mm以上的管材多采用反挤压法成型。

采用分流模挤压，可以成型与穿孔针挤压法相比壁厚均匀、偏心小的管材。但考虑到焊缝质量的问题，在同一挤压设备上所能成型的最大管材外径或用同一挤压筒所能挤压的管材外径比穿孔针挤压法挤压时要小。6063铝合金管材通常的分流模挤压尺寸范围如图7-11所示。采用分流模挤压各种铝合金管材时的最小壁厚，可先由图7-11确定6063管材的最小壁厚，然后乘以表7-23所给系数来确定。

采用连续挤压技术，可生产外径10mm、壁厚0.5mm以下的管材。

7.3.1.3 铝合金民用建筑型材挤压生产工艺流程

为了适应不同地区、不同用途、不同系列的门窗结构和其他建筑结构的需要，铝合金民用建筑型材的品种繁多，规格范围很大。据不完全统计，世界上已研制出上万种建筑型材。但铝合金民用建筑型材绝大多数采用6063合金生产（T5状态），这是因为6063合金质轻，具有良好的塑性，工艺成型性能好，在高温下变形抗力低，具有良好的淬火性能和表面处理性能，可以用它生产出轻巧、美观、耐用的优质型材。

图7-12所示是典型铝合金建筑型材的挤压生产线设备的配置图，它的生产工艺流程如图7-13所示。

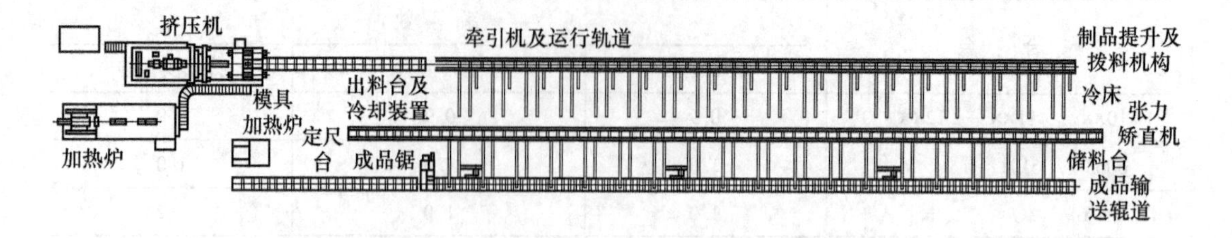

图7-12 铝型材挤压生产线设备配置图

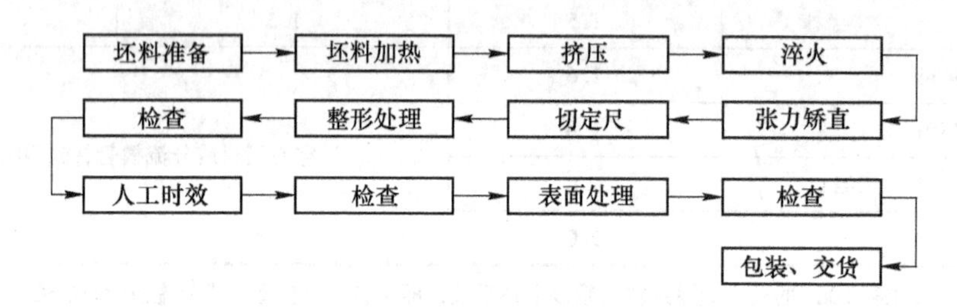

图7-13 建筑铝型材生产工艺流程

(1) 坯料准备。铝合金建筑型材挤压用坯料，一般都是通过半连续铸造法生产的圆断面铸造坯料。按照实际生产要求，铸造的长尺寸坯料可锯切成挤压所需要的短尺寸坯料，经加热后装入挤压筒进行挤压，也可以在专门的加热炉上先加热，然后再在热剪机上剪切成挤压用的短尺寸坯料直接装入挤压筒进行挤压。与前者相比较，后者可减少坯料锯切工序，减少锯切时的金属损失，提高生产效率和成品率。

建筑型材所用铝合金主要为6063和6061，其中6063合金约占90%左右。对于生产建筑型材用的6063和6061铝合金坯料，目前绝大多数企业都不进行均匀化退火处理。但如果采用均匀化退火坯料（均匀化退火制度为（550~570℃）×6h），则可以使型材的抗拉强度提高20MPa左右，提高挤压速度，并有利于减少型材的氧化色差问题。

(2) 坯料加热。坯料的传统加热方式主要有火焰炉加热、电阻炉加热和感应炉加热。火焰炉加热是挤压生产中应用很广泛的一种坯料加热方式，加热时产生的火焰直接与坯料接触，其优点是温度高，加热速度较快，生产成本低。但火焰炉加热存在加热质量不高，金属烧损大，自动化程度低，劳动条件较差等缺点。电阻炉加热是铝合金挤压生产中经常采用的一种加热方式，它与火焰炉相比，热效率较高（可达50%~80%）、加热温度均匀、坯料断面温差小、温度容易控制、劳动条件较好、炉体寿命长等优点，但电阻炉耗电量高，加热成本高。感应炉加热时，加热温度高且是非接触式加热；加热效率高，且由于加热速度很快（一般为几十秒到几分钟），生产效率高，因此节能且金属氧化烧损很少；温度容易控制；加热均匀性好，产品质量稳定，可实现梯度加热，从而可实现等温挤压，制品纵向组织性能和尺寸的一致性好；容易实现自动控制；作业环境好，几乎没有热噪声和灰尘；加热炉体积小，工作占地少。

6063、6061铝合金建筑型材通常都是在挤压机上直接淬火，所以要求挤压制品出模孔温度应达到其淬火温度。6063、6061合金型材的最佳淬火温度范围为520~530℃。通常情况下，6063、6061合金的坯料加热温度范围为460~530℃。加热温度高时，挤压力小但变形金属易与模具发生黏结，造成制品表面粗糙（甚至出现划沟），限制了挤压速度的提高。如果将坯料加热温度控制在460~480℃，可以通过提高挤压速度控制制品的出模孔温度为520~530℃，不仅生产效率提高且制品的表面质量较好。但是，对于铝合金空心型材，为了保证其焊合质量，则应提高坯料的加热温度，并适当降低挤压速度。

如果对坯料进行梯温加热，不仅可提高挤压速度，而且有利于获得纵向尺寸、性能较均一的制品。

（3）挤压。挤压前，挤压筒和模具都要进行预热。挤压筒的加热温度为400~450℃。模具加热炉的温度控制在400~450℃，模具在加热炉内的保温时间一般为：6MN挤压机用模具不少于1h，8MN挤压机的不少于1.5h，10MN以上吨位挤压机的不少于2h。

铝合金型材挤压时一般不进行工艺润滑，但为了调整金属的流速，平模挤压时模面允许涂少量润滑剂。分流模挤压时，不允许涂润滑剂，应保持模面清洁，以保证焊缝质量。

挤压速度应根据制品的合金、规格、形状、尺寸、表面状况等因素决定。6061合金型材的挤压速度（制品从模孔流出速度）可控制在8~60m/min，6063合金为20~120m/min。对于空心型材、断面形状复杂的薄壁型材和尺寸规格较大的型材，挤压速度不宜太快。采用常规的均匀加热坯料，在挤压后期逐渐降低挤压速度，避免因温升而使变形区温度过高。对于梯温加热的坯料，可采用较高的挤压速度且进行等速度挤压。

型材的挤压表面质量应符合相应技术标准对成品的要求。型材的挤压尺寸偏差应保证拉伸矫直后能够满足标准的要求。

（4）淬火。为了保证淬火效果，对于6063铝合金T5状态型材，当其断面最大壁厚小于3mm时，制品出模孔后应吹风冷却；大于3mm时，应喷水冷却。T4、T6状态制品，则必须采用大冷却强度进行喷水冷却。对于6061铝合金T5状态型材，制品出模孔后应采用喷水冷却。T4、T6状态型材，如果没有专门的在线热处理装置，一般需要在专门的淬火炉上进行固溶处理。

（5）张力矫直。当放在冷床上的型材冷却到70℃以下时，进行张力矫直。矫直前应认真检查、测量型材各部位的形状、尺寸，避免拉伸后型材尺寸超负偏差或形状不合格。

张力矫直时的拉伸率一般控制在0.5%~1.5%，最大不超过1.5%（以表面不产生橘皮现象或有明显的变形痕迹为原则）。

（6）切定尺。铝合金建筑型材的定尺长度一般为6000mm，定尺长度允许偏差为+15mm。对于定尺长度较短的型材，如果允许倍尺交货，在满足长度允许偏差的情况下，应加上锯切时的切口余量，每个切口为5mm。锯切后的型材端头应整齐，切斜度不得超过2°，端头应无毛刺。

（7）整形处理。对于型材存在的角度、平面间隙等形位尺寸不合格，在型材辊式矫直机上进行整形处理，同时也可以对个别存在弯曲的型材进行矫直。对于个别部位有塌陷的型材，如果不是很严重，可用木质或尼龙材料工具进行平整处理。

（8）检查。对型材的尺寸、表面、形状、角度、平面间隙、弯曲度及扭拧度等进行全面检查。对于个别型材检查出的非实体尺寸、角度、平面间隙、弯曲度及扭拧度等不合格，可根据具体情况在型材辊式矫直机上进行处理或手工处理。对于型材表面存在的个别麻点，可采用细砂纸打磨进行处理，不能处理的则报废。只有检查合格的型材才能交下道工序继续生产。

（9）人工时效。将检查合格的型材整齐摆放在料框中，并用料垫隔开，料垫间距不大于1000mm。装框的型材之间要留有一定的间隔，保证人工时效时热空气循环畅通。

对于6061合金T6状态型材，时效制度为（160~170）℃×（8~12）h。对于6063合金T6状态型材，时效制度为（195~205）℃×（8~12）h。对于T5状态型材，可采用3种不同的失效制度，分别是205℃×1h、185℃×2h、175℃×8h。

（10）检查。主要是检查型材的力学性能。检查的方式为打硬度或进行拉伸试验。只有力学性能试验合格的型材，才能交下道工序进行表面处理。

（11）表面处理。铝合金建筑型材的表面处理方式主要有：阳极氧化、电泳涂漆、粉末喷涂、氟碳喷涂和木纹转印等。

（12）检查。此工序的检查主要是检查型材的表面处理质量，主要有：氧化膜的厚度及色差，涂层的厚度及与基体结合的牢固度，木纹的清晰度及完整度等。

7.3.1.4 特种型材挤压

此部分所要讲述的特种型材是指超精密型材和大型型材两大类。

A 超精密型材挤压

超精密型材包括两大类：一类是外形尺寸很小的型材（见图7-14），这一类型材亦称为超小型型材或微小型材，其外形尺寸通常只有数毫米，最小壁厚在0.5mm以下，单重为每米数十克。由于该类型材非常微小，所以对其公差要求特别严。例如，断面外形尺寸公差小于±0.10mm，壁厚公差小于±0.05mm。此外，对其平直度、扭转度的要求一般也十分严格。

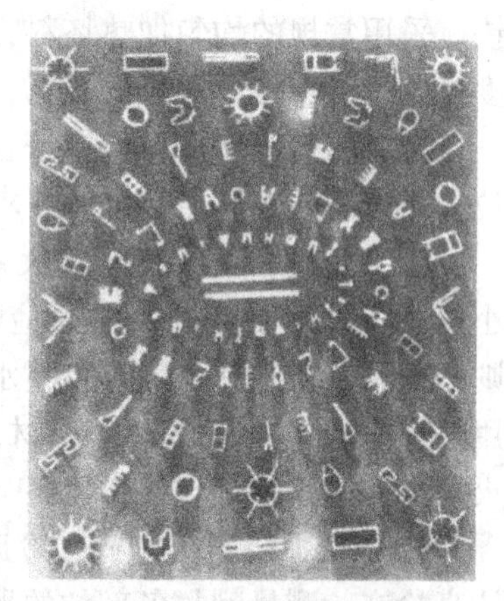

图7-14 超小型挤压型材

另一类是断面外形尺寸并不很小，对尺寸公差要求十分严格的型材，或者虽然断面外形尺寸较大，但断面形状复杂而且壁厚很薄的型材。图7-15为日本某公司在16.3MN卧式油压机上用特种分流模挤压的汽车空调冷凝器异形管（工业纯铝），这一类型材的挤压成型难度并不低于超小型型材。

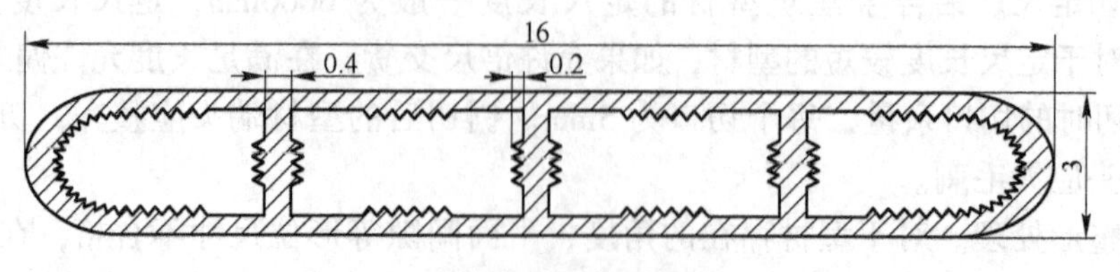

图7-15 汽车空调冷凝管断面形状

B 大型型材挤压

大型型材被广泛应用于飞机、车辆和船舶的结构材料，特别是由于近年来高速列车的发展以及超导磁悬浮列车的开发，扁平度大而壁厚薄的大型壁板类型材的需要量有较快的增长。界定大型型材一般是根据它的外形尺寸或断面积大小：（1）型材的宽度或外接圆直径大于250mm；（2）型材的断面积大于$20cm^2$；（3）型材交货长度大于10m。表7-24为日本大型挤压产品用主要合金及用途举例。

表7-24 日本大型材用铝合金用途举例

合 金	主要用途举例
1100 1200	一般用具、日常器具、建材、运输机械
2014 2017 2024	飞机用材、各种结构件、运输机械
3003 5052	日常用具、建材、车辆用材、船舶用材、各种包装容器等
5083 5183	船舶用材、车辆用材、压力容器、焊接件等
6061 6070	建材、车辆、船舶用材、机制零部件、光学仪器、结构件
6030	建材、车辆用材、家具用材
6N01 6082	高速列车、地铁列车、轻轨车用材
7075	飞机材料、结构材料、焊接结构件
7003 7005	高速列车、地铁列车、轻轨车用材
7N01	车辆用材、结构材料、焊接结构件

在许多方面，大型型材挤压的困难程度并不亚于小型精密型材的挤压。首先是设备能力即挤压机吨位的限制，其次是容易在型材远离断面中心的部位产生不能被充满现象，导致达不到所定尺寸乃至形成裂纹，型材的材质均匀性不易得到保证。到目前为止，全球仍只有日本（KOK公司）和德国（VAW公司）等少数几个国家能大批量生产特大型型材。我国在这方面于1990年代后期才开始技术攻关，曾大大制约了地铁、高速列车和轻轨列车国产化的进程。至2005年，我国已基本掌握了特大型铝合金型材生产技术，推动了高铁、大飞机等重大工程的实施。

7.3.1.5 铝合金挤压工艺润滑

在挤压铝合金型材、棒材时，采用不润滑挤压工艺，因此不需要使用润滑剂。

在挤压铝合金管材时，通常只对穿孔针进行润滑，以减小挤压过程中金属流动对穿孔针产生的摩擦力，改善穿孔针的工作条件，减少断针事故发生，延长针的使用寿命，并改善制品的表面质量，提高挤压速度。即便是用实心坯料穿孔挤压时，为了减小穿孔过程中的摩擦阻力，也需要对穿孔针进行润滑。但直到目前为止，润滑挤压筒的挤压方法尚未在铝合金方面得到广泛应用。

铝合金挤压时的润滑剂及其使用需要满足以下几方面：

（1）组成润滑剂的各种物质的质量要符合要求。如矿物油（汽缸油）的闪点要高，其中的水分含量不能超标，石墨的颗粒足够小等。

（2）润滑剂的配比要适当。尤其是润滑剂中的石墨要适量，过少则润滑剂过稀，涂抹在针上的油膜就很薄，润滑膜强度低、易破裂，在挤压过程中穿孔针易黏金属，造成管材内表面出现擦伤缺陷。但如果石墨含量过多，润滑剂过稠，管材内表面易产生石墨压入缺陷。

（3）配制润滑剂时要搅拌均匀，避免其中有未搅拌开的石墨团块存在而造成管材内表面石墨压入缺陷。特别在寒冷季节，可适当将矿物油加热以增加其流动性，使其容易搅拌均匀。

（4）润滑剂涂抹要均匀。目前，除了某些挤压机上采用机械涂抹润滑剂外，在绝大部分挤压机上，润滑剂的涂抹方法仍以手工操作为主。如果润滑剂涂抹不均匀，在润滑剂少的部位，易较早出现干摩擦，造成穿孔针黏金属，使管材内表面产生擦伤缺陷。

（5）向穿孔针上涂抹润滑剂时要迅速，特别是涂抹润滑剂后应立即进行挤压操作，防止间隔时间过长，润滑剂中的油分挥发掉而影响润滑效果。

（6）要防止穿孔针上的润滑剂淌滴到挤压筒中，造成制品表面产生起皮、气泡缺陷。

（7）在使用润滑剂前，应及时清除掉穿孔针上的金属黏结物及润滑剂燃烧后留下的残焦，以免影响润滑效果。

铝合金管材热挤压多采用黏性矿物油中添加各种固体填料的悬浮状润滑剂，如表7-25所列。其中，采用空心坯料不穿孔挤压工艺时，最广泛使用的是编号为1的润滑剂。这种润滑剂的特点是挤压时，油的燃烧物和石墨所构成的润滑油膜具有足够的强度，可承受高压作用，但其韧性不足，在挤压比很大时，易产生局部润滑膜破裂，引起穿孔针黏金属，在挤出管材的内表面上造成擦伤缺陷。为了提高润滑剂的韧性可在其中加入一些表面活性物质，如编号为3的润滑剂中加入的硬脂酸铅。同样，编号为4的润滑剂加入铅丹也是同样的作用，但铅的化合物有毒，对人体健康有危害，其应用受到了限制。编号为2的润滑剂质量较好，但硅油成本较高，故一般在穿孔挤压时才使用这种润滑剂。

表7-25　铝合金管材热挤压常用润滑剂

编号	润滑剂名称	质量/%	编号	润滑剂名称	质量/%
1	72号或74号汽缸油	60~80	4	山东鳞片状石墨（0.038mm以上）	10~25
	山东鳞片状石墨（0.038mm以上）	20~40		72号或74号汽缸油	55~80
2	250号苯甲基硅油	30~40		铅丹	10~20
	山东鳞片状石墨（0.038mm以上）	60~70	5	二氢松香脂乙醇（40%）	6
3	72号或74号汽缸油	65		四氢松香脂乙醇（45%）	
	硬脂酸铅	15		松香脂乙醇（15%）	
	山东鳞片状石墨（0.038mm以上）	10		2，6-2代丁基-4-甲基酚	0.1
	滑石粉			无机矿物油	余量

7.3.1.6 挤压产品组织性能均匀性控制

在挤压时，金属的温度和变形很不均匀，导致产品的尺寸、形状、组织和性能也很不均匀。当挤压开始时，由于坯料头部与较低温度的模具接触，使坯料温度降低，变形抗力增大，塑性下降，可挤压性变差。继续挤压时，坯料的中部和尾部由于变形热的作用温度逐渐升高，从而使坯料的头、中、尾部的温差增大，造成产品性能显著不均匀。因此，为了解决这些问题，开发了一种新的挤压方法——等温挤压法，具体方法如7.3.1.1节中所述。

7.3.2 反挤压

7.3.2.1 铝及铝合金反挤压品种范围及工艺特点

几乎所有的铝及铝合金都能用反挤压方法生产管、棒、型、线材。由于反挤压与正挤压相比，具有挤压力小，可用较长的坯料在较低温度下用较高的挤压速度和较大的挤压比挤压断面较小的产品，且沿产品截面和长度上的变形较均匀，因而其组织和性能也较均匀等优点，所以铝合金反挤压有进一步发展的趋势，特别是应用于航空航天、兵器、机械制造等工业部门。目前世界上已有多台60MN以上的专用反挤压机。美国和法国在350MN的立式挤压—模压水压机采用套轴反挤压法生产 ϕ1500~2000mm的大型铝合金管材。

铝及铝合金反挤压的一般工艺特点和要求如下：

（1）坯料：反挤压坯料成分必须均匀，外表面低成分层和缺陷深度不得超过5mm；各种合金均应经过均匀化退火处理；挤压管材（型管）的空心坯料内表面应经过机械加工，表面光洁。断面切斜度不大于2.0mm（或小于30′）；内径等于或小于穿孔针直径1.5mm。

（2）挤压温度与速度：铝及铝合金反挤压坯料的加热温度范围可参考正挤压的加热温度，但首根坯料的加热温度应等于或略高于上限温度。各种合金的反挤压速度见表7-26。

（3）坯料扒皮速度：硬合金的为25~33mm/s，软合金的为35~50mm/s。

（4）其他要求：硬铝合金和软铝合金最好单独使用专用挤压筒。如必需共用时，允许用内衬有硬铝合金黏层的挤压筒挤压软铝合金，但不允许内衬有软铝合金黏层的挤压筒挤压硬铝合金。使用之前还必须用挤压垫片对挤压筒内衬进行多次清理。挤压中因事故停车或安装工具时间太长致使工具冷却时，必须用表面温度计测量，只有当大针、针尖、模子温度不低于370℃时，方可进行挤压。否则，要用专用加热器进行补充加热。

表7-26 主要合金产品的反挤压速度

合金	流出速度/m·min^{-1}		合金	流出速度/m·min^{-1}	
	型、棒材	管材		型、棒材	管材
纯铝，3A21	20~50	20~30	2A11	0.8~2.5	2~3
2A50	1~4	2~4	2A12，7A04	0.7~2.0	1.5~2.0
5A02，5A03	8~10	8~10	6A02，6061	15~20	10~15
5A05，5A06	2.5~3.5	2.0~3.5	6063	20~50	20~30

7.3.2.2 硬铝合金棒材反挤压

硬铝合金棒材反挤压时具有下述工艺特点：

（1）在挤压力允许条件下可采用较长的坯料，一般采用1000mm以上的坯料，以保证挤压出较长的产品；

（2）反挤压硬铝合金棒材时，挤压比一般控制在8~25的范围内；

（3）挤压压余长度取20~35mm为宜；

（4）为了减小粗晶环的厚度，硬铝合金棒材反挤压应尽可能在较低的挤压温度下进行。同时由于坯料与挤压筒壁之间无相对运动、变形区发热少等特点，可以采用比正挤压较高的挤压速度进行挤压。表7-27为正、反挤压棒材的温度和速度比较。在相同条件下，棒材反挤压速度为正挤压的1.5~3倍，其中表7-28为棒材反挤压的温度与速度规范。

反挤压棒材与正挤压相比，成材率可提高5%~10%，生产效率提高20%~40%，能耗降低15%~20%。

表7-27 50MN挤压机正、反挤压棒材温度、速度的比较（ϕ420mm挤压筒）

合金	棒材规格/mm	挤压比 λ	反挤压			正挤压		
			产品流出速度/m·min^{-1}	坯料温度/℃	筒温/℃	产品流出速度/m·min^{-1}	坯料温度/℃	筒温/℃
2A12	ϕ100	17.6	1.06~1.80	360~380	400	0.25~1.0	380~450	400
	ϕ105	16.0	0.96~1.63					
2A11	ϕ105	14.6	1.49~3.50	365~390	400	0.3~1.2	380~450	400
7A04	ϕ110	14.6	1.40~1.93	365~380	400	0.18~0.8	380~450	400
2A50	ϕ120	12.2	2.93~5.85	345~360	400	0.62~2.5	380~470	400

表7-28 50MN挤压机反挤压棒材温度与速度规范（ϕ420mm挤压筒）

合　金	坯料温度/℃	挤压筒温度/℃	产品流出速度/m·min^{-1}
2A12，2A14	380~400	370~400	0.7~2.0
2A11	380~400	370~400	0.8~2.5
7A04	370~390	350~390	0.6~1.4
2A02，2A50	380~400	360~380	1.5~4.0

7.3.2.3 管材反挤压

（1）坯料。反挤压管材可选用较长尺寸的坯料，但为减少气泡，应尽量缩小锭、筒、针之间的间隙，填充系数应以1.03~1.06为宜。弯曲度和切斜度要严格控制。为了保证产品组织性能均匀，坯料应进行均匀化处理。反挤压前应对坯料进行车皮或热扒皮。

（2）主要工艺参数确定原则。各种铝合金管材反挤压的挤压比、挤压温度和速度，坯料和压余长度范围列于表7-29。

表7-29 反挤压管材的主要工艺参数范围

合金	最大挤压比	合适的挤压比范围	挤压温度/℃	产品流出速度/m·min^{-1}	坯料长度/mm	压余长度/mm
纯铝，3A21	80	40~60	380~420	15~20	500~1000	35~55
6A02，5A02	70	40~50	370~440	6~8	500~900	35~55
2A11	60	30~40	380~440	2.0~2.5	500~700	35~55
2A12	60	30~35	380~440	1.5~1.8	400~600	35~55
7A14	50	25~30	370~440	1.5~1.8	400~600	35~55
5A05，5A06	55	25~35	370~420	1.8~2.0	500~600	35~55

(3) 成材率与生产效率。在相同条件下，反挤压管材与正挤压管材相比，成材率可提高 7%~12%，生产效率可提高 15%~20%。

7.3.2.4 产品的组织性能与尺寸精度

A 组织性能

由于反挤压时变形只发生在模孔附近，金属流动比较均匀，因而产品的组织性能比较均匀。反挤压棒材时不易形成环状缩尾，粗晶环很浅，但可能出现中心缩尾、纺锤体核组织和粗晶芯组织，见表 7-30。反挤压时压余长度取 30mm，切尾长度为 600mm 时可保证上述缺陷不进入产品。而正挤压棒材时压余长度一般需要取 90~110mm。

表 7-30 反挤压棒材缩尾、粗晶环和粗晶芯沿长度分布（单孔模、ϕ420mm 挤压筒）

合计及状态	棒材规格/mm	缩尾长度/mm	粗晶环深度和长度/mm	粗晶芯长度/mm
2A12T4	ϕ105	400	很浅，可至棒材中段	距尾端 600
2A50T6	ϕ120	260	很浅，可至棒材中段	距尾端 600
7A04	ϕ110	230	很浅，距尾端 800	距尾端 400（细晶芯）
2A11	ϕ110	400	很浅，可至棒材中段	距尾端 600

反挤压棒材表面易形成起皮和气泡，出现成层。通常单孔反挤压 ϕ95~160mm 棒材时，成层深度为 0.1~1.0mm；多孔反挤压 ϕ55~90mm 棒材时，成层深度为 0.2~0.6mm。一般切尾 600mm 可去掉成层。为减少成层和气泡，要保证坯料和工具的清洁度和间隙尺寸，采用合适的挤压排气工艺。

反挤压管材沿纵向和横截面有比较均匀的力学性能和组织，几乎不产生粗晶环。采用合理的生产工艺，可以获得内外表面质量都能满足技术标准要求的管材。

B 尺寸精度

反挤压产品沿长度方向的尺寸变化很小，其尺寸误差比正挤压要小得多，如图 7-16、图 7-17 所示。

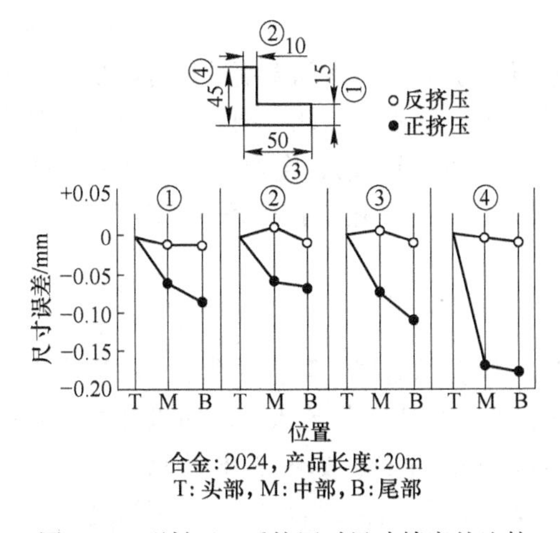

图 7-16 型材正、反挤压时尺寸精度的比较

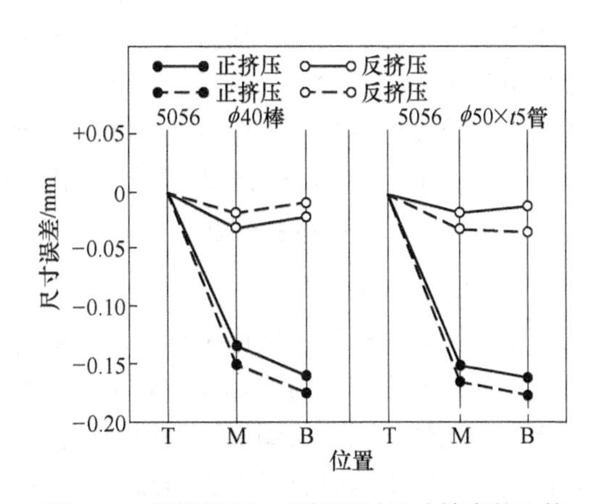

图 7-17 管棒材正、反挤压时尺寸精度的比较

7.4　铜及铜合金的挤压

7.4.1　正挤压

采用正挤压法可以生产铜及铜合金的管、棒、线材，以及简单断面形状的实心型材和异形空心材。表7-31为各种主要的铜及铜合金挤压材料及其用途。本节主要论述铜及铜合金的热挤压。

表7-31　铜及铜合金挤压材料及其应用

应用领域	应用产品	挤压材料种类	材质
导电材料	各种导体	型材、棒材	微量元素铜合金、韧铜
	整流片、线圈用导体	型材、异型管	韧铜、无氧铜
	电阻焊接用电极	棒	高导电耐热合金
	超导体稳定化用铜材	管	无氧铜
电子工业	电子管用材料	棒、管	无氧铜
热交换器	冷冻机空调管	管	脱氧铜
	产业用热交换器管	管	耐蚀合金（白铜等）
建筑	配管	管	脱氧铜
	装饰	棒、管	韧铜、脱氧铜
切削、成型	切削	棒、管	铅黄铜
	锻造	棒	各种铜合金

7.4.1.1　可挤压性与挤压条件

除少数铅黄铜、铝黄铜可以在600℃左右挤压之外，大多数铜及铜合金的挤压温度在700~950℃之间，白铜的挤压温度甚至高达1000~1050℃，远远高于铝合金的热挤压温度。由于坯料的加热温度与挤压筒温度（一般为400~450℃）相差较大，挤压过程中不但不容易产生过热现象，而且如果挤压速度太慢还会引起坯料表面温度的过分降低，致使金属流动不均匀性增加，挤压负荷上升，甚至产生闷车现象。因此，铜及铜合金一般都采用较高的速度进行挤压。除磷青铜和洋白铜外，其余的铜及铜合金都具有良好的可挤压性。表7-32所示为纯铜及各种铜合金的可挤压性及通常所采用的挤压条件范围。

7.4.1.2　棒管型材挤压

A　棒材挤压

铜及铜合金棒材多采用平模挤压。但为了减少模孔的磨损，防止模孔变形，通常将模孔入口处设计成半径为2~5mm的圆弧。因为坯料的氧化表皮易流入产品内以及挤压后期易产生缩尾的现象，黄铜棒多采用脱皮挤压（shell extrusion），如图7-18所示。脱皮挤压是使用外径比挤压筒直径小2~4mm的挤压垫进行挤压，这样在挤压垫与挤压筒之间形成一定间隙，使坯料的表皮部分残留在挤压筒内。当挤压结束后，压入外径略大于挤压筒内径的垫片（清理垫），将残留在挤压筒内的坯料表皮清除干净（脱皮厚度一般1~2mm）。

表7-32 铜及铜合金的可挤性及通常所采用的挤压条件范围

合金	成分（质量分数）/%					可挤压性指数①	挤压温度/℃	挤压比	产品流出速度/m·min^{-1}
	Zn	Sn	Pb	Al	Ni				
纯铜						良75	810~920	10~400	6~300
黄铜	15					良	780~870	约100	6~200
	30					良	750~840	约150	
	35					良	750~800	约250	
	40					优85	670~730	约300	
铅黄铜	35.5		3			优90	700~760	约300	约（250~300）
	38		2			优95	670~750		
	40		1			优100	600~700		
	40		3			优100	600~700		
	32.5		0.5			良	660~690		
铝黄铜	20			1		良	750~850	约75	约100
	22			2（冷凝管）		良	730~760	约80	约100
	40			2		优85	550~700	约250	约250
海军黄铜	28	1				良	760~820	约300	
	39	1				优85	640~730		
铝青铜				5		可	850~900	约100	约（150~200）
				8		良50	820~870		
				10		良	820~840		
磷青铜		5		P		差	750~800		
锰青铜	39.2				（Mn1，Fe1）	优80	650~700	约250	约250
锡青铜			2				800~900	约100	约150
			6				650~740	约100	约50
			8				650~740	约80	约30
硅青铜					Si3	可	740~840	约30	6~30
					Si1.5	良	760~860		
白铜					20	良	980~1010	约80	约50
					30		1010~1050		
洋白铜	17				18	差	850~900	约100	6~100
	27				18				
	20				15				

①数字是以59-1铅黄铜的可挤压指数为100时的相对值。

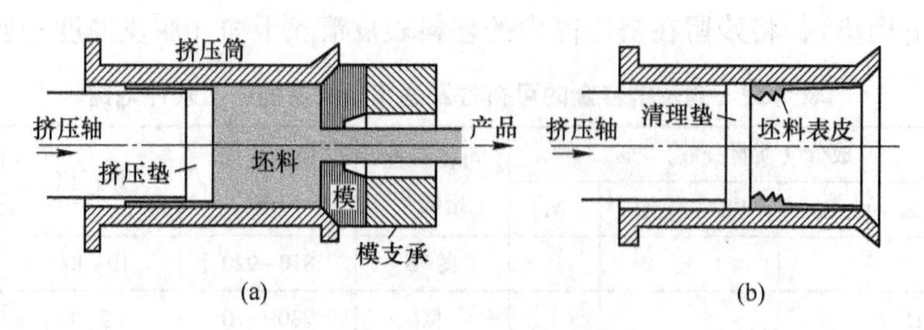

图 7-18 脱皮挤压示意图

(a) 挤压；(b) 脱皮的清除

采用脱皮挤压需要较大的挤压力，这将影响中小设备的可生产品种范围。因此，可以采用常规的非脱皮挤压法进行挤压，而在挤压后对产品施以过度酸洗或者刨皮处理，以确保产品表面质量。

对产品表面质量要求高的场合，应对坯料施以刷洗、酸洗乃至剥皮处理，以除去油污、熔渣等坯料表面缺陷。

铜及铜合金棒材挤压时容易产生的缺陷是：中心缩尾与皮下缩尾。防止缩尾的有效对策之一是留有足够长的压余，推荐压余长度约取坯料直径的15%~25%左右，其中棒材挤压取上限，型材、管材挤压取下限；坯料长径比大时取上限，长径比小时取下限。生产现场挤压压余长度通常按坯料长度来考虑，一般取坯料长度的10%~20%左右，但这种比例对于坯料长径比很大或很小的是不合适的。

B 管材挤压

无缝铜管的最为典型的成型方法是：热挤压→冷轧→成品，或热挤压→冷轧→拉拔→成品。铜管的热挤压多采用实心坯料穿孔法，但对 Cu-Ni 系一类的高变形抗力合金，穿孔针的刚度与强度问题较为突出，故也采用空心坯料进行挤压。

与铝合金不同，由于铜合金挤压温度高、变形抗力大，难以采用分流模来挤压管材。由于穿孔针的刚度与强度方面的原因，壁厚很薄或者内径很小的管材一般难以采用挤压法直接成型。

普通穿孔挤压时，由于穿孔料头成为几何废料，对挤压成材率有较大影响。料头直径与挤压模孔（管材外径）直径相等，因而大直径薄壁管材挤压时料头损失相当大，可达坯料的30%~40%。为了减少穿孔料头的损失，直径大于120mm 的铜及铜合金管材挤压生产时，可在穿孔前将实心垫片（堵板）置于挤压模前，然后进行穿孔，此时的穿孔过程相当于反挤压过程。当穿孔针前端面离堵板很近时，取出堵板进行正常穿孔，然后进行挤压。该法可减少料头损失80%以上，但穿孔能耗和生产效率受到一定影响。

穿孔针挤压管材的主要缺陷有内外表面缺陷、管壁内部缺陷、壁厚不均（主要表现为偏心）等。

对于挤压后需进行冷轧、拉拔加工的薄壁管材，应确保热挤管材内外表面无氧化物压入、无气泡、模印、划痕存在，管壁内部无各种坯料表层缺陷、油污以及氧化皮的混入。因此，管材挤压用坯料多预先进行剥皮处理。铜及铜合金在加热工程中容易形成较厚的氧化皮，为防止挤压过程中氧化表皮流入产品中，也可采用脱皮挤压法。当穿孔针较细时，不宜采用脱皮挤压，以防产生明显的管材偏心。

偏心是穿孔针挤压管材中最容易产生的缺陷之一，其主要影响因素包括挤压机的机械同心度、穿孔针的刚度。壁厚不均是挤压铜和铜合金挤压管材时另一种较为普遍性的缺陷是，而大多数的壁厚不均是伴随着管材偏心而出现的。

C 型材挤压

综上所述，由于铜及铜合金的挤压温度较高，模具工作条件恶劣，复杂断面的实心与空心型材的成型非常困难。实际生产中的挤压型材通常限于如图 7-19（a）所示的异型棒材和简单型材，以及图 7-19（b）所示的一类异型管材。

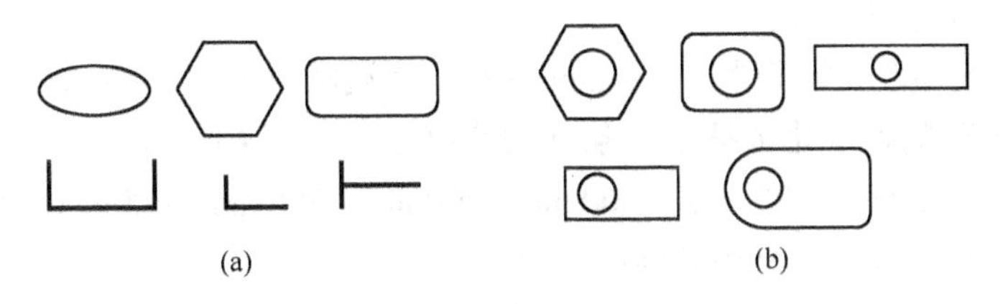

图 7-19 各种异型断面挤压铜材
（a）异型棒材和简单型材；（b）异型管材

7.4.1.3 管棒材挤压工艺流程

采用常规挤压法生产管材棒材的工艺流程如图 7-20 所示。为了获得高质量的产品必须正确选择基本工艺参数，包括制品设计、锭坯尺寸、挤压温度、挤压速度、润滑条件等。

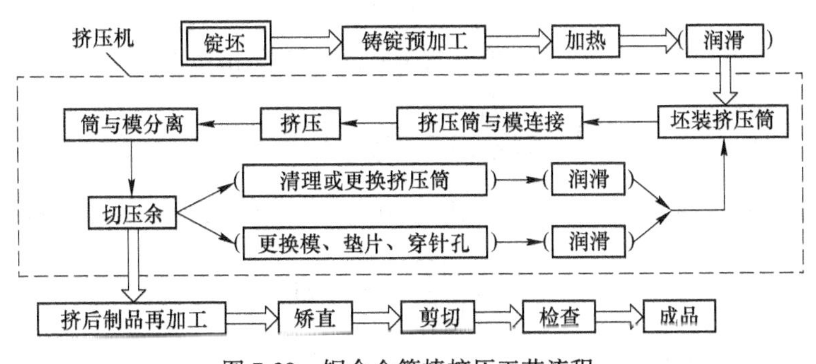

图 7-20 铜合金管棒挤压工艺流程

A 锭坯尺寸的选择

（1）锭坯直径的确定：

1）挤制管的锭坯直径：

$$D_0 = \sqrt{\lambda(d_2 - d_1^2) + d_1^2} \tag{7-11}$$

2）挤制棒的锭坯直径：

$$D_0 = d\sqrt{\lambda} \tag{7-12}$$

（2）锭坯长度的确定：

$$L_0 = \left(\frac{L_1 + L_2 + L_3}{\lambda} + h\right)\frac{1}{K} \tag{7-13}$$

式中 d ——成品外径，mm；

L_1——成品长度，mm；

L_2——切头长度，一般为200~300mm；

L_3——切尾长度，管材为200~300mm，棒材折断口缩尾为500mm；

d_1——挤制管内径，mm；

K——挤压充填系数，$K=\left(\frac{D_0}{D_t}\right)^2$；

D_0——锭坯直径；

D_t——挤压筒内孔直径；

h——压余厚度，全润滑时h=3mm左右，无润滑时h=25~60mm。

（3）铸锭长度的标准化根据上述条件初步确定了铸锭的长度。为了便于管理应采用标准长度，即L=200mm、250mm、300mm、400mm、500mm、600mm、700mm、800mm，对批量大的定尺产品也可以采用非标准铸锭。

［例7-1］ 在25MN挤压机上，挤压制品尺寸为65mm×7.5mm，定尺长度4.5m的紫铜管，选择铸锭的直径和长度。

［解］ （1）确定铸锭的直径和挤压比在25MN挤压机上挤压65mm×7.5mm的T2管材，在200系统上进行，挤压筒直径200mm，铸锭直径195mm。

管材内径为：

$$65-7.5\times2=50\ (\text{mm})$$

$$\lambda=\frac{(D_t-s_t)s_t}{(d-s)s}$$

$$S_t=(200-75)\div2=75\ (\text{mm})$$

$$\lambda=\frac{(200-75)\times75}{(65-7.5)\times7.5}=21.7$$

（2）计算铸锭长度L_1=4500mm，L_2取300mm，L_3取300mm，h取35mm，

$$K=\left(\frac{195}{200}\right)^2=0.95$$

代入式（7-13）中得：

$$L_0=\left(\frac{4500+300+300}{21.7}+35\right)\times\frac{1}{0.95}=284\ (\text{mm})$$

（3）标准化。

（4）铸锭长度应选用300mm。

B 锭坯与挤压机能力的关系

挤制管材时，其锭坯尺寸表见表7-33~表7-35。挤制棒材的锭坯尺寸如图7-21所示。

C 锭坯的预加工

锭坯的预加工包括表面加工、切头尾等，在锭坯的生产阶段完成。

D 锭坯的加热

（1）锭坯加热温度的选择。铜及其铜合金的加热温度如表7-36所示。

表 7-33 4MN 挤压机挤制管与锭坯的关系

合金牌号	成品尺寸/mm		锭坯尺寸/mm	合金牌号	成品尺寸/mm		锭坯尺寸/mm
	外径	壁厚			外径	壁厚	
T2~T3	25~30	1.0~2.0	(69~69.5)×34×285	紫铜，黄铜	30~40	4.5~5.5	(78~79.5)×38×280
HSn77-2		2.5~3.5	(69~69.5)×32×280			6.0~7.0	(78~79.5)×35×280
HSn70-1		4.0~6.0	(69~69.5)×29×290	HPb59-1	31~40	2.0~8.0	(78~79.5)×(43~22)×280
H68	25~31	1.0~2.0	(69~69.5)×32×280	紫铜，黄铜	40~45	2.0~3.0	(98~99)×46×285
H62,H96		2.5~3.5	(69~69.5)×29×270			3.5~4.5	(98~99)×43×285
HPb59-1		4.0~6.0	(69~69.5)×26×260			5.0~6.5	(98~99)×40×285
HPb59-1	25~30	2.0~8.0	(69~69.5)×(34~22)×285			7~8	(98~99)×37×285
紫铜，黄铜	26	1.0~2.0	(78~79.5)×38×285		46~50	2.0~3.0	(98~99)×51×285
		2.5~3.5	(78~79.5)×35×280			3.5~4.0	(98~99)×48×285
		4.0~5.5	(78~79.5)×32×275			4.5~6.0	(98~99)×46×285
		6.0~7.0	(78~79.5)×29×270			6.5~8.0	(98~99)×43×285
	35~40	1.0~2.5	(78~79.5)×43×285	HPb59-1	41~50	2.0~10	(98~99)×(51~30)×285
		3.0~4.0	(78~79.5)×40×285				

表 7-34 12MN 挤压机挤制管与锭坯尺寸的关系

金属与合金	管材外径/mm	壁厚/mm										
		2	2.5	3~4.0	4.5~5.5	6~6.5	7~7.5	8~8.5	9~10	11~15	16~20	20~30
		锭坯直径×锭坯长度/mm										
紫铜-黄铜	34~37	145×200	145×200	145×250	145×300							
	38~41	145×200	145×250	145×300	145×300	145×300						
	42~45	145×200	145×250	145×300	145×300	1450×300	180×300					
	46~60		145×300	145×300	145×300	180×300	180×300	180×300	180×400			
	61~66			180×300	180×300	180×300	180×300	180×400	180×400			
	67~80			180×300	180×300	180×300	180×400	180×400	180×400	180×400		
	81~90			180×300	180×300	180×300	180×400	180×400	180×400	180×400	180×400	180×400
青铜	42~55				145×300	145×300	145×300	180×300	180×300			
	56~70					180×300	180×300	180×300	180×300	180×300		
	71~90						180×300	180×300	180×300	180×300	180×300	180×300

表 7-35 15MN、25MN、35MN 挤压机挤制管与锭坯尺寸的关系

金属与合金	挤制管外径/mm	壁厚/mm								
		2.5~3	3.5~4	4.5~5.5	6~6.5	7~7.5	8~9.5	10~11.5	12~14	≥15
		锭坯直径×锭坯长度/mm								
H96，H62	26~32	145×150	145×150	145×150	145×150					
HPb59-1	24~39	145×150	145×200	145×200	145×200	145×200	145×200	145×200		

续表 7-35

金属与合金	挤制管外径/mm	壁厚/mm								
		2.5~3	3.5~4	4.5~5.5	6~6.5	7~7.5	8~9.5	10~11.5	12~14	≥15
		锭坯直径×锭坯长度/mm								
HPb60-1	40~44			145×250	145×250	145×250	145×250			
HFe59-1-1	45~47	145×200	145×250		145×300		195×250	195×250		
HSn62-1	48~53	145×200		145×300		195×250				
HAl59-3-2	54~61	145×300	145×300	195×250	195×250		195×300	195×300		
HAl66-6-3-2	68~77				195×300	195×300	245×300	245×300	245×300	
HMn57-3-1	78~89	195×250	195×250			295×300			245×400	245×400
HMn58-2	90~104		195×300	195×300	245×300		245×400	245×400	295×400	
QAl9-2	105~117		245×250	245×300	245×400	245×400	295×400	295×400		
QAl9-4	120~134					295×300	295×400	295×400		360×400
QAl10-4-4	135~155					295×400	295×400	295×400		
	156~165			295×300	295×300	295×400	295×400	360×400	360×400	
	170~205			360×250	360×250	360×400	360×400	360×400	360×500	360×500
	210~220					360×300	360×400	360×400	360×500	
	225~230								360×600	360×600
	235~265								410×500	410×500
	270~285					410×300	410×400	410×400	410×500	410×600

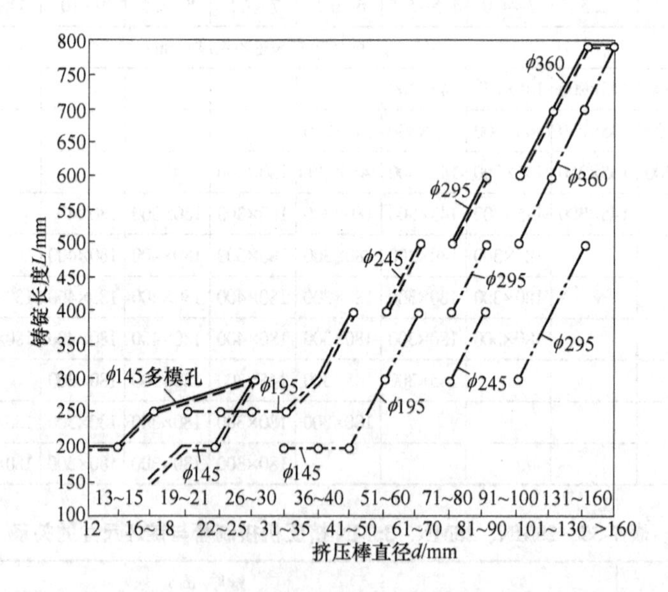

图 7-21 15MN、25MN、35MN 挤压机挤制棒材与锭坯尺寸关系

（紫铜，H96，H90，H62，H59，HPb59-1，HPb66-3，HA160-1-1，HMn57-3-1，锌-H80，H68，HSn70-1，HNi56-3，QCr0.5，HAl77-2，HSi80-3，QCd1.0，QCr0.2-QSn6.5-0.1，QSn6.5-0.4，QSn7-0.2，QSi3-1，QSi1-3，QSn4-0.3，QSn4-4，QSn8-0.4，QBe2.0，QBe2.5，B30，BMn40-1.5，NiNCu28-2.5-1.5）

表 7-36 铜及其合金的加热温度

材料	加热温度/℃	材料	加热温度/℃
HMn58-2	560~630	QMn5	770~840
HPb59-1	550~680	H96，Bn15-20	790~970
HMn57-3-1	580~670	QCr0.5，QCd1.0，QZr0.2	800~870
HPb63-3，HAl60-1-1	600~670	QAl9-4	800~890
H59，HNi56-3	620~690	QAl10-4-4，QAl10-5-5，QNi65-5	820~910
H62，HSn62-1，HFe59-4-4	640~780	QSn4-3	770~860
HAl59-3-2，HAl66-6-3-2	660~750	QSi1-3	850~940
QSn6.5-0.1，QSn7-0.2，QSn4-0.3，QSi3-1	660~840	H80	850~940
QBe2.0，QBe2.5	710~810	H90	850~940
H65，HSn76-1，HAl77-2	700~850	QAl13-6	850~940
HSi80-3，QAl9-2，QAl10-3-1.5，QSi3.5-3-1.5	740~840	B30	900~1050
T2，T3，T4，TU1	750~900	BMn40-1.5	920~1100

(2) 锭坯加热时间的选择。铜及其合金的加热时间与材料的导热性能和锭坯的尺寸有直接关系。加热时间的长短必须能保证整个锭坯的温度均匀。紫铜的导热性能好，可以采用快速加热，铝青铜导热性能差，加热时间要适当长些，锡磷青铜锭常有锡偏析，采用长时间加热能起到均匀化的目的；QSi1-3 硅青铜锭常有铸造应力存在，加热时要缓慢升温，否则加热中会产生裂纹。锭坯尺寸大的要比尺寸小的加热时间长一些。加热铜及其合金时，一般都采用微氧化气氛。如果用煤气炉时，要注意煤气的硫含量应小于 0.039mg/L，否则，会使铜合金产生脆裂。炉膛压力一般为 4.9~9.8Pa。

E 挤压

挤压工序是挤压加工的关键，铜及铜合金的挤压工艺因制品的种类、使用目的、对制品表面质量的要求以及有无后续加工（冷轧、拉伸加工等）不同而异，挤压比、挤压速度等参数影响着挤压结果。

(1) 挤压延伸系数的选择。选择挤压管棒材的延伸系数时应考虑合金塑性、产品品种性能以及设备能力等因素。表 7-37 和表 7-38 为按设备能力、合金品种列出的延伸系数范围。

表 7-37 4MN、12MN 挤压机延伸系数范围

设备能力/MN	挤压筒直径/mm	管材				棒材			
		紫铜、黄铜		青铜		紫铜、黄铜		青铜	
		直径/mm	挤压延伸系数	直径/mm	挤压延伸系数	直径/mm	挤压延伸系数	直径/mm	挤压延伸系数
4	72	25~30	7~50						
	82	26~40	8~60						
	102	40~50	6~30						

续表 7-37

设备能力/MN	挤压筒直径/mm	管材				棒材			
		紫铜、黄铜		青铜		紫铜、黄铜		青铜	
		直径/mm	挤压延伸系数	直径/mm	挤压延伸系数	直径/mm	挤压延伸系数	直径/mm	挤压延伸系数
12	145	34~37	30~85	42~45	20~36				
		38~41	25~75						
		42~45	20~65	46~55	15~50				
		46~55	15~50						
	180	56~60	10~30	56~60	10~25	7~16	≥88	10~16	≥88
		61~66	10~45	61~66	10~20	17~24	113~56	17~24	113~56
		67~71	10~35	65~70	10~20	25~30	52~36	15~32	52~32
		72~81	6~30	71~80	6~15	31~50	34~13	33~50	30~13
		82~90	4~25	81~90	4~15				

表 7-38 15MN、25MN、35MN 挤压机延伸系数范围

设备能力/MN	挤压筒直径/mm	金属或合金牌号				
		紫铜，H96，H90，H62，H59，HPb59-1，HPb66-3，HAl60-1-1，HMn57-3-1		QAl7，QAl9-2，QAl9-4，QAl10-3-1. 5，QAl10-4-4	H80，H68，HSn70-1，QCd1. 0，QCe0. 2，HNi56-3，QCr0. 5，HAl77-2，HSi80-3	QSn6. 5-0. 1，QSn6. 5-0. 4，QSn7-0. 2，QSi3-1，QSn4-0. 3，QSn4-4，QSi1-3，QBe2. 0，B30，BMn4. 0-1. 5，QBe2. 5
		管材	棒材			
15	150	18~67	25~156	25~46. 5	18~44	14. 8~21. 9
25	200	16~63	16~41. 6	16~41. 6	16~30. 8	10. 7~15. 4
35	250	15~48. 3	17. 3~24	12~24	12. 7~24	6. 25~12. 4
35	300	12. 75~28	11. 1~17. 8	11. 1~17. 8	11. 1~17. 8	4~10. 9
35	370	6~31	<5. 35~16. 5	<5. 35~16. 5	<5. 35~16. 5	4. 22~5. 7
35	420	3. 43~18. 7	<6. 87	—	—	—

（2）挤压速度的确定。铜及其合金的挤压速度如表 7-39 和表 7-40 所示。

表 7-39　正向挤压金属流动速度

材　料	金属流出速度/m·s^{-1}					
	λ<40		λ=40~100		λ>100	
	管材	棒材	管材	棒材	管材	棒材
T2，TU1，TU2，H96 H90，H85，H80 H62，HPb59-1 及双相黄铜	1~2 0.2~0.8 0.7~0.8	0.3~1.5 0.2~1 0.4~1.5	3~5 2~4	0.5~2.5 0.6~3	3~5	1~3.5 1~4
QAl9-2，QAl9-4，QCd1.0，QCr0.5，QZr0.2，QAl10-3-1.5，QAl10-4-4	0.15~0.25	0.1~0.2	0.5~0.8	0.3~0.8		
QSi3-1，QSi1-3，QSn4-3，QBe2.5，QBe2.5，	0.5~1.1	0.04~0.1 0.5~1.0 0.5~1.0	1~2	0.07~0.15 0.8~1.5 0.8~1.5		
BAl3-3，BZn15-20，H68，HSn70-1，HAl77-2，QSn6.5-0.1，QSn7-0.2，B20，BFe30-1-1	0.04~0.1 0.03~0.06 0.3~1.2					

表 7-40　不同合金挤压速度的推荐值

合　金	T2~T4，H96	H62，H59	H68，HPb59-1，HPb62-1	H68，HAl70-1，HSn77-2	QAl10-3-1.5	QBe2.5	QSn4-0.3
制品流出速度/m·min^{-1}	≤85	≤80	≤35	≤15	≤6	≤3	≤2

（3）挤压后管棒的再加工。挤压后的管棒制品往往需要经过矫直、剪切和质量检查，合格后制品入库。

7.4.1.4　铜合金管棒材挤压生产举例

（1）紫铜挤压。紫铜的加热采用快速加热，直径 φ200mm 的铸锭仅用 40~60min 即加热到 800℃，为减少紫铜氧化，在铸锭整个加热周期，绝大部分时间里锭温控制在 600℃以下，仅在出炉前的短时间采取急升温，把锭温加热到规定温度。加热无氧铜必须注意炉膛的压力和气氛，氧化性气氛会使氧渗入到铸锭表层，挤制品表层含氧。有的使用工频感应电炉加热无氧铜，渗氧问题得以解决。加热紫铜时不允许常开炉门烧炉或铸锭提前出炉。

紫铜可采用快速挤压，金属流动速度可达 5m/s，棒材的挤压速度稍低于管材。

挤压紫铜应使用平模，这样可以防止氧化皮压入制品，挤压过程中要经常水冷和清理黏附在模子上的氧化皮，挤压筒中的铜皮要逐根清理，否则会造成制品的皮下夹层或表面起皮、起泡，挤压大直径管材尤其易出现这类问题。

（2）黄铜挤压。适用于挤压的黄铜牌号很多，它们的工艺性能差异也很大。黄铜的工艺性能与含锌量之间有很大关系。含锌量在36%~46.5%的黄铜，一般高温变形抗力较低，塑性较好。含锌量在46.5%~50%的黄铜抗力，塑性好，但对工具的黏性大。它们在挤压过程中金属流动不均，容易产生较长的缩尾。含锌量大于10%而小于36%的黄铜高温变形抗力大，塑性差，这类合金挤压时金属流动均匀，缩尾也较短。当含锌量<10%时，金属的高温塑性又开始随锌含量的减少而提高。

黄铜在高温状态下，长时间加热会使晶粒迅速长大。因此，黄铜在炉内保温时间不得长于8h，加热温度过高会使制品表面脱锌，脱锌的制品经冷加工后会产生黑麻点。

（3）青铜挤压。挤压加工的青铜有：铝青铜（QAl9-2、QAl9-4、QAl10-3-1.5、QAl10-4-4、QAl10-5-5）、硅青铜（QSi3-1、QSi1-3、QSi3.5-3-1.5）、锡青铜（QSn7-0.2、QSn6.5-0.1、QSn1-0.3、QSn4-3）、镉青铜（QCd1.0）、铬青铜（QCr0.5）等。

铝青铜的热加工性能很好，可以在很宽的范围内进行挤压。但是，铝青铜的力学性能与挤压温度有一定关系，QAl10-3-1.5、QAl10-4-4两种合金若挤压温度低，会出现产品硬度偏高的废品，QAl10-3-1.5、QAl9-2如果挤压温度偏高，会产生产品的抗拉强度偏低的废品。铝青铜对工具的黏性较大，挤压模、穿孔针必须进行润滑，挤压大直径管棒材使用的挤压模的穿孔针预热温度应适当高一些。工具温度低会造成挤不动，制品表面起刺，或制品内表面擦伤，铝青铜挤压缩尾较长，必须采用脱皮挤压。铸锭表面好时也采用全润滑挤压。

锡青铜和硅青铜的高温变形抗力比较高，塑性较差。挤压这类合金，必须严格控制铸锭的加热温度和挤压速度，避免产生挤压裂纹，锡青铜在铸造时容易产生锡偏析，即铸锭表面含锡量偏高，挤压末期（甚至在平流挤压阶段）外层金属沿死区流动，在制品上产生皮下夹层和表面裂纹等缺陷，偏析严重的铸锭挤压前应进行车皮，一般轻微的偏析可以采用脱皮挤压来解决偏析带来的危害。锡青铜和硅青铜挤压管材使用空心铸锭，空心锭的内孔比穿孔针大1.5~5mm。

（4）白铜挤压。挤压加工白铜有：B10、BFe30-1-1、BMn40-1.5、BZn15-20。这类合金挤压时，金属的加热温度高，变形抗力高，黏性大，挤压比较困难，因此使用玻璃做润滑剂，但使制品的表面质量变坏，铸锭必须在感应炉内加热，煤气加热的铸锭表面氧化严重；在无感应炉设备的工厂里，挤压白铜仍然使用传统的油质润滑剂。这类合金挤压管材，除B10、BFe30-1-1使用实心铸锭，其余均使用空心铸锭。

由于铜及铜合金的挤压温度较高，模具工作条件恶劣，复杂断面的实心材与空心型材的成型非常困难。实际生产中的型材通常限于异型棒材和简单型材，以及一些异型管材。

7.4.1.5 铜合金挤压工艺润滑

由于氧化铜本身具有良好的润滑性，铜及含锌量（质量分数）在15%以下的黄铜、锡青铜等通常采用无润滑挤压。但为了有利于压余与挤压模的分离，减少模具、穿孔针的磨损，降低挤压力，提高制品表面质量等目的，可用石墨-植物油系润滑油对挤压模、穿孔针进行润滑。挤压白铜、青铜时，通常采用40号机油和30%~40%鳞片状石墨的液态混合物作为润滑剂。在卧式挤压机上，常用石油沥青作为穿孔针、挤压垫和模子的润滑剂。

铜及铜合金所使用的润滑剂包括油质润滑剂和玻璃润滑剂两种，其使用方法如下：

(1) 油质润滑剂。油质润滑剂的应用十分广泛。在全润滑挤压时，用刷子将油质液体润滑剂涂抹在工具的表面，不含石墨的液体润滑剂可以用喷嘴喷涂。

石油沥青应用最普遍，在卧式挤压机上用于沥青润滑穿孔针、挤压模和垫片的外缘。在沥青中加入20%~30%的鳞片状石墨，其润滑效果更好。在小吨位挤压机上也使用高温钠基脂或高温钙基脂加入30%的鳞片状石墨作为润滑剂。

油质液体润滑剂是用40#机油或轧钢机油加入20%~30%的鳞片状石墨作润滑剂。挤压青铜或白铜用的润滑剂中，可以加入40%的石墨。

(2) 玻璃润滑剂。玻璃润滑剂是挤压铜镍合金必不可少的润滑材料，也用在B30挤压中。玻璃属于固体润滑剂，具有非常好的隔热性能，摩擦系数非常小。玻璃在高温下软化，一层一层地形成胶体，在压力下以玻璃薄膜的形式附着在金属的表面，同金属一起流出模孔。由于隔热和减摩作用，使用玻璃润滑挤压的产品尺寸非常精确。表7-41介绍几种铜合金常用的玻璃润滑剂。

表7-41 玻璃润滑剂的化学组成

牌号	化学组成/%								
	SiO_2	Na_2O	B_2O_3	BaO	CaO	Al_2O_3	ZnO	Mo_2O_4	Fe_2O_3
N-31	60~70	25~35	—	4~8	1~5	—	—	—	0.1
M-1	35~50	10~15	25~40	—	3~15	2~7	—	—	0.1

7.4.2 反挤压

反挤压紫铜、黄铜及硬合金时，金属的流动介于图2-25的Ⅰ型和Ⅱ型之间。挤压过程中温度和压力变化甚小，组织和性能比较均匀。在正挤压时，同一合金，挤压温度不同，外摩擦条件就不同，流动景象也就不同。如H59黄铜，在780℃下挤压，合金呈单相β黄铜组织，摩擦系数为0.15，其流动景象接近于Ⅱ型；若在725℃下挤压呈α+β两相组织，摩擦系数增加至0.24，其流动景象介于Ⅲ型和Ⅳ型之间，流动很不均匀。而反挤压时，由于金属和筒壁之间不存在摩擦，挤压温度对流动类型的影响很小，因而总能获得较为理想的金属流动景象。

7.4.2.1 反挤压铜材时比压的确定

由于反挤压是在挤压力比正挤压低20%~50%的比压条件下实现挤压。挤压所需比压越低，意味着同一挤压机上可以采用较大直径的挤压筒生产具有较大外接圆尺寸的产品。

目前国内外铜合金正挤压所选用的比压值示于表7-42中。如按以上比例考虑，则铜合金反挤压时的比压值可按表7-43中推荐的范围选择。

7.4.2.2 合理挤压比的确定

在实际生产中，反挤压所节省的挤压力已经用来增加挤压筒直径（即相应降低了比压、增加了坯料重量，提高了生产能力）、降低挤压温度、增加金属流出速度，因此挤压比的可提高幅度不大，一般可取正挤压时挤压比范围的上限。

表 7-42 铜合金正挤压用比压值（625~900℃）

挤压机/MN	挤压筒直径/mm	挤压筒面积/cm²	比压/MPa
5	80	50.2	995
	95	71	705
6	100	78.5	764
	120	113.8	528
8	100	78.5	1020
	125	123	650
	150	176	455
12	125	123	975
	150	176	682
	185	269	446
15	200	314	474
	250	490	306
25	200	314	795
	250	492	508
	300	709	354
35	250	492	712
	300	709	495
	370	1080	324

表 7-43 推荐的反挤压用比压值（挤压温度 625~900℃）

挤压机吨位/MN	8	12~16	20~25	31.5~50
比压值/MPa	310~700	280~670	250~600	160~580

7.4.2.3 温度-速度规范

铜合金反挤压时，应在最低的允许温度下以最高的允许速度进行挤压。表 7-44~表 7-46 分别列出了常用铜合金的挤压温度和速度。

表 7-44 铜及铜合金反向挤压坯料加热温度

合金	制品	坯料直径/mm	坯料加热温度/℃	加热时间/h
紫铜	管材和棒材	≤97	720~750	1.5~2
		145~200	800~850	2~2.5
		200~250	850~900	2.5~3.5
		250~300	850~900	3.5~4
		300~400	900~950	3.5~4

续表 7-44

合金	制品	坯料直径/mm	坯料加热温度/℃	加热时间/h
H96	棒	145~200	820~870	2~2.5
H62	管、棒、管坯	145~250	700~750	1.5~2.5
H59		250~300	680~750	2.5~3.5
H68		≤97	740~780	1
HAl70-1		145~200	770~820	1.5~2.0
HSn77-2		250~300	780~850	2.5~3.5
QAl10-3-1.5	管、棒	175	800~870	1.5~2
		200~250	820~880	2~2.5
		250~400	850~900	2.5~3.5
QBe2.5	管、棒	≤83	780~820	1~1.5
		>145	800~850	2.5~3.5
QSn4-0.3	管、棒	83~97	730~770	1~1.5
		200~250	800~870	2~2.5

表 7-45 铜及铜合金反挤压坯料加热温度

合金	产品	坯料直径/mm	坯料加热温度/℃	加热时间/h
紫铜	管材和棒材	≤97	720~750	1.5~2
		145~200	800~850	2~2.5
		200~250	850~900	2.5~3.5
		250~300	850~900	3.5~4
		300~400	900~950	3.5~4
H96	棒	145~200	820~870	2~2.5
H62 HP59	管、棒、管坯	145~250	700~750	1.5~2.5
		250~350	680~750	2.5~3.5
H68 HAl70-1 HSn77-2	管、棒、管坯	≤97	740~780	1
		145~200	770~820	1.5~2.0
		250~300	780~850	2.5~3.5
QAl10-3-1.5	管、棒	175	800~870	1.5~2
		200~250	820~880	2~2.5
		250~400	850~900	2.5~3.5
QBe2.5	管、棒	≤83	780~820	1~1.5
		>145	800~850	2.5~3.5
QSn4-0.3	管、棒	83~97	730~770	1~1.5
		200~250	800~870	2~2.5

表 7-46 不同合金挤压速度的推荐值

合金	T2~T4 H96	H62 HPb59	H68 HAPb59-1 HPb62-1	H68 HAl70-1 HSn77-2	QAl10-3-1.5	QBe2.5	QSn4-0.3
产品流出速度 /m·min^{-1}	≤85	≤80	≤35	≤15	≤6	≤3	≤2

7.4.2.4 压余厚度与几何损失

与正挤压相比，反挤压所需压余厚度要小得多。生产实践表明，反挤压时取压余厚度为挤压筒直径的10%就已经足够了，此时可以取消黄铜的断口检验。如在25MN反挤压机上采用直径为370mm的挤压筒挤压时，压余厚度仅需37mm即可，比正挤压时要小得多。表7-47列出了正、反挤压时几何损失的比较。

表 7-47 铜合金正、反挤压几何损失比较

挤压方法		正挤压	反挤压	反正挤压数值之比
挤压机吨位/MN		25	25	—
比压/MPa		600	600	—
坏料尺寸/mm		ϕ220×700	ϕ 20×1330	—
坏料质量大小/kg		226	430	1.9倍
几何损失/kg	压余量	13.4	7.6	—
	壳重	4.1	7.8	—
	小计	17.5	15.4	—
几何损失占坯料质量比/%		7.8	3.6	减少50%
一次挤压成品质量/kg		208.5	426.4	2.05倍

7.4.2.5 产品的组织性能

（1）反挤压的研究和生产实践都表明，由于金属流动比较均匀，所以产品的组织与性能，无论沿横截面还是沿纵向上的分布，都比正挤压更为均匀。

（2）正挤压黄铜棒材，易于出现缩尾和缩孔，为确保质量，必须作断口检查。而反挤压黄铜棒材，不易产生缩尾，所以实际可以取消断口检查。在正挤压电工铅黄铜（HPb61-1）时，坯料加热温度为670℃，由于变形热使坯料温度升高，产生铅的集聚，破坏了铅沿晶界呈细小颗粒分布的状态，因而对切削性能产生不良影响。反挤压时，坯料加热温度可降低到630℃，在挤压过程中没有变形热使坯料温度升高，从而保证了铅粒子沿晶界的细小分布，改善了切削性能。

（3）反挤压黄铜棒材，实测棒材出模口的温度波动在±10℃以内。相应沿棒材整个长度上测得的σ_b、δ几乎是不变的，如图7-22所示。

（4）平面模非润滑正挤压黄铜时，由于压余厚，死区大，所以产品表面质量较好。条件相同的反挤压时死区很小，没有金属的回流现象，所以坯料表面的脏物和缺陷易于暴

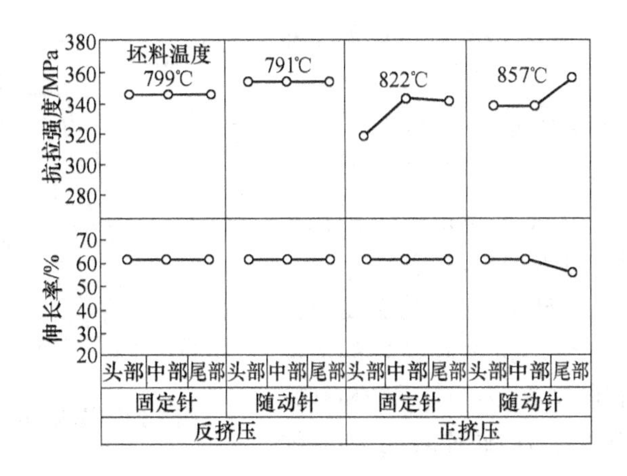

图 7-22 H65 黄铜正、反挤压棒材的力学性能

露在产品表面上，降低产品的表面质量。为弥补这一缺陷，国外在反挤压紫铜、黄铜时，普遍采用脱皮挤压法，保证反挤压产品的表面质量。

(5) 为了简化脱皮挤压的工艺过程，广泛采用组合清理垫片。组合清理垫片的结构如图 7-23 所示。该组合清理垫片集挤压模与清理垫片为一体，使挤压和清理脱皮壳的过程一次完成，因此挤压周期中的辅助时间减少 20%~25%，克服了脱皮挤压周期长的缺点。反挤压比正挤压能生产壁厚更小的管材。

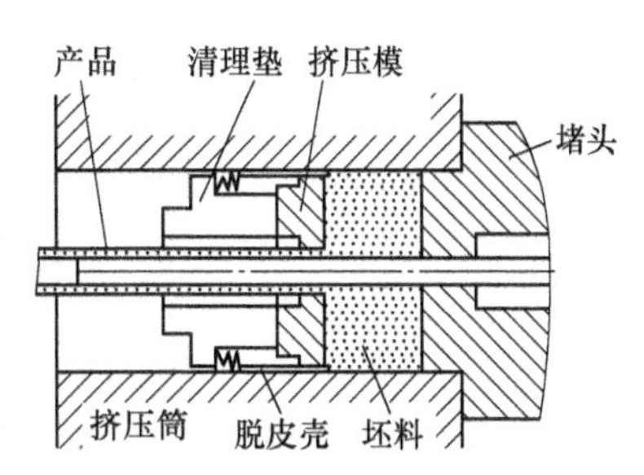

图 7-23 铜合金反挤压用组合清理垫片

(6) 反挤压产品的尺寸精度也优于正挤压，挤压管材时尤为显著，即反挤压管材的壁厚偏差比正挤压要小得多。

7.5 镁合金的挤压

7.5.1 镁合金的可挤性

7.5.1.1 镁合金塑性变形特点

大多数镁合金在室温和较低温度的变形条件下，其塑性变形能力较差。在各自的热加工温度范围内，镁合金的变形抗力明显高于铝合金的变形抗力。因此，与大多数的铝合金、铜合金相比，镁合金属于难加工材料，可挤压性较差。

7.5.1.2 镁合金挤压速度极限

由于镁合金的塑性变形能力较差，变形温升现象较为明显，晶界和枝晶间容易形成粗大网状第二相等原因，镁合金挤压产品容易产生裂纹、表面条纹和黏结等缺陷，严重制约了镁合金的挤压速度的提高。因此，除 Mg-Mn、Mg-Mn-Zr 系的部分合金外、大多数镁合金热挤压时的可挤压速度（挤压速度是可挤压性的重要指标体现）远低于 6000 系合金，图 7-24 所示为镁合金的挤压加工极限曲线。由图可知，在热挤压条件下，M1 合金具有与 A6063 合金相当的可挤压性，ZM21 合金的可挤压性明显低于 A6063 合金，而 AZ31 合金的可挤压性显著下降，AZ61、ZK60等则属于难挤压合金。

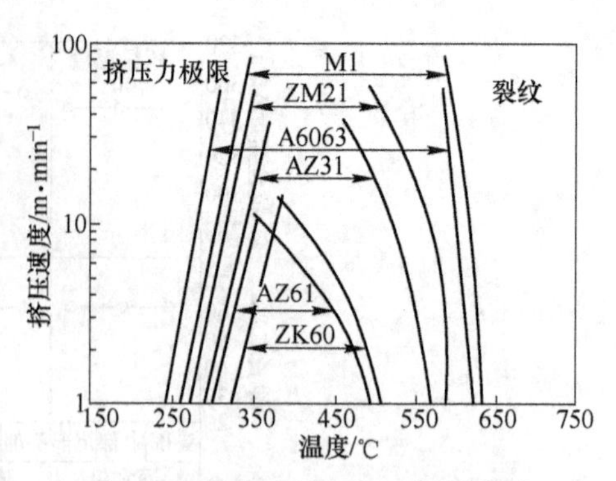

图7-24 镁合金挤压加工极限曲线

7.5.1.3 提高镁合金可挤性的措施

提高合金的可挤压性，主要可从提高变形温度、改善合金组织、优化合金成分、优化挤压工艺和模具结构尺寸等方面采取措施。

(1) 加工温度。在350~450℃的温度范围内，镁合金具有较低的变形抗力和良好的流动变形能力，图7-25和图7-26为纯镁和ZK60镁合金在不同温度下拉伸、压缩时的应力-应变曲线。

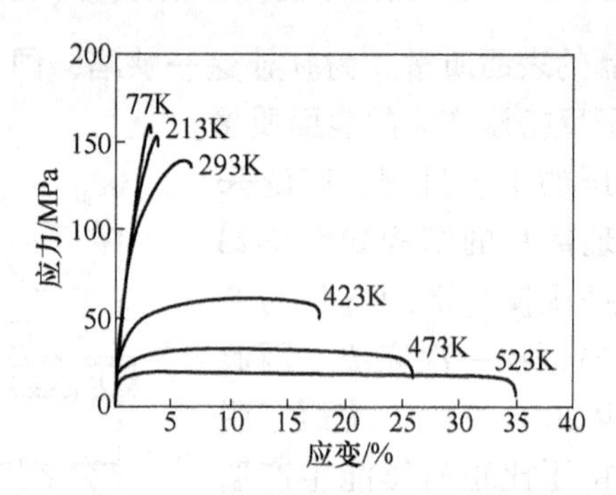

图7-25 纯镁拉伸应力-应变曲线

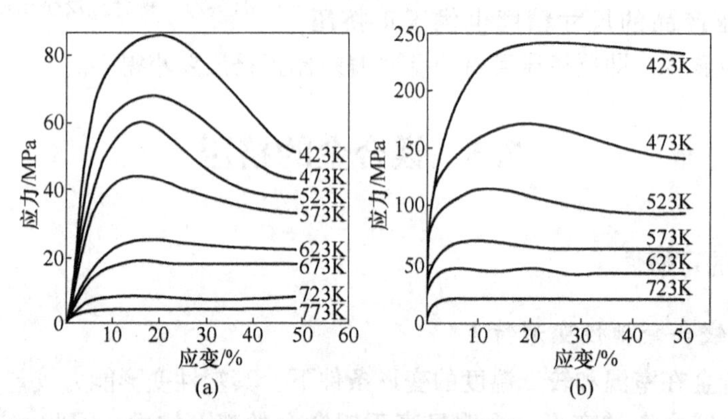

图7-26 纯镁和ZK60合金的压缩应力-应变曲线（$\varepsilon=2.8\times10^{-3}s^{-1}$）

(a) 纯镁；(b) ZK60

(2) 组织调控。组织调控包括晶粒细化和析出相控制。晶粒细化的措施包括添加合金元素、在中低温度下施加大应变塑性变形、控制热加工过程中的动态再结晶等。均匀化退火处理是镁合金挤压坯料组织调控的重要措施。对AZ合金实行均匀化退火处理，可使分布于晶界和枝晶间的粗大网状γ-$Mg_{17}Al_{12}$相溶解，以细小颗粒分布于α-Mg基体中，从而显著改善镁合金的塑性和可加工性能。

(3) 合金成分优化。通过合理的合金成分设计、微合金化调控等措施改善其力学性能与加工性能，是镁合金领域的重要研究方向之一。

（4）挤压工艺优化。镁合金的挤压温度、挤压速度和挤压比是三个交互作用较为显著的工艺参数。在挤压设备的挤压力一定的情况下，提高挤压温度有利于提高挤压速度和挤压比，但在较高温度下以较大挤压比和较高挤压速度进行挤压时，容易由于变形热的原因使产品产生黏结、条纹和裂纹等缺陷。降低挤压比和挤压温度，一般有利于提高挤压速度。因此，在产品断面形状和尺寸一定的条件下，合理选择挤压筒的直径（影响挤压比的大小）和挤压温度，进而合理选择设备，对于获得较高挤压速度非常重要。此外，在其他条件一定的情况下，适当降低挤压筒和挤压模的加热温度，也有利于提高挤压速度。

（5）模具结构与尺寸优化。合金的室温塑性较差，热挤压时的加工性能也明显劣于铝合金，挤压模具结构与尺寸的优化设计尤其重要，可改善金属流动的均匀性，抑制裂纹等产品缺陷的产生，从而有利于提高挤压速度；改善产品纵向弯曲、扭拧和横向瓢曲。

7.5.2 镁合金挤压工艺

镁合金挤压产品包括棒材、管材、型材等，图 7-27 为典型的镁合金挤压产品的形状。

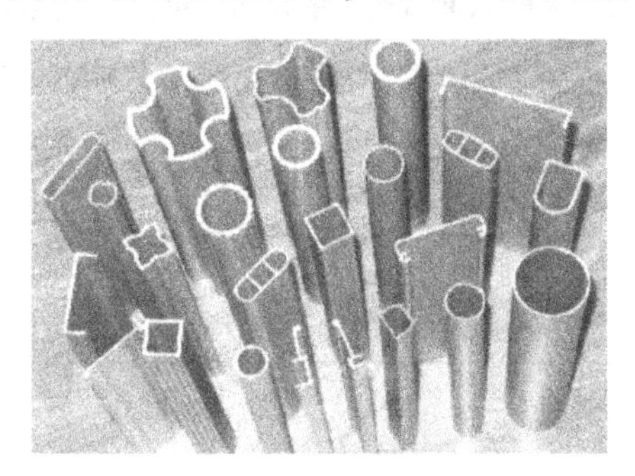

图 7-27 镁合金挤压管材和型材

7.5.2.1 坯料均匀化处理

一般而言，镁合金铸造坯料在挤压前均需要进行均匀化退火处理，以改善合金的组织，提高其塑性，从而改善其挤压加工性能，降低挤压力，并可为某些挤压产品（可热处理强化合金）的最终热处理（时效处理）进行组织准备。如对铸造 AZ91 镁合金实行均匀化退火处理，其伸长率由 3.2%显著提高到 11.2%（见表 7-48）。

表 7-48 AZ91（Mg-8.4Al-0.88Zn-0.34Mn）合金不同工艺状态的力学性能

工艺状态		屈服强度/MPa	抗拉强度/MPa	伸长率/%
铸造（金属模浇注 ϕ95mm 坯）		100	163	3.2
均匀化退火	380℃，15h	100	243	11.2
	420℃，5h	100	246	10
挤压（380℃，15h 均匀化后）	320℃，$\lambda=40$	213	318	10.9
	380℃，$\lambda=40$	239	331	11.7
挤压（无均匀化）	380℃，$\lambda=40$	236	339	10.8
时效 200℃，10h（380℃，15h 均匀化；380℃，$\lambda=40$ 挤压）		251	357	10

7.5.2.2 挤压温度

确定镁合金的挤压温度（坯料加热温度），不仅需要依据“三图定温”的原则，还应根据镁合金的物理化学特点，考虑以下因素：

（1）镁合金的塑性流动性能差，对于挤压复杂断面形状的产品，坯料温度应尽可能高；

（2）镁合金挤压时变形区内温升现象明显，且挤压速度越快温升越显著，因而较高挤压速度时坯料温度应较低；

（3）镁合金化学性质活泼，已发生氧化、燃烧现象，一般情况下坯料最高加热温度不宜超过450℃。

（4）镁合金挤压温度的选择，应根据挤压速度、挤压比的大小，考虑挤压过程中可能的温度上升或温度下降，使挤压变形区内温度控制在300~450℃范围内。合金元素含量越高的镁合金，挤压温度应越低。部分镁合金的挤压温度、挤压速度如表7-49所示。

表7-49 几种镁合金的挤压温度、挤压速度

合金	坯料温度/℃	挤压筒温度/℃	流出速度/m·min^{-1}
M1	693~713	653~663	6~30
AZ31	643~673	503~593	4.5~12
AZ61	643~673	503~563	2~6
AZ80	633~673	503~563	1.2~2

7.5.2.3 挤压速度

一般而言，镁合金挤压产品的表面质量随挤压速度的上升而下降。例如，AZ31镁合金挤压时，当产品流出速度低于4m/min时产品表面质量良好，之后随着挤压速度的提高表面质量下降，当达到15m/min时产品表面出现裂纹。几种镁合金的合适挤压速度见表7-49。

7.5.2.4 挤压比

镁合金的合适挤压比λ一般在10~100的范围内。合金成分含量越高，产品断面越复杂，挤压比应越小。从挤压设备的负荷考虑，挤压温度越低，挤压比应越小，但从挤压变形温升考虑，挤压温度越高，挤压比应越小。此外，由于挤压产品的流出速度对表面质量的影响较明显，选择挤压比时还应同时考虑挤压速度，二者之间具有较强的相互制约关系。

挤压比对产品力学性能的影响以伸长率较为显著。对AZ31合金而言，在挤压比λ=10~100的范围内，挤压棒材的强度几乎没有变化，但伸长率随挤压比的增加明显上升。

7.5.3 镁合金挤压的润滑

良好的润滑条件可以降低摩擦系数从而获得好的制品表面质量，减小挤压力。在镁合金挤压过程中，润滑剂采用石墨、动物油或植物油。如在AZ31镁合金薄壁管材挤压成型工艺中，穿孔挤压时挤压针一般不涂润滑剂或涂一薄层较干的润滑剂，如60%~70%苯甲基硅油加30%~40%粉状石墨的润滑剂。挤压棒料时润滑剂为油基石墨。

7.5.4 镁合金挤压材料的各向异性

与铝合金、铜合金挤压材料相比，镁合金挤压材料的各向异性特点较为突出。图7-28所示为AZ31合金挤压材料的各向异性特性。图7-28（a）为AZ31合金挤压型材的拉伸和压缩应力-应变曲线，压缩屈服应力和总应变均明显低于拉伸值。图7-28（b）为AZ31合金挤压板材沿挤压方向、与挤压方向成45°、垂直于挤压方向三个方向拉伸时屈服应力随挤压比的变化情况，在所有挤压比的条件下，挤压方向的拉伸屈服应力显著高于其余两个方向，而伸长率则恰恰相反（伸长率变化情况在图中未给出）。AZ61合金也可察到这一特异现象，但程度则小很多。镁合金挤压材料力学性能三向异性的上述特点，其机制虽然尚不十分清楚，但可以认为主要与合金的晶格结构与挤压组织特点有关。

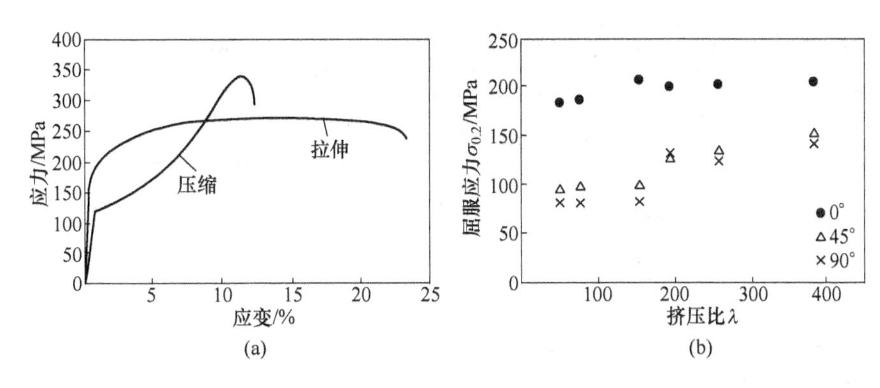

图7-28 AZ31合金挤压材料的各向异性特性
（a）挤压异向性；（b）三向异向性

7.6 钛合金的挤压

采用挤压方法可生产各种钛合金棒材、管材、实心和空心断面型材等产品。

7.6.1 钛合金热挤压的特点

钛合金产品的热挤压变形过程比铝合金、铜合金、甚至钢的挤压变形过程更为复杂，这是由钛合金特殊的物理化学性质所决定的。钛合金的导热率低，在热挤压时会使坯料表层与内层产生很大温差，当挤压筒的加热温度为400℃时，温差可达200~250℃。在吸气强化和坯料断面大温差的共同影响下，坯料表面和中心金属的强度和塑性差异很大，使中心部分的变形抗力远低于邻近挤压筒内壁及模孔的环形区。在挤压过程中，变形非常不均匀，因此在表面层中产生大的附加拉应力，这是挤压产品表面形成裂口和裂纹的根源。

影响钛合金挤压流动特征的主要因素之一是坯料的加热温度。钛合金在α相或α+β两相温度区挤压与在β相温度区挤压相比，金属的流动更加均匀。

要获得高表面质量的钛合金挤压型材困难最大。到目前为止，钛合金都必须采用润滑挤压，这主要是因为钛在980℃和1034℃的温度下，易与铁基或镍基合金模具材料形成易熔共晶体，从而使模具产生强烈的磨损（蚀损）。

7.6.2 钛合金管材挤压

钛合金管材包括12种合金的2000多个工业品种规格。根据现行技术条件，钛及其合金管材可分为热挤压管、热轧管、冷变形管和焊接管4类，如表7-50所示。

表7-50 常用钛合金管材

管材名称	合金（俄罗斯牌号）	外径/mm	壁厚/mm
热挤压管	BT1-00、BT1-0、OT4-0、OT4-1	45~49	5~20
热轧管	OT4、BT6C、BT8、BT3-1、BT5、BT14、BT15、BT1-00、BT1-0、OT4-1、OT4、AT3、BT5	100~250 60~485	10~35 5~65
一般质量冷变形管	BT1-00、BT1-0、OT4-0、OT4-1、OT4、BT5	6~62	1~4
高质量冷变形管	BT1-00、BT1-0、OT4-0	8~30	0.5~2
焊接管	BT1-00、BT1-0、OT4-0	25~100	1~2

钛及钛合金的无缝管材可采用几种工艺流程来生产。薄壁无缝管材多按下列流程生产：

(1) 挤压—轧制。

(2) 挤压—轧制—拉伸。

(3) 穿孔—轧制。

管材挤压的主要工艺要求如下：

(1) 按照确定的工艺，或者对不同直径的轧棒进行机械加工，或者对坯料进行挤压穿孔，均可获得空心管坯。

(2) 管材挤压用穿孔坯料或轧棒，应先车去表面缺陷和吸气层。直径为80mm以上的管材一般在30~50MN的卧式挤压机上挤压，而直径较小的管材则在16MN卧式挤压机或6~10MN立式挤压机上挤压。

(3) 为了使两相合金管材获得高的塑性指标，应在不高于1000℃的温度下进行挤压。但950℃挤压后在许多情况下都会使宏观组织粗化，这是在完全（α+β）相区进行变形而形成纤维状组织的结果。

(4) 在立式挤压机上挤压中等直径和较小直径管材的工艺过程，包括穿孔和随后挤压这两道工序。

用带有两个定径带的穿孔针实现穿孔挤压的过程如图7-29所示。这种形状的穿孔针挤压可获得壁厚不均最小的管材，并在挤压过程中防止金属粘到穿孔针上。此外，用这种穿孔针还可在无穿孔系统的挤压机上进行穿孔挤压。穿孔针的穿孔部分由导向锥1（锥角约为2°）和工作锥2组成。与穿孔部分相连的为前定径带3，其直径比穿孔针工作部分4的直径大1~1.5mm。穿孔针的这种前端形状，可以减少金属料头损失。由于前定径带的直径大于针体直径，在穿孔针工作部分表面上可保留润滑剂，从而实现有效的工艺润滑，减小壁差率。依靠穿孔针穿孔部分的锥度和在坯料6上钻出的深度 $h_1=40\sim70$mm 的定心孔，可大大减小壁差率。可保证最小壁差率的穿孔针最佳锥角α为20°~50°。

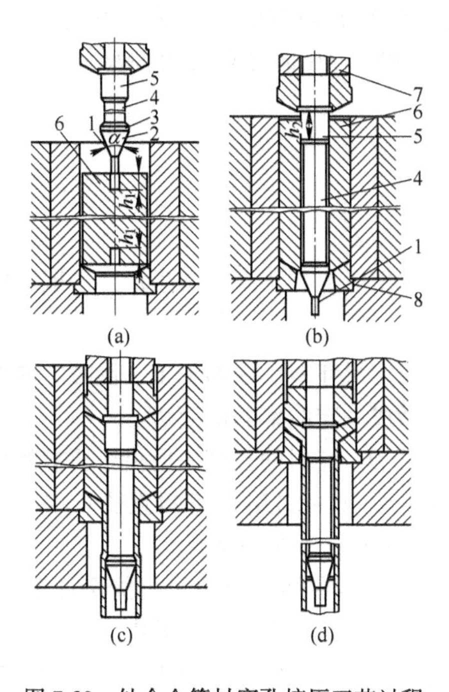

图 7-29 钛合金管材穿孔挤压工艺过程

(a) 穿孔开始；(b) 穿孔结束；(c) 挤压；(d) 挤压结束

1—导向锥；2—工作锥；3—前定径带；4—穿孔针工作部分；5—后定径带；

6—坯料；7—针座；8—挤压模

坯料定心孔的直径取决于导向锥 1 的直径，而导向锥的直径也与管材内径（挤压针直径）有关。导向锥 1 锥底直径 $d_{锥底}$与穿孔针直径 d_Z的关系如表 7-51 所示。后定径带 5 的直径比前定径带 3 的直径大 0. 3~0. 5mm。后定径带的长度应保证由这一部分作为定径带挤压出的管材长度（管材尾端部分）不小于穿孔针的长度。第二个定径带的作用，是为了挤压结束后能够很容易地取出穿孔针。

表 7-51 导向锥 1 锥底直径 $d_{锥底}$与穿孔针直径 d_Z的关系

d_Z/mm	36~49	50~59	60~72
$d_{锥底}$/mm	25	30	35

管材外径的挤压公差为±0. 5mm。允许的壁差率为管材壁厚的 15%以下。

挤压前，坯料应在高频（2500~5000Hz）感应炉中加热，挤压钛合金管材时的坯料加热温度与产品流出速度不同合金坯料的加热温度见表 7-52。用周期性对炉子通电与断电的方法来均匀坯料的加热温度。坯料断面上的温差不应超过 20~30℃。

表 7-52 挤压钛合金管材时的坯料加热温度与产品流出速度

合金（俄罗斯牌号）	BT1-00，BT1-0	OT4-0，OT4-1，OT4	BT5，BT14，BT6C	BT3-1，BT8，BT15
T/℃	760~820	840~940	880~980	900~1150
V_f/m · s^{-1}	3. 0	2. 0	1. 5	1. 0

考虑到钛合金与工具材料黏着力较强，应采用下列成分的润滑剂进行挤压：柏油60%~70%、铅笔石墨30%~40%。在向穿孔针表面涂抹之前，应将润滑剂预热到250~300℃，并仔细地搅拌。

7.6.3 钛合金型材挤压

7.6.3.1 一般型材挤压工艺

钛合金型材一般在卧式水压机上用正挤压法生产。一般型材挤压包括以下几部分：

A 坯料的准备

通常包括下列工序：切成定尺坯料、端面加工、倒棱、前端成型。坯料要用车床机加工到4级表面精度，前段要做成一定曲率的球面。

(1) 坯料的长度L和直径D。坯料的长度L取决于要求的型材长度，并且受到挤压筒工作部分长度的限制。通常$L=(2\sim3)D_t$，坯料直径$D_0=(0.95\sim0.96)D_t$，前端曲率半径$R_q=(0.15\sim0.2)D_t$，其中D_t为挤压筒直径。

(2) 坯料的加热要求。钛坯料在加热时应尽可能保证不产生氧化鳞片，可采用盐浴槽、感应加热炉和氩气气氛来加热钛合金坯料。其中，在氩气气氛下的马弗炉中加热可获得最好的效果，采用惰性气氛下的低频感应炉加热也是较为理想的。

B 挤压工艺参数的确定

(1) 挤压温度。α+β型钛合金通常在低于合金的（α+β)/β相变温度以下挤压。纯钛及α型钛合金的挤压温度对制品的组织性能的影响比α+β型钛合金的小，但也不希望加热温度太高，一般也要低于（α+β)/β的相变温度。β型钛合金通常在β相区加热挤压。

加热温度和加热时间应考虑金属的导热性能。在普通电炉或煤气炉、重油炉中加热时，加热时间可按1.5~2.0 mm/min计算。

虽然提高挤压温度时金属流动不均匀性增加，但为便于在最小压力下实现快速挤压，所以应在能保证产品良好力学性能的前提下尽可能提高挤压温度。对于工业纯钛来说，即使挤压温度高达1038℃（刚好进入β相的温度范围），对其力学性能也无明显影响，然而实验证明在927℃左右对该合金进行挤压是有利的。表7-53列出了部分钛合金棒材的挤压参数。

表7-53 钛合金棒材的挤压参数

合金	坯料加热温度/℃	λ	单位挤压力/MPa	流出速度/$m\cdot s^{-1}$
BT1-1（俄）	750~800	5~15	400~700	0.5~0.75
TC2	800~900		500~800	
TC6	800~900		700~1000	
TA7	850~950		700~1000	

(2) 挤压速度。无论是采用油剂还是采用玻璃作润滑剂，均应选用尽可能高的挤压速度。由于油脂类润滑剂在高温下对钛合金坯料的保护作用较小，所以热坯料与挤

压模的接触时间应尽可能短。当用玻璃作为坯料和工具之间的绝热体时，情况得到很大改善，然而由于玻璃润滑的主要缺点是玻璃在开始熔化的状态下容易连续不断从容器中流出，所以挤压时要采用高的挤压速度。挤压时的实际挤压速度与合金成分、挤压温度和挤压比有关，钛及钛合金导热性差，一般采用中等速度（50~120mm/s）进行挤压。

（3）挤压比。选择挤压比时，除考虑金属的特性外，还必须考虑挤压机的能力和工模具的许用应力。工厂常用的挤压比实例见表7-54。

表7-54 工厂常用的挤压比实例

<table>
<tr><th>合金牌号</th><th>挤压筒直径/mm</th><th>挤压比 λ</th><th>备 注</th></tr>
<tr><td rowspan="6">TA1、TA2、TA3</td><td>65</td><td>8.3~30</td><td rowspan="17">（1）紫铜包套挤压，用普通的润滑剂润滑工具，可采用上限；
（2）光坯挤压，用玻璃润滑时采用下限</td></tr>
<tr><td>85</td><td>8.0~23</td></tr>
<tr><td>100</td><td>6.0~15</td></tr>
<tr><td>120</td><td>5.0~11</td></tr>
<tr><td>220</td><td>6.0~13</td></tr>
<tr><td>260</td><td>5.0~11</td></tr>
<tr><td rowspan="6">TC1、TC2、TA4</td><td>65</td><td>6.0~13</td></tr>
<tr><td>85</td><td>6.0~12</td></tr>
<tr><td>100</td><td>4.0~10</td></tr>
<tr><td>120</td><td>4.0~6.0</td></tr>
<tr><td>220</td><td>5.0~11</td></tr>
<tr><td>260</td><td>4.0~8.0</td></tr>
<tr><td>TA5、TA6、TA7、TC3</td><td>65</td><td>3.5~8.0</td></tr>
<tr><td rowspan="3">TC4、TC6、TC7</td><td>85</td><td>3.5~7.0</td></tr>
<tr><td>100</td><td>3.5~6.0</td></tr>
<tr><td>120</td><td>4.0~7.0</td></tr>
</table>

C 润滑

在挤压钛合金时，通常采用两种主要类型的润滑剂：含有诸如石墨等固体薄片的油基润滑剂和玻璃类润滑剂，金属铜包套润滑有时也用于某些钛合金挤压产品。钛合金热挤压时，多用玻璃润滑剂。这是因为玻璃具有良好的隔热性（玻璃润滑剂的传热系数不超过0.628~1.256W/(cm^2·℃)），可提高坯料温度场的均匀性。

D 精整

挤压以后的处理方法在不同的厂家中存在着相当大的差别。拉伸矫直和扭拧矫直几乎对所有的用作飞机骨架、发动机零件或其他用途的结构材料来说都是需要的。尽管某些厂家也应用辊式或冲床式矫直机，但最常用的是液压扭拧拉伸矫直机。

对于大多数工业纯钛挤压件来说，无论在冷态下还是在热态下拉伸矫直均无多大困难。但是，对工业钛合金件来说，由于具有高的屈服强度，特别是由于会产生回弹现象，在冷态下拉伸矫直是十分困难的，他们通常需要在370~540℃左右的温度下进行矫直。

此外，黏附于型材表面上的玻璃必须采用急冷、酸洗或喷射冲击波的方法清除掉。因此，在拉伸或扭拧矫直前一般需要重新加热到合适的温度。型材表面氧化鳞皮在挤压之后通常采用蒸汽冲击波和酸洗的方法清除掉。

7.6.3.2　特殊型材的挤压工艺

A　变断面型材挤压

典型的钛合金变断面型材为尾翼型材，这种型材把短而粗的实心根部（尾翼）和断面小得多的长型材部分结合为一体，见图7-30。尾翼型材一般采用双工位法进行挤压，如图7-31所示。

对挤压尾翼型材所用坯料的加热、润滑剂涂敷、润滑垫制备的要求，与一般型材挤压时的要求基本相同。区别只是当挤压尾翼型材时需采用两种润滑垫：一种是圆形的，装入挤压筒中尾翼模前；另一种是异形的，与尾翼膜孔的形状一致，装入型材模中。

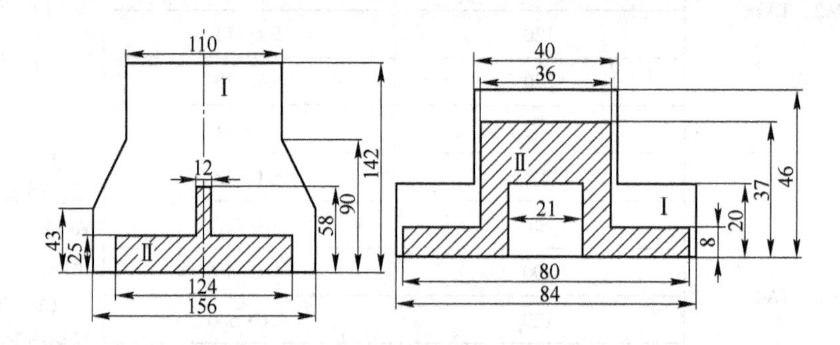

图7-30　钛合金变断面型材示例

Ⅰ—大头（尾翼）部分；Ⅱ—小头（型材）部分

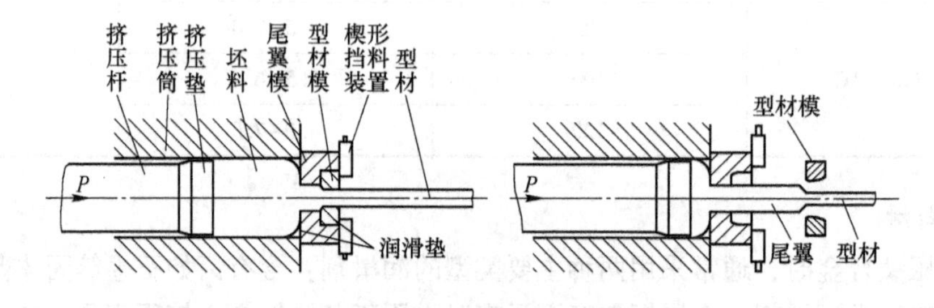

图7-31　双工位法挤压尾翼型材示意图

B　空心型材的挤压

钛合金空心型材采用舌形模或组合模进行挤压。空心型材的挤压工艺与实心断面薄壁型材的挤压工艺相比，具有某些特点：

（1）可采用更高的挤压速度。这是因为挤压实心断面型材时，挤压速度取决于改善表面质量的条件，而当挤压空心型材时，挤压速度则取决于模芯的强度和寿命。有关研究结果表明，当挤压速度由20mm/s提高到200~250mm/s，型材的表面粗糙度大约增加一级，但仍能符合一般使用要求。

（2）不能采用玻璃润滑挤压。因为玻璃润滑挤压会显著降低焊缝的质量，这时只有采用脱皮挤压时，才能获得令人满意的焊缝质量。

C 壁板型材挤压

无机加工余量薄壁壁板型材可在现有设备上由扁挤压筒直接挤压成型，或者由圆形挤压筒挤压成U形形状或管状，然后展平为薄板型材。图7-33所示为在80MN挤压机上采用扁挤压筒挤压的板面厚度3mm、宽度400~600mm的Ti-6Al-4V和Ti-6Al-6V-2Sn合金带筋壁板型材的断面形状。

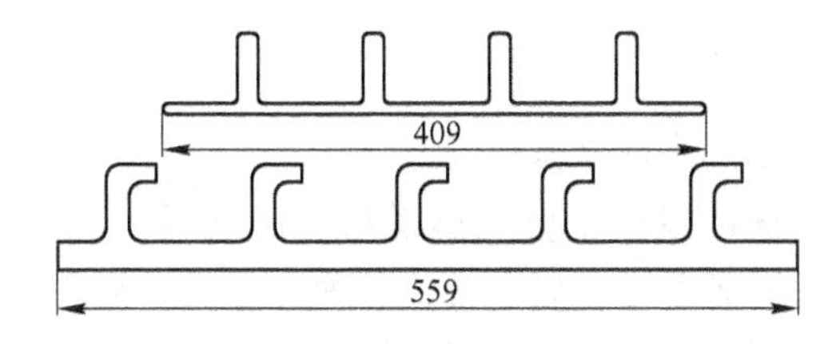

图7-32 Ti-6Al-4V和Ti-6Al-6V-2Sn合金带筋壁板断面形状

7.6.4 钛合金挤压工艺润滑

钛合金在挤压时的润滑非常重要。这是由于钛合金导热率低，在挤压时会使表层与内层产生极大的温差；由于吸气强化和坯料断面存在较大温差的影响，使得坯料断面和中心金属产生极不相同的强度和塑性性能，在挤压时会造成不均匀变形，在表面产生极大的附加拉应力导致制品表面形成裂纹；同时，钛在980℃和1030℃会与铁基或镍基合金模具材料形成易熔共晶体，从而使模具强烈磨损。

钛合金的热挤压多以玻璃润滑为主，有时也采用铜包套，以减小坯料断面温差，改善塑性和隔离钛与模具材料。

一般来讲，热挤压用玻璃润滑剂应具有如下功效：

（1）阻止或延缓氧、氢、氮和金属离子的扩散迁移；

（2）与金属基体粘附性好，与周围介质反应呈惰性，不腐蚀金属；

（3）具有合理的熔点、高温黏度和高的热稳定性；

（4）在工作温度有高的耐压、抗拉性能和良好的塑性，可随金属一起延展润滑膜不断裂；

（5）在工作温度，涂层应具有自愈性；

（6）环保性，不应含有有毒的挥发性气体。

如由一种防护涂料和两种玻璃组成：防护涂料TXC-15-2、外涂粉TW1150-2、玻璃垫TD1150-55，适用于1100~1150℃钛合金型材热挤压工艺，分别作用于加热阶段、滚涂阶段和挤压阶段，起到防护、润滑、隔离、减少温降等作用。其中防护涂料TXC-15-2属浆料，具有一定黏度，均匀喷涂在冷态金属表面，待干硬后随坯料一起加热，主要在加热阶段起到防氧化、防吸氢等作用。外涂粉TW1150-2，玻璃细粉，在挤压阶段将其铺设在滚涂平台上，滚涂之后，防止坯料表面温降，挤压时隔离坯料与挤压筒，并起到润滑作用。玻璃垫TD1150-55，原是玻璃颗粒，加入少量水玻璃，经过混匀、压制、烘干等步骤制成既定形状的玻璃垫。在挤压阶段，将其置于挤压模和坯料之间，隔离坯料与模具，起到润滑和保护模具的作用。

7.7 钢铁材料热挤压

钢铁材料的挤压与铝、铜等有色金属一样，按挤压方法分为正挤压、反挤压、复合挤压等方法，按挤压温度分为冷挤压、温挤压、热挤压等几类。本部分主要介绍热挤压。

7.7.1 正挤压

7.7.1.1 钢铁材料热挤压的特点

1941年法国的J. Sejournet发明了玻璃润滑挤压法之后，钢铁材料热挤压成型技术取得飞跃发展。如今不仅是碳钢型材、空心材，各种合金钢、不锈钢、高强度钢、镍基高温合金等的型材、管材也能采用热挤压的方法成型。图7-33为热挤压钢铁材料断面形状示例。

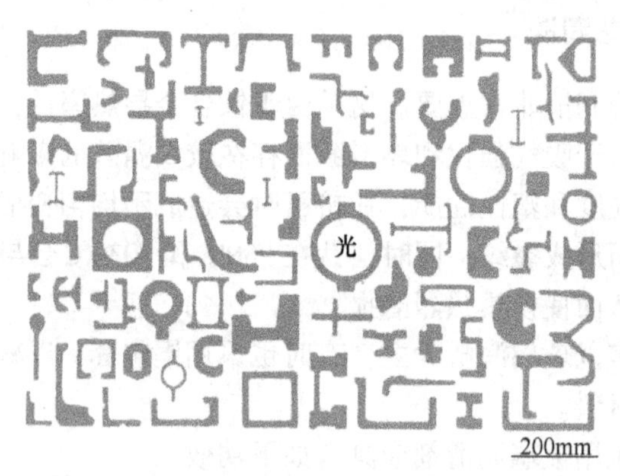

图7-33 钢铁材料热挤压产品断面形状示例

钢铁材料热挤压时，在挤压温度、挤压压力、挤压速度、润滑条件与方式等方面，与铝及铝合金、铜及铜合金等有色金属的热挤压相比，具有如下特点：

（1）挤压温度高，通常在1000~1250℃；

（2）挤压压力高，工模具工作条件恶劣；

（3）为了防止挤压过程中工模具过度升温而影响其强度，通常采用高速挤压；

（4）为了确保高温润滑性能，一般采用玻璃润滑热挤压，良好的玻璃滑润可使金属流动均匀性大为改善，但挤压完成后需要对产品进行脱除玻璃处理。

综合以上特点可以看出，钢铁材料的热挤压生产成本要比铝合金及铜合金的高得多。

7.7.1.2 挤压条件

钢铁材料热挤压时的坯料温度一般为：碳钢、低合金钢1100~1200℃，铁素体不锈钢1000~1100℃，奥氏体不锈钢1150~1250℃，镍含量高的耐热合金1000~1200℃。

钢铁材料热挤压时，由于坯料温度高达1000~1250℃，而挤压筒的温度一般为300~450℃，为了防止坯料装入挤压筒后温度下降过多、工模具温度上升过多，一般采用高速挤压，即要求一次挤压在数秒内完成，挤压杆速度一般为50~400mm/s。因此，钢铁材料热挤压多采用蓄压式水压机。

钢铁材料热挤压的挤压比一般在3~60的范围内。

7.7.1.3 挤压工艺流程

从坯料准备到挤压产品的最终检查入库，玻璃润滑热挤压的工艺流程如图7-34所示。

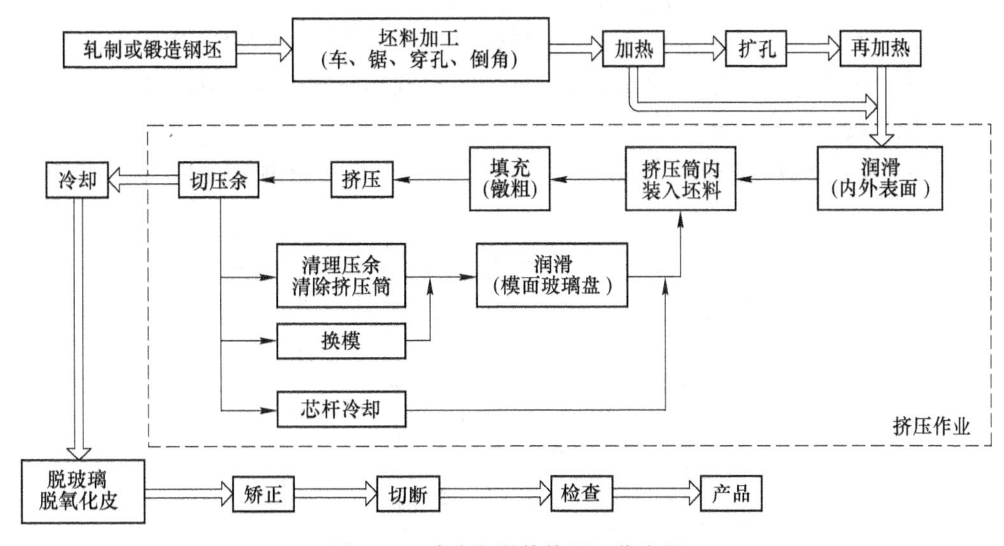

图7-34 玻璃润滑热挤压工艺流程

7.7.1.4 钢铁材料热挤压工艺润滑

钢铁材料热挤压时通常采用玻璃润滑。挤压模与坯料之间的润滑多采用窗玻璃系的SiO_2-Na_2O-CaO-MgO，这种玻璃在1000℃下的黏度约为100Pa·s。坯料内外表面润滑用玻璃主要根据坯料的温度、接触时间等因素，通过调整玻璃的成分和玻璃粉末的粒度，调整挤压温度下玻璃的黏度。碳钢、合金钢热挤压润滑用玻璃的成分和粉末粒度见表7-55所示。

表7-55 碳钢、合金钢热挤压润滑用玻璃的成分（%）与粉末粒度

类别	SiO_2	Al_2O_3	B_2O_3	Na_2O	K_2O	CaO	MgO	使用位置	玻璃粉末粒度尺寸/mm
A	33.6	1.7	36.1	16.0	0.8	7.9	3.9	外表面	0.115以上
B	46.0	22.0	1.0	19.0	—	8.5	4.5	内表面	0.295~0.175（<50%）
									0.175~0.115（>50%）
C	72.0	1.8	—	13.6	1.0	8.0	3.6	模/坯料间	0.833~0.295（70%）
									0.295~0.175（30%）

7.7.1.5 无缝钢管挤压工艺流程

无缝钢管挤压生产的难度比铝合金、铜合金等有色金属的要大很多，成本高得多。主要表现在以下几方面：

（1）挤压温度高（通常在1000~1250℃），挤压力大，润滑条件差，工模具的工作条件十分恶劣，寿命短，损耗很大。因此，对工模具的材质要求较高。

（2）为防止挤压过程中工模具受坯料温度的影响而过度升温，影响其强度，降低使用寿命，通常需要采用快速挤压，一次挤压过程在数秒内完成。挤压杆的速度一般要达到50~400mm/s，从而需要挤压机具有很高的挤压速度。

（3）为确保高温条件下的润滑性能，一般采用玻璃润滑，且必须是全润滑挤压，操作过程复杂。挤压完成后还需除去制品表面的玻璃膜。

（4）挤压前，坯料准备的工序多（包括坯料加工、加热扩孔等），周期长。

（5）整个挤压生产的操作过程繁琐，挤压一根制品所需要的辅助时间远大于挤压时间，挤压生产的效率比较低。

图7-35为无缝钢管热挤压车间的设备布置方式之一，无缝钢管的生产流程见图7-36。

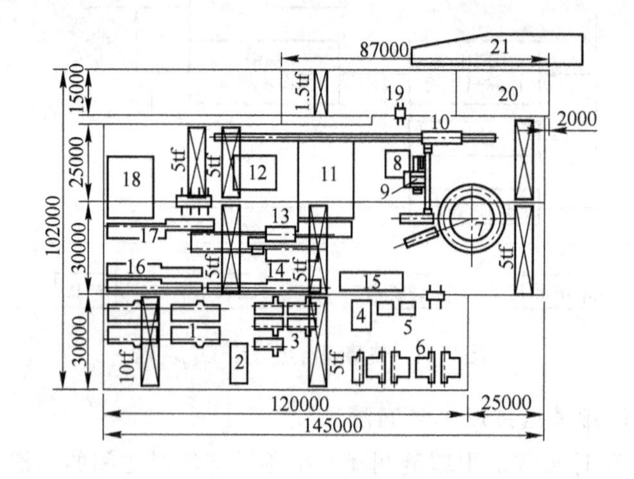

图7-35 无缝钢管热挤压车间设备布置示例

1，5—车床；2—去毛刺机；3—锯切机；4—倒角机；6—打孔机；7—加热炉；8—穿孔机；9—润滑台；10—31.5MN挤压机；11—冷床；12—脱玻璃槽；13—喷丸机；14—辊式矫直机；15—拉扭矫直机；16，17—锯切机；18—检查台；19—工模具库；20—水泵站；21—配电室

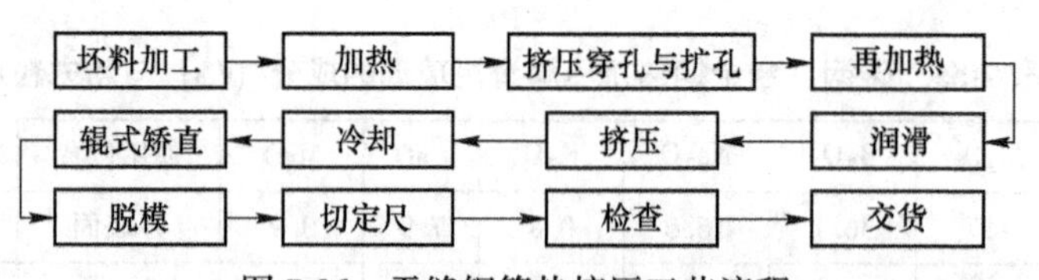

图7-36 无缝钢管热挤压工艺流程

（1）坯料加工。挤压无缝钢管用的坯料一般都是钢锭经开坯或锻造加工得到的圆钢坯，其直径比挤压所需要的实际坯料大3~10mm（挤压用钢坯的外径比挤压筒小5~8mm，内径比芯棒大2~6mm），作为车削余量，以便除去钢坯表面缺陷。将车去表面缺陷的长尺寸圆钢坯切成挤压所需要的长度。对于采用扩孔工艺加工空心钢坯的实心圆钢坯，还要钻定心孔。

（2）加热。钢坯的加热方式取决于挤压产品的品种和牌号。穿孔前碳素钢和低合金钢坯料在普通火焰炉中加热。不锈钢坯料适合在感应炉中加热，或者在煤气炉中加热到开始产生强烈氧化的温度（750~800℃），再在感应炉中加热到规定温度。微氧化的煤气加热，适用于所有牌号钢坯。

钢坯的加热温度应均匀，一般情况下沿其长度和横截面上任意两点的温差不超过30℃。

（3）挤压穿孔与扩孔。挤压穿孔和扩孔是加工挤压用空心钢坯的两种不同方法。挤压穿孔是用穿孔冲头把已加热的实心钢坯挤压穿孔成所要求尺寸孔的方法，其操作流程是：实心钢坯加热—清除氧化铁皮—涂玻璃润滑剂—将钢坯推进挤压筒并供给润滑剂—送到立式穿孔机穿孔位置进行挤压穿孔。扩孔工艺过程与穿孔工艺基本相同，所不同的是把已钻定心孔的钢坯放在立式穿孔机上，将穿孔冲头换成扩孔冲头，在扩孔冲头的作用下，使定心孔扩大成所要求的尺寸。

（4）再加热。将空心坯料在大功率工频感应炉短时间加热到1100~1200℃。

（5）玻璃润滑。挤压钢管时使用的玻璃润滑剂是天然硅酸盐或人造硅酸盐，其主要成分是SiO_2。坯料外表面的润滑方式是将坯料从撒有玻璃粉的工作台上滚动使其得到润滑。扩孔时坯料内表面的润滑方式是将玻璃粉撒在钢坯钻孔处。挤压时坯料内表面的润滑是将玻璃粉撒在空心坯料的内表面。挤压模的润滑是将玻璃粉制成玻璃垫放在模子的前面。

（6）热挤压。穿孔后的坯料在挤压机上一次挤压成所需要尺寸的管材，其操作流程是：将加热后的坯料和挤压垫一起装入挤压筒内—芯棒空行程前进进入模孔—挤压杆前进进行挤压—挤压杆、芯棒后退—热锯切断管子—推出压余、清扫挤压筒、冷却芯棒。

（7）脱膜。清除钢管表面上的玻璃膜的方法有喷丸、酸洗和盐浴法。

喷丸法是把磨料喷射到钢管的表面，清除掉钢管表面的氧化铁皮和玻璃膜。

酸洗法是把钢管放在硫酸和氢氟酸的酸洗槽内，浸泡5~120min，把玻璃膜溶解掉。

盐浴法是把以苛性钠为主要成分的盐，放在槽中加热到400~500℃，再把钢管放入其中浸泡20~60min，除去玻璃膜。

7.7.2 反挤压

由于设备结构、挤压工艺等方面的原因，钢铁材料热挤压时较少采用反挤压的方法。但许多钢铁材料杯形或圆筒形零件往往采用冷反挤压或温反挤压的办法进行成型。在本书中只进行热挤压的学习，故不对冷挤压及温挤压进行研究和讨论。

思 考 题

7-1 最佳的挤压工艺应该包括哪些方面？

7-2 挤压温度的确定原则是什么？如何正确制定挤压温度？

7-3 金属可挤性的定义是什么？影响可挤性的因素有哪些？

7-4 铝合金民用建筑型材挤压具有哪些特点？其具体的生产工艺流程包括哪些？

7-5 界定大型型材的具体依据是什么？

7-6 挤压铝合金型材、棒材时，需要采用润滑吗？在挤压铝合金管材时，应该怎样进行润滑？

7-7 硬铝合金棒材的反挤压具有什么特点？与正挤压相比有哪些优点？

7-8 反挤压的铝合金棒材和管材，其组织性能及尺寸精度与正挤压的产品相比具有哪些特点？

7-9 正挤压铜及铜合金棒材时容易产生的缺陷是什么？穿孔针挤压管材的主要缺陷有哪些？

7-10 提高镁合金可挤性的措施有哪些？

7-11 钛合金热挤压具有什么特点？

7-12 钛合金一般型材的挤压工艺包括哪些？

7-13 钛合金热挤压用玻璃润滑剂应具有哪些功效？

7-14 钢与铝及铝合金、铜及铜合金等有色金属的热挤压相比，具有什么特点？

7-15 无缝钢管挤压生产与铝合金、铜合金等有色金属挤压相比如何？主要表现在哪些方面？

第2篇

金属拉拔

8 概述

8.1 拉拔的概念

拉拔，又称之为拉伸，它是在外加拉拔力作用下，使金属通过面积逐渐变小的模孔，拉拔成圆形或异形断面制品的一种金属压力加工方法，如图8-1所示。拉拔广泛用于生产管材、棒材、型材以及线材等制品，甚至极细的金属丝及毛细管，尤其当线材的直径小于 $\phi 5.5$mm 时就要采用多次冷拔的方法得到钢丝。拉拔制品有收绕成卷的丝材；还有直条的制品，如圆形、六角形、正方形的型材，异型材以及各种断面尺寸大的稍粗一点的管材。

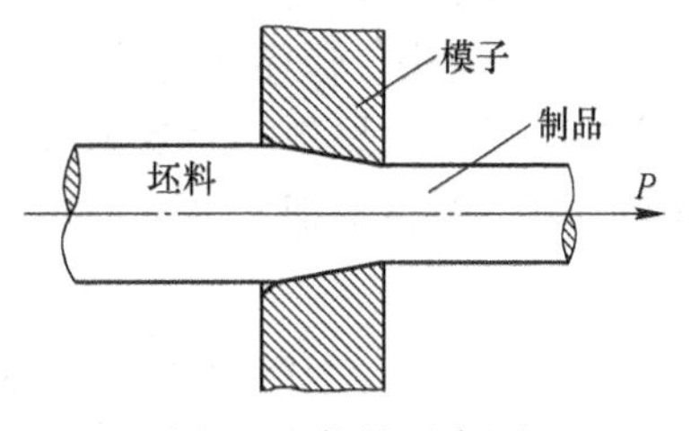

图8-1 拉拔示意图

8.2 拉拔的方法及适用范围

拉拔成型是塑性冷加工成型，有利于金属的晶粒细化，提高了产品的综合性能，且所用的生产工具与设备简单，维护方便。拉拔成型能获得高精度和高表面质量，节约材料，在当今注重资源节约型的发展时代，拉拔技术变得越来越重要，其应用也越来越广泛。

根据拉拔制品断面的特点，可将拉拔制品分为实心材和空心材。其中实心材包括线材、棒材和实心异型材；空心材包括管材和空心异型材。相应的可以将拉拔方法分为实心材拉拔（见图8-1）和空心材拉拔（见图8-2）。

（1）实心材拉拔。实心材拉拔是由实心断面坯料拉拔成各种规格和形状的棒材、型材及线材，其中拉拔圆断面丝材的过程最为简单。

（2）空心材拉拔。空心材拉拔主要包括管材及空心异型材的拉拔。按照拉拔时管坯内部是否放有芯棒分为空拉（无芯棒拉拔）和衬拉（带芯棒拉拔），而衬拉又包括长芯杆拉拔、固定短芯头拉拔、游动芯头拉拔、顶管法、扩径拉拔，如图8-2所示。

1）空拉。拉拔时管坯内部不放置芯头，通过模子后外径减缩，管壁一般略有变化，依据变形条件的不同，到达出口端，管材的最终壁厚可发生增壁、减壁和壁厚不变三种情况，如图8-2（a）所示。经多次空拉的管材，内表面粗糙，严重者产生裂纹。

2）长芯杆拉拔。管坯中套入长芯杆，拉拔时芯杆随同管坯通过模子，实现减径和减壁，如图8-2（b）所示。与固定短芯头相比，拉伸力下降15%~20%，并且允许采用较大的延伸系数。

3）固定短芯头拉拔。此法在管材拉拔中应用最为广泛，如图8-2（c）所示。拉拔时将带有短芯头的芯杆固定，管坯通过模孔实现减径与减壁，且提高了管材的力学性能及表面质量。该方法的特点是拉拔力比空拉大；管子变形比较均匀；易产生（管子内表面）明暗交替环状纹络和纵向壁厚不均。

4）游动芯头拉拔。拉拔时借助于芯头所特有的外形建立起来的力平衡使它稳定在变形区中，并和模孔构成一定尺寸的环状间隙，如图8-2（d）所示。此法较为先进，非常适用长度较大且能成卷的小管。该方法具有拉拔速度高；道次变形量大；改善小直径管材的内表面质量；可降低拉拔力2.5%~3%；可生产薄壁大直径管材。但与固定短芯头拉拔相比，游动芯头拉拔的工艺条件与技术水平要求较高。

5）顶管法。此法又称为艾尔哈特法，将长芯杆套入带底的管坯中，靠施加在顶杆上的顶力，操作时管坯连同芯杆一同由模孔中顶出，从而对管坯外径和内径的尺寸进行加工，如图8-2（e）所示。该方法用于生产大直径管。

6）扩径法。管坯通过扩径后，直径增大，壁厚和长度减小，如图8-2（f）所示。这种方法主要是在设备能力受到限制而不能生产大直径的管材时采用。芯头的直径大于管坯直径，靠芯头运动把管坯直径扩大。

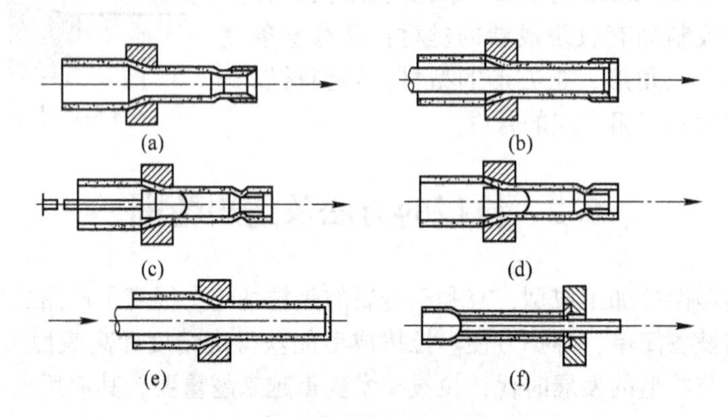

图8-2 管材拉拔的基本方法

（a）空拉；（b）长芯杆拉拔；（c）固定短芯头拉拔；（d）游动芯头拉拔；（e）顶管法；（f）扩径法

拉拔过程一般皆在冷状态下进行，但对一些在室温强度高，塑性极差的金属材料如某些合金钢、铍、钨、钼等，常采用温拔。此外，对于具有六方晶格的锌和镁合金，为了提高其塑性，也需采用温拔。

8.3 拉拔法的特点

拉拔与其他塑性加工方法相比较，具有以下一些优点：

(1) 制品尺寸精确，表面精度高；(2) 工具设备简单，维护方便，在一台设备上只需要更换模具，就可以生产多种品种、规格的制品，且更换模具也非常方便，模具简单、设计、制造方便，且费用较低；(3) 适合于各种金属及合金的细丝和薄壁管生产，规格范围很大；(4) 利用盘管拉拔设备可以生产长度达几千米的小规格薄壁管材，速度快、效率高，成品率高；(5) 对于不可热处理强化的合金，通过拉拔，利用加工硬化可使其强度提高。

尽管拉拔方法有以上诸多优点，但也存在以下一些缺点：

(1) 受拉拔力限制，道次变形量较小，往往需要多道次拉拔才能生产出成品；(2) 受加工硬化的影响，两次退火间的总变形量不能太大，从而使拉拔道次增加，退火次数增加，降低了生产效率；(3) 由于受拉应力影响，在生产低塑性、加工硬化程度大的金属时，易产生表面裂纹，甚至拉断，使得制作夹头（打头）的次数增多，成品率、生产率降低；(4) 生产扁宽管材和一些较复杂的异形管材时，往往需要多道次成型。

8.4 拉拔历史与发展趋向

8.4.1 拉拔历史

拉拔具有悠久的历史，自公元前 20~30 世纪，出现把金块锤锻后通过小孔手工拉制金丝开始至今，已有几千年的时间，经历了四个阶段：手工作业阶段（公元前 20~30 世纪~公元 13 世纪初）、传统的机械及铁模拉拔阶段（13 世纪中~19 世纪中）、近代阶段（19 世纪末~20 世纪中）及现代高速拉拔阶段的发展过程。

在公元前 15~公元 7 世纪，在亚述（Assyria）、巴比伦、腓尼基等拉拔了各种贵金属细线用于装饰。公元 8~9 世纪，已能够拉制各种金属线。公元 12 世纪，有了锻线工与拉线工之分，前者是通过锤锻加工线材，后者是通过拉拔加工线材，从此确立了拉拔加工。

公元 13 世纪中叶，德国首先制造了水力拉线机，并逐渐得到推广，使拉拔走上了机械化作业的道路。直到今天，德国的拉拔机仍然在世界上处于领先地位。到了 17 世纪，出现了近似于现在的单卷筒式拉线机。1871 年出现了连续拉线机。

20 世纪 20 年代，韦森西贝尔（Weissenberg Siebel）发现反张力拉拔法，可使模具磨损大幅度减小，且可改善制品的力学性能。同一时期，所使用的拉拔模也由铁模发展到合金钢模。1925 年，克鲁伯（Krupp）公司研制成功硬质合金模，使模子的使用、产品尺寸精度和表面质量大为提高。1929 年，出现了游动芯头直条拉拔。但直到 1947 年，在卷筒式拉拔机上拉制紫铜管获得成功，游动芯头技术才得到迅速发展。1955 年，柯利斯托佛松（Christopherson）研究成功强制润滑拉拔法，可大幅度减小摩擦力和拉拔难加工材料，且明显延长拉模寿命。同年，布莱哈（Blaha）和拉格勒克尔（Lagencker）发展了超声波拉拔方法，使拉拔力显著减小。1956 年，五弓等人研究成功辊模拉拔法，可使摩擦阻力大幅度减小，道次加工率增加，且能明显改善拉拔材料的力学性能。

拉拔理论的建立相对较晚，1927~1929 年，萨克斯（Sachs）和西贝尔（Siebel）两人以不同的观点，第一次确立了拉拔理论，此后拉拔理论得到不断的发展、进步，尤其是新的研究方法（上界法、有限元法等）的开拓，计算机的发展，也使拉拔理论的研究推向一个新的阶段。

近几十年来，拉拔技术得到了迅速发展，主要表现在高速拉拔机的快速发展及设备自动化程度的不断提高，使得生产效率极大提高。诞生了如多模高速连续拉线机、多线链式拉拔机、圆盘拉拔机以及管棒材连续拉拔矫直机列等先进拉拔设备。目前，高速拉拔机的拉拔速度可达80m/s，圆盘拉拔机最大圆盘直径为3m，生产ϕ40~50 mm以下管材，速度可达25m/s，最大长度可达6000m以上。

8.4.2 拉拔技术发展趋向

根据拉拔技术的发展与现状，目前仍要围绕下列问题展开研究：

(1) 拉拔装备的自动化、连续化与高速化；

(2) 扩大产品的品种、规格，提高产品的精度，减少制品缺陷；

(3) 提高拉拔工具的寿命；

(4) 新的润滑剂及润滑技术的研究；

(5) 发展新的拉拔技术与新的拉拔理论的研究，达到节能、节材、提高产品质量和生产率的目的；

(6) 拉拔过程的优化。

思 考 题

8-1 拉拔的概念是什么？简述它具有的特点和适用范围。

8-2 拉拔方法分为哪几类？分别适合于哪些产品的生产？

8-3 空心型材拉拔时可以采用哪些方法进行生产？每种方法各自具有什么特点？

8-4 拉拔技术的发展经历了哪几个阶段？

8-5 拉拔技术的发展趋向是什么？

拉拔基础知识

9.1　拉拔时的变形指数

拉拔时坯料发生变形，原始形状和尺寸将改变。但是，金属在塑性加工过程中的体积是不变的。

以 F_Q、L_Q表示拉拔前金属坯料的断面积及长度，F_H、L_H表示拉拔后金属制品的断面积及长度。根据体积不变条件，可以得到主要变形指数和它们之间的关系式。

（1）延伸系数 λ。表示拉拔一道次后金属材料的长度增加的倍数或拉拔前后横断面的面积之比，即：

$$\lambda = L_H / L_Q = F_Q / F_H \tag{9-1}$$

（2）相对加工率（断面减缩率）ε。表示拉拔一道次后金属材料横断面积缩小值与其原始值之比，即：

$$\varepsilon = (F_Q - F_H) / F_Q \tag{9-2}$$

ε 通常以百分数表示。

（3）相对伸长率 μ。表示拉拔一道次后金属材料长度增量与原始长度之比，即：

$$\mu = (L_H - L_Q) / L_Q \tag{9-3}$$

μ 通常也以百分数表示。

（4）积分（对数）延伸系数 i。这一指数等于拉拔道次前后金属材料横断面积之比的自然对数，即：

$$i = \ln(F_Q / F_H) = \ln\lambda \tag{9-4}$$

拉拔时的变形指数之间的关系：

$$\lambda = 1/(1 - \varepsilon) = 1 + \mu = e^i \tag{9-5}$$

各变形指数之间的关系如表 9-1 所示。

表 9-1　变形指数之间的关系

变形指数	指标符号	变形指数						
		用直径 D_Q、D_H表示	用截面积 F_Q、F_H表示	用长度 L_Q、L_H表示	用伸长系数 λ 表示	用加工率 ε 表示	用伸长率 μ 表示	用断面减缩系数 ψ 表示
延伸系数	λ	$\frac{D_Q^2}{D_H^2}$	F_Q/F_H	L_H/L_Q	λ	$\frac{1}{1-\varepsilon}$	$1+\mu$	$\frac{1}{\psi}$
加工率	ε	$\frac{D_Q^2 - D_H^2}{D_Q^2}$	$\frac{F_Q - F_H}{F_Q}$	$\frac{L_H - L_Q}{L_H}$	$\frac{\lambda - 1}{\lambda}$	ε	$\frac{\mu}{1+\mu}$	$1-\psi$

续表 9-1

变形指数	指标符号	变形指数						
		用直径 D_Q、D_H表示	用截面积 F_Q、F_H表示	用长度 L_Q、L_H表示	用伸长系数 λ 表示	用加工率 ε 表示	用伸长率 μ 表示	用断面减缩系数 ψ 表示
伸长率	μ	$\frac{D_Q^2 - D_H^2}{D_H^2}$	$\frac{F_Q - F_H}{F_H}$	$\frac{L_H - L_Q}{L_Q}$	$\lambda - 1$	$\frac{\varepsilon}{1-\varepsilon}$	μ	$\frac{1-\psi}{\psi}$
断面减缩系统	ψ	D_H^2/D_Q^2	F_H/F_Q	L_Q/L_H	$1/\lambda$	$1-\varepsilon$	$\frac{1}{1+\mu}$	ψ

9.2 实现拉拔过程的基本条件

与挤压、轧制、锻造等加工过程不同，拉拔过程是借助于在被加工的金属前端施以拉力实现，此拉力称为拉拔力。拉拔力与被拉金属出模口处的横断面积之比称为单位拉拔力，即拉拔应力，实际上拉拔应力就是变形区末端的纵向应力。

如果拉拔应力过大，超过金属出模口的屈服强度，则可引起制品出现细颈，甚至拉断。因此，拉拔应力应小于金属出模口的屈服强度。拉拔时要遵守下列条件：

$$\sigma_1 = \frac{P_1}{F_1} < \sigma_s \tag{9-6}$$

式中 σ_1——作用在被拉金属出模口横断面上的拉拔应力；

P_1——拉拔力；

F_1——被拉金属出模口的横断面积；

σ_s——金属出模口后的变形抗力。

对有色金属来说，由于变形抗力 σ_s 不明显，确定困难，加之金属在加工硬化后与其抗拉强度 σ_b 相近，故亦可表示为 $\sigma_1<\sigma_b$。

被拉金属出模口的抗拉强度 σ_b 与拉拔应力 σ_1 之比称为安全系数 K，即：

$$K = \frac{\sigma_b}{\sigma_1} \tag{9-7}$$

所以，实现拉拔过程的基本条件是 $K>1$。安全系数与被拉金属的直径、状态（退火或硬化）以及变形条件（温度、速度、反拉力等）有关。一般 K 在 1.40~2.00 之间，即 $\sigma_1 = (0.7 \sim 0.5)\sigma_b$，其原因是如果 $K<1.4$，则由于加工率过大，可能出现断头、拉断；而当 $K>2.0$ 时，则表示道次加工率不够大，未能充分利用金属的塑性。制品直径越小，壁厚越薄，K 值应越大些，其原因是随着制品直径的减小，壁厚的变薄，被拉金属对表面微裂纹和其他缺陷以及设备的振动，还有速度的突变等因素的敏感性增加，因而 K 值相应增加。

安全系数 K 与制品品种、直径的关系见表 9-2。

表 9-2　有色金属拉拔时的安全系数

拉拔制品的品种与规格	厚壁管材、型材及棒材	薄壁管材和棒材	不同直径的线材/mm				
			>1.0	1.0~0.4	0.4~0.1	0.10~0.05	0.05~0.015
安全系数 K	K>1.35~1.4	1.6	≥1.4	≥1.5	≥1.6	≥1.8	≥2.0

对钢材来说，变形抗力 σ_s 是变量，它取决于变形的大小。一般来说，习惯采用拉拔钢材头部的断面强度（即拉拔前材料的强度极限）确定拉拔必要条件比较方便，实际上拉拔条件的破坏主要是断头问题。因此，在配模计算时拉拔应力 σ_1 的确定，主要根据实际经验取 $\sigma_1 < (0.8 \sim 0.9)\sigma_b$，安全系数 K>1.1~1.25。

游动芯头成盘拉拔与直线拉拔有重要区别：管材在卷筒上弯曲过程中，承受负荷的不仅是横断面，还有纵断面。每道次拉拔的最大加工率受管材横断面和纵断面允许应力值的限制。与此同时，在卷筒反力的作用下，管材横断面形状可能产生畸变，由圆形变成近似椭圆。

从管材与卷筒接触处开始，在管材横断面上产生拉拔应力与弯曲应力的叠加，在弯曲管材的不同断面及同一断面的不同处，应力均不同。在管材与卷筒开始接触处，断面外层边缘的拉应力达到极大值。此时实现拉拔过程的基本条件发生变化，即：

$$K = \frac{\sigma_b}{\sigma_1 + \sigma_w} \tag{9-8}$$

式中　σ_w——最大弯曲应力。

因此，成盘拉管的道次加工率必须小于直线拉拔的道次加工率，弯曲应力 σ_w 随卷筒直径的减小而增大。

用经验公式可计算卷筒的最小直径：

$$D \geqslant 100\frac{d}{s} \tag{9-9}$$

式中　d——拉拔后管材外径；

　　　s——拉拔后的管材壁厚。

9.3　拉拔时的应力与变形

9.3.1　圆棒拉拔时的应力与变形

9.3.1.1　应力与变形状态

拉拔时，变形区中的金属所受的外力有拉拔力 P、模壁给予的正压力 N 和摩擦力 T，如图 9-1 所示。

拉拔力 P 作用在被拉棒材的前端，它在变形区引起主拉应力 σ_1。

正压力 N 与摩擦力 T 作用在棒材表面上，它们是由于棒材在拉拔力作用下，通过模孔时，模壁阻碍金属运动形成的。正压力 N 的方向垂直于模壁，摩

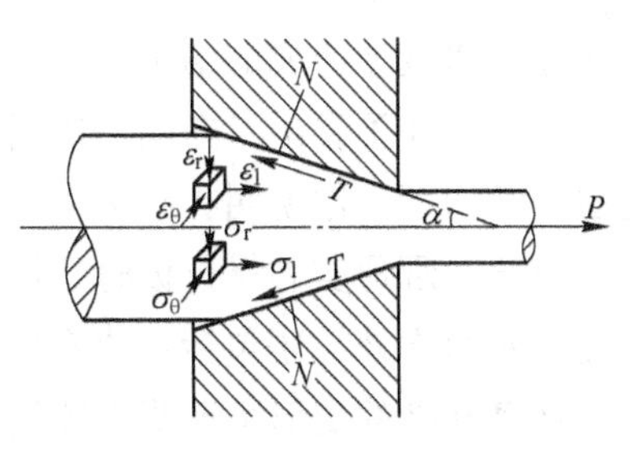

图 9-1　拉拔时的受力与变形状态

擦力 T 的方向平行于模壁且与金属的运动方向相反。摩擦力 T 的数值可由库仑摩擦定律求出。

金属在拉拔力 P、正压力 N 和摩擦力 T 的作用下，变形区的金属基本上处于两向压（σ_r，σ_θ）和一向拉伸（σ_1）的应力状态。由于被拉金属是实心圆形棒材，应力呈轴对称应力状态，即 $\sigma_r=\sigma_\theta$。变形区中金属所处的变形状态为两向压缩（ε_r，ε_θ）和一向拉伸（ε_1）。

9.3.1.2 金属在变形区内的流动特点

图9-2所示为采用网格法获得的在锥形模孔内的圆断面实心棒材子午面上的坐标网格变化情况示意图。采用坐标网格对在金属拉拔前后的变化情况进行分析，其规律如下：

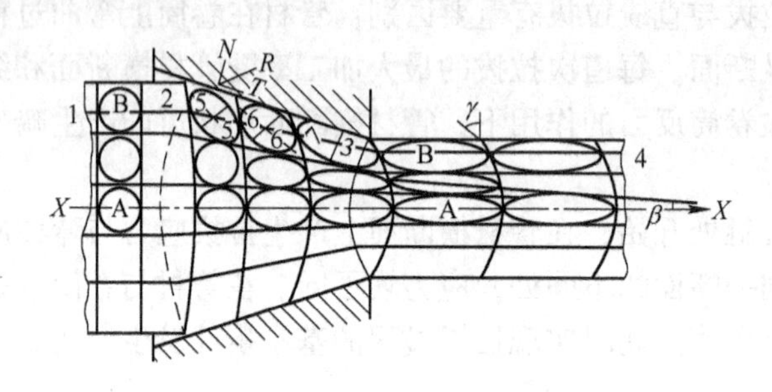

图9-2 圆棒拉拔时断面的网格变化

（1）纵向上的网格变化。拉拔前在轴线上的正方形格子A拉拔后变成矩形，内切圆变成正椭圆，其长轴和拉拔方向一致。由此可见，金属轴线上的变形是沿轴向延伸，沿径向和周向压缩。

拉拔前在周边层的正方形格子B拉拔后变成平行四边形，在纵向上被拉长，径向上被压缩，方格的直角变成锐角和钝角，其内切圆变成斜椭圆，由此可见，在周边上的格子除受到轴向拉长、径向和周向压缩外，还发生了剪切变形 γ。产生剪切变形的原因是金属在变形区中受到正压力 N 与摩擦力 T 的作用，而在其合力 R 方向上产生剪切变形，沿轴向被拉长，椭圆形的长轴（5—5、6—6、7—7等）不与1—2线相重合，而是与模孔中心线（X—X）构成不同的角度，这些角度由入口到出口端逐渐减小。

（2）横向上的网格变化。在拉拔前，网格横线是直线，自进入变形区开始变成凸向拉拔方向的弧形线，这些弧形的曲率由入口到出口逐渐增大，到出口端后保持不再变化。这说明在拉拔过程中周边层的金属流动速度小于中心层，并且随模角、摩擦系数增大，这种不均匀流动更加明显。拉拔后经常会在棒材后端面出现凹坑，就是由于周边层与中心层金属流动速度差造成的结果。

由网格还可看出，在同一横断面上椭圆长轴与拉拔轴线相交成 β 角，并由中心层向周边层逐渐增大，这说明在同一横断面上剪切变形不同，周边层的变形大于中心层。

因此，圆形实心材拉拔时，周边层的实际变形要大于中心层，其原因是：在周边层除了延伸变形之外，还包括弯曲变形和剪切变形。

观察网格的变形可证明上述结论，如图9-3所示。

对正方形A格子来说，由于它位于轴线上，不发生剪切变形，所以延伸变形是它的

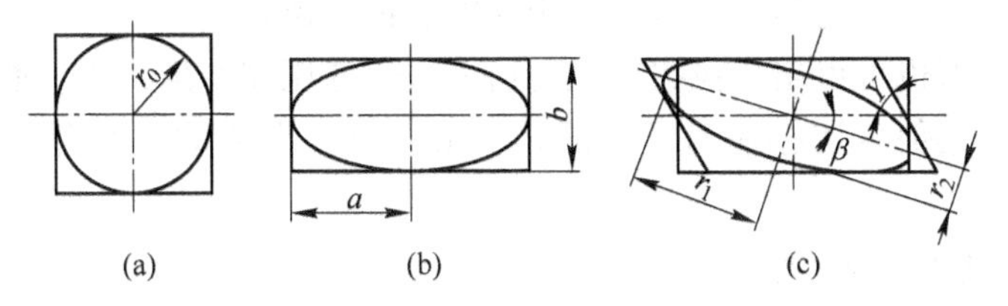

图 9-3 拉拔时方网格的变化

最大主变形，即：

$$\varepsilon_{1A} = \ln \frac{a}{r_0} \tag{9-10}$$

压缩变形为：

$$\varepsilon_{2A} = \ln \frac{b}{r_0} \tag{9-11}$$

式中 a——变形后格子中正椭圆的长半轴；

b——变形后格子中正椭圆的短半轴；

r_0——变形前格子的内切圆的半径。

对于正方形 B 格子来说，有剪切变形，其延伸变形为：

$$\varepsilon_{1B} = \ln \frac{r_{1B}}{r_0} \tag{9-12}$$

压缩变形为：

$$\varepsilon_{2B} = \ln \frac{r_{2B}}{r_0} \tag{9-13}$$

式中 r_{1B}——变形后 B 格子中斜椭圆的长半轴；

r_{2B}——变形后 B 格子中斜椭圆的短半轴。

同样，对于相应断面上的 n 格子（介于 A、B 格子中间）来说，延伸变形为：

$$\varepsilon_{1n} = \ln \frac{r_{1n}}{r_0} \tag{9-14}$$

压缩变形为：

$$\varepsilon_{2n} = \ln \frac{r_{2n}}{r_0} \tag{9-15}$$

式中 r_{1n}——变形后 n 格子中斜椭圆的长半轴；

r_{2n}——变形后 n 格子中斜椭圆的短半轴。

由实测得出，各层中椭圆的长、短轴变化情况是：

$$r_{1B} > r_{1n} > a$$

$$r_{2B} < r_{2n} < b$$

对上述关系都取主变形，则有：

$$\ln \frac{r_{1B}}{r_0} > \ln \frac{r_{1n}}{r_0} > \ln \frac{a}{r_0} \tag{9-16}$$

这说明拉拔后边部格子延伸变形最大，中心线上的格子延伸变形最小，其他各层相应格子的延伸变形介于二者之间，而且由周边向中心依次递减。

同样由压缩变形也可得出，拉拔后在周边上格子的压缩变形最大，而中心轴线上的格子压缩变形最小，其他各层相应格子的压缩变形介于二者之间，而且由周边向中心依次递减。

9.3.1.3 变形区的形状

根据棒材拉拔时的滑移线理论可知，假定模子是刚性体，通常按速度场把棒材变形分为三个区：Ⅰ区和Ⅲ区为非塑性变形区或称弹性变形区；Ⅱ区为塑性变形区，如图9-4所示。Ⅰ区与Ⅱ区的分界面为球面F_1，而Ⅱ区与Ⅲ区分界面为球面F_2。一般情况下，F_1与F_2为两个同心球面，其半径分别为r_1和r_2，原点为模子锥角顶点O。因此，塑性变形区的形状为：模子锥面（锥角为2α）和两个球面F_1、F_2所围成的部分。

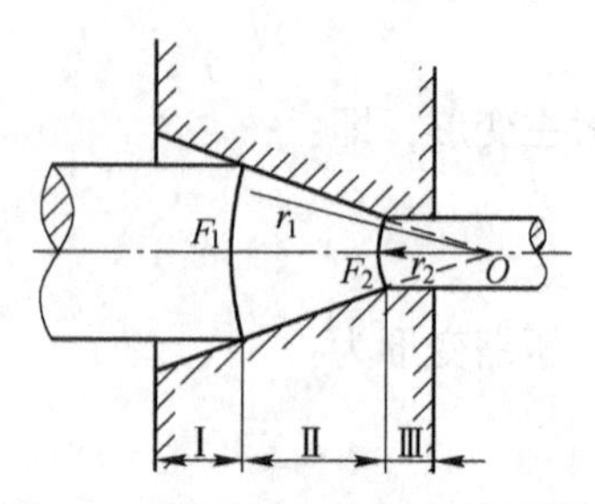

图9-4 棒材拉拔时变形区的形状

另外，试样网格纵向线在进、出模孔发生两次弯曲，把它们各折点连起来就会形成两个同心球面；或者把网格开始变形和终了变形部分分别连接起来，也会形成两个球面。很多研究者认为，两个球面与模锥面围成的部分为塑性变形区。

根据固体变形理论，所有的塑性变形皆在弹性变形之后，并且伴有弹性变形，而在塑性变形之后必然有弹性恢复，即弹性变形。因此，当金属进入塑性变形区之前肯定有弹性变形，在Ⅰ区内存在部分弹性变形区，若拉拔时存在后张力，那么Ⅰ区变为弹性变形区。当金属从塑性变形区出来之后，在定径区会观察到弹性后效作用，表现为断面尺寸有少许的增大和网格的横线曲率有少许减小。因此，在正常情况下定径区也是弹性变形区。在弹性变形区中，由于受拉拔条件的作用，可能出现以下几种异常情况。

（1）非接触直径增大。当无反拉力或反拉力较小时，在拉模入口处可以看到环形沟槽，这说明在该区出现了非接触直径增大的弹性变形区（见图9-5）。坯料非接触直径增大，使本道次实际的压缩率增加，入口端的模壁压力和摩擦阻力增大。由此而引起拉模入口端易过早磨损和出现环形沟槽。从而拉模入口端环形沟槽的深度加深，导致使用寿命明显降低。同时，由沟槽中剥落下来的屑片还能使棒或线材表面出现划痕。

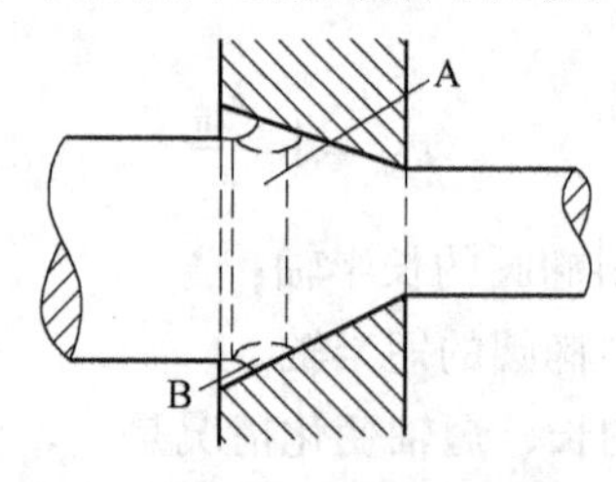

图9-5 坯料的非接触直径增大

A—非接触直径增大区；B—轴向应力和径向应力为压应力，周向应力为拉应力区

（2）非接触直径减小。在带反拉力拉拔的过程中，会使拉模的入口端坯料直径在进入变形区以前发生直径变细，而且随着反拉力的增大，非接触直径减小的程度增加。因此，可以减小或消除非接触直径增大的弹性变形区。这样，该道次实际的道次压缩率将减小。

(3) 出口直径增大或缩小。在拉拔的过程中，坯料和拉模在力的作用下都将产生一定的弹性变形。因此，当拉拔力去除后，棒或线材的直径将大于拉模定径带的直径。一般随着线材断面尺寸和模角增大、拉拔速度和变形程度提高，以及坯料弹性模数和拉模定径带长度的减小，则棒或线材直径增大的程度增加。

但当摩擦力和道次压缩率较大，而拉拔速度又较高时，则变形热效应增加，从而棒或线材的出口直径会小于拉模定径带的直径，简称缩径。

(4) 纵向扭曲。当棒或线材沿长度方向存在不均匀变形时，则在拉拔后，沿其长度方向上会引起不均匀的尺寸缩短，从而导致纵向弯曲、扭拧或打结，会危害操作者的安全。

(5) 断裂。当坯料内部或表面有缺陷或加工硬化程度较高或拉拔力过大等使安全系数过低时，会在拉模出口弹性变形区内引起脆断。

塑性变形区的形状与拉拔过程的条件和被拉金属的性质有关，如果被拉拔的金属材料或者拉拔过程的条件发生变化，变形区的形状也会随之变化。

在塑性变形区中，中心层与表面层金属的变形程度不一样，是不均匀的，具体情况如下：

(1) 中心层。金属主要产生压缩和延伸变形，而且流动速度最快，其原因是中心层的金属受变形条件的影响比表面层小些。

(2) 表面层。表面层的金属除了发生压缩和延伸变形外，还产生剪切和附加弯曲变形。它们主要是由压缩应力、附加剪切应力和弯曲应力的综合作用引起的。

从拉拔制品中心层至边部，附加剪切变形程度增强。另外，从拉拔制品中心层至边部，金属的流动速度逐渐减慢，在坯料表面达到最小值，这是由于表面层金属所受的摩擦阻力，而且在摩擦力很大时，表面层可能变为黏着区。这样，就使原来是平齐的坯料尾端变成了凹形。

在拉拔过程结束后，棒材或线材经过长久存放或在使用过程中，随着残余应力的消失会逐渐改变自身的形状和尺寸，称为自然变形。自然变形量的大小随不均匀变形程度(残余应力) 的增加而加大，这种自然变形是不利的，所以要求拉拔过程中要减小不均匀变形的程度。

9.3.1.4　变形区内的应力分布规律

根据用赛璐珞板拉拔时做的光弹性实验，变形区内的应力分布如图 9-6 所示。

(1) 应力沿轴向的分布规律。轴向应力 σ_1 由变形区入口端向出口端逐渐增大，即 $\sigma_{lr}<\sigma_{lch}$，周向应力 σ_θ 及径向应力 σ_r，则从变形区入口端到出口端逐渐减小，即 $|\sigma_{\theta r}|>|\sigma_{\theta ch}|$，$|\sigma_{rr}|>|\sigma_{rch}|$。

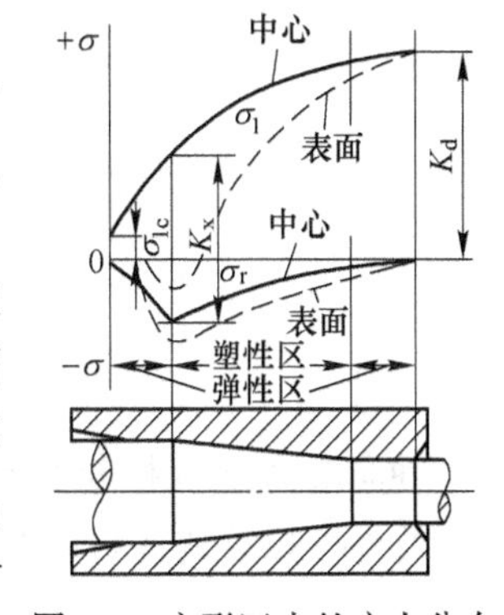

图 9-6　变形区内的应力分布

轴向应力 σ_1 的此种分布规律可以做如下解释。在稳定拉拔过程中，变形区内的任一横断面在向模孔出口端移动时面积逐渐减小，而此断面与变形区入口端球面间的变形体积不断增大。为了实现塑性变形，通过此断面作用于变形体的 σ_1 亦必须逐渐增大。径向应力 σ_r 和周向应力 σ_θ 在变形区内的分布情况可由以下两方面得到证明。

1）根据塑性方程式，可得：

$$\sigma_1 - (-\sigma_r) = K_{zh}$$

$$\sigma_1 + \sigma_r = K_{zh} \tag{9-17}$$

由于变形区内的任一断面的金属变形抗力可以认为是常数，而且在整个变形区内由于变形程度一般不大，金属硬化并不剧烈。这样，由式（9-17）可以看出，随着 σ_1 向出口端增大，σ_r 与 σ_θ 必然逐渐减小。

2）在拉拔生产中观察模子的磨损情况发现，当道次加工率大时，模子出口处的磨损比道次加工率小时要轻。

这是因为道次加工率大，在模子出口处的拉应力 σ_1 也大，而径向应力 σ_r 则小，从而产生的摩擦力和磨损也就小。

另外，还发现模子入口处一般磨损比较快，过早地出现环形槽沟。这也可以证明此处的 σ_r 值是较大的。

综上所述，可将 σ_1 与 σ_r 在变形区内的分布以及二者间的关系表示于图 9-7 中。

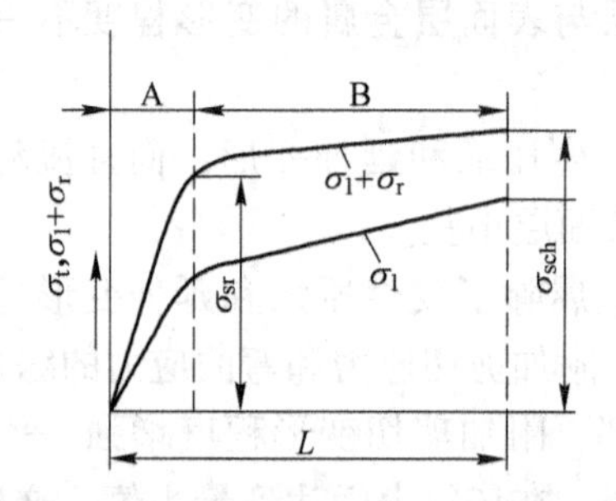

图 9-7　变形区内各断面上 σ_1 与 σ_r 间的关系

L—变形区全长；A—弹性区；B—塑性区；σ_{sr}—变形前金属屈服强度；σ_{sch}—变形后金属屈服强度

（2）应力沿径向分布规律。径向应力 σ_r 与周向应力 σ_θ 由表面向中心逐渐减小，而轴向应力 σ_1 分布情况则相反，中心处的轴向应力 σ_1 大，表面的 σ_1 小，即 $\sigma_{1n}>\sigma_{1w}$。

σ_r 及 σ_θ 由表面向中心层逐渐减小的原因是：在变形区，金属的每个环形的外面层上作用着径向应力 σ_{rw}，在内表面上作用着径向应力 σ_{rn}，而径向应力总是力图减小其外表面，距中心层愈远表面积愈大，因而所需的力就愈大，如图 9-8 所示。

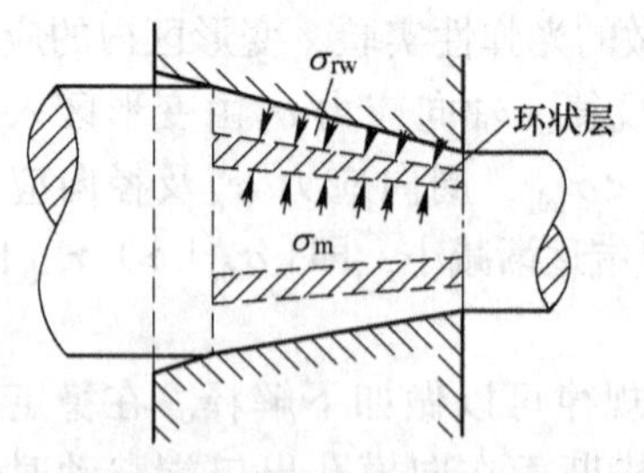

图 9-8　作用于塑性变形区环内、外表面上的径向应力

轴向应力 σ_1 在横断面上的分布规律同样亦可由前述的塑性方程式得到解释。

此外，拉拔的棒材内部有时出现周期性中心裂纹也证明 σ_1 在断面上的分布规律。

9.3.2 管材拉拔时的应力与变形

管材与棒材拉拔的最主要区别是管材拉拔是非轴对称应力状态，这就决定了它的应力与变形状态同拉拔实心圆棒时不同，其变形的不均匀性、附加剪切变形和应力也都有所增加。

9.3.2.1 空拉

空拉时，管内虽然没有放置芯头，但其壁厚在变形区内实际上常常是变化的，由于不同因素的影响，管子的壁厚最终可以变薄、变厚或保持不变。空拉时管子壁厚的变化规律和计算，是正确制订拉拔工艺规程以及选择管坯尺寸必须要求的。

A 空拉时的应力分布

空拉时的变形力学图如图 9-9 所示，主应力图仍为两向压、一向拉的应力状态，主变形图则根据壁厚增加或减小，可以是两向压缩、一向延伸或一向压缩、两向延伸的变形状态。

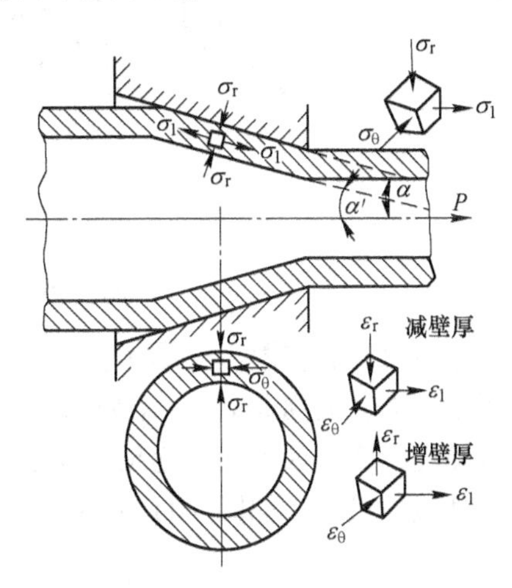

图 9-9 空拉管材时的应力与变形

空拉时，主应力 σ_1、σ_r与 σ_θ在变形区轴向上的分布规律与圆棒拉拔时的相似，即 $\sigma_{1r}<\sigma_{1ch}$，即 $\sigma_{1r}<\sigma_{1ch}$，$|\sigma_{rw}|>|\sigma_{rn}|$ 和 $|\sigma_{\theta w}|>|\sigma_{\theta n}|$，但在径向上的分布规律则有较大差别，其不同点是径向应力 σ_r的分布规律是由外表面向中心逐渐减小，达管子内表面时为零。这是因为管子内壁无任何支撑物以建立起反作用力之故，管子内壁上为两向应力状态；周向应力 σ_θ的分布规律则是由管子外表面向内表面逐渐增大，即 $|\sigma_{\theta w}|<|\sigma_{\theta n}|$。因此，空拉管材时，最大主应力是 σ_1，最小主应力是 σ_θ，σ_r居中（指应力的代数值）。

B 空拉时变形区内的变形特点

空拉时变形区的变形状态是三维变形，即轴向延伸、周向压缩、径向延伸或压缩。由此可见，空拉时变形特点就在于分析径向变形规律，亦即在拉拔过程中壁厚的变化规律。

在塑性变形区内引起管壁厚变化的应力是 σ_1与 σ_θ，它们的作用正好相反，在轴向拉应力 σ_1的作用下，可使壁厚变薄，而在周向压应力 σ_θ的作用下，可使壁厚增厚。那么在拉拔时，σ_1与 σ_θ同时作用的情况下，对于壁厚的变化，就要看 σ_1与 σ_θ哪一个应力起主导作用来决定壁厚的减薄与增厚。

根据金属塑性加工力学理论，应力状态可以分解为球应力分量和偏差应力分量，将空拉管材时的应力状态分解，有如下三种管壁变化情况，如图 9-10 所示。

由上述分解可以看出，某一点的径向主变形是延伸还是压缩或为零，主要取决于式（9-18）的代数值：

$$\sigma_r - \sigma_m\left(\sigma_m = \frac{\sigma_1 + \sigma_r + \sigma_\theta}{3}\right) \tag{9-18}$$

当 $\sigma_r - \sigma_m > 0$，亦即 $\sigma_r > \frac{1}{2}(\sigma_1 + \sigma_\theta)$ 时，则 ε_r为正，管壁增厚。

当$\sigma_r - \sigma_m = 0$，亦即$\sigma_r = \frac{1}{2}(\sigma_l + \sigma_\theta)$时，则$\varepsilon_r$为零，管壁厚不变。

当$\sigma_r - \sigma_m < 0$，亦即$\sigma_r < \frac{1}{2}(\sigma_l + \sigma_\theta)$时，则$\varepsilon_r$为负，管壁变薄。

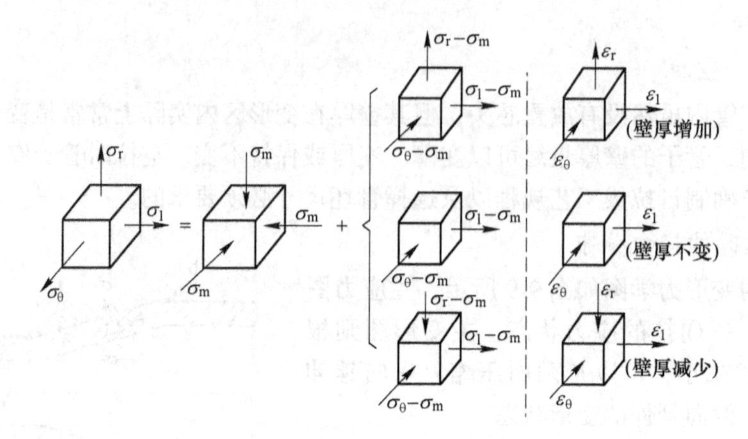

图 9-10 空拉管材时的应力状态分解

空拉时，管壁厚沿变形区长度上也有不同的变化，由于轴向应力σ_l由模子入口向出口逐渐增大，而周向应力σ_θ逐渐减小，则σ_θ / σ_l比值也是由入口向出口不断减小，因此管壁厚度在变形区内的变化是由模子入口处壁厚开始增加，达最大值后开始减薄，到模子出口处减薄最大，如图 9-11 所示。管子最终壁厚，取决于增壁与减壁幅度的大小。

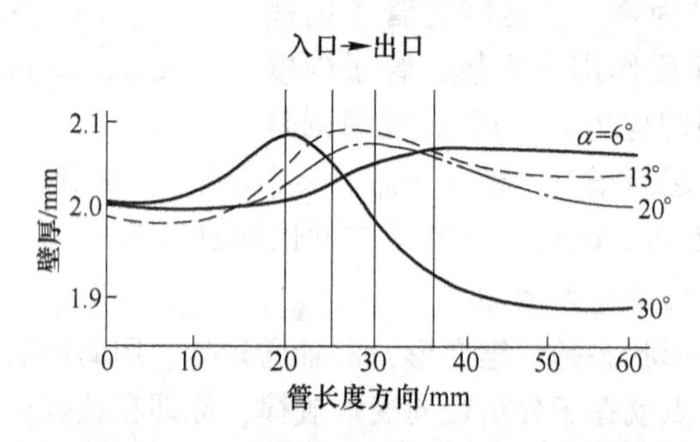

图 9-11 空拉 6165 管材时变形区的壁厚变化情况
（试验条件：管坯外径 ϕ20.0mm；壁厚 2.0mm；拉后外径 ϕ15.0mm）

C 影响空拉时壁厚变化的因素

影响空拉时的壁厚变化因素很多，其中首要的因素是管坯的相对壁厚s_0 / D_0（s_0为壁厚；D_0为外径）及相对拉拔应力$\sigma_l / \beta \overline{\sigma}_s$（$\sigma_l$为拉拔应力；$\beta = 1.155$；$\overline{\sigma}_s$为平均变形抗力），前者为几何参数，后者为物理参数，凡是影响拉拔应力σ_l变化的因素，包括道次变形量、材质、拉拔道次、拉拔速度、润滑以及模子参数等工艺条件都是通过后者而起作用。

（1）相对壁厚的影响。对外径相同的管坯，增加壁厚将使金属向中心流动的阻力增大，从而使管壁增厚量减小。对壁厚相同的管坯，增加外径值，由于减小了“曲拱”效应而使金属向中心流动的阻力减小，从而使管坯经空拉后壁厚增加的趋势加强。当“曲拱”效应很大，即 s_0/D_0 值大时，则在变形区入口处壁厚也不增加，在同样情况下，沿变形区全长壁厚减薄。s_0/D_0 值大小对壁厚的影响尚不能准确地确定，它与变形条件和金属性质有关，因此 s_0/D_0 对壁厚的影响需通过实践确定。

过去一直认为，当 $s_0/D_0 = 0.17 \sim 0.2$ 时，管坯经空拉壁厚不变化，此值称为临界值；若 $s_0/D_0 > 0.17 \sim 0.2$ 时，管壁减薄；当 $s_0/D_0 < 0.17 \sim 0.2$ 时，管壁增厚。近些年来，国内的研究者对影响空拉管壁厚变化因素的研究做了大量的工作，研究结果表明：影响空拉壁厚变化的因素应是管坯的径厚比以及相对拉拔应力，在生产条件下考虑两者联合影响所得到的临界系数 $D_0/s_0 = 3.6 \sim 7.6$ 比沿用的 $D_0/s_0 = 5 \sim 6$（即 $s_0/D_0 > 0.17 \sim 0.2$）的范围宽。以紫铜及黄铜为试料研究的结果是，当 $\sigma_1/\beta\overline{\sigma}_s = 0.3 \sim 0.8$ 时，临界值范围则应是 $D_0/s_0 = 3.6 \sim 7.6$，随试验条件的不同，可出现增壁、减壁或不变的情况；而大于7.6时，只出现增壁；小于3.6时，只有减壁。过去一直沿用的临界系数 $D_0/s_0 = 5 \sim 6$，忽视了其他工艺因素的影响，因此与目前的研究结果有所不同。

(2) 材质与状态影响。这一因素影响变形抗力 σ_s、摩擦系数以及金属变形时的硬化速率等。例如，采用 T2M、H62M 和 B30M 等不同牌号及不同状态（退火与不退火）的 T2 合金管子进行试验，三种合金的 D_0/s_0 分别为 11.86、11.54、11.54，空拉后管壁厚的相对增量分别为 7.90、6.80、3.80。退火和不退火 T2 合金管空拉时壁厚变化试验结果也表明：金属越硬，增壁趋势越弱。

(3) 道次加工率与加工道次的影响。道次加工率增大，相对拉应力值增加，这使增壁空拉过程的增壁幅度减小，减壁空拉过程的减壁幅度增大。此外，当 $\varepsilon > 40\%$ 时，尽管 $D_0/s_0 > 7.6$，也能出现减壁现象，这是由于相对拉拔应力增大之故。因此，这一因素的影响是复杂的。

对于增壁空拉过程，多道次空拉时的增壁量大于单道次的增壁量。

对于减壁空拉过程，多道次空拉时的减壁量较单道次空拉时的减壁量要小。

(4) 润滑条件、模子几何参数及拉拔速度的影响。润滑条件的恶化、模角、定径带长度以及拉速增大均使相对拉拔应力增加。因此，导致增壁空拉过程的增壁量减小，而使减壁过程的减壁幅度加大。

D 空拉对纠正管子偏心的作用

在实际生产中，由挤压或斜轧穿孔法生产出的管坯壁厚总会是不均匀的，严重的偏心将导致最终成品管壁厚超差而报废。在对不均匀壁厚管坯拉拔时，空拉能起自动纠正管坯偏心的作用，且空拉道次越多，效果就越显著。由表 9-3 可以看出衬拉与空拉时纠正管子偏心的效果。

表 9-3 H96 管衬拉与空拉时的管壁厚变化

道次	外径/mm	衬拉			空拉		
		壁厚/mm	偏心		壁厚/mm	偏心	
			偏心值/mm	与标准壁厚偏差/%		偏心值/mm	与标准壁厚偏差/%
坯料	13.89	0.24~0.37	0.13	42.7	0.24~0.37	0.13	42.7

续表 9-3

道次	外径/mm	衬拉			空拉		
		壁厚/mm	偏心		壁厚/mm	偏心	
			偏心值/mm	与标准壁厚偏差/%		偏心值/mm	与标准壁厚偏差/%
1	12.76	0.19~0.24	0.05	23.2	0.31~0.37	0.06	17.6
2	11.84	0.18~0.23	0.05	24.4	0.33~0.38	0.05	14.1
3	10.06	0.17~0.22	0.05	25.6	0.35~0.37	0.02	5.6
4	9.02	0.15~0.19	0.04	23.5	0.37~0.38	0.01	2.7
5	8	0.14~0.175	0.035	22.3	0.395~0.4	0.005	1.2

空拉能纠正管子偏心的原因如下：偏心管坯空拉时，假定在同一圆周上径向压应力σ_r均匀分布，则在不同的壁厚处产生的周向压应力σ_θ将不同，厚壁处的σ_θ小于薄壁处的σ_θ。因此，薄壁处要先发生塑性变形，即周向压缩，径向延伸，使壁增厚，轴向延伸；而厚壁处还处于弹性变形状态，那么在薄壁处，将有轴向附加压应力的作用，厚壁处受附加拉应力作用，促使厚壁处进入塑性变形状态，增大轴向延伸，显然在薄壁处减少了轴向延伸，增加了径向延伸，即增加了壁厚。因此，σ_θ值越大，壁厚增加得也越大，薄壁处在σ_θ作用下逐渐增厚，使整个断面上的管壁趋于均匀一致。

但是，当拉拔偏心严重的管坯时，不能纠正偏心，而且由于在壁薄处周向压应力σ_θ作用过大，会使管壁失稳而向内凹陷或出现皱折。特别是当管坯$s_0/D_0 \leqslant 0.04$时，凹陷出现的概率更大。由图 9-12 可知，出现皱折不仅与s_0/D_0比值有关，而且与变形程度也有密切关系。该图中Ⅰ区就是出现皱折的危险区，称为不稳定区。

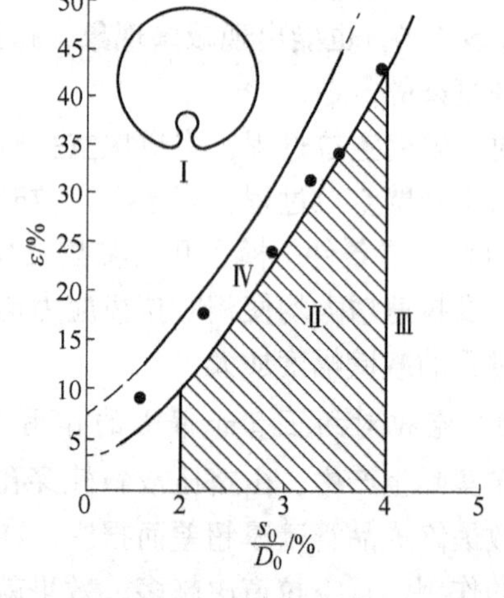

图 9-12 管坯s_0/D_0与临界变形量间的关系

Ⅰ—不稳定区；Ⅱ—稳定区；Ⅲ—变形量受强度限制区；Ⅳ—波动区

另外，衬拉纠正偏心的效果没有空拉时的效果显著。因为在衬拉时径向压力N使σ_r值变大，妨碍了壁厚的调整。衬拉之所以也能在一定程度上纠正偏心，其原因主要是靠衬拉时空拉段的作用。

9.3.2.2 衬拉

A 固定短芯头拉拔

固定短芯头拉拔时，管子内部的芯头固定不动，所以接触摩擦面积要比空拉和拉拔棒材时的都大，所以道次加工率较小。此外，用这种方法很难拉拔较长的管子，其主要原因是由于长的芯杆在自重作用下易产生弯曲，芯杆在模孔中很难固定在正确位置上。同时，长的芯杆在拉拔时弹性伸长量较大，易引起“跳车”而在管子上出现“竹节”状缺陷。

固定短芯头拉拔时，管子的应力与变形如图9-13所示，图中Ⅰ区为空拉段，Ⅱ区为减壁段。在Ⅰ区内管子应力与变形特点与管子空拉时一样。而在Ⅱ区内，管子内径不变，壁厚与外径减小，管子的应力与变形状态同实心棒材拉拔应力与变形状态一样。在定径段，管子一般只发生弹性变形。固定短芯头拉拔管子具有以下几个特点：

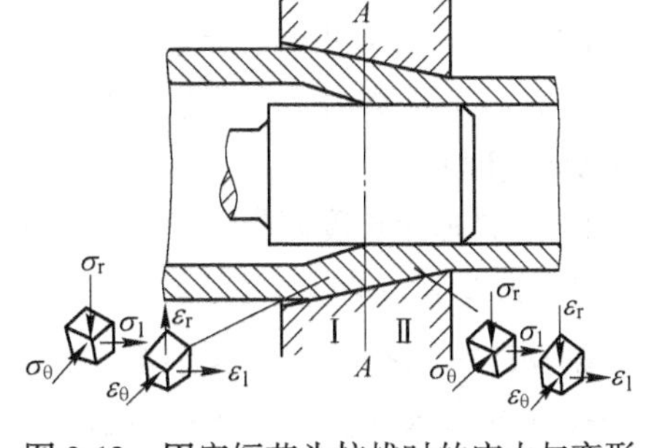

图9-13　固定短芯头拉拔时的应力与变形

(1) 芯头表面与管子内表面产生摩擦，其摩擦力的方向与拉拔方向相反，因而使轴向应力 σ_1 增加，拉拔力增大。

(2) 管子内部有芯头支撑，因而其内壁上的径向应力 σ_1 不等于零。由于管子内层与外层的径向应力差值小，所以变形比较均匀。

B　长芯杆拉拔

长芯杆拉拔管子时应力和变形状态与固定短芯头拉拔时的基本相同，如图9-14所示，变形区亦分为三个部分，即空拉段Ⅰ、减壁段Ⅱ及定径段Ⅲ。但长芯杆拉拔有其本身特点。

长芯杆拉拔时在模子出口，芯杆与管材同时向右移动，速度相同为 V_c，则模子出口处的金属秒流量为：$F_c \cdot V_c$。

而在减壁减径段（Ⅱ），设金属流动速度为 V，金属横断面积为 F，则此处金属的秒流量为 $F \cdot V$。

按塑性变形体积不变定律：$F \cdot V = F_c \cdot V_c$

因为　　　　　$F > F_c$

所以　　　　　$V < V_c$

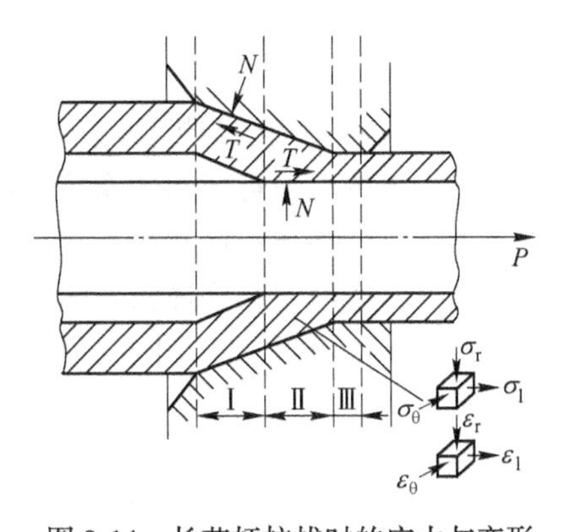

图9-14　长芯杆拉拔时的应力与变形

这说明在减壁减径区内金属目前流动的速度小于金属出口速度，而芯杆的速度不变，即等于金属出口速度 V_c，所以金属相对于芯杆是向后流动的，因此摩擦力方向应向前。这是与固定短芯头拉拔时很大的一个区别。

长芯杆拉拔时的主要特点：

(1) 芯杆作用于管材内表面上的摩擦力方向与拉拔方向一致，这时的摩擦力有助于减小拉拔应力，所以在其他条件相同的情况下，拉拔力下降。与固定短芯头拉拔相比，长芯杆拉拔时变形区内的拉应力减少30%～35%，拉拔力相应减少15%～20%。长芯杆拉拔时允许采用较大的延伸系数，并且随着管内壁与芯杆间摩擦系数增加，可以采用的延伸系数增大。

(2) 由于采用的延伸系数较大，所以减少了拉拔道次和中间退火次数，提高了生产率。

(3) 由于拉拔时管材的变形是沿着芯棒表面滑动，拉拔力的大部分由芯棒承担，所以拉拔低塑性合金管材和薄壁管材时，不容易出现拉裂、拉断的现象，不会出现管壁失稳现象。

(4) 由于整个芯棒都是工作面，需要大量表面经过抛光处理的长芯棒，芯棒处理的难度较大，工具费用高。而且在拉拔结束后脱管时需要有专用脱管设备，大量长芯棒的保管也比较麻烦。

(5) 受芯棒长度限制，不适合拉拔长尺寸管材。

C 游动芯头拉拔

游动芯头拉拔时，芯头不固定，游动芯头靠其自身的形状和芯头与管子接触面间力平衡保持在变形区中。在链式拉拔机上有时也用芯杆与游动芯头连接，目的是向管内导入芯头、便于润滑与操作，芯头与芯杆并不是刚性连接的。

(1) 芯头稳定在变形区内的条件。游动芯头在变形区内的稳定位置取决于芯头上作用力的轴向平衡。当芯头处于稳定位置时，作用在芯头上的力如图9-15所示。其力的平衡方程为：

$$\sum N_1 \sin\alpha_1 - \sum T_1 \cos\alpha_1 - \sum T_2 = 0 \tag{9-19}$$

$$\sum N_1(\sin\alpha_1 - f\cos\alpha_1) = \sum T_2$$

由于 $\sum N_1 > 0$ 和 $\sum T_2 > 0$，故

$$\sin\alpha_1 - f\cos\alpha_1 > 0$$

$$\tan\alpha_1 > \tan\beta$$

$$\alpha_1 > \beta \tag{9-20}$$

式中 α_1——芯头轴线与锥面间的夹角，称为芯头的锥角；

f——芯头与管坯间的摩擦系数，$f=\tan\beta$；

β——芯头与管坯间的摩擦角；

T_1——作用在芯头锥面上的摩擦力，$T_1=fN_1$；

T_2——作用在芯头小圆柱段上的摩擦力。

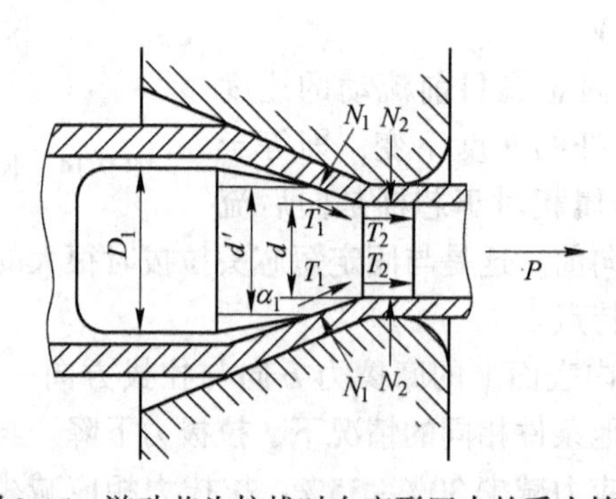

图9-15 游动芯头拉拔时在变形区内的受力情况

上述的 $\alpha_1 > \beta$，即游动芯头锥面与轴线之间的夹角必须大于芯头与管坯间的摩擦角，它是芯头稳定在变形区内的条件之一。若不符合此条件，芯头将被深深地拉入模孔，造成断管或被拉出模孔。

为了实现游动芯头拉拔，还应满足 $\alpha_1 \leqslant \alpha$，即游动芯头的锥角 α_1 小于或等于拉模的模角 α，它是芯头稳定在变形区内的条件之二，若不符合此条件，拉拔开始时，在芯头上尚未

建立起与 $\sum T_2$ 方向相反的推力之前，使芯头向模子出口方向移动挤压管子造成拉断。

另外，游动芯头轴向移动的几何范围有一定限度。当芯头向前移动超出前极限位置时，其圆锥段可能切断管子；当芯头后退超出后极限位置时，则将使游动芯头拉拔过程失去稳定性。由于轴向上的力的变化将使芯头在变形区内往复移动，所以使管子内表面出现明暗交替的环纹。

（2）游动芯头拉拔时管子变形过程。游动芯头拉拔时，管子在变形区的变形过程与一般衬拉是不同的。变形区可分为 5 部分，如图 9-16 所示。

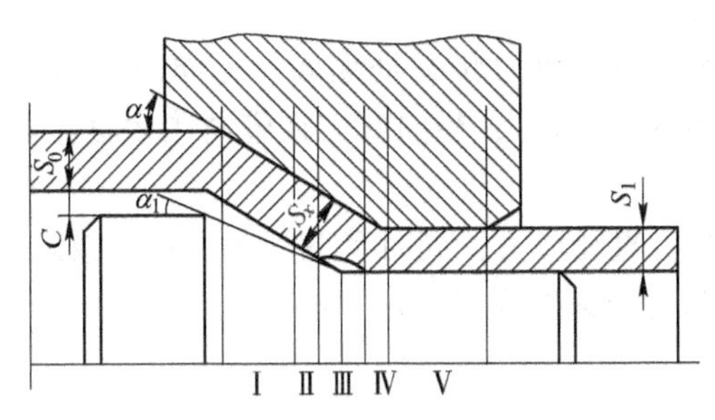

图 9-16 游动芯头拉拔时的变形区

Ⅰ——空拉区，在此区管子内表面不与芯头接触。在管子与芯头的间隙 C 以及其他条件相同情况下，游动芯头拉拔时的空拉区长度比固定短芯头的要长，故管坯增厚量也较大。空拉区的长度可近似地用式（9-21）确定：

$$L_1 = \frac{C}{\tan\alpha - \tan\alpha_1} \tag{9-21}$$

此区的受力情况及变形特点与空拉管材的相同。

Ⅱ——减径区，管坯在该区进行较大的减径，同时也有减壁，减壁量大致等于空拉区的壁厚增量。因此，可以近似地认为该区终了断面处管子的壁厚与拉拔前管子的壁厚相同。

Ⅲ——第二次空拉区，管子由于拉应力方向的改变而稍微离开芯头表面。

Ⅳ——减壁区，主要实现壁厚减薄变形。

Ⅴ——定径区，管子只产生弹性变形。

在拉拔过程中，由于外界条件变化，芯头的位置以及变形区各部分的长度和位置也将改变，甚至有的区可能消失。

D 扩径

扩径是一种用小直径的管坯生产大直径管材的方法，扩径有两种方法：压入扩径与拉拔扩径，如图 9-17 所示。

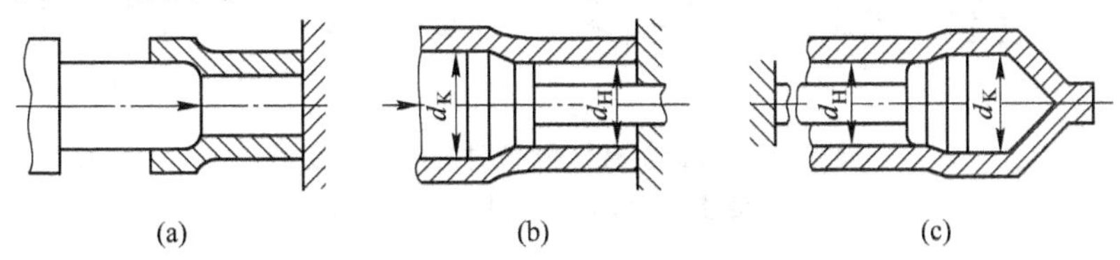

图 9-17 扩径制管材的方法
（a），（b）压入扩径；（c）拉拔扩径

（1）压入扩径法适合于大而短的厚壁管坯，若管坯过长，在扩径时容易产生失稳。通常管坯长度与直径之比不大于10。为了在扩径后较容易地由管坯中取出芯杆，它应有不大的锥度，在3000mm长度上斜度为1.5~2mm。对于直径200~300mm、壁厚10mm的紫铜管坯，每一次扩径可使管坯直径增加10~15mm。

压入扩径有两种方法：一种是从固定芯头的芯杆后部施加压力，进行扩径成型，如图9-17（a）所示；另一种方法是采用带有芯头的芯杆固定到拉拔机小车的钳口中，把它拉过装在托架上的管子的内部，进行扩径成型，如图9-17（b）所示。一般情况下，压入扩径是在液压拉拔机上进行。

压入扩径时，变形区金属的应力状态是纵向、径向两个压应力（σ_1、σ_r）和一个周向拉应力（σ_θ）（见图9-18）。这时，径向应力在管材内表面上具有最大值，在管材外表面上减小到零。

用压入法扩径时，管材直径增大，同时管壁减薄，管长减短。因此，在这一过程中发生一个伸长变形（ε_θ）和两个缩短变形（ε_r、ε_1）。

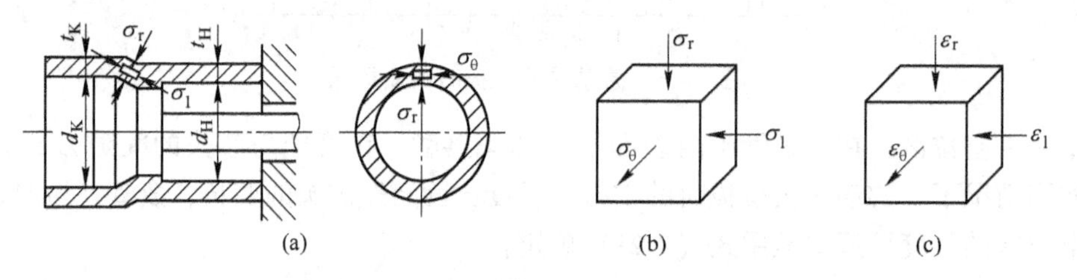

图9-18 压入扩径法制管时的应力与变形

（a）变形区；（b）应力图；（c）变形图

（2）拉拔扩径法适合于小断面的薄壁长管扩径生产。可在普通链式拉床上进行。扩径时首先将管端制成数个楔形切口，把得到的楔形端向四周掰开形成漏斗，以便把芯头插入。然后把掰开的管端压成束，形成夹头，将此夹头夹入拉拔小车的夹钳中进行拉拔。此法不受管子的直径和长度的限制。

拉拔扩径时金属应力状态为两个拉应力（σ_θ、σ_1）和一个压应力（σ_r）（见图9-19），后者由管材内表面上的最大值减小到外表面上的零。这一过程中的管壁厚度和管材长度，与压入扩径法一样也减小。因此，应力状态虽然变了，变形状态却不变，不过拉拔扩径时管壁减薄比压入扩径时多，而长度减短却没有压入扩径时显著。

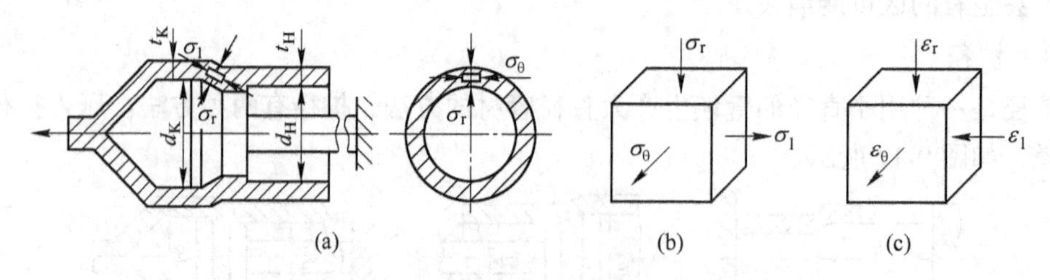

图9-19 拉拔扩径法制管时的应力与变形

（a）变形区；（b）应力图；（c）变形图

两种扩径方法的轴向变形的大小与管子直径的增量、变形区长度、摩擦系数以及芯头锥部母线对管子轴线的倾角等有关。

9.4 拉拔制品中的残余应力

在拉拔过程中，由于材料内的不均匀变形而产生附加应力，在拉拔后残留在制品内部形成残余应力。这种应力对产品的力学性能有显著的影响，对成品的尺寸稳定性也有不良的作用。

9.4.1 残余应力的分布

9.4.1.1 拉拔棒材中的残余应力分布

拉拔后棒材中呈现的残余应力分布有以下三种情况。

（1）拉拔时棒材整个断面都发生塑性变形，拉拔后制品中残余应力分布如图 9-20 所示。

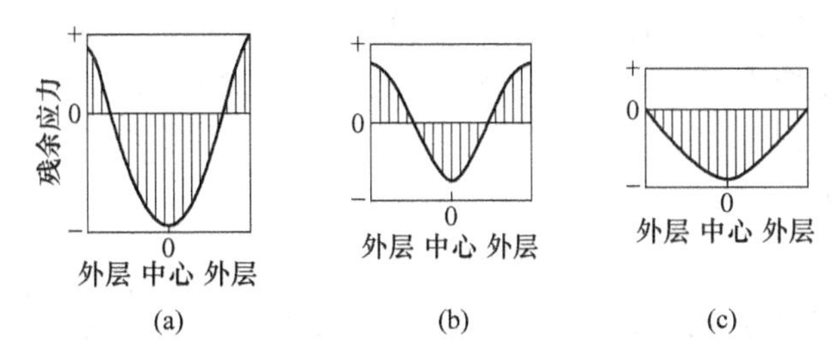

图 9-20 棒材整个断面发生塑性变形时的残余应力分布
（a）轴向残余应力；（b）周向残余应力；（c）径向残余应力

拉拔过程中，虽然棒材外层金属受到比中心层较大的剪切变形和弯曲变形，造成沿主变形方向有比中心层较大的延伸变形，但是外层金属沿轴向上的延伸变形与中心层相比却较小，并且由于棒材表面受到摩擦的影响，外层金属沿轴向流速较中心层也慢。因此，在变形过程中，棒材外层产生附加拉应力，中心层则出现与之平衡的附加压应力。当棒材出模孔后，仍处在弹性变形阶段，那么拉拔后的制品有弹性后效的作用，外层较中心层缩短得较大。但是物体的整体性阻碍了这种自由变形，其结果是棒材外层产生残余拉应力，中心层则出现残余压应力。

在径向上由于弹性后效的作用，棒材断面上所有的同心环形薄层皆欲增大直径。但由于相邻层的互相阻碍作用而不能自由涨大，从而在径向上产生残余压应力。显然，中心处的圆环涨大直径时所受的阻力最大，而最外层的圆环不受任何阻力。因此中心处产生的残余压应力最大，而外层为零。

由于棒材中心部分在轴向上和径向上受到残余压应力，故此部分在周向上有涨大变形的趋势。但是外层的金属阻碍其自由涨大，从而在中心层产生周向残余压应力，外层则产生与之平衡的周向残余拉应力。

（2）拉拔时仅在棒材表面发生塑性变形，拉拔后制品中残余应力的分布与第一种情况不同。在轴向上棒材表面层为残余压应力，中心层为残余拉应力。在周向上残余应力的分布与轴向上基本相同，而径向上棒材表面到中心层为残余压应力。

（3）拉拔时塑性变形未进入到棒材的中心层，拉拔后制品中残余应力的分布应该是前两种情况的中间状态。在轴向上拉拔后的棒材外层为残余拉应力，中心层也为残余拉应力，而其中间层为残余压应力。在周向上残余应力的分布与轴向上基本相同。而在径向上，从棒材外层到中心层为残余压应力。

这种情况是由于拉拔的材料很硬或拉拔条件不同，使材料中心部不能产生塑性变形的缘故。棒材横截面的中间层所产生的轴向残余压应力表明塑性变形只进行到此处。

9.4.1.2 拉拔管材中的残余应力

A 空拉管材

空拉管材时，管的外表面受到来自模壁的压力，如图9-21所示。在圆管截面内沿径向取出一微小区域，其外表面 X 处将为压应力状态，而在其稍内的部分则有如箭头所示的周向压应力的作用。因此，当圆管从模内通过时，由于其截面仅以外径减小的数量向中心逐渐收缩，相当于在内表面 Y 处受到图9-21所示的等效的次生拉应力作用，从而产生趋向心部的延伸变形。当圆管通过模子后，由于外表面的压应力和内表面的次生拉应力消失，圆管将发生弹性回复。此时，除了不均匀塑性变形所造成的状态之外，这种弹性回复也将使管材中的残余应力大大增加，其分布状态如图9-22所示。

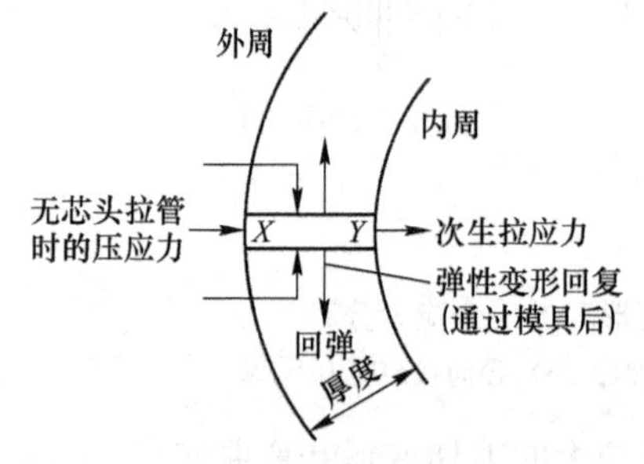

图9-21 空拉时圆管在模孔中及出模后的受力及变形示意图

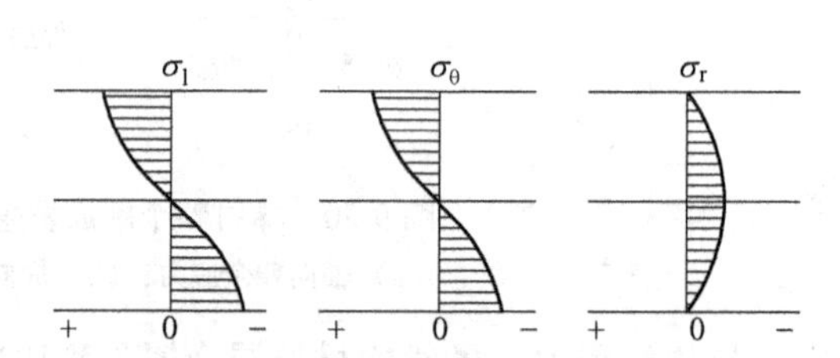

图9-22 空拉时管壁残余应力的分布

B 衬拉管材

衬拉管材时，一般情况下，管材内、外表面的金属流速比较一致。就管材壁厚来看，中心层金属的流速比内、外表面层快。因此衬拉管材时塑性变形也是不均匀的，这就必然在管材的内、外层与中心层产生附加应力。这种附加应力在拉拔后仍残留在管材中而形成残余应力，其分布状态如图9-23所示。

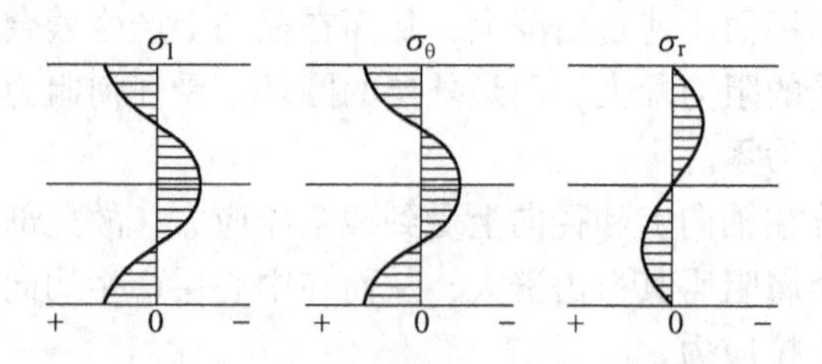

图9-23 衬拉时管壁残余应力分布示意图

上述是拉拔制品中残余应力的分布规律。但是，由于拉拔方法、断面减缩率、模具形状以及制品力学性能等的不同，残余应力的分布特别是周向残余应力的分布情况和数值会有很大改变。

在拉拔管材时，管子的外表面和内表面的变形量不相同，这种变形差值可以用内径减缩率和外径减缩率之差来表示，即：

$$\Delta = \left(\frac{d_0 - d_1}{d_0} - \frac{D_0 - D_1}{D_0}\right) \times 100\% \tag{9-22}$$

式中 D_0，d_0——拉拔前管外径与内径；

D_1，d_1——拉拔后管外径与内径。

根据实验得知，变形差值Δ（不均匀变形）越大，则周向残余应力也越大。衬拉时，有直径减缩，还有管壁的压缩变形，因此变形差值Δ越小，继而管子外表面产生的周向残余拉应力也越小，如图9-24所示。周向残余应力分布曲线a与其他的曲线相反，管子外表面受压应力，内表面受拉应力，而曲线b则表明管子内、外表面的残余应力趋于零，即可实现无周向残余应力拉拔。曲线c、d的周向残余拉应力在管子外表面较大。这主要是在拉拔时壁厚减薄较少之故。空拉管材时，由于只有直径减缩，变形差值大，从而管子外表面产生的周向残余拉应力也较大，如图9-25所示。

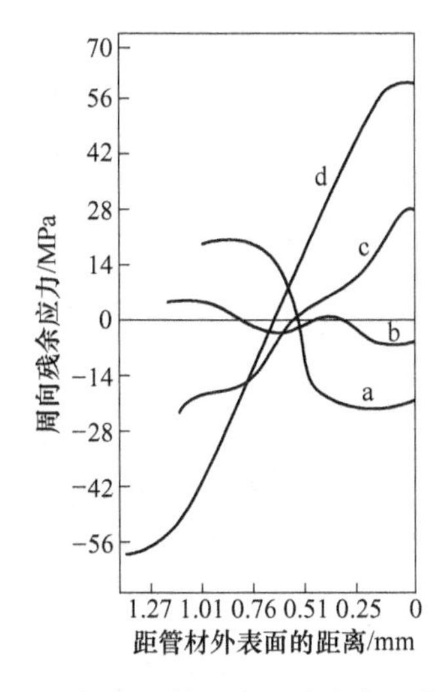

图9-24 衬拉时管材中的残余应力实测值

管坯：φ25.4×1.42mm H70黄铜

管材：a—φ24.36×1.02mm；b—φ21.46×1.17mm；c—φ19.94×1.27mm；d—φ18.08×1.37mm

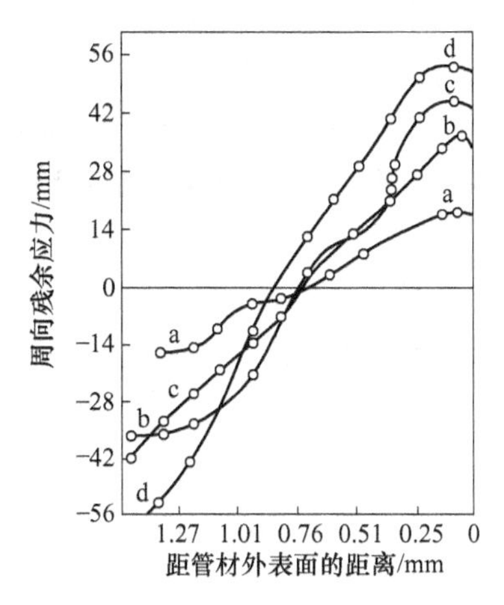

图9-25 空拉时管材中的残余应力实测值

管坯：φ25.4×1.42mm H70黄铜

管材：a—φ24.13mm；b—φ21.18mm；c—φ19.69mm；d—φ18.32mm

9.4.2 残余应力的消除

拉拔制品中的残余应力，尤其是残余拉应力是极为有害的，是合金产生应力腐蚀和裂纹的根源。在生产中，黄铜拉拔的制品常因在车间内放置时间稍长未及时进行退火，在含有氨或SO_2气氛的作用下将会产生裂纹而报废。带有残余应力的制品在放置和使用过程中，会逐渐地改变其自身形状与尺寸，同时对产品的力学性能也有影响。因此，应设法减少和消除制品的残余应力。目前主要有以下几种方法：

（1）减少不均匀变形。这是最根本的措施，通过减少拉拔模壁与金属的接触表面的摩擦；采用最佳模角；对拉拔坯料采取多次退火；使两次退火间的总加工率不要过大；减少分散变形度等，均可减少不均匀变形。在拉拔管材时应尽可能地采用衬拉，减少空拉量。

（2）矫直加工。对拉拔制品最常采用的是辊式矫直，此时拉拔制品的表面层产生不大的塑性变形。此塑性变形力图使制品表面层在轴向上延伸，但是受到了制品内层金属的阻碍作用，从而表面层的金属只能在径向上流动，使制品的直径增大，并在制品的表面形成一封闭的压应力层，如图9-26所示。矫直后制品直径的增大值随着制品直径的增大而增加。因此，在拉拔大直径的管材时（不小于 ϕ30mm），选用的成品模直径的大小应考虑此因素，以免矫直后超差。

对拉拔后的制品施加张力可以减小残余应力。例如，给黄铜棒1%的塑性延伸变形可使拉拔制品表面层的轴向拉应力减少60%。

由 Bühler 试验得知，把表面层带有残余拉应力的拉拔圆棒用比该圆棒直径稍小的模具再拉拔一次后，可使表面层残余拉应力降低，如图9-27所示。在生产中，有时在最后一道次拉拔时采用极小的加工率（0.8%~1.5%），亦可获得与辊式矫直相当的效果。

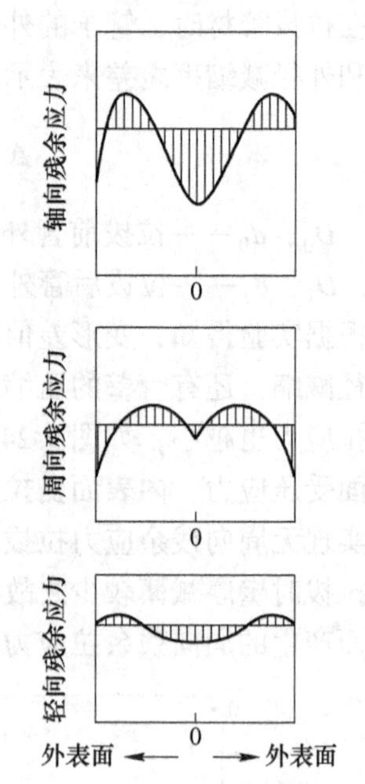

图9-26 拉拔棒材辊式矫直后的残余应力分布示意图

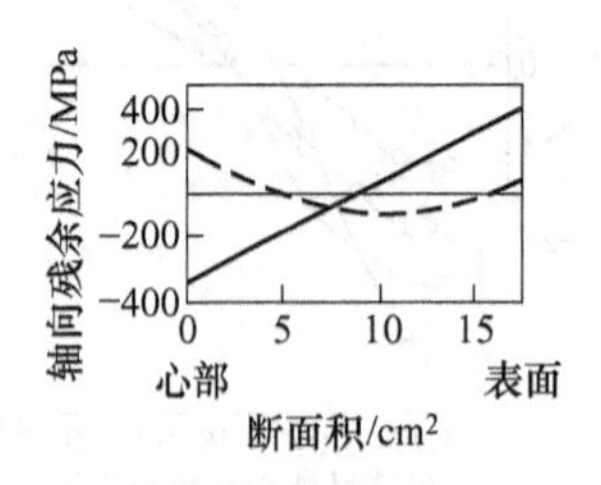

图9-27 二次拉拔对棒材残余应力的影响
（把含0.10%C的黄铜坯料 ϕ50mm 用 ϕ48mm 模拉拔，进一步用 ϕ47.5mm 模拉拔）

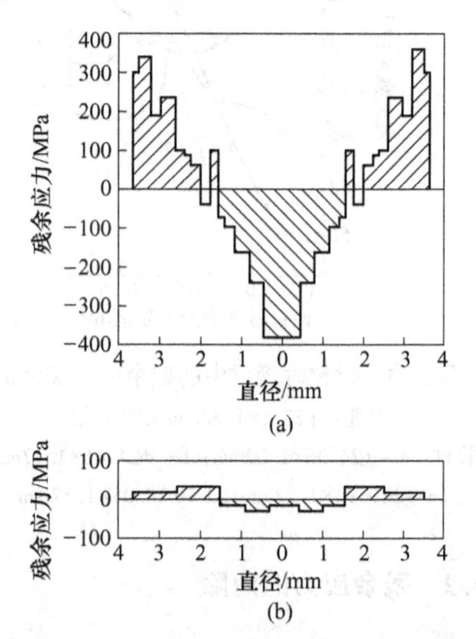

图9-28 拉拔棒材退火前、后残余应力的变化
（a）退火前；（b）退火后

（3）退火。通常称消除应力退火，即利用低于再结晶温度的低温退火来消除或减少残余应力。图9-28为直径 ϕ30mm 的镍铜棒退火前、后的残余应力的分布情况。

思考题

9-1 拉拔时的变形指数包括哪些？它们之间具有什么样的关系？

9-2 安全系数的定义是什么？实现拉拔过程的基本条件是什么？

9-3 影响安全系数的因素有哪些？其合理的取值范围是什么？其值取得过大过小时会出现什么问题？

9-4 管材空拉时和圆棒拉拔时的应力状态相同吗？简述圆棒拉拔时和管材空拉时三个主应力沿着轴向和径向的分布规律。

9-5 空拉管材时，影响壁厚变化的因素有哪些？每个因素的影响规律分别是什么？

9-6 长芯杆拉拔时，可以采用较大延伸系数的原因是什么？

9-7 游动芯头稳定在变形区中的条件是什么？其变形区可以分为哪几个部分？

9-8 拉拔时残余应力的存在会对制品产生哪些影响？其减少和消除的措施是什么？

9-9 圆棒拉拔时，残余应力沿着轴向和径向的分布规律是什么？

9-10 简述衬拉管材和空拉管材时残余应力沿着轴向和径向的分布规律。

10　拉拔力

为实现拉拔过程，作用在拉拔模出口加工材料上的外力 P 称为拉拔力。拉拔力与拉拔后材料的断面积之比称为拉拔应力，即作用在模出口加工材料的单位外力。挤压力的精确确定，对于制定合理的拉拔工艺、充分发挥拉拔机的能力，保证拉拔机在拉拔过程中安全可靠地运行均具有重要的意义。

10.1　影响拉拔力的主要因素

影响拉拔力的因素有被拉拔金属的性质、变形程度、模角、拉拔速度、拉拔方式、摩擦与润滑、反拉力和振动。下面就从这几个方面进行讨论。

10.1.1　被拉拔金属的性质

拉拔力与被拉拔金属的抗拉强度呈线性关系，抗拉强度越高，所需要的拉拔力就越大。图 10-1 是将 $\phi2.02$mm 的线材拉到 $\phi1.64$mm（断面减缩率为 34%）时各种金属的抗拉强度与拉拔应力的关系。

10.1.2　变形程度

拉拔力与变形程度呈正比关系，随着断面减缩率的增加，拉拔应力增大。图 10-2 是拉拔黄铜线时拉拔应力与断面减缩率的关系。

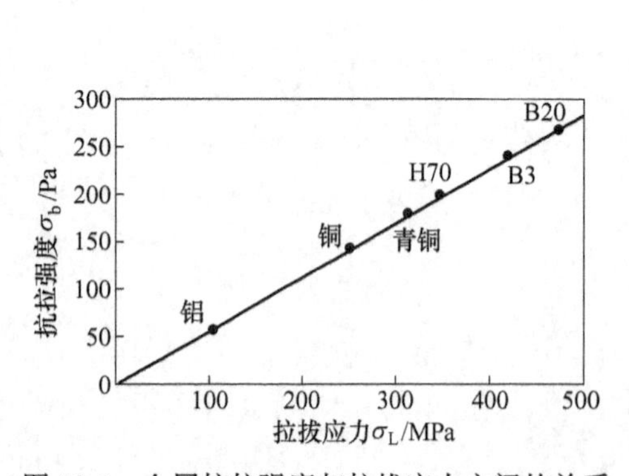

图 10-1　金属抗拉强度与拉拔应力之间的关系

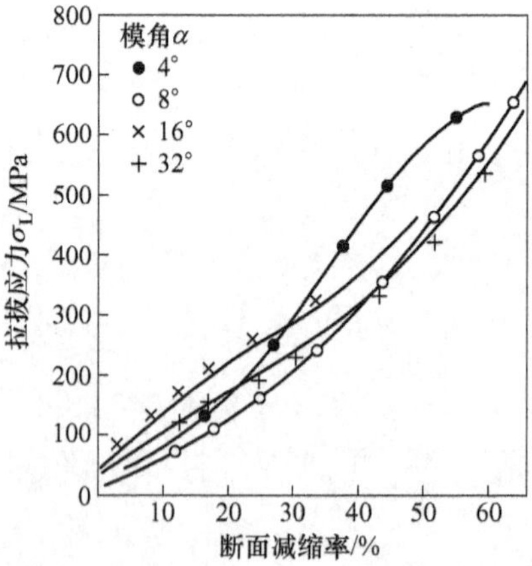

图 10-2　拉拔黄铜线时拉拔应力与断面缩减率的关系

10.1.3　模角

图 10-3 是不同变形量条件下模角与拉拔力之间的关系曲线。可以看出，随着模角的

变化，拉拔应力也发生变化且存在一个最小值，其相应的模角称为最佳模角。且随着变形程度的增加，最佳模角值逐渐增大。

图 10-4 是将 ϕ18×0. 71mm 的管坯，用不同模角的模子空拉减径到 ϕ2. 56mm，采用计算机模拟得到的拉拔应力变化曲线。

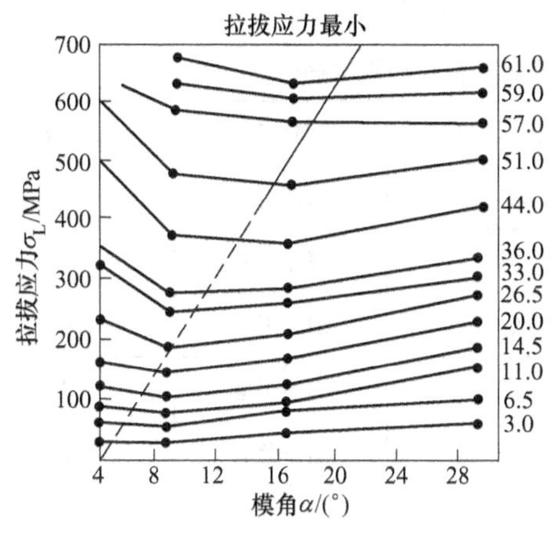

图 10-3　拉拔应力与模角的关系

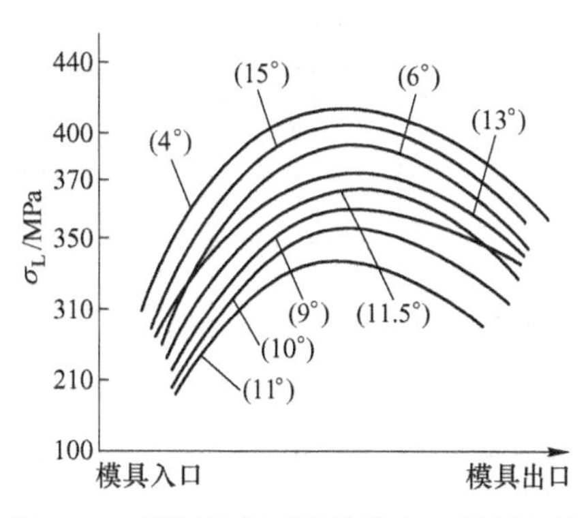

图 10-4　不同模角下的拉拔应力模拟曲线

10.1.4　拉拔速度

一般情况下，在低速（5m/min 以下）拉拔时，拉拔力随拉拔速度的增加而有所增大。但是，当拉拔速度增加到 6~50m/min 时，拉拔应力下降，继续增加拉拔速度，拉拔应力变化不大。图 10-5 所示为拉拔钢丝时的实验曲线，当拉拔速度超过 1m/s 时，拉拔力急剧下降；当拉拔速度超过 2m/s 后，拉拔力的变化较小。

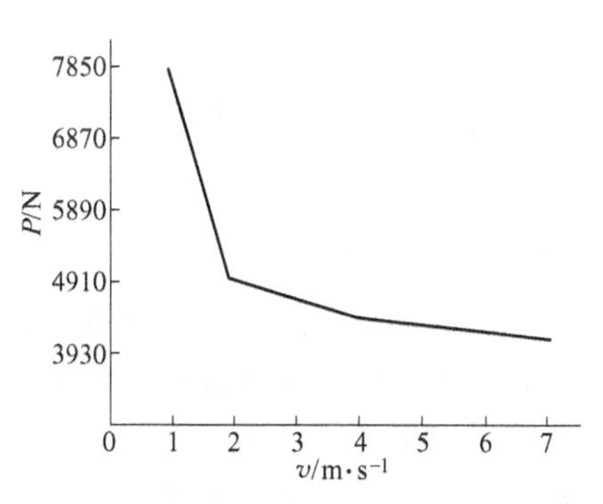

图 10-5　拉拔力与拉拔速度的关系曲线

10.1.5　拉拔方式

生产实践证明，用游动芯头拉拔时的拉拔力较固定短芯头的要小 15%左右。主要原因是，在变形区内芯头的锥形表面与管内壁间形成狭窄的锥形缝隙可以建立起流体动力润滑条件（润滑楔效应），从而降低了芯头与管坯间的摩擦系数。流体动压力越大，则润滑效果越好。流体动压力的大小与润滑楔的角度、润滑剂性能、黏度以及拉拔速度等有关，润滑楔的角度越小、润滑剂的黏度越大及拉拔速度越高，则润滑楔效应越显著。

采用长芯棒拉拔时的拉拔力比游动芯头小 5%~10%，比固定短芯头拉拔小 25%左右。主要是因为拉拔过程中，芯棒作用在管内壁上的摩擦力的方向与拉拔方向一致，这个摩擦力成为使金属产生塑性变形所需要施加外力的一部分，从而使得通过拉拔小车施加在管夹头上的拉拔力明显减小。

10.1.6　摩擦与润滑

在拉拔过程中，被拉拔金属与模具之间的摩擦系数大小对拉拔力有很大影响。摩擦系数越大，摩擦力越大，所需要的拉拔力也就越大。润滑剂的性质、润滑方式、模具材料、模具和被拉拔金属的表面状态对摩擦力的大小都有一定影响。表10-1所示为采用不同的润滑剂和不同材料的模子拉拔不同金属及合金线材时实测的拉拔力。在其他条件相同的情况下，模具材料越硬、抛光越良好，金属越不容易黏结工具，摩擦力就越小。从表中可以看出，使用钻石模的拉拔力最小，硬质合金模次之，钢模最大。

表10-1 润滑剂和模子材料对拉拔力影响的实验结果

金属与合金	坯料直径/mm	加工率/%	模子材料	润滑剂	拉拔力/N
铝	2.0	23.4	碳化钨	固体肥皂	127.5
			钢	固体肥皂	235.4
黄铜	2.0	20.1	碳化钨	固体肥皂	196.1
			钢	固体肥皂	313.8
磷青铜	0.65	18.5	碳化钨	固体肥皂	147.0
			碳化钨	植物油	255.0
B20	1.12	20	碳化钨	固体肥皂	156.9
			碳化钨	植物油	196.1
			钻石	固体肥皂	147.0
			钻石	植物油	156.9

一般的润滑方法所形成的润滑膜较薄，未脱离边界润滑的范围，其摩擦力仍较大。如果在拉拔时采用流体动力润滑方法，就可使润滑膜增厚，实现液体摩擦，降低拉拔力，并减少磨损，提高制品表面质量。实现流体动力润滑的方法有许多种，图10-6所示为拉拔管材时，采用双模拉拔实现外表面流体动力润滑的示意图。

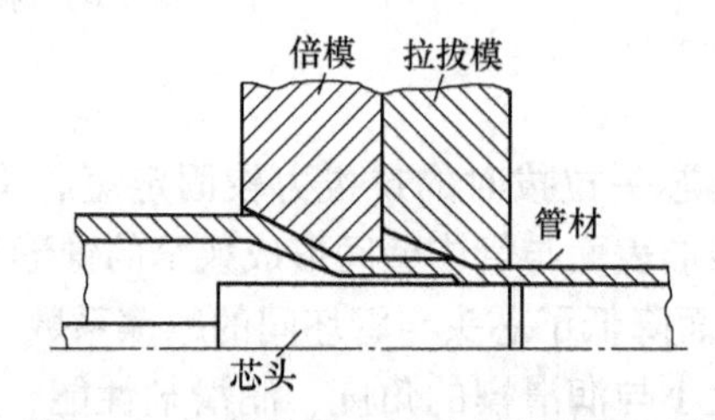

图10-6 双模拉拔流体动力润滑示意图

摩擦系数越大，所需要的拉拔力越大。图10-7所示为两种不同合金管材，采用空拉和固定短芯头拉拔时摩擦系数与拉拔力的计算机模拟关系曲线。其中图10-7（a）是用6063合金$\phi22\times2.2$mm管坯，带芯头拉拔为$\phi20\times2.0$mm管材，模子与管外壁之间的摩擦系数f_1取为0.09，通过改变芯头与管内壁间的摩擦系数f_2的大小，模拟拉拔过程中拉拔力的大小及变化。图10-7（b）是用20B钢$\phi30\times3$mm管坯，空拉减径到$\phi25.5$mm，模拟拉拔过程中摩擦系数大小对拉拔力大小及变化的影响。

不同金属及合金、不同拉拔条件下的摩擦系数见表10-2和表10-3。

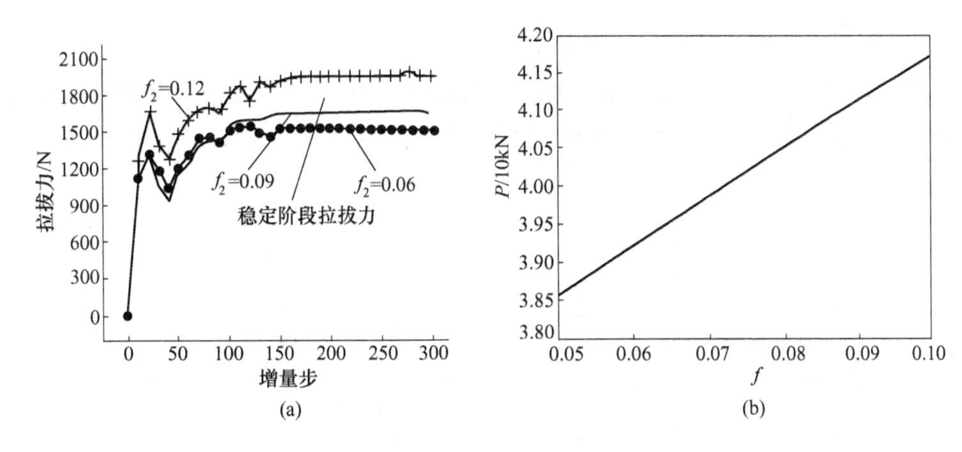

图 10-7　摩擦系数与拉拔力的计算机模拟曲线

（a）6063 合金管材带芯头拉拔；（b）20B 钢管空拉

表 10-2　拉拔管材时平均摩擦系数

金属与合金	道　　次			
	1	2	3	4
紫铜	0. 10～0. 12	0. 15	0. 15	0. 16
H62	0. 11～0. 12	0. 11	0. 11	0. 11
H68	0. 09	0. 09	0. 12	—
HSn70-1	0. 10	0. 11	0. 12	—

表 10-3　拉拔棒材时平均摩擦系数

金属与合金	状态	模子材料		
		钢	硬质合金	钻石
紫铜、黄铜	退火	0. 08	0. 07	0. 06
	冷硬	0. 07	0. 06	0. 05
青铜、镍及其合金、白铜	退火	0. 07	0. 06	0. 05
	冷硬	0. 06	0. 05	0. 04
铝	退火	0. 11	0. 10	0. 09
	冷硬	0. 10	0. 09	0. 08
硬铝	退火	0. 09	0. 08	0. 07
	冷硬	0. 08	0. 07	0. 06
钛及其合金	退火	—	0. 10	—
	冷硬	—	0. 08	—
锆	退火	—	0. 11～0. 13	—
	冷硬	—	0. 08～0. 09	—

10.1.7 反拉力

反拉力对拉拔力的影响如图10-8所示。随着反拉力Q值的增加，模子所受到的压力M_q近似直线下降，拉拔力P_q逐渐增大。但是，在反拉力达到临界反拉力Q_c值之前，对拉拔力并无影响。

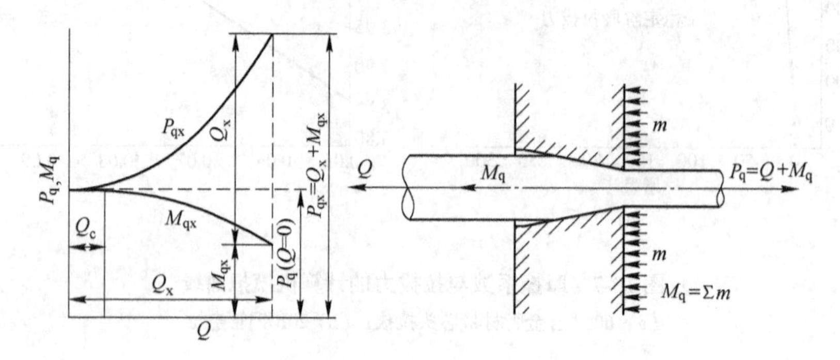

图10-8 反拉力对拉拔力及模子压力的影响

临界反拉力值的大小主要与被拉拔材料的弹性极限和拉拔前的预先变形程度有关，而与该道次的加工率无关。弹性极限和预先变形程度越大，临界反拉应力也越大。所以，可以利用这一点，将反拉应力值控制在临界反拉应力值范围之内，就可以在不增大拉拔应力和不减小道次加工率的情况下，减小模子入口处金属对模壁的压力磨损，延长模子的使用寿命。其主要原因是随着反拉力的增加，模子入口处的接触弹性变形区逐渐减小，与此同时，金属作用在模壁上的压力减小，继而使摩擦力也相应减小。摩擦力的减小值与此反拉力值相当，故拉拔力并不增加。但是，当反拉力值超过临界反拉力时，将改变变形区中的径向及轴向应力分布，使拉拔应力增大。

10.1.8 振动

在拉拔时对拉拔工具（模子或芯头）施以振动，可显著降低拉拔力，继而提高道次加工率。所用的振动频率分为声波（25~500Hz）与超声波（16~800kHz）两种。振动的方式有轴向、径向和周向。

通常认为，采用超声波振动能够降低拉拔力的原因有以下几方面：

（1）在高频振动下，拉拔应力的减小是由于变形区的变形抗力降低所引起的，可解释为在晶格缺陷区吸收了振动能，继而使位错势能提高以及为了使这些位错移动所需要的剪切应力减小所致。

（2）在轴向振动下，当模子振动速度大于拉拔速度时，拉拔力的减小是由于模子和工件表面周期地脱开而使摩擦力减小，如图10-9（b）所示。随着拉拔速度提高，此效应减小，并在一定条件下（拉拔速度与模子振动速度相等），由于模子与工件未脱离接触而消失。

（3）振动使得在某些瞬间模具相对于工件超前运动而产生一个促使工件运动的正向摩擦力，从而抵消了一部分摩擦阻力，如图10-9（b）所示。由于这个摩擦只产生在模子定径带部位，故此作用是非常小的。

（4）模具与工件脱离接触使得润滑剂易于进入接触面（如图 10-9（b）所示），从而提高了润滑效果，减小了摩擦。

（5）超声波振动导致工件温度升高，使得变形抗力下降。

（6）振动模接触表面对工件的频繁打击作用也可能是一个减小拉拔力的附加原因。

（7）有作者研究认为，拉拔力降低主要是由于模具振动而产生的冲击力所造成的。在无超声波振动的时候，模子与工件完全接触（见图 10-9（a））；当模子以超出工件拉拔速度向前振动时模子与工件在变形区脱离接触，此时只有定径带与工件有接触（见图 10-9（b））；当模子向回振动时，对工件产生一冲击力（见图 10-9（c））。在一定的温度条件下，使工件金属产生塑性变形所需要施加的外力是不变的，当这个冲击力作用在工件上时，就会使所需要施加的外力减小，从而使拉拔力减小。

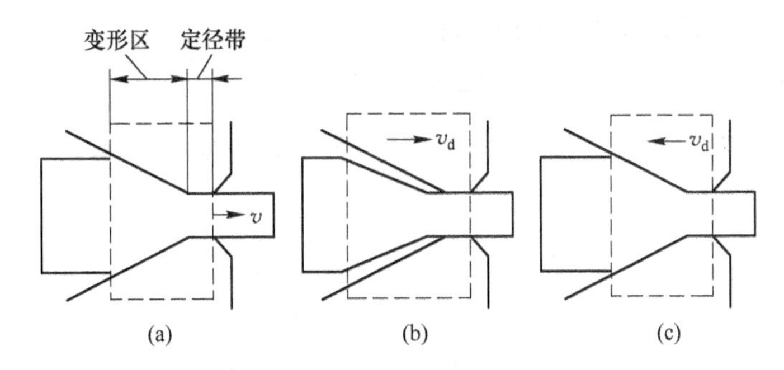

图 10-9 模具振动引起接触情况的变化

（a）无超声波振动；（b）振动产生脱离；（c）振动产生冲击

10.2 拉拔力的理论计算

拉拔力的理论计算方法较多，有平均主应力法、滑移线法、上界法以及有限元法等，目前较为广泛应用的是平均主应力法。以下简要介绍几个利用平均主应力法推导拉拔力的计算方法。

10.2.1 棒材、线材拉拔力计算

10.2.1.1 棒材、线材拉拔力计算式

棒材、线材拉拔力计算式的推导如图 10-10 所示。

在变形区内 x 方向上取一厚度为 dx 的单元体，并根据单元体上作用的 x 轴向应力分量，建立平衡微分方程式：

$$\frac{1}{4}\pi(\sigma_{lx} + d\sigma_{lx})(D + dD)^2 = \frac{1}{4}\pi\sigma_{lx}D^2 - \pi D\sigma_n(f + \tan\alpha)dx \tag{10-1}$$

整理，略去高阶微量得：

$$Dd\sigma_{lx} + 2\sigma_{lx}dD + 2\sigma_n\left(\frac{f}{\tan\alpha} + 1\right)dD = 0 \tag{10-2}$$

当模角 α 与摩擦系数 f 很小时，在变形区内金属沿 x 方向变形均匀，可认为 τ_k 值不大，采用近似塑性条件 $\sigma_{lx} - \sigma_n = \sigma_s$。

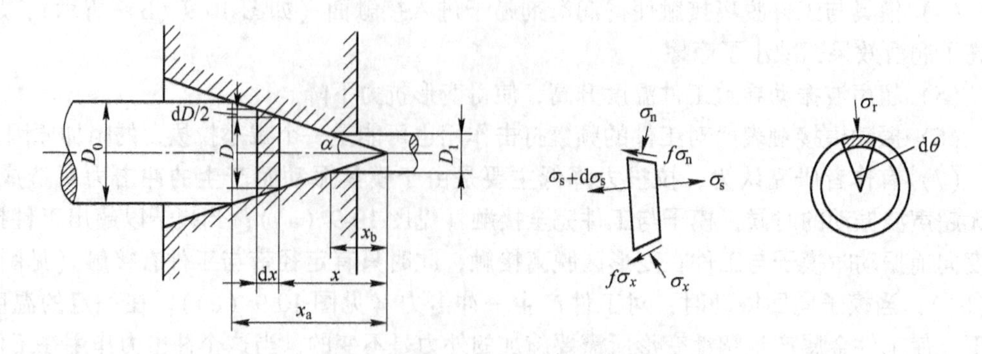

图 10-10 棒材、线材拉拔中的应力分析

若将 σ_{lx} 与 σ_n 的代数值代入近似塑性条件式中得：

$$\sigma_{lx} + \sigma_n = \sigma_s \tag{10-3}$$

将式（10-3）代入式（10-2），并设 $B = \dfrac{f}{\tan\alpha}$，则式（10-2）可变成：

$$\frac{d\sigma_{lx}}{B\sigma_{lx} - (1 + B)\sigma_s} = 2\frac{dD}{D} \tag{10-4}$$

将式（10-4）积分：

$$\int\frac{d\sigma_{lx}}{B\sigma_{lx} - (1 + B)\sigma_s} = \int 2\frac{dD}{D}$$

$$\frac{1}{B}\ln[B\sigma_{lx} - (1 + B)\sigma_s] = 2\ln D + C \tag{10-5}$$

利用边界条件，当无反拉力时，在模子入口处 $D = D_0$，$\sigma_{lx} = 0$。因此，$\sigma_n = \sigma_s$，将此条件代入式（10-5）得：

$$\frac{1}{B}\ln[-(1 + B)\sigma_s] = 2\ln D_0 + C \tag{10-6}$$

将式（10-5）与式（10-6）相减，整理后为：

$$\frac{B\sigma_{lx} - (1 + B)\sigma_s}{-(1 + B)\sigma_s} = \left(\frac{D}{D_0}\right)^{2B}$$

$$\frac{\sigma_{lx}}{\sigma_s} = \left[1 - \left(\frac{D}{D_0}\right)^{2B}\right]\frac{1 + B}{B} \tag{10-7}$$

在模子出口处，$D=D_1$，$\sigma_{lx} = \sigma_{l1}$，代入式（10-7）得：

$$\frac{\sigma_{l1}}{\sigma_s} = \frac{1 + B}{B}\left[1 - \left(\frac{D_1}{D_0}\right)^{2B}\right] \tag{10-8}$$

则拉拔应力 $\sigma_L = (\sigma_{lx})_{D=D_1} = \sigma_{l1}$ 为

$$\sigma_L = \sigma_{l1} = \sigma_s\left(\frac{1 + B}{B}\right)\left[1 - \left(\frac{D_1}{D_0}\right)^{2B}\right] \tag{10-9}$$

式中 σ_L ——拉拔应力，即模孔出口处棒材断面上的轴向应力 σ_{l1}；

σ_s ——金属材料的平均变形抗力，取拉拔前后材料的变形抗力平均值；

B ——参数；

D_0 ——坯料的原始直径；

D_1 ——拉拔棒材、线材出口直径。

10.2.1.2 棒材、线材拉拔力计算式的修正

式（10-9）在推导过程中只考虑了模子锥面摩擦的影响，而没有考虑附加剪切变形所引起的剩余变形、模子定径带摩擦以及有反拉力作用时对拉拔作用应力的影响，为此，对式（10-9）提出以下修正。

A 考虑附加剪切变形情况下的拉拔应力计算

如图 10-11 所示，假定在模孔内金属的变形区是以模锥顶点 O 为中心的两个球面 F_1 和 F_2，金属材料进入 F_1 球面时发生剪切变形，金属材料出 F_2 球面时也受到剪切变形，并向平行于轴线的方向移动，考虑到金属材料在两个球面受到剪切变形，在式（10-9）中应追加一项附加拉拔应力 σ_L'。

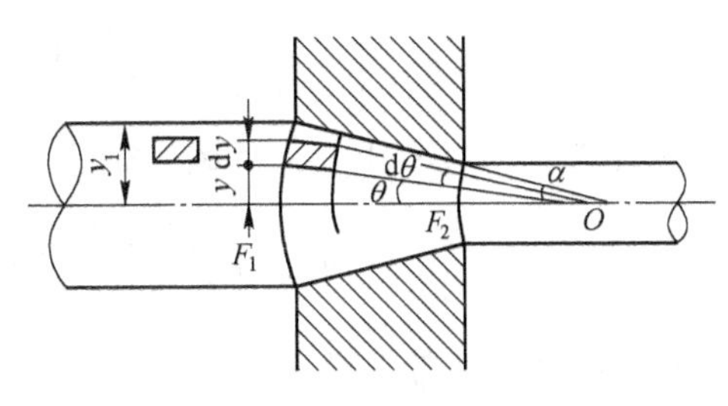

图 10-11 进出变形区的剪切变形区示意图

在距离中心轴为 y 的点上，以 θ 角作为在模子入口处材料纵向纤维的方向变化，那么纯剪切变形 $\theta = \alpha y/y_1$，也可以近似地认为 $\tan\theta = \dfrac{y}{y_1}\tan\alpha$，剪切屈服强度为 τ_s，微小单元体以 $\pi y_1^2 \cdot dl$ 所受到的剪切功 W 为：

$$W = \int_0^{y_1} 2\pi y dy \cdot \tau_s \tan\theta dl = \frac{2}{3}\tau_s \tan\alpha \pi y_1^2 dl \tag{10-10}$$

由于这个功等于轴向拉拔应力所做的功，

$$W = \sigma_L \cdot \pi y_1^2 dl \tag{10-11}$$

因此，由式（10-10）、式（10-11）可得：

$$\sigma_L = \frac{2}{3}\tau_s \tan\alpha \tag{10-12}$$

金属在模子出口 F_2 处又转变为原来的方向，同时考虑到 $\tau_s = \dfrac{\sigma_s}{\sqrt{3}}$，则拉拔应力加上剪切变形而产生的附加修正值为：

$$\sigma_L' = \frac{4\sigma_s}{3\sqrt{3}}\tan\alpha \tag{10-13}$$

所以

$$\sigma_L = \sigma_s\left\{\left(1 + \frac{1}{B}\right)\left[1 - \left(\frac{D_1}{D_0}\right)^{2B}\right] + \frac{4}{3\sqrt{3}}\tan\alpha\right\} \tag{10-14}$$

B 考虑有反拉力作用的拉拔应力计算

假设反拉应力为 $\sigma_q(<\sigma_s)$，利用边界条件，当 $D=D_0$，$\sigma_{lx}=\sigma_q$ 时，则 $\sigma_n=\sigma_s-\sigma_q$，将此条件代入式（10-15）可得：

$$\frac{1}{B}\ln[B\sigma_q-(1+B)\sigma_s]=2\ln D_0+C \tag{10-15}$$

式（10-5）与式（10-15）相减，整理后为：

$$\frac{B\sigma_{lx}-(1+B)\sigma_s}{B\sigma_q-(1+B)\sigma_s}=\left(\frac{D}{D_0}\right)^{2B}$$

$$\frac{\sigma_{lx}}{\sigma_s}=\frac{1+B}{B}\left[1-\left(\frac{D}{D_0}\right)^{2B}\right]+\frac{\sigma_q}{\sigma_s}\left(\frac{D}{D_0}\right)^{2B} \tag{10-16}$$

当$D=D_1$时，$\sigma_{lx}=\sigma_{l1}$，代入式（10-16）得：

$$\frac{\sigma_{l1}}{\sigma_s}=\frac{1+B}{B}\left[1-\left(\frac{D_1}{D_0}\right)^{2B}\right]+\frac{\sigma_q}{\sigma_s}\left(\frac{D_1}{D_0}\right)^{2B} \tag{10-17}$$

则拉拔应力 $\sigma_L=(\sigma_{lx})_{D=D_1}=\sigma_{l1}$ 为：

$$\sigma_L=\sigma_s\left(\frac{1+B}{B}\right)\left[1-\left(\frac{D_1}{D_0}\right)^{2B}\right]+\sigma_q\left(\frac{D_1}{D_0}\right)^{2B} \tag{10-18}$$

C 考虑定径带摩擦力作用的拉拔应力计算

在拉拔应力计算式（10-9）中，只考虑了变形区出口断面处的拉拔应力，而没有考虑定径区摩擦力的影响，因此，按式（10-9）计算的拉拔应力比实际所需要的拉拔应力小。由于拉拔模定径带的长度比较短，金属在定径区的变形为弹性变形，摩擦系数也比较小，且计算定径区摩擦力时按弹性变形处理比较复杂，因此在实际工程计算中，通常忽略定径区的摩擦力，或者采用如下的近似处理方法。

（1）把定径区部分金属的变形按塑性变形近似处理。从定径区取出单元体如图10-12所示，取轴向上微分平衡方程式：

$$(\sigma_x+d\sigma_x)\cdot\frac{\pi}{4}D_1^2-\sigma_x\frac{\pi}{4}D_1^2-f\sigma_n\cdot\pi D_1dx=0$$

$$d\sigma_x\cdot\frac{\pi}{4}D_1^2=f\sigma_n\cdot\pi D_1dx$$

$$\frac{D_1}{4}d\sigma_x=f\sigma_n dx \tag{10-19}$$

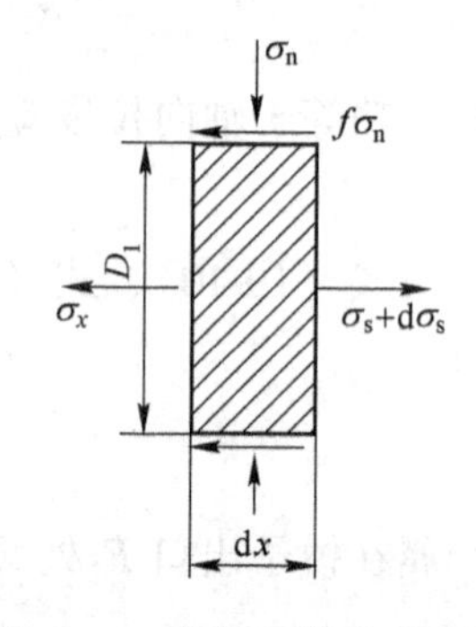

图10-12 定径区微小单元体的应力状态

采用近似塑性条件（与式（10-13）类似）：

$$\sigma_x+\sigma_n=\sigma_s$$

并代入式（10-19）得：

$$\frac{D_1}{4}d\sigma_x=f(\sigma_s-\sigma_x)dx$$

$$\frac{d\sigma_x}{\sigma_s-\sigma_x}=\frac{4f}{D_1}dx \tag{10-20}$$

将式（10-20）在定径区（$x=0$ 到 $x=l_d$）积分：

$$\int_{\sigma_{l1}}^{\sigma_L}\frac{d\sigma_x}{\sigma_s-\sigma_x}=\int_0^{l_d}\frac{4f}{D_1}dx \tag{10-21}$$

$$\ln \frac{\sigma_L - \sigma_s}{\sigma_{l1} - \sigma_s} = -\frac{4f}{D_1} l_d$$

$$\frac{\sigma_L - \sigma_s}{\sigma_{l1} - \sigma_s} = e^{-\frac{4f}{D_1} l_d} \tag{10-22}$$

所以：

$$\sigma_L = (\sigma_{l1} - \sigma_s) e^{-\frac{4f}{D_1} l_d} + \sigma_s \tag{10-23}$$

式中 f——摩擦系数；

l_d——定径带长度。

（2）按 C. И. 古布金算式近似计算。若按 C. И. 古布金考虑定径区摩擦力对拉拔力的影响，可将拉拔应力计算式（10-9）增加一项 σ_a，σ_a 值由经验算式求得为：

$$\sigma_a = (0.1 \sim 0.2) f \frac{l_d}{D_1} \sigma_s \tag{10-24}$$

10.2.1.3 其他棒材拉拔力计算式

（1）加夫里连柯算式。拉拔圆棒材：

$$P = \sigma_{s均}(F_0 - F_1)(1 + f\cot\alpha) \tag{10-25}$$

拉拔非圆棒材：

$$P = \sigma_{s均}(F_0 - F_1)(1 + Af\cot\alpha) \tag{10-26}$$

式中 $\sigma_{s均}$——拉拔前后金属材料屈服强度算术平均值，可取 $\sigma_{s均} \approx \sigma_{b均}$；

F_0，F_1——制品拉拔前后断面积；

A——非圆断面制品周长与等圆断面周长之比；

f——摩擦系数；

α——模角。

（2）彼得洛夫计算式：

$$P = \sigma_{s均} F_1 (1 + f\cot\alpha) \ln\lambda \tag{10-27}$$

［例 10-1］ 将退火的黄铜棒（平均变形抗力 σ_s = 200MPa），由 ϕ11.6mm 拉到 ϕ9.0mm，模子采用硬质合金模，其摩擦系数为 0.07，模角为 8°，求拉拔力（实测拉拔力为 11760N）。

［解 1］ 由于没有给出定径带长度，故按照没有考虑定径带摩擦力的式（10-14）进行计算。

本题中，已知 σ_s = 200MPa，D_0 = 11.6mm，D_1 = 9mm，f = 0.07，α = 8°。

（1）计算系数 B：

$$B = f/\tan\alpha = 0.07/\tan 8 \approx 0.5$$

（2）将有关数据代入式（10-14）中计算拉拔力 P：

$$P = \sigma_L F_1 = 9930(\text{N})$$

［解 2］ 按照式（10-25）的加夫里连柯算式进行计算，已知 σ_s = 200MPa，D_0 = 11.6mm，D_1 = 9mm，f = 0.07，α = 8°；将这些参数代入式（10-25）中：

$$P = \sigma_{s均}(F_0 - F_1)(1 + f\cot\alpha) = 12600(\text{N})$$

10.2.2 管材拉拔力计算

管材拉拔力计算式的推导方法与棒材、线材拉拔的基本相同。为了使计算式简化，有3个假设条件：拉拔管材壁厚不变；在一定范围内应力分布是均匀的；管材衬拉时的减壁段，其管坯内、外表面所受的法向压应力 σ_n 相等，摩擦系数 f 相同。推导过程仍然是首先对塑性变形区微小单元体建立微分平衡方程，然后采用近似塑性条件，利用边界条件推导出拉拔力计算式。下面仅对不同类型的拉拔力计算式做简要介绍。

10.2.2.1 空拉管材

管材空拉时，所承受的外作用力主要是拉拔力 P、来自模壁方向的正压力 N 以及由此产生的摩擦力 T。在塑性变形区内取一微小单元体，其受力状态如图10-13所示。

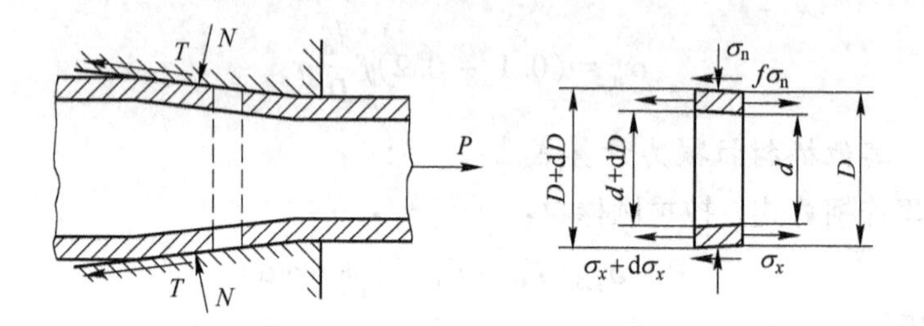

图10-13 管材空拉时的受力状态

对微小单元体在轴向上建立微分平衡方程：

$$(\sigma_x + d\sigma_x) \cdot \frac{\pi}{4}[(D + dD)^2 - (d + dD)^2] - \sigma_x \frac{\pi}{4}(D^2 - d^2) + \frac{1}{2}\sigma_n \pi D dD + \frac{f\sigma_n \pi D}{2\tan\alpha}dD = 0$$

展开、简化并略去高阶微量，得：

$$(D^2 - d^2)d\sigma_x + 2(D - d)\sigma_x dD + 2\sigma_n D dD + 2\sigma_n D \frac{f}{\tan\alpha}dD = 0 \qquad (10\text{-}28)$$

式中 α——拉拔模的半模角。

引入塑性条件：

$$\sigma_x + \sigma_\theta = \sigma_s \qquad (10\text{-}29)$$

由图10-14可知，沿 r 方向建立平衡方程：

$$2\sigma_\theta S dx = \int_0^\pi \sigma_n \cdot \frac{D}{2} d\theta dx \sin\theta$$

可简化为：

$$\sigma_\theta = \frac{D}{D - d}\sigma_n \qquad (10\text{-}30)$$

将式（10-28）~式（10-30）引入 $B = f/\tan\alpha$，利用边界条件求解得：

$$\frac{\sigma_{x1}}{\sigma_s} = \frac{1 + B}{B}\left(1 - \frac{1}{\lambda^B}\right) \qquad (10\text{-}31)$$

式中 λ——管材拉拔延伸系数。

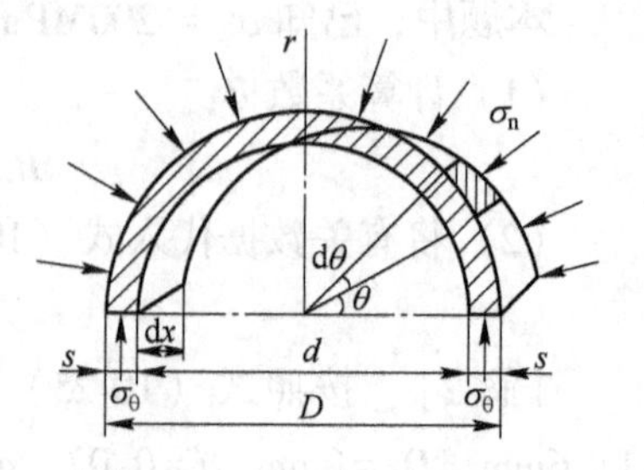

图10-14 σ_θ 与 σ_n 的关系

由于定径区摩擦力的作用，在模孔处管材断面上的拉拔应力 σ_L 要比减径区（塑性变形区）出口管坯断面上的 σ_{x1} 大一些。用与棒材、线材求解相同的方法，在定径区取一微小单元体建立平衡微分方程，就可求得管材空拉时模孔出口处管材断面上的拉拔应力 σ_L，即：

$$\frac{\sigma_L}{\sigma_s} = 1 - \frac{1 - \dfrac{\sigma_{x1}}{\sigma_s}}{e^{c_1}} \tag{10-32}$$

其中：

$$C_1 = 1 - \frac{2fl_d}{D_b - S}$$

式中 f——摩擦系数；
l_d——模子定径区长度；
D_b——模子定径区直径；
S——管材壁厚。

则拉拔力为：

$$P = \sigma_L \cdot \frac{\pi}{4}(D_1^2 - d_1^2) \tag{10-33}$$

式中 D_1，d_1——拉拔后的管材外径和内径。

［例 10-2］ 退火紫铜管（平均变形抗力 $\sigma_s = 289\text{MPa}$），由 $\phi25\times3\text{mm}$ 空拉到 $\phi19.9\times3.15\text{mm}$，模子定径带直径为 20mm，定径带长度为 2mm，模角 $\alpha = 9°$，求拉拔力（实测拉拔力为 18.13kN）。

［解］ 本题中已知 $\sigma_s = 289\text{MPa}$，$D_0 = 25\text{mm}$，$D_b = 20\text{mm}$，$D_1 = 19.9\text{mm}$，$S_0 = 3\text{mm}$，$S_1 = 3.15\text{mm}$，$l_d = 2\text{mm}$。

（1）计算空拉延伸系数：

$$\lambda = \frac{F_0}{F_1} = 1.25$$

（2）按照式（10-31）计算 σ_{x1}/σ_s：

取摩擦系数为 0.12，则 $B \approx 0.758$，代入式（10-31）中计算得：$\sigma_{x1}/\sigma_s = 0.36$。

（3）计算拉拔应力 σ_L。将有关数据代入式（10-32）中，计算得：$\sigma_L = 0.378\sigma_s$。

（4）计算拉拔力。将有关数据代入式（10-33）中，计算得：$P = 18.1\text{kN}$。

10.2.2.2 衬拉管材

衬拉管材时，塑性变形区可分为减径段和减壁段。对于减径段的拉应力可采用空拉时的式（10-31）计算，现在关键的问题是计算减壁段的拉应力。对于减壁段来说，减径段终了时管坯断面上的拉应力，相当于反拉力的作用。

A 固定短芯拉拔

如图 10-15 所示，减径段出口 b 断面上的拉应力 σ_{x2} 可按式（10-31）计算，而其中的延伸系数 λ，此时是指减径段（a—b）的延伸系数 λ_{ab}，可用式（10-34）计算：

$$\lambda_{ab} = \frac{F_0}{F_2} = (D_0 - S_0)S_0/(D_2 - S_2)S_2 \tag{10-34}$$

式中 D_0, S_0——管坯的外径、壁厚；

D_2, S_2——减径段出口断面管坯的外径、壁厚。

在减壁段（b—c），管坯的变形特点是内径保持不变，外径和壁厚逐渐减小。为了简化推导，设管坯内、外表面所受的法向压应力 σ_n 相等，摩擦系数 f 相同。

按照图 10-15 中所取的微小单元体建立微分平衡方程：

$$(\sigma_x + \mathrm{d}\sigma_x) \cdot \frac{\pi}{4}[(D + \mathrm{d}D)^2 - d_1^2] - \sigma_x \frac{\pi}{4}(D^2 - d_1^2) +$$

$$\frac{\pi}{2}D\sigma_n \mathrm{d}D + \frac{f}{2\tan\alpha}\pi D\sigma_n \mathrm{d}D + \frac{f}{2\tan\alpha}\pi d_1\sigma_n \mathrm{d}D = 0$$

整理后得：

$$2\sigma_x D\mathrm{d}D + (D^2 - d_1^2)\mathrm{d}\sigma_x + 2\sigma_n D\mathrm{d}D + \frac{2f}{\tan\alpha}\sigma_n(D + d_1)\mathrm{d}D = 0 \qquad (10\text{-}35)$$

代入塑性条件 $\sigma_x + \sigma_n = \sigma_s$，整理后得：

$$(D^2 - d_1^2)\mathrm{d}\sigma_x + 2D\left\{\sigma_s\left[1 + \left(1 + \frac{d_1}{D}\right)\frac{f}{\tan\alpha}\right] - \sigma_x\left(1 + \frac{d_1}{D}\right)\frac{f}{\tan\alpha}\right\}\mathrm{d}D = 0 \quad (10\text{-}36)$$

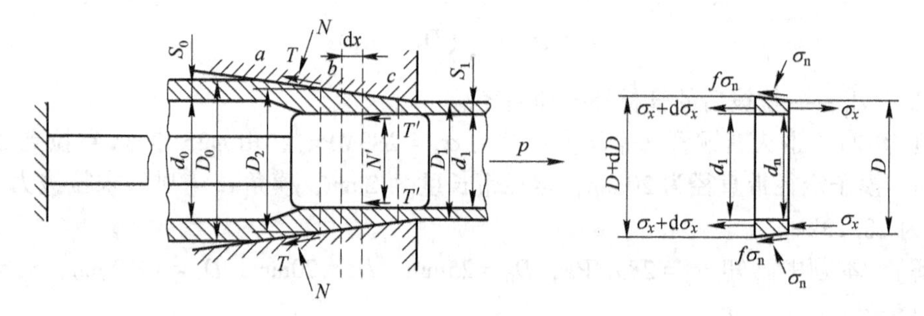

图 10-15 固定短芯头拉拔时的受力状态

用减壁区的平均直径 $\overline{D}$ 代替微小单元体的直径 D，引入符号 $B = f/\tan\alpha$，将式（10-36）积分并代入边界条件得：

$$\frac{\sigma_{x1}}{\sigma_s} = \frac{1 + \left(1 + \frac{d_1}{\overline{D}}\right)B}{\left(1 + \frac{d_1}{\overline{D}}\right)B}\left[1 - \left(\frac{D_1^2 - d_1^2}{D_2^2 - d_2^2}\right)^{\left(1+\frac{d_1}{\overline{D}}\right)B}\right] + \frac{\sigma_{x2}}{\sigma_s}\left(\frac{D_1^2 - d_1^2}{D_2^2 - d_2^2}\right)^{\left(1+\frac{d_1}{\overline{D}}\right)B} \qquad (10\text{-}37)$$

其中，

$$\overline{D} = \frac{1}{2}(D_2 + D_1)$$

式中 $\frac{D_1^2 - d_1^2}{D_2^2 - d_2^2}$——减壁段延伸系数 λ_{bc} 的倒数，即 $1/\lambda_{bc}$；

D_2, d_2——减壁段入口（减径段出口）外管坯断面的外径、内径；

D_1, d_1——减壁段出口处管坯断面的外径、内径，其中 D_1 等于拉拔模定径区直径，$d_1 = d_2$=芯头直径。

在这里设$A=\left(1+\frac{d_1}{D}\right)B$，并代入式（10-37）得：

$$\frac{\sigma_L}{\sigma_s}=\frac{1+A}{A}\left[1-\left(\frac{1}{\lambda_{bc}}\right)^A\right]+\frac{\sigma_{x2}}{\sigma_s}\left(\frac{1}{\lambda_{bc}}\right)^A \tag{10-38}$$

固定短芯头拉拔时，在定径区，除了外表面与模子定径带有摩擦外，其内表面与芯头之间也有摩擦。因此，定径区摩擦力对拉拔应力σ_L的影响比空拉时的大。用与上述棒材、线材拉拔同样的方法，也可求得固定短芯头拉拔时模孔出口处管材断面上的拉拔应力σ_L，即

$$\frac{\sigma_1}{\sigma_s}=1-\frac{1-\sigma_{x1}/\sigma_s}{e^{c_2}} \tag{10-39}$$

其中，

$$c_2=\frac{4fl_d}{D_1-d_1}=\frac{2fl_d}{S_1}$$

式中 f——模子定径区摩擦系数；

l_d——模子定径带长度；

D_1——模子定径区直径；

d_1——拉拔芯头直径；

S_1——拉拔管材的壁厚。

［例 10-3］ 将退火的$\phi30\times2.0$mm H62黄铜管，采用固定短芯头拉拔到料$\phi27.2\times1.6$mm，模角$\alpha=12°$，定径带长度$l_d=2.0$mm，摩擦系数$f=0.12$，求拉拔力。

［解］ （1）确定a、b、c各断面的坯料尺寸。假定减径段的壁厚不变，$D_0=30$mm，$d_0=26$mm，$S_0=2.0$mm；$D_1=27.2$mm，$d_1=24$mm，$S_1=1.6$mm；$D_2=d_1+2S_0=28$mm，$d_2=d_1=24$mm，$S_2=2.0$mm。

（2）计算各段延伸系数：

ab段延伸系数：$\lambda_{ab}=F_0/F_2=1.08$；

bc段延伸系数：$\lambda_{bc}=F_2/F_1=1.27$。

（3）计算有关系数：

$$B=0.12/\tan12=0.566$$

$$A=[1+24/(14+13.6)]\times0.566=1.06$$

$$C_2=(2\times0.12\times2)/1.6=0.3$$

（4）计算各段上的拉拔应力。在ab段作用在b断面上的拉拔应力σ_{x2}按空拉管材时的算式计算。将有关数据代入式（10-31）中计算得：

$$\sigma_{x2}/\sigma_s=0.11$$

在bc段作用在c断面上的拉拔应力σ_{x1}可根据式（10-38）进行计算。将有关数据代入式（10-38）中计算得：

$$\sigma_{x1}/\sigma_s=0.52$$

（5）计算出该道次平均加工硬化程度$\varepsilon_{均}$：

$$\begin{aligned}\varepsilon_{均} &= (\varepsilon_r + \varepsilon_{ch})/2 \\ &= \{0 + [(28 - 2) \times 2 - (27.2 - 1.6) \times 1.6]/[(30 - 2) \times 2]\}/2 \\ &= 15\%\end{aligned}$$

查 H62 黄铜硬化曲线得 $\sigma_s = 411.9\text{MPa}$。

(6) 计算拉拔应力。将有关数据代入式（10-39）中计算得：

$$\sigma_L/\sigma_s = 0.65$$

则

$$\sigma_L = 411.9 \times 0.65 = 267.7\text{MPa}$$

(7) 计算拉拔力

$$P = \sigma_L \pi (D_1 - S_1) \times S_1 = 34.448\text{kN}$$

B　*游动芯头拉拔*

游动芯头拉拔时的受力状况如图 10-16 所示，它与固定短芯头拉拔的主要区别在于，减壁段（b—c）外表面的法向压力 N_1 与内表面的法向压力 N_2 的水平分力的方向相反，在拉拔过程中，芯头将在一定范围内移动。以下将按芯头在前极限位置来推导游动芯头拉拔时的拉拔力计算方法。

减径段（a—b）的拉应力计算与固定短芯头拉拔完全一样，其出口 b 断面上的拉拔应力 σ_{x2} 可按照式（10-31）计算，只需将其中的 σ_{x1} 换成 σ_{x2} 即可。

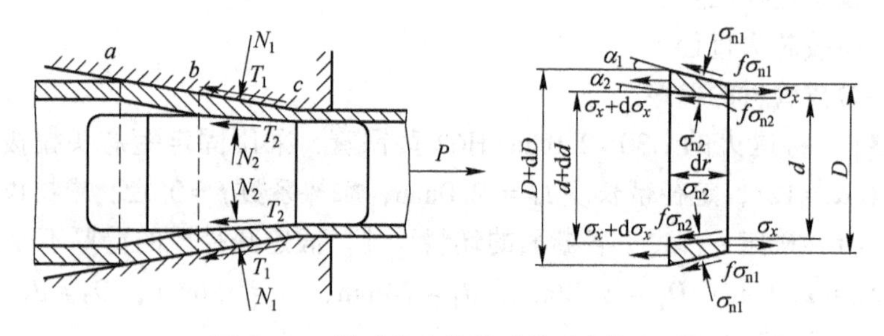

图 10-16　游动芯头拉拔时的受力情况

对于减壁段（b—c），取一微小单元体，列出微分平衡方程：

$$\sigma_{n1}\frac{\pi}{4}[(D + dD)^2 - D^2] - \sigma_{n2}\frac{\pi}{4}[(d + dd)^2 - d^2] +$$

$$f_1\sigma_{n1}\pi D dx + f_2\sigma_{n2}\pi D dx - \sigma_x\frac{\pi}{4}(D^2 - d^2) +$$

$$(\sigma_x + d\sigma_x)\frac{\pi}{4}[(D + dD)^2 - (d + dd)^2] = 0 \tag{10-40}$$

假设管坯减壁内、外表面上的法向应力和摩擦系数都相等，即 $\sigma_{n1} = \sigma_{n2}$、$f_1 = f_2$，并且将塑性条件 $\sigma_n = \sigma_s - \sigma_x$、$d_x = dD/2\tan\alpha_1$、$dd = dD\tan\alpha_2/\tan\alpha_1$、$B = f/\tan\alpha_2$ 代入式（10-40），略去高阶微量后得：

$$(D^2 - d^2)d\sigma_x + 2\sigma_s\left[D + (D - d)B - d \cdot \frac{\tan\alpha_2}{\tan\alpha_1}\right]dD - 2\sigma_x(D + d)BdD = 0 \tag{10-41}$$

如果将式（10-41）与固定短芯头拉拔时的式（10-36）比较，发现两式很相似，区别

仅在于增加了 $d \cdot \tan\alpha_2/\tan\alpha_1$ 项，同时式（10-36）中的常量 d_1 在式（10-41）中是变量 d。如果以减壁段的内径平均值 $d_{均} = (d_1 + d_2)/2$ 代替 d，则用固定短芯头相同的计算方法，可以得到减壁段终了断面上的拉应力计算式：

$$\frac{\sigma_{x1}}{\sigma_s} = \frac{1 + A - C}{A}\left[1 - \left(\frac{\lambda}{\lambda_{bc}}\right)^A\right] + \frac{\sigma_{x2}}{\sigma_s}\left(\frac{1}{\lambda_{bc}}\right)^A \tag{10-42}$$

其中，

$$A = (1 + d_{均}/D_{均})B$$
$$d_{均} = (d_2 + d_1)/2$$
$$D_{均} = (D_2 + D_1)/2$$
$$B = f/\tan\alpha_2$$
$$C = (d_{均}/D_{均})(\tan\alpha_2/\tan\alpha_1)$$

式中 α_1——模角；

α_2——芯头锥角。

考虑了定径区摩擦力的影响后得：

$$\frac{\sigma_L}{\sigma_s} = 1 - \frac{1 - \sigma_{x1}/\sigma_s}{e^{c_2}} \tag{10-43}$$

式中符号的意义同前。

［例 10-4］ 将退火的 $\phi 28.3 \times 1.32$mm H68 黄铜管，用游动芯头拉拔到 $\phi 25 \times 1.0$mm。模角 $\alpha = 12°$, $f_1 = f_2 = 0.1$, $\sigma_s = 470$MPa，计算拉拔力（实测拉拔力为 28kN）。

［解］ 模子的定径带长度 $l_d = 2$mm，芯头锥角一般比模角小 3°，即 $\alpha = 9°$。

（1）确定 a、b、c 各断面的坯料尺寸，假定减径段的壁厚不变，$D_0 = 28.3$mm，$d_0 = 25.66$mm，$S_0 = 1.32$mm；$D_1 = 25$mm，$d_1 = 23$mm，$S_1 = 1$mm，$D_2 = d_1 + 2S_0 = 25.64$mm，$d_2 = d_1 = 23$mm，$S_2 = 1.32$mm。

（2）计算各段延伸系数：

减径段 ab 段延伸系数：$\lambda_{ab} = 1.11$；

减壁段 ab 段延伸系数：$\lambda_{ab} = 1.334$。

（3）计算有关系数：

$$B = 0.1/\tan 12 = 0.47$$
$$A = (1 + 23/25.32) \times 0.47 = 0.897$$
$$C = (23/25.32)(\tan 9/\tan 12) = 0.716$$
$$C_2 = 2 \times 0.1 \times 2/1 = 0.4$$

（4）计算各段上的拉拔应力。在 ab 段作用于 b 断面上的拉拔应力 σ_{x2} 按空拉管材时的算式计算。将有关数据代入式（10-31）中计算得：

$$\sigma_{x2}/\sigma_s = 0.15$$

在 bc 段作用于 c 断面上的拉拔应力 σ_{x1} 可根据式（10-42）进行计算。将有关数据代入式（10-42）中计算得：

$$\sigma_{x1}/\sigma_s = 0.496$$

（5）计算拉拔应力。将有关数据代入式（10-42）中计算得：

$$\sigma_L/\sigma_s = 0.662$$

则：

$$\sigma_L = 470 \times 0.662 = 311.14\text{MPa}$$

（6）计算拉拔力：

$$P = \sigma_L \pi (D_1 - S_1) \times S_1 = 23.45\text{kN}$$

10.2.2.3 常用管材拉拔力计算式

拉拔力计算的关键是确定管材出模孔断面上的拉拔应力。目前，可用于计算拉拔应力的算式较多，这里推荐几个常用的计算式。

A 空拉管材时的拉拔应力 σ 空拉计算

（1）И.Л. 别尔林计算式。该算式考虑了弹性变形区对拉拔应力的影响，计算结果比较准确，但计算过程较复杂，建议在冷拔管机设计、拉拔直径较大（≥50mm）的管材时采用。

$$\sigma_{空拉} = 1.15\sigma_P \frac{a+1}{a}\left[1 - \left(\frac{D_{1P}}{D_{0P}}\right)^a\right] + \sigma_{弹}\left(\frac{D_{1P}}{D_{0P}}\right)^a \tag{10-44}$$

其中，

$$a = \frac{1 + \mu\cot\alpha'}{1 - \mu\tan\alpha'} - 1$$

$$\tan\alpha' = \frac{(D_0 - D_1)\tan\alpha}{(D_0 - D_1) + 2l_1\tan\alpha}$$

式中 α'——换算角；

μ——金属与模子间的摩擦系数；

D_0，D_1——拉拔前、后的管子外径；

D_{0P}——管坯的中性直径，$D_{0P} = d_0 + t_0$；

D_{1P}——拉拔后的管材中性直径，$D_{1P} = d_1 + t_1$；

d_0，d_1——拉拔前、后的管子内径；

t_0，t_1——拉拔前、后的管子壁厚；

α——拉拔模半锥角；

l_1——拉拔模工作带长度，一般取 $l_1 = 1.5t_1$；

σ_P——拉拔前后金属的平均屈服强度，$\sigma_P = (\sigma_{s0} + \sigma_{成})/2$；

σ_{s0}——管坯的屈服强度；

$\sigma_{成}$——拉拔后的管材屈服强度；

$\sigma_{弹}$——作用在塑性与弹性变形区边界上的应力（如有反拉力则等于反拉力），等于管坯的弹性极限。

拉拔后的管材屈服强度 $\sigma_{成}$ 可根据材料屈服强度 $\sigma_{0.2}$ 与变形程度 ε 的关系曲线来确定。部分铝合金材料的屈服强度与变形程度的关系如图 10-17 所示。

（2）Л.Е. 阿利舍夫斯基算式：

$$\sigma_{空拉} = 1.2\sigma_P \varepsilon_d \omega \tag{10-45}$$

式中 ε_d——直径减缩率，$\varepsilon_d = \dfrac{D_0 - D_1}{D_0} \times 100\%$；

ω——系数，$\omega = \dfrac{\tan\alpha + \mu}{(1 - \mu\tan\alpha)\tan\alpha}$，可从表 10-4 中查得。

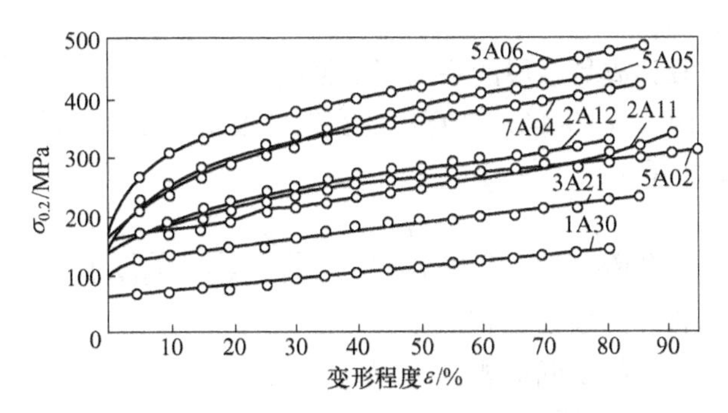

图 10-17 材料屈服强度与变形程度的关系

表 10-4 Л. Е. 阿利舍夫斯基算式中的 ω 值

μ	α																
	6°	6.5°	7°	7.5°	8°	8.5°	9°	9.5°	10°	10.5°	11°	11.5°	12°	12.5°	13°	14°	15°
0.02	1.191	1.174	1.166	1.155	1.145	1.136	1.131	1.123	1.117	1.112	1.107	1.103	1.098	1.094	1.091	1.085	1.080
0.04	1.389	1.362	1.334	1.310	1.292	1.282	1.260	1.247	1.235	1.225	1.215	1.206	1.198	1.194	1.184	1.172	1.161
0.06	1.588	1.539	1.499	1.467	1.439	1.420	1.392	1.372	1.354	1.338	1.324	1.310	1.298	1.287	1.277	1.259	1.243
0.08	1.776	1.716	1.667	1.623	1.593	1.553	1.524	1.497	1.474	1.452	1.433	1.421	1.400	1.385	1.372	1.347	1.326
0.10	2.170	1.900	1.837	1.782	1.737	1.693	1.657	1.624	1.606	1.568	1.544	1.522	1.503	1.484	1.466	1.437	1.411
0.12	2.436	2.088	2.006	1.942	1.886	1.842	1.791	1.751	1.722	1.684	1.657	1.629	1.605	1.583	1.563	1.527	1.495
0.14	2.754	2.267	2.177	2.102	2.037	1.977	1.926	1.880	1.840	1.802	1.786	1.743	1.709	1.682	1.660	1.618	1.581
0.16	3.047	2.446	2.350	2.262	2.188	2.121	2.062	2.007	1.963	1.921	1.882	1.846	1.814	1.785	1.758	1.710	1.669
0.18	3.354	2.633	2.521	2.425	2.339	2.264	2.198	2.139	2.087	2.039	1.996	1.957	1.924	1.887	1.856	1.803	1.756
0.20	3.676	2.828	2.696	2.593	2.492	2.410	2.336	2.271	2.212	2.159	2.111	2.067	2.026	1.990	1.956	1.896	1.845

（3）М. М. 别伦什泰因经验式：

$$\sigma_{空拉} = 0.105\left(1 - \sin\frac{\alpha}{2}\right)(1 + \mu)\sigma_{P}\sqrt{\varepsilon_{d}} \tag{10-46}$$

B 固定短芯头拉拔时的拉拔应力 $\sigma_{拉短}$ 计算

（1）И. Л. 别尔林计算式：

$$\sigma_{拉短} = 1.1\sigma''\left(\frac{1 + \tan\alpha'}{A_1\mu}\right)\left[1 - \left(\frac{F_1}{F_0'}\right)^{\frac{A_1\mu}{\tan\alpha}}\right] + \sigma_{拉空}\left(\frac{F_1}{F_0'}\right)^{\frac{A_1\mu}{\tan\alpha}} \tag{10-47}$$

其中，

$$A_1 = 1 + \frac{d_1\cos\alpha'}{d_1 + t_0 + t_1}$$

$$\frac{F_1}{F_0'} = \frac{(d_1 + t_1)t_1}{(d_1 + t_0)t_0}$$

$$\sigma'' = \frac{\sigma_{空} + \sigma_{成}}{2}$$

式中 d_1——拉拔后的管材内径；

t_0——管坯壁厚；

t_1——管材壁厚；

σ''——从空拉段到成品金属的平均屈服强度；

$\sigma_{拉空}$——按照式（10-44）计算出的在空拉段出口断面上的拉应力，$\sigma_{拉空}=\sigma_{空}$。

（2）B. A. 柯奇金算式：

$$\sigma_{拉短}=\sigma_P\times\ln\frac{F_0}{F_1}\left(1+\frac{\mu}{\sin\alpha\cos\alpha}+\frac{\mu}{\tan\alpha}\right)\tag{10-48}$$

式中 F_0——拉拔前管坯的横断面积；

F_1——拉拔后管材的横断面积。

（3）Л. E. 阿利舍夫斯基算式：

$$\sigma_{拉短}=1.05\sigma_P\varepsilon\omega_1\tag{10-49}$$

式中 ε——断面减缩率，$\varepsilon=\frac{F_0-F_1}{F_0}\times100\%$；

ω_1——系数，$\omega_1=\omega+C\frac{\mu}{\tan\alpha}$；

C——管坯平均半径与拉拔后管材平均半径的比值。

式（10-49）中的 $\mu/\tan\alpha$ 的值，可从表10-5中查得。

表10-5 Л. E. 阿利舍夫斯基算式中的 $\mu/\tan\alpha$ 值

α	μ									
	0.02	0.04	0.06	0.08	0.10	0.12	0.14	0.16	0.18	0.20
1°	1.143	2.286	3.429	4.572	5.715	6.858	8.001	9.144	10.287	11.430
2°	0.573	1.146	1.719	2.292	2.865	3.438	4.011	4.584	5.157	5.730
3°	0.381	0.762	1.143	1.542	1.905	2.286	2.667	3.048	3.429	3.810
4°	0.286	0.572	0.858	1.144	1.430	1.716	2.002	2.288	2.574	2.860
5°	0.228	0.456	0.684	0.912	1.140	1.368	1.596	1.824	2.052	2.280
6°	0.191	0.382	0.573	0.764	0.955	1.146	1.337	1.528	1.719	1.910
7°	0.163	0.326	0.489	0.652	0.815	0.978	1.141	1.304	1.467	1.630
8°	0.142	0.284	0.426	0.568	0.710	0.852	0.994	1.136	1.278	1.420
9°	0.126	0.252	0.378	0.504	0.630	0.756	0.882	1.008	1.134	1.260
10°	0.114	0.228	0.342	0.456	0.570	0.684	0.798	0.912	1.026	1.140
11°	0.103	0.206	0.309	0.412	0.515	0.618	0.721	0.824	0.927	1.030
12°	0.094	0.188	0.282	0.376	0.470	0.564	0.658	0.752	0.846	0.940
13°	0.087	0.174	0.261	0.348	0.435	0.522	0.609	0.696	0.783	0.870
14°	0.080	0.160	0.240	0.320	0.400	0.480	0.560	0.640	0.720	0.800
15°	0.074	0.148	0.222	0.296	0.370	0.444	0.518	0.592	0.666	0.740

C 长芯杆拉拔时的拉拔应力 $\sigma_{拉长}$ 计算：

（1）M. M. 别伦什泰因式算式：

$$\sigma_{拉长} = 0.145\left(1 - \sin\frac{\alpha}{2}\right)(1 + \mu)\sigma_P\sqrt{\varepsilon} \tag{10-50}$$

式中 ε——断面减缩率，$\varepsilon = \frac{F_0 - F_1}{F_0} \times 100\%$。

（2）叶麦尔亚涅恩科算式：

$$\sigma_{拉长} = 1.75\sigma_P\varepsilon\omega_2 \tag{10-51}$$

式中 ω_2——系数，$\omega_2 = \omega - C\frac{\mu}{\tan\alpha}$。

D 游动芯头拉拔时的拉拔应力 $\sigma_{拉游}$ 计算

游动芯头拉拔过程的变化因素较多，计算拉拔力比较麻烦，需要分段进行计算。

（1）弹塑性变形区边界上的拉应力 σ_0 计算：

$$\sigma_0 = (0.14 \sim 0.30)\sigma_{s_0} \tag{10-52}$$

式中 σ_{s_0}——拉拔前管坯的屈服强度。

（2）空拉区终了断面上的拉应力 σ_1 计算：

$$\sigma_1 = \beta\overline{\sigma_{s_1}}\frac{\omega}{\omega - 1}\left[1 - \left(\frac{\overline{D_1}}{\overline{D_0}}\right)^{\omega-1}\right] + \sigma_0\left(\frac{\overline{D_1}}{\overline{D_0}}\right)^{\omega-1} \tag{10-53}$$

其中，

$$\omega = \frac{\tan\alpha + \mu_1}{(1 - \mu_1\tan\alpha)\tan\alpha}$$

$$d' = \sqrt{d\left(d + \frac{lN_1}{N_2}\frac{4\mu\tan\alpha_1}{\tan\alpha_1 - \mu}\right)}$$

式中 ω——系数，根据μ_1、α 确定 ω 的值，可由表 10-4 直接查得；

$\overline{D_0}$——1 区开始断面管坯的中性直径，$\overline{D_0} = D_0 - S_0$；

$\overline{D_1}$——1 区终了断面管坯的中性直径，$\overline{D_1} = d' + S_1$；

D_0，S_0——1 区开始断面管坯的外径和壁厚；

d'，S_1——1 区终了断面管坯的外径和壁厚，其中 $S_1 = S_0/\cos\alpha$；

α——拉拔模锥面斜角；

α_1——芯头锥面与轴线的夹角；

d——芯头定径圆柱段直径；

l——芯头定径圆柱段长度；

μ——芯头与管坯接触表面的摩擦系数；

N_1，N_2——芯头在变形区内的正压力；

μ_1——管坯与拉拔模接触表面的摩擦系数；

β——考虑中间主应力数值影响的系数，取 $\beta = 1.155$；

$\overline{\sigma_{s_1}}$——1 区开始和最终断面管坯屈服强度的平均值，$\overline{\sigma_{s_1}} = \frac{1}{2}(\sigma_{s_0} + \sigma_{s_1})$；

σ_{s_1}——1 区终了处管坯的屈服强度。

（3）减径区终了断面上的拉应力 σ_2 计算：

$$\sigma_2 = 1.1\,\overline{\sigma_{s_2}}\,\frac{\omega_1}{\omega_1 - A}\left[1 - \left(\frac{F_2}{F_1}\right)^{\frac{\omega_1}{A}-1}\right] + \sigma_1\left(\frac{F_2}{F_1}\right)^{\frac{\omega_1}{A}-1} \tag{10-54}$$

其中，

$$\omega_1 = \frac{\psi(\mu_1 + \tan\alpha) + (\mu_2 - \tan\alpha_1)}{\psi\tan\alpha - \mu_1\tan\alpha_1}$$

$$\psi = \frac{d' + 2S_1}{d'}$$

$$A = 1 - \frac{\mu_1\tan\alpha - \mu_2\tan\alpha_1}{2}$$

式中　$\overline{\sigma_{s_2}}$——2区开始（1区终了）和终了处管坯的平均屈服强度，$\overline{\sigma_{s_2}} = (\sigma_{s_1} + \sigma_{s_2})/2$；

σ_{s_2}——2区终了处管坯的屈服强度；

ω_1——系数；

ψ——系数；

A——系数；

μ_2——管坯与芯头接触表面的摩擦系数；

F_1，F_2——2区开始和终了断面管坯的断面积。

（4）减壁区终了断面上的拉应力 σ_3 计算：

$$\sigma_3 = 1.1\,\overline{\sigma_{s_3}}\,\frac{\omega_2}{\omega_2 - 1}\left[1 - \left(\frac{F_3}{F_2}\right)^{\omega_2 - 1}\right] + \sigma_2\left(\frac{F_3}{F_2}\right)^{\omega_2 - 1} \tag{10-55}$$

其中，

$$\omega_2 = \frac{\mu_1 + \tan\alpha}{(1 - \mu_1\tan\alpha_1)\tan\alpha} + \frac{\mu_2}{\tan\alpha} \times \frac{d}{D}$$

式中　$\overline{\sigma_{s_3}}$——3区开始（2区终了）和终了处管坯的平均屈服强度，$\overline{\sigma_{s_3}} = (\sigma_{s_2} + \sigma_{s_3})/2$；

ω_2——系数；

σ_{s_3}——3区终了处管坯的屈服强度；

F_3——3区终了处管坯的断面积；

d，D——拉拔后管材的内径和外径。

根据 α、μ_1、μ_2 确定 $\dfrac{\mu_1 + \tan\alpha}{(1 - \mu_1\tan\alpha_1)\tan\alpha}$、$\dfrac{\mu_2}{\tan\alpha}$ 的值，可由表10-4、表10-5直接查得，然后计算出 ω_2 的值。

（5）出模孔断面上的拉应力 σ_4 计算：

$$\sigma_4 = 1.1\sigma_{s_4}\left(1 - e^{-4l\frac{D\mu_1 + d\mu_2}{D^2 - d^2}}\right) + \sigma_3 e^{-4l\frac{D\mu_1 + d\mu_2}{D^2 - d^2}} \tag{10-56}$$

式中　σ_{s_4}——4区终了处管材的屈服强度。由于变形金属从减壁区（3区）出来即进入定径区（4区），这时金属基本上不再发生塑性变形，只产生弹性变形，因此，可以认为其强度不再发生变化，故 $\sigma_{s_4} = \sigma_{s_3}$。

上述每一步计算过程中管坯的屈服强度，可通过计算变形量的大小，然后按照图

10-17来确定。

E　游动芯头拉拔时拉拔应力$\sigma_{拉游}$的简化计算

$$\sigma_{拉游} = 1.6\sigma_P \omega_1 \ln\lambda \tag{10-57}$$

其中，

$$\sigma_P = (\sigma_{s0} + \sigma_{成})/2$$

$$\omega_1 = \frac{\tan\alpha + \mu}{(1 - \mu\tan\alpha)\tan\alpha} + \frac{d_1}{d} \times \frac{\mu_1}{\tan\alpha}$$

式中　σ_P——拉拔前后金属的平均屈服强度；

λ——延伸系数；

ω_1——系数；

μ，μ_1——管材与拉拔模和芯头表面的摩擦系数；

α——拉拔模角；

d_1，d——拉拔后管材的内径、外径。

思 考 题

10-1 拉拔力是如何定义的？其值的精确确定具有什么意义？

10-2 影响拉拔力的主要因素有哪些？并简述每个因素的影响规律。

10-3 模角大小变化对拉拔力有什么影响？

10-4 临界反拉力的定义是什么？为什么在临界反拉力范围内增加反拉力时对拉拔力没有影响？

10-5 采用带反拉力进行拉拔的原因是什么？

11 拉拔工具及拉拔设备

拉拔工具主要包括拉拔模和芯头，它们直接和拉拔金属接触并使其发生变形。拉拔工具的材质、结构、几何形状和表面状态对拉拔制品的质量、成品率、道次加工率、能量消耗、生产效率及成本都有很大的影响。因此，正确地设计、制造拉拔工具，合理地选择拉拔工具的材料是十分重要的。

11.1 拉拔工具

11.1.1 拉拔模

11.1.1.1 拉拔模的结构及尺寸

A 普通拉拔模

根据模孔纵断面的形状，可将普通拉拔模分为锥形模和弧线形模，如图11-1所示。弧线形模一般只用于细线的拉拔。拉拔管、棒、型及粗线时，普遍采用锥形模。锥形模的模孔可分为四个带，即润滑带、压缩带、定径带及出口带。各个带的作用和形状如下。

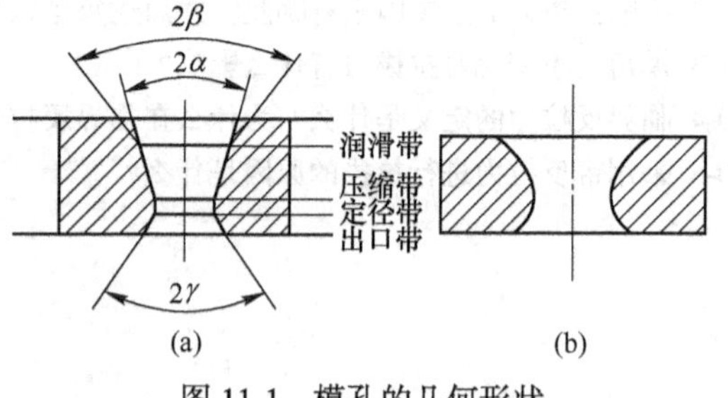

图11-1 模孔的几何形状
(a) 锥形模；(b) 弧线形模

(1) 润滑带（入口锥、润滑锥）。润滑带的作用是在拉拔时使润滑剂容易进入模孔，减少拉拔过程中的摩擦，带走金属由于变形和摩擦产生的热量，还可以防止划伤坯料。

润滑带锥角的角度选择要适当。角度过大，润滑剂不易储存，润滑效果不良；角度太小，拉拔过程产生的金属屑、粉末不易随润滑剂流掉，堆积在模孔中，将导致制品表面划伤、夹灰、拉断等。线材拉模的润滑角β一般取40°~60°，润滑带的长度L可取制品直径的1.1~1.5倍；对于管、棒制品拉模的润滑锥常用$R=5\sim15$mm的圆弧代替，大规格制品取上限，小规格制品取下限。

(2) 压缩带（压缩锥）。金属在此段进行塑性变形，并获得所需的形状与尺寸。

压缩带的形状有两种：锥形和弧线形。弧线形的压缩带对大变形率（35%）和小变形率（10%）都适合，在此种情况下被拉拔金属与模子压缩锥面均有足够的接触面积。锥形压缩带只适合于大变形率，当采用小变形率时，金属与模子的接触面积不够大，容易导致模孔很快磨损超差。在实际生产中，弧线形的压缩带多用于拉拔直径小于1.0mm的线材。拉拔较大直径的制品时，变形区较长，将压缩带做成弧线形有困难，故多为锥形。

压缩带的锥角 α（通常称为模角）是拉拔模的主要参数之一。如果模角 α 过小，将使坯料与模壁的接触面积增大，使摩擦增大。但如果模角 α 过大，金属在变形区中的流线急剧转弯，导致附加剪切变形增大，继而使拉拔力和非接触变形增大，空拉管材时易造成尺寸不稳定；另一方面，还会使单位正压力增大，润滑剂容易从模孔中被挤出，从而恶化润滑条件。因此，拉拔模的模角 α 存在着一最佳区间，在此区间内的拉拔力最小。根据实验，拉拔棒材时的最佳模角 $\alpha=6°\sim9°$。应该指出，最佳模角区间随着不同的条件将会发生改变。随着变形程度的增加，最佳模角增大。

对于管材拉拔模，其最佳模角比棒材拉拔模的大。这是由于管内与芯头接触面间的润滑条件较差，摩擦力较大。为了减小摩擦力，必须减小作用于此接触面上的径向压力，而增大模角 α 可达到此目的。管材拉模的角度 α 一般为 $11°\sim12°$。

表 11-1 为采用碳化钨模拉拔不同金属棒材（线材）时最佳模角与道次加工率的关系。

表 11-1　拉拔不同材料时最佳模角与道次加工率的关系

道次加工率/%	$2\alpha/(°)$					
	纯铁	软钢	硬钢	铝	铜	黄铜
10	5	3	2	7	5	4
15	7	5	4	11	8	6
20	9	7	6	16	11	9
25	12	9	8	21	15	12
30	15	12	10	26	18	15
35	19	15	12	32	22	18
40	23	18	15			

图 11-2 是确定模孔几何尺寸的示意图。拉拔模的压缩带长度应大于拉拔时变形区的长度，以防止制品与模孔不同心产生压缩带以外的变形，压缩带长度用式（11-1）确定：

$$L_y = a L_y' = a \times 0.5(D_{0max} - D_1)\cot\alpha \tag{11-1}$$

式中　a——不同心系数，$a=1.05\sim1.3$，细制品取上限；

D_{0max}——坯料可能的最大直径；

D_1——制品直径。

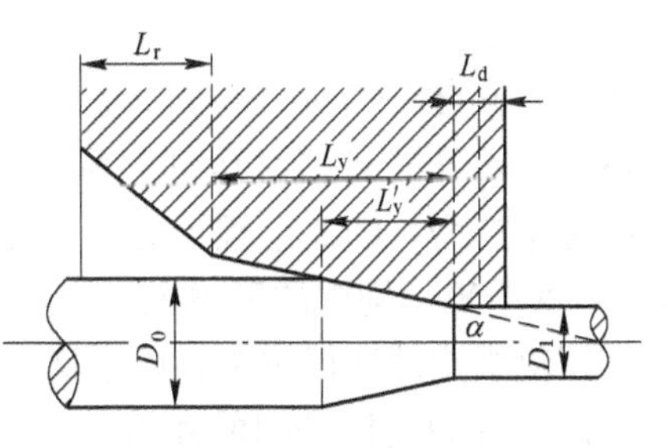

图 11-2　确定模孔几何尺寸示意图

对于整径模来说，由于拉拔时的减径量比较小，不需要过长的锥形压缩带。

（3）定径带（工作带）。定径带的作用是使制品获得稳定而精确的形状与尺寸。

定径带的合理形状是圆柱形。定径带直径 d 的确定应考虑制品的外径允许偏差、弹性变形和模子的使用寿命，在实际生产中，多数情况下标准规定拉拔管棒材制品的外径尺寸为负偏差，因此定径带的直径应稍小于制品的公称外径尺寸。

定径带长度 L_d 的确定应保证模孔耐磨、拉断次数少、拉拔能耗低、制品尺寸稳定且表面质量好。定径带的长度与拉拔制品的品种、规格、拉拔的目的和方法等有关。一般情况下，定径带的长度可按下面方法确定：

1）线材 $L_d=(0.5\sim0.65)D_1$；

2）棒材 $L_d=(0.25\sim0.5)D_1$；

3）空拉管材 $L_d=(0.25\sim0.5)D_1$；

4）衬拉管材 $L_d=(0.1\sim0.2)D_1$。

对于模孔直径不同的模子，其定径带长度也不一样，直径越大，定径带越长。表11-2和表11-3所列数据分别为棒材和管材拉拔模定径带长度与模孔直径的关系。

表11-2　棒材拉模定径带长度与模孔直径间的关系

模孔直径/mm	5~15	15.1~25	25.1~40	40.1~60
定径带长度/mm	3.5~5.0	4.5~6.5	6~8	10

表11-3　管材拉模定径带长度与模孔直径间的关系

模孔直径/mm	3~20	20.1~40	40.1~60	60.1~100	101~400
定径带长度/mm	1.0~1.5	1.5~2.0	2~3	3~4	5~6

（4）出口带（出口锥）。出口带的作用是防止金属出模孔时被划伤和模子定径带出口端因受力而引起剥落。

出口带的锥角 γ 一般取30°~45°。对于拉制细线用的模子，有时将出口部分做成凹球面。

出口带的长度 L_{ch} 一般取 $(0.2\sim0.3)D_1$。在通常情况下也可用 $R=3\sim5$mm 的圆弧代替。

B　辊式拉拔模

辊式模主要用于型材的生产，该模子是由若干个表面刻有孔槽、能够自由转动的辊子所组成，辊子本身是被动的，拉拔时坯料和辊子没有相对运动，辊子随坯料的拔制而转动。图11-3是生产型材的3个辊子的辊式型材模示意图。此外，也有4个或6个辊子构成的型材模。

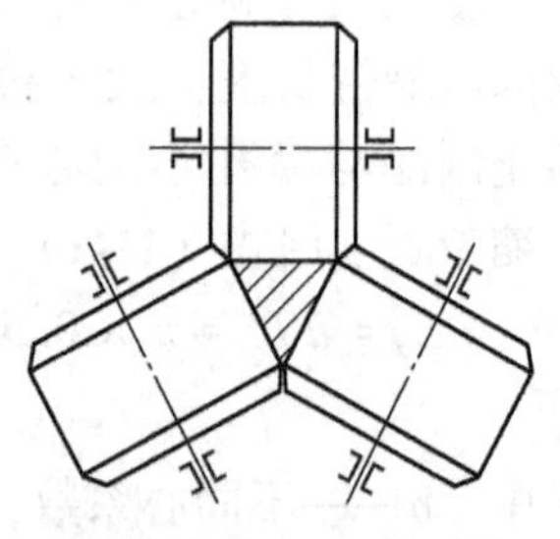

图11-3　用于生产型材的辊式模示意图

用辊式拉模进行拉拔有以下优点：

（1）坯料与模子间的摩擦力小，拉拔力小，模具寿命长；

（2）可增加道次加工率，一般可达30%~40%；

（3）拉拔速度较高；

（4）在拉拔过程中，可以通过改变辊间的距离获得变断面型材。

但是，由于各辊子上孔槽对正比较困难，难以保证制品精度，故在实际中尚未得到广泛应用。

C　旋转模

旋转模的结构如图11-4所示。模子的内套中放有模子，外套与内套之间有滚动轴承，通过蜗轮机构带动内套和模子旋转。采用旋转模可使模面压力分布均匀，模孔均匀磨损，从而延长了模具的使用寿命。拉拔线材时，可减小其椭圆度，故用于连续拉线机的成品模上。

11.1.1.2　拉拔模的材料

在拉拔过程中，拉模受到较大的摩擦。尤其在拉制线材时，拉拔速度很高，拉模的磨损很快。因此，要求拉模材料具有高硬度、高耐磨性和足够的强度。常用拉模材料有以下几种。

（1）金刚石。金刚石是目前已知物质中硬度最高的材料，其显微硬度可达 1×10^6 ~ 1.1×10^6MPa，而且物理、化学性能稳定，耐蚀性好。但金刚石非常脆，只有在孔很小时才能承受住拉拔金属的压力，且加工困难。因此，一般用金刚石模拉拔直径 0.3~0.5mm 的细线，有时也将其使用范围扩大到 1.0~2.5mm 的线材拉拔。

金刚石模的模芯由金刚石加工而成，然后镶入钢制模套中，如图 11-5 所示。

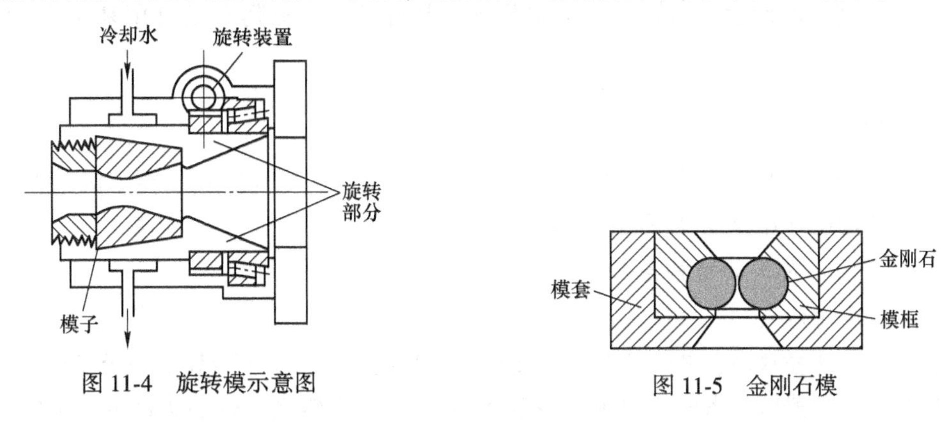

图 11-4　旋转模示意图　　图 11-5　金刚石模

金刚石制造拉丝模已有悠久的历史，但天然金刚石的储量极少，价格非常昂贵。人造金刚石不仅具有天然金刚的耐磨性，而且还兼有硬质合金的高强度和韧性，用它制造的拉拔模寿命长，生产效率高，在大批量细线拉拔中的经济效益显著。

（2）硬质合金。硬质合金的硬度仅次于金刚石，具有较高的硬度，足够高的韧性、耐磨性和耐蚀性，且价格较便宜。一般用于拉拔 ϕ25~40mm 的制品。对于一些要求高、批量大的大规格产品，有些生产厂家逐渐采用硬质合金。硬质合金模具的寿命比钢模高百倍以上，且价格也较便宜。

拉模所用的硬质合金以碳化钨为基，用钴为黏结剂在高温下压制和烧结而成。硬质合金的牌号、成分、性能如表 11-4 所示。为了提高硬质合金的使用性能，有时在碳化物硬质合金中加一定量的 Ti、Ta、Nb 等元素，也有的添加一些稀有金属的碳化物如 TiC、TaC、NbC 等。含有微量碳化物的拉拔模硬度和耐磨性有所提高，但抗弯强度降低。

表 11-4　硬质合金的牌号、成分和性能

合金牌号	成分/%		密度/$g\cdot cm^{-3}$	性　能	
	WC	Co		抗弯强度/MPa	硬度（HRA）
YG3	97	3	14.9~15.3	1030	89.5
YG6	94	6	14.6~15.0	1324	88.5
YG8	92	8	14.0~14.8	1422	88
YG10	90	10	14.2~14.6	—	—
YG15	85	15	13.9~14.1	1716	86

同金刚石模相同，硬质合金模也由硬质合金模芯和钢制模套组装而成，如图11-6所示。

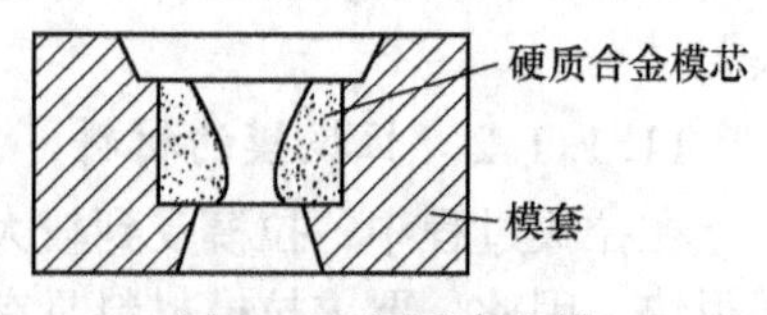

图11-6 硬质合金模

(3) 钢。对于中、大规格的拉拔制品，一般采用工具钢制作拉拔模，材质常选用T8A、T10A优质工具钢，经热处理后的硬度可达HRC 58~65。为了提高工具钢的耐磨性，减少黏结金属，通常在其模孔工作面上镀铬，其厚度为0.02~0.05mm。镀铬后的模子，其寿命可提高4~5倍。

(4) 铸铁。用铸铁制作拉模比较容易，价格低廉，但模子的硬度低、耐磨性差、寿命短，适合于拉拔规格大、批量小的制品。

(5) 刚玉陶瓷。刚玉陶瓷是Al_2O_3和MgO混合烧结制得的一种金属陶瓷，它的硬度和耐磨性很高，可代替硬质合金，但材质脆、易碎裂。刚玉陶瓷模可用来拉拔ϕ0.37~2.00mm的线材。

11.1.2 芯头

芯头是用来控制管材的内孔形状、尺寸及表面质量的主要工具。在不同的拉拔过程中，芯头所起的作用是完全不相同的。

11.1.2.1 芯头的结构与尺寸

A 固定短芯头

固定短芯头拉拔时，芯头所起的主要作用是与模子配合实现管坯的减径变形。固定短芯头的形状一般是圆柱形的。也可以略带0.1~0.3mm的锥度。带芯头锥度的主要优点是有利于调整管材的壁厚精度，并可减少摩擦。

根据短芯头在芯杆上的固定方式的不同，可将芯头设计成实心和空心的。实心的芯头常用于ϕ12mm以下规格管材拉拔，空心的芯头常用于ϕ12mm以上规格管材拉拔，拉拔直径小于ϕ5mm的管材时，常采用细钢丝代替芯头。芯头的结构形式如图11-7所示。

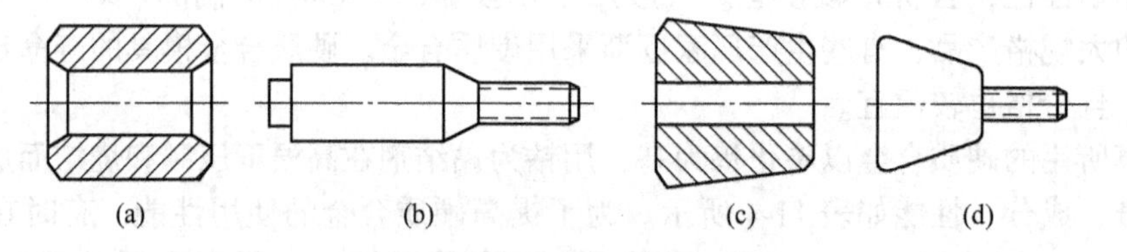

图11-7 各种固定短芯头的结构形式

(a) 空心圆柱形芯头；(b) 实心圆柱形芯头；(c) 空心锥形芯头；(d) 实心锥形芯头

固定短芯头是与相应的拉拔模配合使用的，其工作段的总长度包括以下几段：用于调整芯头在变形区中前后位置的长度l_1、保证润滑剂良好带入的长度l_2、减壁段长度l_3、定径段长度l_4，防止管子由于脱离定径带产生的非接触变形而使其内径尺寸变小的(l_5+l_6)段，如图11-8所示。

芯头的总长度l_{xi}为：

$$l_{xi}=l_1+l_2+l_3+l_4+l_5+l_6 \tag{11-2}$$

其中

$$l_1=r_1=(0.05\sim0.2)D_{xi}$$

$$l_2 = \frac{(D_0 - 2s_0) - (D_1 - 2s_1)}{2\tan\alpha} + 0.05D_0$$

$$l_3 = (s_0 \sim s_1)\cot\alpha$$

$$l_4 = l_6 = (0.1 \sim 0.2)\ D_1$$

$$l_5 = r_2 = (0.05 \sim 0.2)\ D_{xi}$$

式中　D_{xi}——芯头外圆直径，即拉拔后管子内径 d_1。

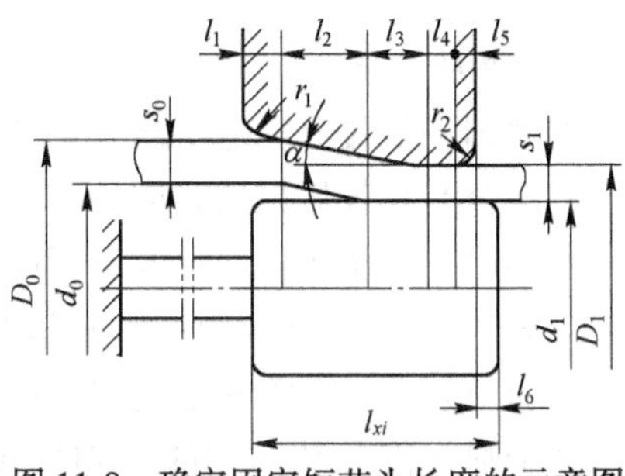

图 11-8　确定固定短芯头长度的示意图

实心芯头是通过螺纹与芯杆连接。常用实心芯头的结构尺寸如图 11-9 和表 11-5 所示。

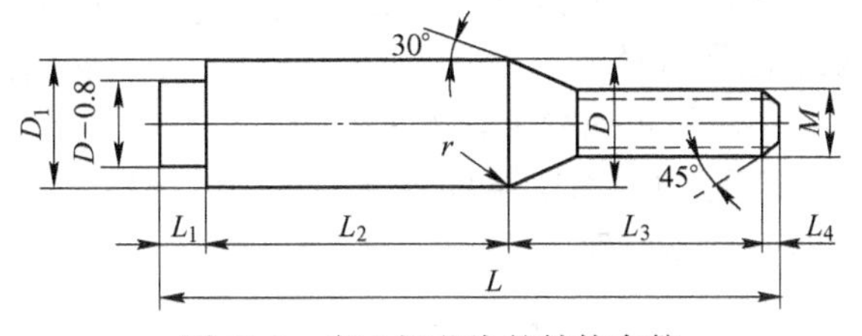

图 11-9　实心短芯头的结构参数

表 11-5　常用实心短芯头的尺寸　(mm)

芯头直径 D	D_1	L_1	L_2	L_3	L_4	L	r	标准螺纹
8~10	D-0.05	5	30	32	1.5	67	1.5	M6×0.7
10.1~13	D-0.05	5	30	32	1.5	67	1.5	M8×1.0
13.1~18	D-0.05	5	30	32	1.5	67	1.5	M10×1.0
18.1~24	D-0.05	5	35	40	1.5	80	1.5	M14×1.5
24.1~32	D-0.05	5	35	40	1.5	80	1.5	M18×1.5
32.1~41	D-0.05	7	35	49	2	91	2	M24×2.0

对空心芯头，当直径小于 ϕ36mm 时，其内孔带有螺纹，直接拧在头部有丝扣的芯杆上；当直径在 ϕ36~120mm 时，芯头做成单体空心式；当直径大于 ϕ120mm 时，芯头多做成镶套组合式，将芯头套在芯杆的一端用螺母固定。常用空心芯头的结构尺寸如图 11-10 和表 11-6 所示。

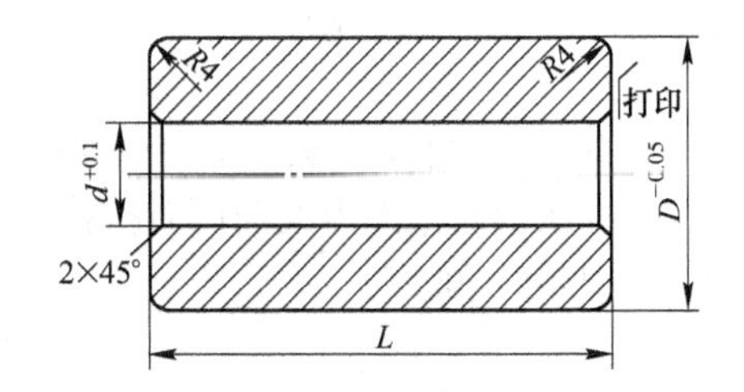

图 11-10　空心短芯头的结构参数

表 11-6　空心短芯头的主要尺寸　(mm)

芯头直径 D	芯头内孔尺寸 d	芯头长度 L
10~13.5	M6	40
14~23.0	M10	40
23.5~35.5	11	50
36.0~49.5	20	60
50.0~80.5	24	60
81.0~120.0	24	90
121.0~160.0	90	100

B　游动芯头

游动芯头拉拔时，芯头所起的主要作用也是与模子配合实现管坯的减径变形，游动芯头与拉模的主要尺寸如图11-11所示。可以看出，游动芯头一般由两个圆柱部分和中间圆锥体组成（图11-11（a））。管壁的变化和管材内径的确定是借助于圆锥部分和前端的小圆柱部分实现的，后端的大圆柱段的主要作用是防止芯头被拉出模孔，并保持芯头在管坯中的稳定。芯头的尺寸包括芯头锥角和芯头各段长度和直径。

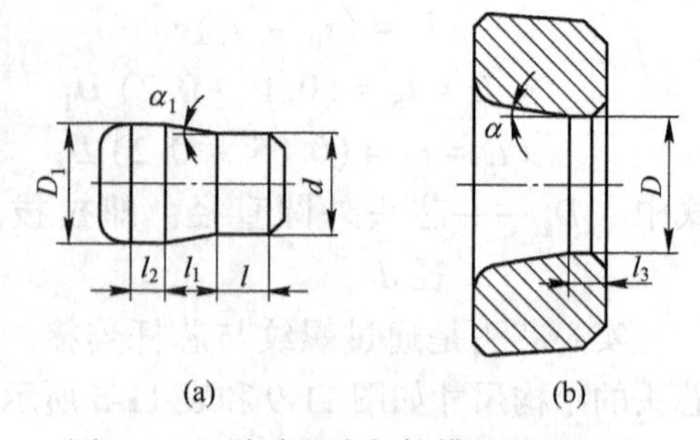

图11-11　游动芯头与拉模的主要尺寸
（a）游动芯头；（b）拉模

（1）芯头的锥角 α_1。为了实现稳定的拉拔过程，根据前面对芯头在变形中的稳定条件可知，芯头的锥角 α_1 应大于芯头与管坯之间的摩擦角 β 而小于或等于锥角 α，即：

$$\beta < \alpha_1 \leqslant \alpha \tag{11-3}$$

为了使拉拔过程保持稳定并能得到良好的流体润滑，模角 α 与芯头的锥角 α_1 之间的差值一般取1°~3°，即：

$$\alpha - \alpha_1 = 1° \sim 3° \tag{11-4}$$

在实际生产中，为了使拉拔工具有通用性，一般取 $\alpha = 12°$，$\alpha_1 = 9°$。

在盘管拉拔时，芯头是完全自由的，其纵向和横向的稳定性必须由管坯与芯头圆锥段比较大的接触长度来保证，这时芯头锥角与模角之差不能过大。

（2）芯头定径圆柱段长度 l 和直径 d：

1）芯头定径圆柱段直径 d。芯头前端的定径小圆柱段直径与拉拔管材的内径及尺寸允许偏差有关。多数情况下，管材的外径尺寸允许负偏差，壁厚允许正负偏差，即管材的内径是通过外径和壁厚来保证。一般可按：

$$d = \text{管材内径} + \text{正偏差} \tag{11-5}$$

2）芯头定径圆柱段长度 l。游动芯头的小圆柱段是其定径段，是决定管材内径的，它的长度可在较大范围内波动而对拉拔力和拉拔过程的稳定性影响不大。定径圆柱段长度 l 可用式（11-6）确定：

$$l = l_j + l_3 + \Delta \tag{11-6}$$

式中　Δ——芯头在后极限位置时伸出模孔定径带的长度，一般为2~5mm；

l_3——模孔工作带的长度；

l_j——芯头在轴向移动的几何范围，当 $\alpha = 12°$，$\alpha_1 = 9°$ 时，可简化为：

$$l_j = 4.8(S_0 - 0.995S) \tag{11-7}$$

在通常情况下，芯头定径圆柱段长度可取模孔定径带长度加6~10mm。

（3）芯头圆锥段长度 l_1。当芯头锥角确定时，芯头的圆锥段长度 l_1 按下式计算：

$$l_1 = \frac{D_1 - d}{2\tan\alpha_1} \tag{11-8}$$

式中　D_1——芯头后端大圆柱段直径；

d——芯头定径圆柱段直径；

α_1——芯头锥角。

（4）芯头后端大圆柱段直径 D_1 与长度 l_2：

1）芯头后端大圆柱段直径 D_1。芯头后端大圆柱段直径应小于拉拔前管坯内径 d_0，即：

$$D_1 = d_0 - \Delta_1 \tag{11-9}$$

式中 Δ_1——管坯内孔与芯头大圆柱段之间的间隙，其值与管坯的规格、状态及拉拔方式有关。对于盘管和中等规格的冷硬直管，$\Delta_1 \geqslant 0.4$mm；退火后的直管，$\Delta_1 \geqslant 0.8$mm；毛细管，$\Delta_1 \geqslant 0.1$mm。

盘管拉拔时，为了使芯头与管尾分离，防止芯头同管材一同被拉出模孔，芯头大圆柱段的直径应比模孔直径大 0.1~0.2mm。

2）芯头后端大圆柱段长度 l_2。芯头的大圆柱段长度 l_2 主要对管坯起导向作用，一般可取：

$$l_2 = (0.4 \sim 0.7)\, d_0 \tag{11-10}$$

常用的游动芯头结构见图 11-12。其中，图 11-12（a）、（b）所示的游动芯头用于直线拉拔，图 11-12（a）所示的双向游动芯头可以换向使用，但不适合大直径管材和盘管的拉拔；图 11-12（c）~（e）所示的游动芯头主要用于盘管拉拔。

在拉拔生产中，为了获得不同尺寸的产品，需要不同规格的芯头。因此，就需要对游动芯头的尺寸做适当调整，设计时需考虑统一化的问题，经过统一化之后，芯头规格显著减少，制造简化。各种芯头的主要尺寸见表 11-7。

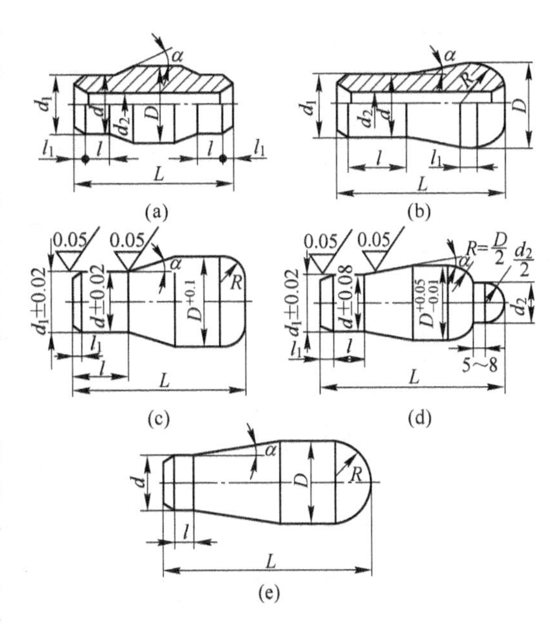

图 11-12 常用游动芯头的形状及尺寸参数

表 11-7 游动芯头的结构尺寸

芯头类型	d	d_1	D	d_2	l	l_1	L	R	α
a	10~14	d-0.05	d+1	5	7.5	2	24	—	9°
			d+1.5	5	7.5	2	24	—	9°
			d+2	5	7.5	2	28	—	9°
			d+2.5	5	7.5	2	28	—	9°
	14.1~18	d-0.1	d+1	8	7.5	2	24	—	9°
			d+1.5	8	7.5	2	24	—	9°
			d+2	8	7.5	2	28	—	9°
			d+2.5	8	7.5	2	28	—	9°

续表 11-7

芯头类型	d	d_1	D	d_2	l	l_1	L	R	α
b	18.1~23	d-0.1	d+1	10	7.5	2	30	—	9°
			d+2	10	10	2	45	—	9°
			d+3	10	10	2	55	—	9°
	23.1~28	d-0.1	d+2	12	10	3	45	—	9°
			d+3	12	10	3	55	—	9°
	28.1~35	d-0.7	d+2	14	10	3	45	—	9°
			d+3	14	10	3	55	—	9°
			d+4	14	10	3	60	—	9°
c	12	d-0.1	14.2	—	10	2	45	5	9°30′
	15		17.5	—	10	2	45	5	9°30′
	18.5		21.4	—	10	2	45	7	9°30′
	22.5		25.8	—	15	3	50	10	9°30′
	27		31	—	15	3	50	10	9°30′
	33		37.7	—	15	3	50	10	9°30′
d	2.0~8.0	d-0.1	—	—	5.0	1.5	25	—	9°
	8.01~13.0		—	—	6.0	2.0	35	—	9°
	13.01~20.0		—	—	10.0	2.0	45	—	9°
	20.01~25.0		—	—	12.0	3.0	50	—	9°
	25.01~32.0		—	—	12.0	3.0	55	—	9°
e	3.00	—	3.60	—	1.5	—	10	D/2	5°
	3.70	—	4.10	—	2	—	10	D/2	5°
	4.25	—	4.75	—	2.5	—	12.5	D/2	6°
	4.85	—	5.45	—	2.5	—	12.5	D/2	6°

11.1.2.2 芯头的材料

（1）钢。对一般中、小芯头，其材质大多采用35钢、T8A、30CrMnSi等，要求芯头表面镀铬，以增强其耐磨性。

对大的芯头，其材质多采用含碳量为0.8%~1.0%的钢，淬火后硬度为60HRC左右。

（2）硬质合金。硬质合金可用来制造小的和中等规格的芯头，以采用含Co15%的YG15为佳。

11.2 拉拔设备

11.2.1 管棒型材拉拔机

11.2.1.1 链式拉拔机

目前广泛使用的管棒型材拉拔机是链式拉拔机，该设备具有结构和操作简单，适应性强，在同一台设备上可进行管、棒、型制品的拉制。

根据链数的不同，可将链式拉拔机分为单链拉拔机和双链拉拔机。最常见的单链拉拔机的结构如图 11-13 所示，表 11-8 为常用的单链式拉拔机的基本参数。

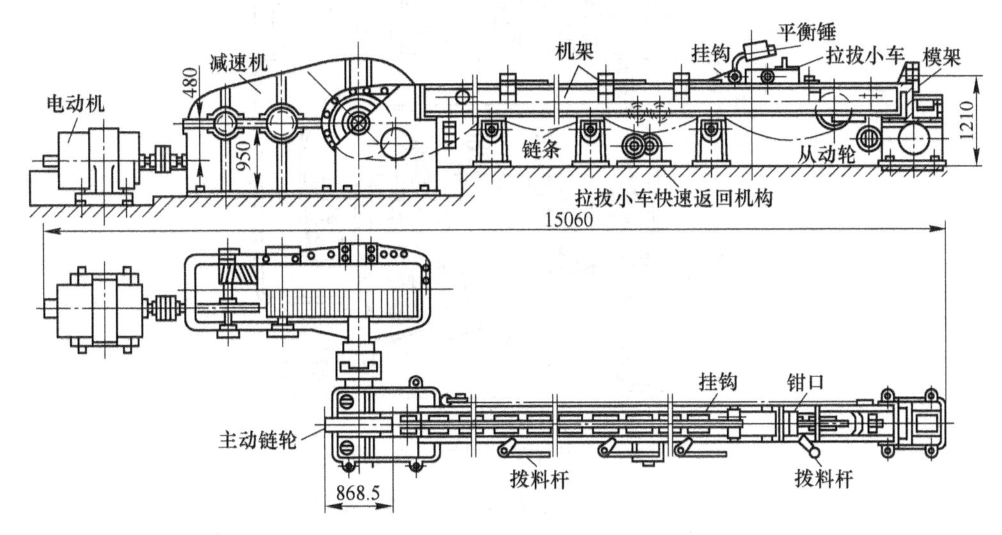

图 11-13 单链式拉拔机

表 11-8 单链式拉拔机基本参数

种类	拉拔机性能	拉拔机能力/MN								
		0.02	0.05	0.10	0.20	0.30	0.50	0.75	1.00	1.50
管材拉拔机	拉拔速度范围/$m \cdot min^{-1}$	6~48	6~48	6~48	6~48	6~25	6~15	6~12	6~12	6~9
	额定拉拔速度/$m \cdot min^{-1}$	40	40	40	40	40	20	12	9	6
	拉拔最大直径/mm	20	30	55	80	130	150	175	200	300
	拉拔最大长度/m	9	9	9	9	9/12	9	9	9	9
	小车返回速度/$m \cdot min^{-1}$	60	60	60	60	60	60	60	60	60
	主电机功率/kW	21	55	100	160	250	200	200	200	200
棒材拉拔机	拉拔速度范围/$m \cdot min^{-1}$	—	—	6~35	6~35	6~35	6~35	6~35	—	—
	额定拉拔速度/$m \cdot min^{-1}$	—	—	25	25	25	25	25	—	—
	拉拔最大直径/mm	—	—	35	65	80	80	110	—	—
	拉拔最大长度/m	—	—	9	9	9	9	9	—	—
	小车返回速度/$m \cdot min^{-1}$	—	—	60	60	60	60	60	—	—
	主电机功率/kW	—	—	55	100	160	160	160	—	—

双链式拉拔机的工作机架由许多 C 形架组成（见图 11-14）。在 C 形架内装有两条水平横梁，其底面支承拉链和小车，侧面装有小车导轨，两根链条从两侧连在小车上。C 形架之间的下部安装有滑料架。除拉拔机本体外，一般还包括以下机构：受料-分配机构、管子套芯杆机构和向模孔送管子与芯杆的机构。目前采用的部分高速双链式拉拔机性能如表 11-9 所示，部分双链棒材拉拔机的技术参数如表 11-10 所示。

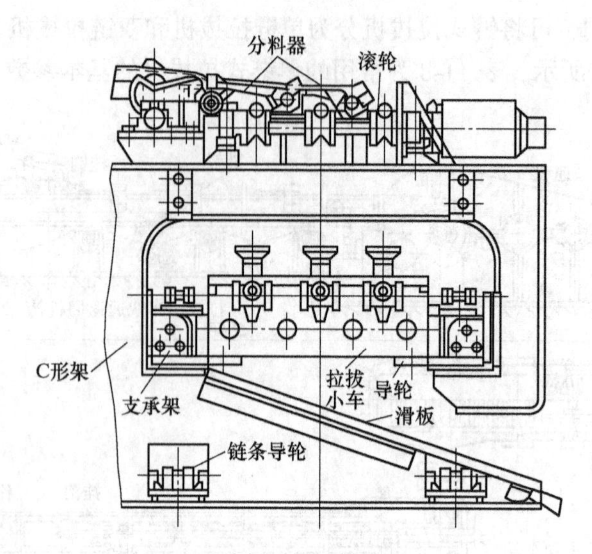

图 11-14　管材双链式拉拔机横断面

表 11-9　高速双链式拉拔机基本参数

项　　目		额定拉拔机能力/MN					
		0.20	0.30	0.50	0.75	1.00	1.50
额定拉拔速度/m·min^{-1}		60	60	60	60	60	60
拉拔速度范围/m·min^{-1}		3~120	3~120	3~120	3~120	3~100	3~100
小车返回速度/m·min^{-1}		120	120	120	120	120	120
拉拔最大直径/mm	黑色金属	30	40	50	60	80	90
	有色金属	40	50	60	75	85	100
最大拉拔长度/m		30	30	25	25	20	20
拉拔根数		3	3	3	3	3	3
主电机功率/kW		125×3	200×2	400×2	400×2	400×2	630×2

表 11-10　双链棒材拉拔机的技术参数

序号	拉拔机型号	额定拉拔力/kN	额定拉拔速度/m·min^{-1}	拉拔速度范围/m·min^{-1}	小车返回速度/m·min^{-1}	拉拔最大直径/mm		最大拉拔长度/m	拉拔根数	主电机功率/kW
						黑色金属	有色金属			
1	LBB-5	50	30	3~60	60	16	25	13	1~3	31
2	LBB-10	100	30	3~60	60	25	35	13	1~3	63
3	LBB-20	200	30	3~60	60	50	65	13	1~3	126
4	LBB-30	300	25	3~50	50	65	80	13	1~3	160
5	LBB-50	500	25	3~50	50	90	110	13	1~3	263

作为管棒材最常用的设备，链式拉拔机正向高速、多线、自动化方向发展。目前，链式拉拔机的拉拔力最大的已达6MN以上，机身长度一般可达50~60m，有些可达到120m，拉拔速度通常是120m/min，拉拔速度最高可达190m/min，同时最多可拉拔9根管子。

11.2.1.2　联合拉拔机列

A　组成

将拉拔、矫直、切断、抛光和探伤组成在一起形成一个机列，可大幅度提高制品的质量和生产效率，生产中一般对$\phi 4 \sim 95$mm管材，$\phi 3 \sim 40$mm棒材，倾向于采用这种机列。下面就棒材联合拉拔机列加以叙述。

棒材联合拉拔机列由轧尖、预矫直、拉拔、矫直、剪切和抛光等部分组成，其结构如图11-15所示。

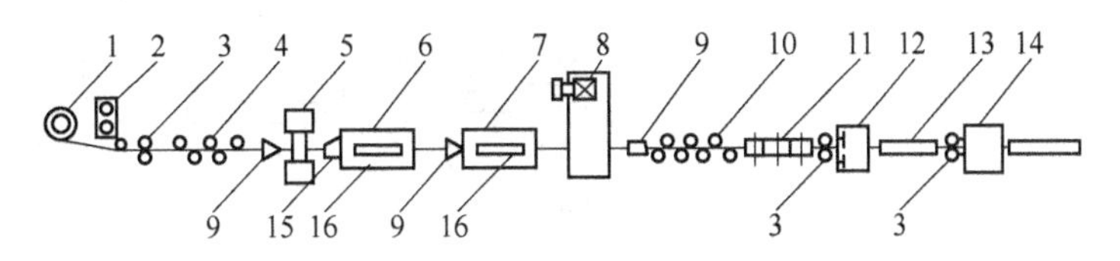

图11-15　DC-SP-1型联合拉拔机示意图

1—放料架；2—轧尖机；3—导轮；4—预矫直机；5—模座；6，7—拉拔小车；8—主电动机和减速机；9—导路；10—水平矫直机；11—垂直矫直机；12—剪切装置；13—料槽；14—抛光机；15—小车钳口；16—小车中间夹板

(1) 轧尖机。轧尖机用于制作夹头，是由具有相同辊径并带有一系列变断面轧槽的两对辊子组成。两对辊子分别水平和垂直地安装在同一个机架上。制作夹头时，将棒料头部依次在两对辊子中轧细以便于穿模。

(2) 预矫直装置。预矫直的目的是使盘料进入机列之前变直。机座上面装有三个固定辊和两个可移动的辊子，能适应各种规格棒料的矫直。

(3) 拉拔机构。拉拔机构如图11-16所示。从减速机出来的主轴上，设有两个端面凸轮（相同的凸轮，位置上相互差180°）。当凸轮位于图11-16（a）的位置时，小车Ⅰ的钳口靠近床头且对准拉拔模。当主轴开始转动，带动两个凸轮转动。小车Ⅰ由凸轮Ⅰ带动并夹住棒材沿凸轮曲线向后运动。同时，小车Ⅱ借助于弹簧沿凸轮Ⅱ的曲线向前返回。当主轴转到180°时，凸轮小车位于图11-16（b）的位置，再继续转动时，小车Ⅰ借助于弹簧沿凸轮Ⅰ的曲线向前返回，同时小车Ⅱ由凸轮Ⅱ带动沿其曲线向后运动。当主轴转到360°时，小车和凸轮又恢复到图11-16（a）的位置。凸轮转动一圈，小车往返一个行程，其距离等于S。

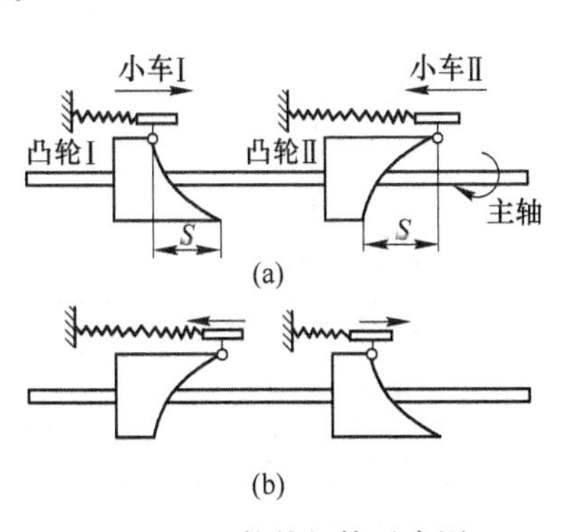

图11-16　拉拔机构示意图

拉拔小车中间各装有一对夹板，小车Ⅰ的前面还带有一个装有板牙的钳口，小车Ⅱ前面装有一个喇叭形的导路。棒材的夹头通过拉模进入小车Ⅰ的钳口中。当设备启动，小车Ⅰ的钳口夹住棒材向右运动，达到后面的极限位置后开始向前返回，这时钳口松开，被拉出的一段棒材进入小车Ⅰ的夹板中。当小车Ⅰ第二次往后运动时，钳口不起作用，因为夹

板套是带斜度的，如图 11-17 所示。夹板靠摩擦力夹住棒材向后运动，小车Ⅰ开始返回时，夹板松开。小车Ⅰ可以从棒材上自由地通过。当小车Ⅰ拉出的棒材进入小车Ⅱ的夹板中以后，就形成了连续的拉拔过程。

（4）矫直与剪切机构。矫直机一般是由 7 个水平辊和 6 个垂直辊组成，对拉拔后的棒材进行矫直。矫直后的棒材，由剪切装置切成需要的定尺长度。

（5）抛光机。图 11-18 为抛光机工作示意图。其中 4、7 为固定抛光盘，5、8 为可调整抛光盘。棒材通过导向板 3 进入第一对抛光盘，然后通过三个矫直喇叭筒，再进入第二对抛光盘。抛光盘带有一定的角度，使棒材旋转前进，抛光速度必须大于拉拔速度和矫直速度，一般抛光速度为拉拔速度的 1.4 倍。

部分联合拉拔机的主要技术性能列于表 11-11。

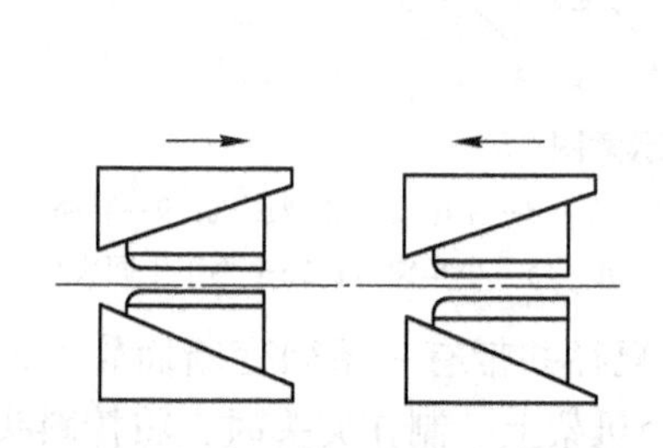

图 11-17 拉拔夹持机构示意图

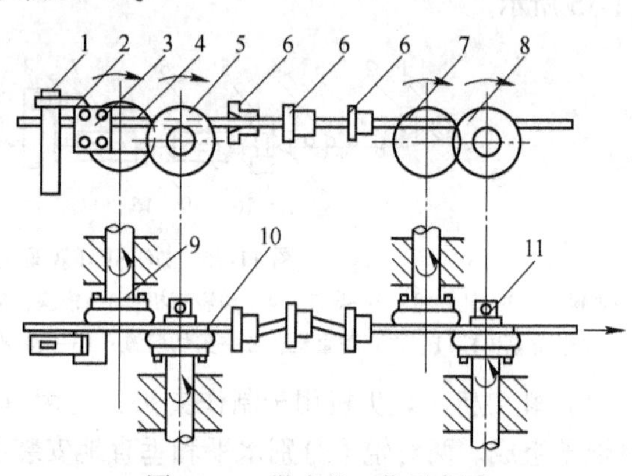

图 11-18 抛光机工作示意图

1—立柱；2—夹板；3—导向板；4，7—固定抛光盘；5，8—可调整抛光盘；6—矫直喇叭筒；9—轴；10—棒材；11—导向板

表 11-11 联合拉拔机的主要技术性能

技术性能	DC-SP-Ⅰ型	DC-SP-Ⅱ型	DS-SP-Ⅰ型
圆盘外形尺寸/mm	外径 1000，内径 950	外径 1200，内径 950	外径 1000，内径 950
材质	高合金钢	高合金钢	高合金钢
盘料最大重量/kg	400	400	400
原材料抗拉强度/MPa	<980	<980	<980
硬度（HRC）	30~20	30~20	30~20
成品尺寸/mm	ϕ5.5~12	ϕ9~25	ϕ5.5~12
直径误差/mm	<0.1	<0.1	<0.1
成品剪切长度/m	3.3~6	2.3~6	3.3~6
成品剪切长度误差/mm	±15	±15	±15
拉拔速度/mm·min^{-1}	高速 40，低速 32	高速 30，低速 22.5	高速 40，低速 32
拉拔力/kN	高速 29.4，低速 34.3	高速 76.4，低速 98	高速 29.4，低速 34.3
夹持能力/kN	—	196.1	—
夹持规格/mm	—	ϕ9~25	—
夹持行程/mm	—	最大 60	—

B 联合拉拔机列的特点

联合拉拔机列具有以下几个优点：

（1）机械化、自动化程度高，所需的操作人员少，生产周期短，生产效率高；

（2）产品质量好，表面光洁度高；

（3）设备重量轻，结构紧凑，占地面积小等。

如果需要构成一个从坯料到出成品较为完整的生产线，则需要将在线探伤设备与联合拉拔机列组合在一起。

联合拉拔机列的缺点：

联合拉拔机列的矫直部分和抛光部分不容易调整，凸轮浸在油槽中，运转中容易漏油。

11.2.1.3 圆盘拉拔机

圆盘拉拔机主要用于生产长尺寸、盘卷管材，最适合于拉拔紫铜、铝等塑性良好的管材。对于需要经常退火、酸洗的高锌黄铜管不太适用，主要是因为管子内表面的处理比较困难。另外，由于管子在拉拔过程中承受拉应力和弯曲应力且当道次变形量和弯曲应力达到一定程度时，会造成管材椭圆，且椭圆度的大小主要与变形金属的强度、卷筒直径、管材的直径与壁厚的比值及道次加工率有关。

圆盘拉拔机生产效率高，生产的制品质量好，成品率高，能充分发挥游动芯头拉拔工艺的优越性。目前，用圆盘拉拔机衬拉毛细管的长度可达数千米，拉拔速度高达2400m/min，管材卷重为700kg左右。圆盘的直径一般为550~2900mm，最大的已达3500mm。

圆盘拉拔机一般用圆盘的直径来表示其能力的大小，并且多与一些辅助工序如开卷、矫直、制作夹头、盘卷存放和运输等所用设备组成一个完整机列。

圆盘拉拔机的结构形式较多，根据圆盘轴线与地面的关系分为立式和卧式两大类，其结构示意图如图11-19所示。图11-19（a）所示为早期制造的卧式圆盘拉拔机，这种设备

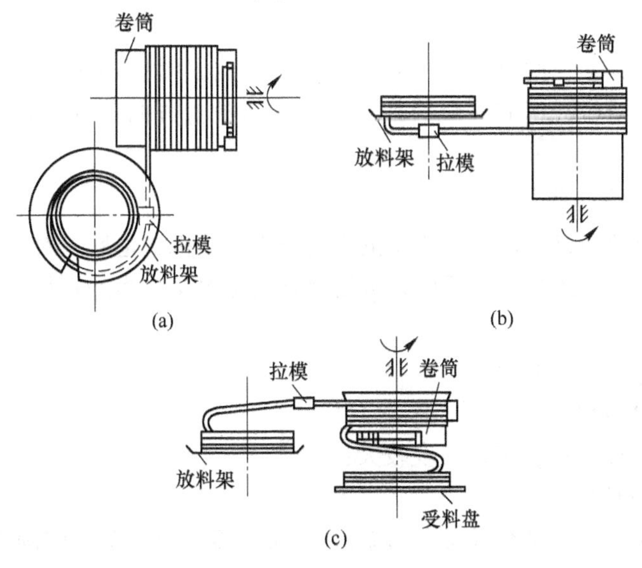

图11-19 圆盘拉拔机示意图

（a）卧式；（b）正立式；（c）倒立式

盘径较小，通常使用直条管坯，通过带游动芯头盘拉拔得到成品管材，且盘管直径和卷重随着圆盘拉拔机盘径的增加而增加，会出现卸卷困难的问题。另外，卧式圆盘拉拔机的工作效率也较低。

图11-19（b）所示是将主传动装置配置在卷筒下部的正立式圆盘拉拔机，该种形式的圆盘拉拔机结构简单，适合于大吨位的拉拔，但它卸料不便，生产率低。图11-19（c）所示是将主传动装置配置在卷筒上部的倒立式圆盘拉拔机，拉拔的盘卷依靠重力从卷筒上自动落下，卸料既快又可靠。

表11-12为立式圆盘拉拔机的主要技术参数。

表11-12 立式圆盘拉拔机的主要技术参数

技术参数	圆盘拉拔机型号			
	750型	1000型	1500型	2800型
拉拔速度/m·min^{-1}	100~540	85~540	40~575	40~400
在100（80）m/min时的拉拔力/kN	15	25	80	（150）
卷筒直径/mm	750	1000	1500	2800
卷筒工作长度/mm	1200	1500	1500	
管材直径/mm	8~12	5~15	8~45	25~70
管材长度/m	350~2300	280~800	130~600	100~500
主电机功率/kW	32	42	70	250
设备质量/t	22.15	30.98	40.6	

11.2.2 拉线机

拉线机的种类很多，按拉拔工作制度可分为单模拉线机与多模连续拉线机。按同时拉拔的根数可分为单线拉线机和多线拉线机，按绞盘放置方向又分为卧式拉线机和立式拉线机。

11.2.2.1 单模拉线机

线坯在拉拔时只通过一个模的拉线机称为单模拉线机，也称一次拉线机。单模拉线机只配置一个模座和一个绞盘。根据拉线机卷筒轴的配置又分为卧式与立式两类。单模拉线机有以下几点：

（1）结构简单，制造容易；

（2）拉拔速度较慢；

（3）自动化程度较低，劳动强度较大；

（4）辅助时间较长；

（5）生产效率较低，适合拉拔长度较短、强度高、塑性低且中间退火次数较多的合金线材。

图11-20是某单模拉线机的外形图。部分单模拉线机的主要技术参数如表11-13所示。

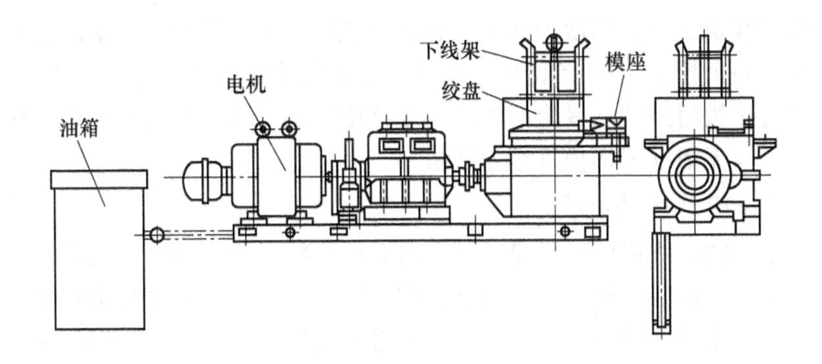

图 11-20　LDL-700/1 型单模拉线机外形图

表 11-13　单模拉线机的主要技术参数

拉线机型号	绞盘直径 /mm	进线最大直径/mm	出线最小直径/mm	拉拔速度 /m·min^{-1}	拉拔力 /kN	主电机功率 /kW	总重 /t	生产厂家
600/1	550/600	8	3.5	81，115，164，226	—	115	10.8	东方电工机械厂
700/1	700	12	5	64.5，89，126，173.7	—	80	10.65	
450/1	450	3.4	1.6	69，80，120	—	7，9，12	2.2	西安拉拔设备厂
560/1	560	8	2	67.7	—	18.5	1.87	
610/1	610	12	5	83.4	—	75	6.8	
750/1	750	12	6	58.8	—	80	7.06	
800/1	800	14	6	61	—	80	7.06	
850/1	850	14	6	61	—	80	7.2	
900/1	900	20	6	48	—	95	7.4	
200/1	200	1.6	0.4	30~270	0.3	—	—	—
250/1	250	2	0.6	30~270	0.6	—	—	—
350/1	350	3	1	30~270	2.5	—	—	—
450/1	450	6	2	60~180	5.0	—	—	—
550/1	550	8	3	30~180	10	—	—	—
650/1	650	16	6	30~180	20	—	—	—
750/1	750	20	8	30~90	40	—	—	—
1000/1	1000	25	10	30~90	80	—	—	—

11.2.2.2 多模连续拉线机

多模连续拉线机又称为多次拉线机。在这种拉线机上，线材在拉拔时连续同时通过多个模子，而在每两个模子之间有绞盘，线以一定的圈数缠绕在绞盘上，借以建立起拉拔力。根据绞盘与拉拔时缠绕在其上的线的运动速度关系，可将多模连续拉线机分为滑动式多模连续拉线机与无滑动式多模连续拉线机。

A 滑动式多模连续拉线机

滑动式多模连续拉线机的特点是，除了最后的收线盘外，缠绕在绞盘上的线与绞盘圆周的线速度不相等，两者之间存在着滑动，即在拉拔过程中存在着打滑现象。滑动式多模连续拉线机的模子数目一般为5~21个，用于粗拉的是5、7、11、13和15个，用于中拉和细拉的是9~21个。根据绞盘的结、布置形式以及润滑形式大致可将多模连续拉线机分为以下4种。

（1）立式圆柱形绞盘连续多模拉线机。立式圆柱形绞盘连续多模拉线机的结构形式如图11-21所示。在这种拉线机上，绞盘轴是垂直安装的，绞盘、线与模子全部浸在润滑剂中进行拉拔，因此润滑和冷却效果比较好。被拉线材、模子和绞盘可得到充分、连续的润滑及冷却，但由于运动着的线材和绞盘不断地搅动润滑剂，悬浮在润滑液中的金属尘屑易堵塞和磨损拉拔模孔。另外，由于绞盘垂直放置，这种拉线机的速度受到限制，一般在2.8~5.5m/s。

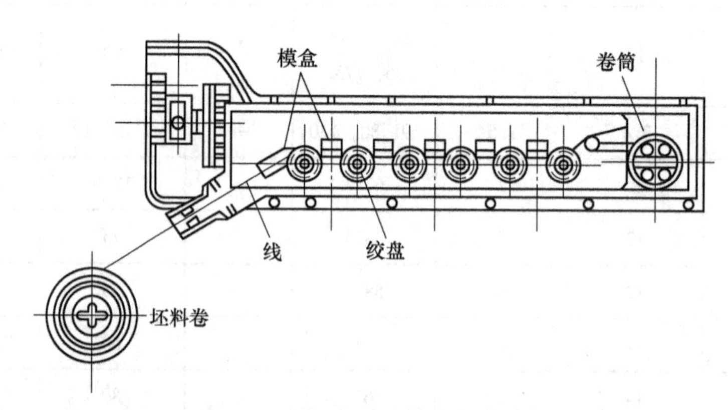

图11-21 立式圆柱形绞盘连续多模拉线机

（2）卧式圆柱形绞盘连续多模拉线机。卧式圆柱形绞盘连续多模拉线机的结构形式如图11-22所示。在这种拉线机上，绞盘轴线水平方向布置，绞盘的下部浸在润滑剂中，模子单独润滑。穿模方便，停车后可测量各道次的线材尺寸以控制整个生产过程。这种拉线机主要用于粗线和异型线拉拔。

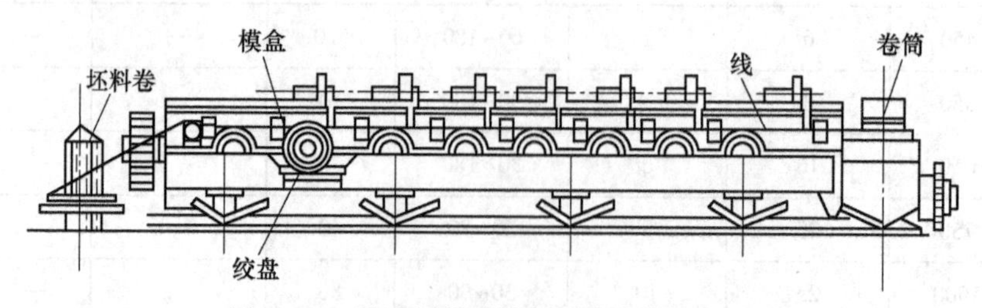

图11-22 卧式圆柱形绞盘连续多模拉线机

圆柱形绞盘连续多模拉线机机身长，其拉拔模子数一般不宜多于 9 个。为克服此缺点，可将绞盘排成两层或将绞盘排列成圆形布置，如图 11-23 所示，可以拉细线。为了提高生产效率，还可以在一个轴上安装数个直径相同的绞盘，将几个轴水平排列，同时拉几根线。

(3) 卧式塔形绞盘连续多模拉线机。卧式塔形绞盘连续多模拉线机是滑动式拉线机中应用最广泛的一种，其结构如图 11-24 所示，主要用于拉细线。

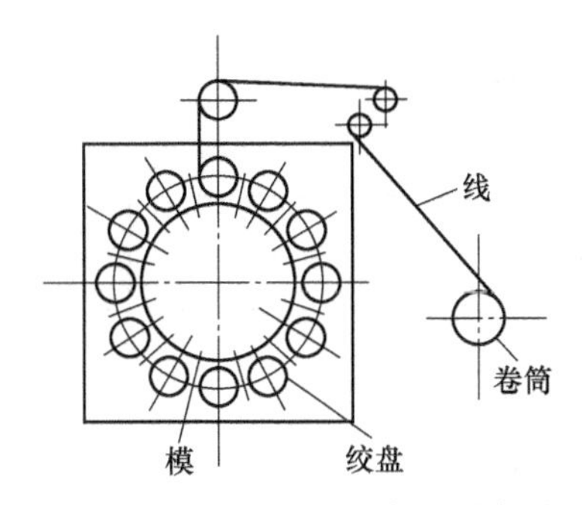

图 11-23 圆环形串联连续 12 模拉线机

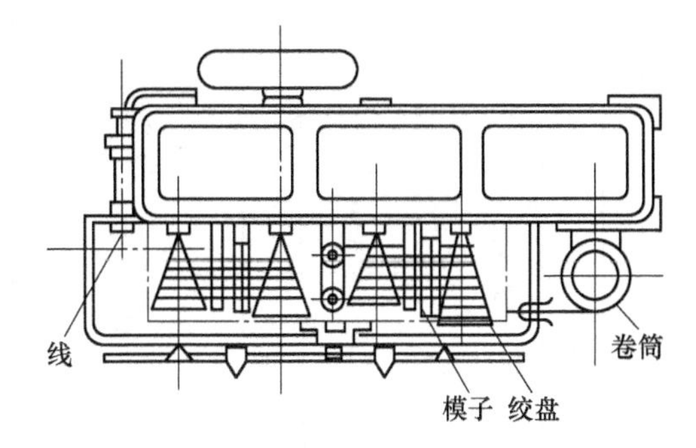

图 11-24 卧式塔形绞盘连续多模拉线机

根据工作层数的多少，可将塔形绞盘分为两级和多级。此外还可以根据拉拔时的作用，将绞盘分为拉拔绞盘和导向绞盘。拉拔绞盘的作用是建立拉拔力，使线材通过模子进行拉拔，也称为牵引绞盘。导向绞盘的作用是使线材正确进入下一个模孔。在不同的拉线机中，有的成对的两个绞盘都是拉拔绞盘。有的一个是导向绞盘，一个是拉拔绞盘。在不同的设备中，有的成对的两个绞盘都是拉拔绞盘，有的是一个导向绞盘，有的是两个既做拉拔绞盘又做导向绞盘。

立式塔形绞盘连续多模拉线机的结构与卧式的相同，它的缺点是占地面积较大，拉拔速度低，故很少使用。

(4) 多头连续多模拉线机。此种拉线机可同时拉几根线，且每根线通过多个模子连续拉拔。多头连续多模拉线机的拉拔速度可高达 25~30m/s，使生产率大大提高。例如一台 8 头连续多模拉线机，采用 25~30m/s 的速度拉拔时，其生产量相当于 4~6 台单头连续多模拉线机。

滑动式多模连续拉线机的优点是总延伸系数大，拉拔速度快，生产效率高，易于实现机械化、自动化。但是，由于线材与绞盘间存在滑动，所以绞盘磨损大。

滑动式多模连续拉线机主要适用于拉拔圆断面和异形线材，拉拔承受较大的拉力和表面耐磨的低强度金属和合金，拉拔塑性好、总加工率较大的金属和合金。该类型拉拔机主要用于铜、铝线拉拔，也常用于钢、不锈钢及铜合金细线拉拔。

部分滑动式多模连续拉线机的技术性能见表 11-14。

B 无滑动式多模连续拉线机

该拉线机在拉拔时，线与绞盘之间没有相对滑动。实现无滑动多次拉拔的方法有两种：一种是在每个中间绞盘上积蓄一定数量的线材以调节线的速度及绞盘速度；另一种通过绞盘自动调速来实现线材速度和绞盘的圆周速度完全一致。

表 11-14 滑动式多模连续拉线机的技术性能

拉线机									可选用的收线装置				可选用的连续退火装置				
最大绞盘直径/mm/道次	拉拔材料	最大进线直径/mm	出线直径范围/mm	最多拉拔道次	道次延伸系数	绞盘形式	最大绞盘直径/mm	收线盘直径/mm	双盘收线		筒式成圈收线		电阻式			感应式	
													接触轮直径/mm				
									500/400	315/250	800/1250	500/800	400	250	150	400	250
400/13	铜 铝合金	8 10(12)	4.0~1.2 4.6~1.6	13	1.42~1.22 递减 1.33	等直径	400	630/400	选用	选用	选用	—	线径在1.2~3.0 mm时选用	—	—	—	—
280/17	铜 铝合金	3.5 4	1.2~0.3 1.6~0.5	17	1.24	塔轮式	280	500/250	选用	—	—	线径在0.6mm以上用	—	选用	—	—	—
200/19	铜 铝合金	2 2.5	0.4~0.1 0.6~0.3	19	1.21	塔轮式	200	400/500	—	选用	—	—	—	—	选用	—	—
120/17	铜	0.5	0.12~0.05	17	1.18/1.16	塔轮式	120	250/160	—	—	—	—	—	—	—	—	—
80/16	铜	0.08	0.04~0.02	16	1.12/1.06	塔轮式	80	80	—	—	—	—	—	—	—	—	—

（1）储线式无滑动多模连续拉线机。储线式无滑动多模连续拉线机是由若干台（2~13 台）立式单模拉线机组合而成，每个拉拔绞盘皆由独立的电动机驱动，且带有自动控制装置，能够在任一个绞盘停止工作时，同时停止其前面的所有绞盘，而其后面的所有绞盘和收线盘仍然能够继续工作。图 11-25 为储线式无滑动多模连续拉线机的示意图，其技术特性见表 11-15。

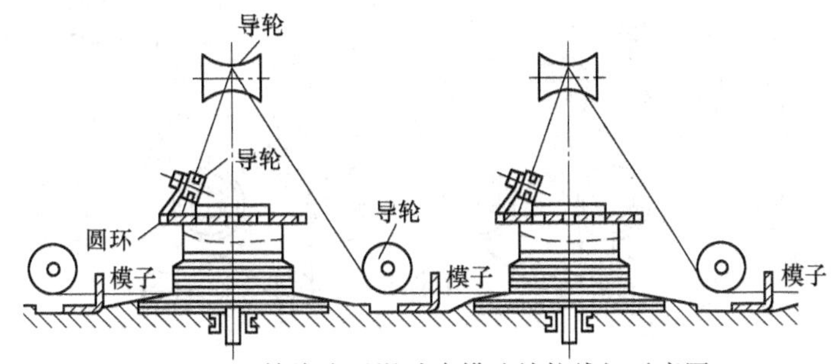

图 11-25　储线式无滑动多模连续拉线机示意图

表 11-15　储线式拉线机技术特性

最大绞盘直径/mm/拉拔次数	拉拔材料	最大进线直径/mm	出线直径范围/mm	最多拉拔道次	道次延伸系数	绞盘形式	最大绞盘直径/mm	收线盘范围/mm
450/6	铝	10	4.6~3.0	6	~1.35	单绞盘	450	630/400
450/8	铝	10	3.5~2.0	8	~1.35	单绞盘	450	630/400
450/10	铝	10	2.5~1.5	10	~1.35	单绞盘	450	630/400
560/8	铝合金双金属	10	4.6~2.0	8	~1.35	双绞盘	560	630/400
560/10	铝合金双金属	10	3.6~1.7	10	~1.35	双绞盘	560	630/400

储线式无滑动多模连续拉线机拉拔过程中，由于线材的行程复杂，因此不能采用高速拉拔，其拉拔速度一般不大于 10m/s，且在拉拔时常产生张力和活套，所以不适合进行细线和极细线的拉拔。同时，制品在拉拔时可能会受到扭转，故也不适宜异形线和双金属线的拉拔。

为了解决拉拔过程中线材扭转的问题，发展了一种双绞盘储线式拉线机，其结构如图 11-26 所示。这种拉线机可采用很高的速度，且结构简单，拉拔线路合理，电气系统也不复杂。

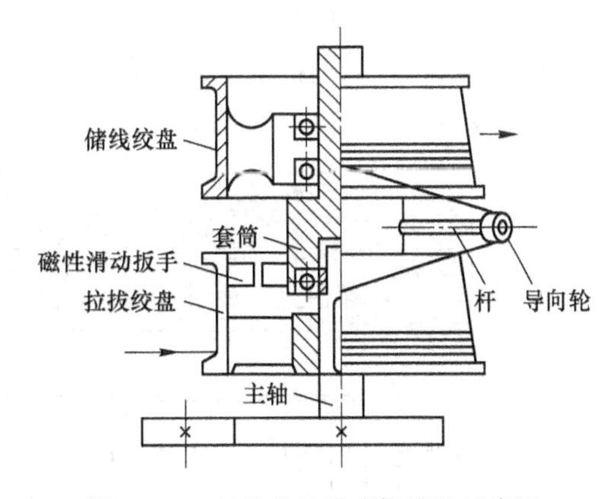

图 11-26　双绞盘储线式拉线机示意图

（2）非储线式无滑动多模连续拉线机。非储线式无滑动多模连续拉线机的拉拔绞盘与线材之间无滑动，且在拉拔过程中不允许任何一个中间绞盘上有线材积累或减少。为了消除线与绞盘间的滑动，一般在绞盘上绕上 7~10 圈线。

非储线式无滑动多模连续拉线机有两种形式：活套式与直线式。

1）活套式无滑动多模连续拉线机。这种拉线机的主要特点是在拉拔过程中绞盘可借张力轮自动调整，并且借一平衡杠杆的弹簧建立反拉力。图11-27为活套式无滑动多模连续拉线机的示意图。

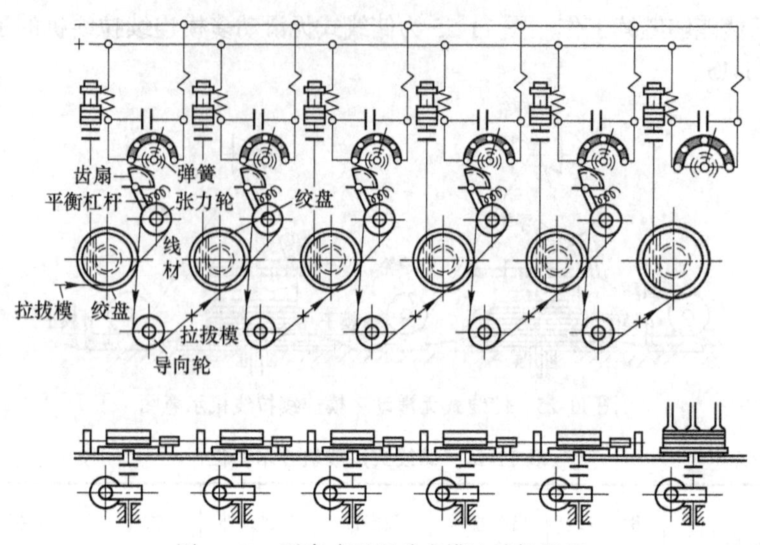

图11-27 活套式无滑动多模连续拉线机

从前一绞盘出来的线材经过张力轮和导向轮进入下一模子，然后到达下一绞盘上。在拉拔过程中，当两相邻的拉拔绞盘速度不相适应时，就会在张力轮上产生活套。

当拉拔绞盘的速度完全与线材的实际延伸系数相适应时，齿扇和弹簧处于平衡位置。绞盘的速度较快而使线受到张力时，平衡杠杆将离开平衡位置，绕轴顺时针转动。通过齿扇和弹簧使控制绞盘的电动机速度的变阻器改变电阻值，于是绞盘的速度提高，随之线材张力降低。当绞盘的速度较慢而使线的张力减少时，则发生相反的自动调整。

2）直线式无滑动多模连续拉线机。图11-28为直线式无滑动多模连续拉线机的示意图。这种拉线机由电动机本身来建立反拉力，它允许采用较大的反拉力和在较大的范围内调整反拉力的大小。拉拔绞盘由依次互相联系的直流电动机单独传动。每个电动机可以帮

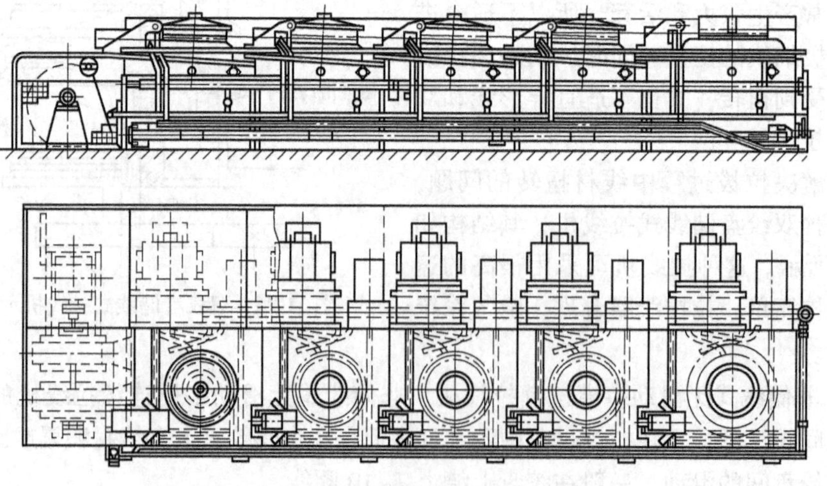

图11-28 直线式无滑动多模连续拉线机

助前一电动机。在这种情况下，下一个电动机所增加的过剩转矩可建立反拉力。

直线式无滑动多模连续拉线机的拉拔绞盘速度的自动调整范围大，适应性强，既可拉拔有色金属线材，也可拉拔黑色金属线材，应用非常广泛。该设备的主要优点是：拉拔时线材无扭转，可以拉拔各种异型材；反拉力调整范围大；穿模容易且线材受到的弯曲次数小，这对其质量是有好处的。

思 考 题

11-1 拉拔工具包括哪些？它对拉拔制品会产生什么样的影响？

11-2 拉拔模按模孔断面形状通常分为哪几种类型？各自的主要特点及适合生产的产品的类型是什么？

11-3 锥形模的模孔分为哪几个带？每个带的作用分别是什么？

11-4 锥模各部分的形状和尺寸如何设计？

11-5 固定短芯头的结构和形状主要有哪几种？简述各自的特点和用途。

11-6 游动芯头设计时包括哪些尺寸，分别如何进行设计？

11-7 按拉拔装置不同，拉拔设备可分为哪几类？其主要特点是什么？

11-8 链式拉拔机的主要结构由哪几部分组成？链式拉拔机具有什么样的特点？

11-9 联合拉拔机列具有什么优点，它是如何实现连续拉拔的？

11-10 圆盘拉拔机的主要结构包括哪些？各自的优缺点是什么？

11-11 拉线机通常分为哪几种类型？各自分别具有哪些主要特点？

11-12 滑动式多模连续连线机的主要特点是什么？它可以分为哪几种类型？

11-13 无滑动式多模连续拉线机的主要特点是什么？它可以分为哪几种类型？

12 拉拔工艺

12.1 拉拔生产工艺流程

不同金属及合金、不同品种、不同状态、不同形状及规格的制品，其拉拔生产工艺流程往往不同，有时甚至相差很大。图 12-1～图 12-3 分别是铝合金管材、铜合金管材及钢管拉拔的典型工艺流程图。下面以铝合金管材拉拔为例，对其拉拔工艺流程进行介绍。

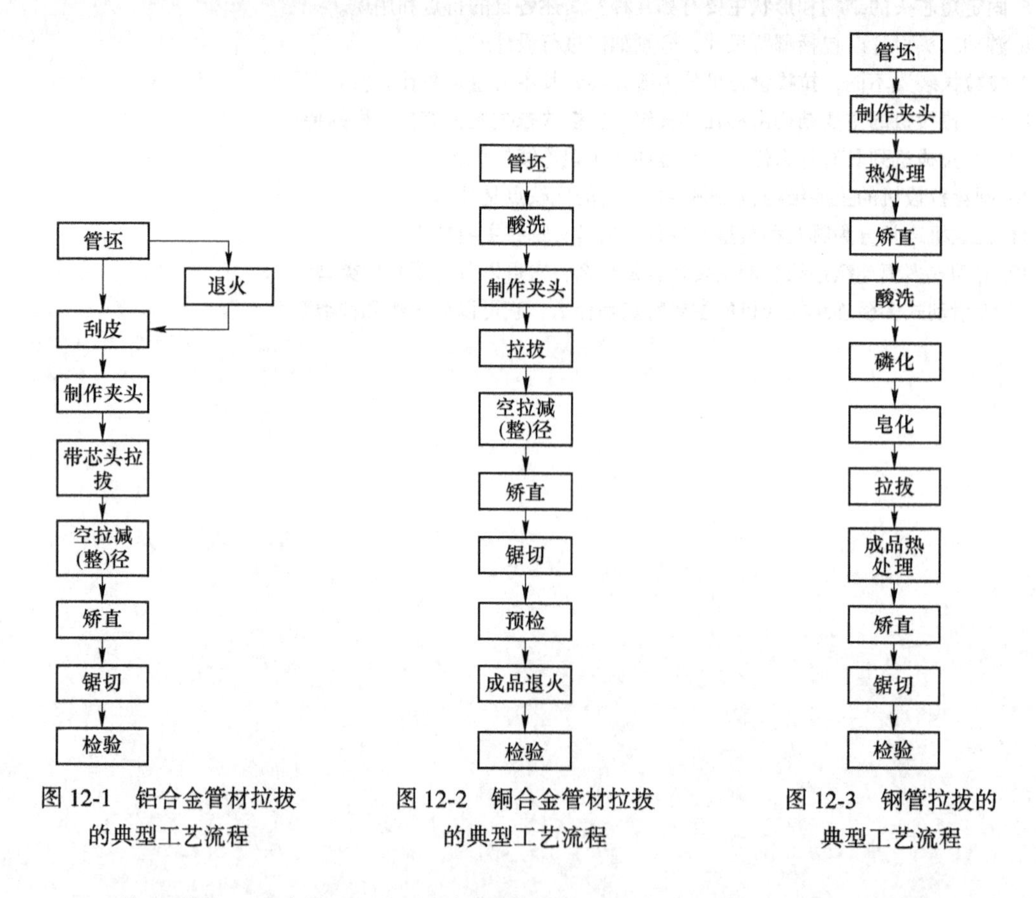

图 12-1 铝合金管材拉拔的典型工艺流程

图 12-2 铜合金管材拉拔的典型工艺流程

图 12-3 钢管拉拔的典型工艺流程

（1）管坯准备。通常情况下，铝合金管材拉拔所使用的管坯，包括挤压管坯和冷轧管坯两种。带芯头拉拔时，一般使用挤压管坯。冷轧的管坯，一般情况下其壁厚尺寸已达到或接近成品管的尺寸，通过空拉减（整）径使其达到成品管的外径尺寸精度要求。

（2）退火。铝合金管材带芯头拉拔使用的挤压管坯，除纯铝外，一般都要进行毛料退火。3A21、6A02、6063 等合金，当道次加工率较小时，也可以不进行毛料退火。对于冷轧后进行空拉减（整）径的管坯，一般不需要进行退火。但是，对于 2A11、2A12、

2A14、5A03、5083 等硬合金，当减径系数大于 1.3 时，应进行低温退火；5A05、5A06 等合金，一般必须进行退火。

（3）刮皮。挤压管坯，如果表面存在有比较明显的缺陷，包括擦伤、磕碰伤、起皮、表面局部微裂纹等，在拉拔前应用刮刀进行清除。冷轧管坯的表面质量较好，无须刮皮。

（4）制作夹头。制作夹头的目的是将管坯从模孔中穿出以便拉拔小车钳口夹持。制作夹头的方法主要有锻打和碾轧两种。对于大、中规格管坯，一般用压力机或空气锤锻打方法制作夹头；小规格管坯一般用碾轧方法制作夹头。

为了提高夹头的制作质量，纯铝、3A21、6A02、6063 合金管坯可直接进行打头；经过退火的 2A11、2A12、2A14、5A03、5A05、5A06 等硬合金管坯可在冷状态下打头；未经退火的硬合金管坯应在端头加热炉加热后趁热打头，加热温度一般为 220~420℃。

（5）润滑。带芯头拉拔的管坯，在拉拔前必须充分润滑其内表面，管坯的外表面在拉拔过程中进行润滑。空拉减（整）径的管坯只需要在拉拔过程中对外表面进行润滑。常用润滑油有 38 号、52 号汽缸油，20 号机油。选择润滑油种类时，应根据气温的变化、被拉金属的变形抗力大小、拉拔方式、道次变形量大小及管材的质量要求等进行综合考虑。

（6）带芯头拉拔。采用固定短芯头拉拔时，将管坯套在带有芯头的芯杆上并从模孔中伸出，被拉拔小车的钳口夹住从模孔中拉出，实现减径和减壁。游动芯头拉拔时，则需要先在管坯内注入足够多的润滑油，将芯头从前端装入并打上止推坑，然后再制作夹头并进行拉拔。

根据合金的性质、制品规格以及总变形量的大小不同，带芯头拉拔可能需要多个道次，有时在两道次拉拔中间还需要进行中间退火。

（7）减（整）径。减（整）径是采用空拉的方式控制管材的外径尺寸精度、只减径，不减壁。空拉时，只需要将夹头从模孔中伸出被拉拔小车钳口夹住即可实现拉拔。

采用固定短芯头方式拉拔管材时，往往在最后会安排一个一道次的空拉整径，以便能够准确控制管材的外径尺寸精度。

由于受轧管机孔型或芯头拉拔最小规格的限制，一些小规格管材，在轧制或带芯头拉拔后，还需要采用空拉的方式，将直径减小到所需要的成品尺寸。当空拉减壁量较大、需要多道次拉拔时，有时可能还需要中途将原有的夹头切除，再重新制作夹头后继续进行拉拔。

12.2 拉拔配模设计

拉拔配模设计也称为拉拔道次计算，就是根据成品的尺寸、形状、力学性能、表面质量及其他要求，确定坯料尺寸（有时坯料尺寸是确定的）、拉拔方式、拉拔道次及其所使用的工模具的形状和尺寸。

正确的配模设计是保证产品质量要求和拉拔过程顺利进行的前提下，尽可能减少拉拔道次以提高生产效率。由于被拉拔制品的合金、品种、规格以及实现拉拔的方式不同，其拉拔配模设计的内容也不完全相同。在实际生产中，应根据企业的具体设备、工艺条件，合理进行拉拔配模设计。

12.2.1 实现拉拔过程的必要条件

与挤压、轧制、锻造等加工过程不同，拉拔过程是借助于在被加工的金属前端施以拉力实现的。如果拉拔应力过大，超过金属出模口的屈服强度，则可引起制品出现细颈、甚至拉断。因此，必须满足：

$$\sigma_L = \frac{P_L}{F_L} < \sigma_s \tag{12-1}$$

式中 σ_L——作用在被拉拔金属出模孔断面上的拉拔应力；

P_L——拉拔力；

F_L——被拉金属出模口断面积；

σ_s——金属出模孔后的屈服强度。

对于某些有色金属来说，由于屈服强度 σ_s 不明显，确定比较困难，加之在加工硬化后与其抗拉强度与 σ_b 相近，故亦可表示为：

$$\sigma_L < \sigma_b$$

通常把被拉拔金属出模孔的抗拉强度 σ_b 与拉拔应为 σ_L 的比值称为拉拔安全系数 K，即：

$$K = \frac{\sigma_b}{\sigma_L} \tag{12-2}$$

因此，要实现稳定的拉拔过程，则必须满足安全系数 $K>1$，这是实现拉拔过程的必要条件。

安全系数与被拉金属的直径、状态（退火或硬化）以及变形条件（温度、速度、反拉力等）有关。一般情况下，K 值取1.40~2.00，即 $\sigma_L =$ （0.5~0.7）σ_b。安全系数 K 值不能取得过大，也不能过小：（1）如果 $K<1.40$，则由于加工率过大，可能出现断头、拉断；（2）当 $K>2.00$ 时，则表示道次加工率不够大，未能充分利用金属的塑性。制品直径越小，壁厚越薄，K 值应越大些，这是因为随着制品直径的减小，壁厚的变薄，被拉金属对表面微裂纹和其他缺陷以及设备的振动，还有速度的突变等因素的敏感性增加，因而 K 值相应增加。表12-1是有色金属拉拔时各参数与安全系数的关系。

表12-1 有色金属拉拔时的安全系数

拉拔制品的品种与规格 / 安全系数	厚壁管材型材和棒材	薄壁管材和型材	不同直径的线材/mm				
			>1.0	1.0~0.4	0.4~0.1	0.1~0.05	0.05~0.015
K	>1.35~1.4	1.6	≥1.4	≥1.5	≥1.6	≥1.8	≥2.0

对钢材来说，σ_s 是变量，其值随着变形的大小而变化，因此 σ_s 的确定也不很方便。一般来说，习惯采用拉拔钢材头部的断面强度（即拉拔前材料的强度极限 σ_b）确定拉拔必要条件较为方便，实际上断头是破坏拉拔条件的主要问题。因此，在配模计算时拉拔应力 σ_L 的确定，主要根据实际经验取 $\sigma_L<$ （0.8~0.9）σ_b，安全系数 $K>1.1$~1.25。

12.2.2 拉拔配模分类

拉拔配模分为单模拉拔配模和多模连续拉拔配模。

12.2.2.1 单模拉拔配模

单模拉拔主要用于管棒型材生产。单模拉拔是在拉拔机上，坯料每次只通过一个模子的拉拔。而确定每道次拉拔所需拉模尺寸、形状的工作称为单模拉拔配模。单模拉拔配模较容易，主要考虑保证产品质量和拉拔安全系数的要求，在满足此要求的前提下，应尽量采用大的加工率，提高生产效率。

12.2.2.2 多模连续拉拔配模

多模连续拉拔主要用于线材的拉拔。多模连续拉拔是在一台拉拔机上，坯料每次同时连续通过分布在牵引绞盘之间数个或几十个模子的拉拔。而确定所需拉模尺寸、形状的工作称为多模连续拉拔配模。对多模连续拉拔而言，除最后一个模子外，坯料均是借助坯料与牵引绞盘表面间的摩擦力作用而被拉过模子。当坯料由一个模子到另一个模子时，坯料直径依次减小而速度相应增加。对于多模连续拉拔，拉拔过程中前后模子之间互相影响，配模时要考虑各模孔秒体积以及绞盘与坯料滑动特性的要求，而使配模变得复杂。

多模连续拉拔配模有两种类型：滑动式多模连续拉拔配模和非滑动式多模连续拉拔配模。

12.2.3 拉拔配模设计的原则

(1) 最少的拉拔道次。要求充分利用金属的塑性，提高生产率，降低能耗，减少不均匀变形程度，因此在保证拉拔稳定的条件下，尽可能增大每道次的延伸系数。

(2) 要求拉拔变形尽量均匀、表面质量最佳、尺寸精确及产品性能有保证。

(3) 要与现有设备参数（模数、速度）、设备能力（拉制范围、生产率）等相适应。

总之，拉拔配模设计在材料强度、塑性允许，并且保证产品产量与质量的情况下尽可能增大每道次的延伸系数。

12.2.4 拉拔配模设计的内容

12.2.4.1 坯料尺寸的确定

A 圆形制品坯料尺寸的确定

在拉拔圆形制品——实心棒、线材以及空心管材时，如果能确定出总加工率，那么根据成品所要求的尺寸就能确定出坯料的尺寸。在确定总加工率时要考虑如下几个方面：

(1) 保证产品性能拉拔时，制品的力学性能和物理性能受加工率的影响很大，其总加工率（指退火后）直接决定制品性能。对软制品来说，对总加工率一般没有严格要求，在实际生产中是通过对成品进行退火来控制其力学性能。但是，要避免采用临界变形程度对制品进行加工，以防粗晶组织的产生。对半硬制品（用拉拔控制性能时）和硬制品来说，应根据加工硬化曲线查出规定力学性能所需要的总加工率，并以此为依据推算出坯料的尺寸。

(2) 操作上的要求。这个问题主要是管材拉拔时应该考虑的问题。由于管材拉拔时，不仅有坯料直径的变化而且还有壁厚的变化。在衬拉时，每道次必须既有减壁量又有减径量，仅有减壁量时芯头无法装入。此外，也不允许总减壁量过大、过小，主要是因为经几道次拉拔后管径可能已达到成品尺寸，而管壁仍大于成品尺寸，致使拉拔无法进行。因此，拉拔圆管时，坯料的尺寸应保证减壁所需的道次数小于或等于减径所需要的道次数。减径所需的道次数大于减壁所需的道次数，在生产小直径管材时是必需的，这是因为管壁厚度已达要求时，可改用空拉减径而使壁厚基本保持不变。因此，一般在确定管坯尺寸时，总是先定出管壁厚的尺寸，根据坯料及成品壁厚计算出减壁所需的道次，然后由此推算出与此相应的管坯最小外径。

由管坯及成品壁厚计算减壁所需的道次数有两种方法。

$$n_s = \ln \frac{S_0}{S_k} / \ln \bar{\lambda}_s \tag{12-3}$$

或者

$$n_s = (S_0 - S_k) / \Delta \bar{S} \tag{12-4}$$

式中 n_s——减壁所需道次数；

S_0，S_k——管坯及成品壁厚；

$\bar{\lambda}_s$——平均道次壁厚延伸系数；

$\Delta \bar{S}$——平均道次减壁量。

由管坯及成品外径计算减径所需道次数 n_D 经常用以下方法：

$$n_D = \frac{D_0 - D_k}{\Delta \bar{D}} \tag{12-5}$$

式中 $\Delta \bar{D}$——平均道次减径量；

D_0，D_k——管坯及成品外径。

（3）保证产品表面质量。由挤压或轧制供给的坯料，一般总会有某缺陷，如划伤、夹灰等。而拉拔的特点是，在轴向上主应力与主变形方向一致。因此，坯料中的一些缺陷会随着拉拔道次和总变形量的增加而逐渐暴露于制品的表面，并可以及时予以去除。因此，适当增大总变形量对保证制品质量有好处。但是，对空拉而言，过多道次空拉会降低管子内表面质量，使表面变暗、粗糙，甚至出现皱纹。所以，在制订拉拔工艺时应该控制空拉道次数及其总变形量，而且在生产对壁厚和内表面要求严格的小直径管材时，需要采用操作比较困难、麻烦的各种衬拉。根据生产实践经验，各种金属管材所用管坯的壁厚皆应有一定的最小加工余量，如表 12-2 所示。

表 12-2 管坯壁厚余量

合 金	管坯壁厚余量 (S_0-S_k)/mm
紫铜	1~3.5
黄铜	1~2
青铜	1~2

（4）根据坯料制造的条件及坯料具体情况选定。挤压和轧制供给的坯料由于受设备条件限制，其规格有一定的公差范围，而且为了便于技术管理，其规格数量也不能很多。

所以，确定坯料尺寸应考虑具体的生产条件，恰当地选取坯料的尺寸。另外，如果管坯的偏心比较严重，则管坯的直径就应该选大一些。拉拔时，可适当增加空拉道次数以便更好地纠正偏心。

综上所述，在保证产品质量的前提下，坯料断面尺寸尽可能取小些，坯料的长度应根据设备条件和定尺要求应尽量选得长些，尽量提高生产率。

B 异型管材拉拔坯料尺寸的确定

等壁厚异型管的拉拔均用圆管作坯料，当管材拉拔到一定程度之后，进行1~2道过渡拉拔使其形状逐渐向成品形状过渡，最后进行一道成型拉拔而出成品。过渡拉拔一般采用空拉；成品拉拔时空拉、衬拉均可，一般多采用固定短芯头进行成品的拉拔。

在确定生产异型管的原始坯料尺寸时，其原则与圆管的相似，但生产等壁厚异型管材的一个特殊问题是确定过渡拉拔前的圆形管坯的直径及壁厚。

异型管材拉拔时，过渡拉拔及成型拉拔的主要目的是成型，因此采用的加工率一般都很小，主要考虑的是正确成型的问题。

异型管材所用坯料是根据坯料与异型管材的外形轮廓长度来确定的。为了使圆形管坯在异型拉模内能充满，应使管坯的外形尺寸等于或稍大于异型管材的外形尺寸。

计算异型管材所用圆形坯料的直径（见图12-4），按下列算式进行近似计算。

椭圆形 $$D_0 = \frac{a + b}{2}$$

六角形 $$D_0 = \frac{6}{\pi}a = 1.91a$$

正方形 $$D_0 = \frac{4}{\pi}a = 1.27a$$

矩形 $$D_0 = \frac{2}{\pi}(a + b)$$

为了保证空拉成型时棱角能充填满，实际所选用坯料的直径值要大于用公式计算值的3%~5%。拉拔时，根据异型管材断面形状和尺寸的不同，可进行一次拉或两次拉拔，也可以采用固定短芯头拉拔或者空拉。

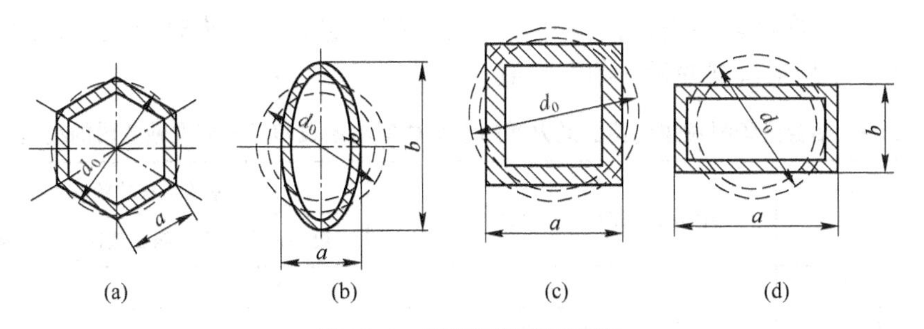

图12-4 异型管材所用坯料
(a) 六角形；(b) 椭圆形；(c) 正方形；(d) 矩形

C 实心型材拉拔坯料尺寸的确定

确定实心型材的坯料时，首先是选择坯料形状，大多采用圆形、矩形、方形等简单形状。

在确定坯料尺寸时，除了和圆棒的一样外，还应考虑以下几个方面：

(1) 成品型材的断面轮廓要限于坯料轮廓之内；

(2) 型材各部分的延伸系数尽可能相等；

(3) 形状要逐渐过渡，并有一定量的过渡道次。

12.2.4.2 中间退火次数的确定

坯料在拉拔过程中会产生加工硬化，塑性降低，使道次加工率减小，甚至频繁出现断头、拉断现象。因此，需要进行中间退火以恢复金属的塑性。中间退火的次数可用式(12-6)来确定：

$$N = \frac{\ln\lambda_{\Sigma}}{\ln\bar{\lambda}'} - 1 \tag{12-6}$$

式中 N——中间退火次数；

λ_{Σ}——由坯料至成品的总延伸系数；

$\bar{\lambda}'$——两次退火间的平均总延伸系数。

用固定短芯头拉拔管材，中间退火次数还可以用式（12-7）和式（12-8）进行计算：

$$N = \frac{S_0 - S_k}{\Delta\bar{S}'} - 1 \tag{12-7}$$

或者

$$N = \frac{n}{\bar{n}} - 1 \tag{12-8}$$

式中 S_0，S_k——坯料与成品壁厚，mm；

$\Delta\bar{S}'$——两次退火间的总平均减壁量，mm；

n——总拉拔道次数；

$\bar{n}$——两次退火间的平均拉拔道次数。

决定中间退火次数的关键是$\bar{\lambda}'$（$\Delta\bar{S}'$，n）值，$\bar{\lambda}'$太大或太小都会影响生产效率和成品率。如果$\bar{\lambda}'$太小，则金属塑性不能得到充分利用，这样会增加中间退火次数；但若$\bar{\lambda}'$太大，则中间退火次数虽然减少，但是容易造成拉拔制品出现裂纹、断头、拉断等问题。因此，$\bar{\lambda}'$值要根据实践经验确定，表12-3为部分铝合金管材拉拔时两次退火间的平均总延伸系数$\bar{\lambda}'$、平均道次减壁量$\bar{n}$的经验值。

表12-3 铝合金管材拉拔时两次退火间的平均总延伸系数和平均道次减壁量的经验值

合 金	两次退火间的平均总延伸系数 $\bar{\lambda}'$	平均道次减壁量 $\Delta\bar{S}'$		
		第一道次	第二道次	第三道次
纯铝、3A21、6A02	1.42~1.5	0.8	0.7	
2A11、5A02①	1.33~1.45	1.0		
2A12、5A03②	1.25~1.43	0.7	0.3	
5A05、5A06③	1.1~1.2	0.20	0.15	0.15

①当5A02、2A11合金总延伸系数超过1.4时，第一道次减壁拉拔后应进行中间退火；

②当2A12、5A03合金总延伸系数超过1.35时，第一道次减壁拉拔后应进行中间退火；

③5A05、5A06合金在每一道次拉拔前均应进行退火。

12.2.4.3 拉拔道次及道次延伸系数分配

A 拔道次的确定

根据总延伸系数 λ_{Σ} 和道次的平均延伸系数 $\overline{\lambda}$ 确定拉拔道次 n

$$n=\frac{\ln\lambda_{\Sigma}}{\ln\overline{\lambda}} \tag{12-9}$$

或者由道次最大延伸系数 λ_{max} 计算拉拔道次 n'，即

$$n'=\frac{\ln\lambda_{\Sigma}}{\ln\lambda_{max}} \tag{12-10}$$

然后选择实际拉拔道次 n。

B 道次延伸系数的分配

（1）经验法。在进行道次延伸系数分配时，应考虑所拉拔金属的冷硬速率、原始组织、坯料的表面状态和尺寸公差、成品精度及表面质量等。对于道次延伸系数分配，一般有两种情况。

1）像铜、铝、镍和白铜那样塑性好、冷硬速率慢的材料，可充分利用其塑性分配给各中间拉拔道次较大的延伸系数；由于坯料的尺寸偏差以及退火后表面的残酸、氧化皮等原因，第一道次采用较小的延伸系数，而最后一道的延伸系数也取得较小，这样有利于精确地控制制品的尺寸公差。

2）像黄铜一类的合金，其冷硬速率很快，稍稍经过冷变形后，强度急剧上升使继续加工变得比较困难，所以这类合金必须在退火后的第一道次尽可能采用较大的变形程度，随后变形道次逐渐减小，并且在拉拔 2~3 道次后就需要退火。在实际生产中，最后成品道次的延伸系数 λ_k，往往近似按下式选取：

$$\lambda_k\approx\sqrt{\overline{\lambda}} \tag{12-11}$$

而中间道次的延伸系数的分配要根据上述的道次延伸系数的分配原则确定。中间道次的延伸系数大约为 1.25~1.5；而成品道次的延伸系数大约为 1.10~1.20。表 12-4~表 12-6 是一些金属的道次延伸系数的实际经验数据。

表 12-4 铜合金棒平均道次延伸系数

合　金	平均道次延伸系数 $\overline{\lambda}$
紫铜	1.15~1.40
黄铜	1.10~1.20

表 12-5 铜与铜合金管材平均道次减壁量

合金	拉拔前壁厚/mm	平均道次减壁量 $\overline{\Delta S}$/mm		
		挤压或退火后第一道次	第二道次	第三道次
H62	1.0~1.5	0.1	~0.1	—
	1.5~2.0	0.2~0.4	0.15~0.20	

续表 12-5

合金	拉拔前壁厚/mm	平均道次减壁量 $\overline{\Delta S}$ /mm		
		挤压或退火后第一道次	第二道次	第三道次
H62	2.0~2.5	0.2~0.5	~0.2	—
	2.5~3.0	0.3~0.6	0.2~0.4	
	3.0~3.5	0.3~0.7	~0.4	
	3.5~4.0	0.3~0.7	0.3~0.4	
	>4.0	0.4~0.7	0.3~0.4	
紫铜	2.0~2.5	0.25~0.60	0.2~0.4	0.2~0.3
	2.5~3.0	0.4~0.65	0.4~0.5	0.3~0.4
	3.0~4.0	0.50~0.65	0.4~0.5	0.3~0.4
	>4.0	0.6~1.0	0.6~0.7	—

表 12-6　铝合金管平均道次壁厚减缩系数

合　金	平均道次壁厚减缩系数 $\overline{\lambda}_s$	
	挤压或退火后第一道次	第二道次
3A21，6165	~1.5	~1.4
2A11，5A02	~1.3	1.1
2A12	~1.25	1.1
5A03	~1.25	1.1

（2）计算法。根据材料的延伸系数 λ 与其抗拉强度 σ_b 的曲线关系，近似地确定各道次延伸系数。通常在允许延伸系数范围内，由于延伸系数 λ 与其抗拉强度 σ_b 近似呈线性关系，则

$$\lambda_2 = \lambda_1 \frac{\sigma_{b_1}}{\sigma_{b_2}} \quad \lambda_3 = \lambda_1 \frac{\sigma_{b_1}}{\sigma_{b_3}} \quad \cdots \quad \lambda_n = \lambda_1 \frac{\sigma_{b_1}}{\sigma_{b_n}} \tag{12-12}$$

式中　λ_1，λ_2，λ_3，…，λ_n——1，2，3，…，n 道次的延伸系数；

σ_{b_1}，σ_{b_2}，σ_{b_3}，…，σ_{b_n}——对应 1，2，3，…，n 道次拉拔后材料的抗拉强度。

因为

$$\lambda_\Sigma = \lambda_1\lambda_2\lambda_3\cdots\lambda_n = \lambda_1^n \frac{\sigma_{b_1}^{n-1}}{\sigma_{b_2}\sigma_{b_3}\cdots\sigma_{b_n}} \tag{12-13}$$

又由于在 λ_1~λ_Σ 范围内，σ_b 近似呈直线变化，即

$$\sigma_{b_n} - \sigma_{b_1} \approx (n-1)\Delta\sigma_b$$

所以

$$\lambda_\Sigma = \frac{\lambda_1^n \sigma_1^{n-1}}{(\sigma_{b_1} + \Delta\sigma_b)(\sigma_{b_1} + 2\Delta\sigma_b)\cdots[\sigma_{b_1} + (n-1)\Delta\sigma_b]} \tag{12-14}$$

综上所述，确定各道次的延伸系数采用如下步骤。

1）按式（12-10）计算 n'，然后选定 n（n 值是要对计算出来的值进行圆整且比计算

值大）。

2）采用 $\lambda_1 = \lambda_{max}$，按 $\sigma_b = \varphi(\ln\lambda)$，求出 σ_{b_1} 和 λ_Σ 对应的 σ_{b_n}。

3）由式（12-14）确定 $\Delta\sigma_b$。

4）计算实际的 λ_1。

5）根据式（12-12）计算各道次延伸系数 λ_2，λ_3，…，λ_n。

12.2.4.4 计算拉拔力及校核各道次的安全系数

为了确保每一道次的安全系数均能取得合理，就需要对每一道次的拉拔力进行计算。安全系数取得过大、过小均不合适，如果有必要时需要重新进行设计与计算。

12.2.5 拉拔配模设计

12.2.5.1 单模拉拔配模设计

A 圆棒拉拔配模

一般来说，圆棒拉拔配模有三种情况：

（1）给定成品尺寸与坯料尺寸，计算各道次的尺寸。

（2）给定成品尺寸并要求获得一定的力学性能。

（3）只要求成品尺寸。

对圆棒拉拔配模的第三种情况，需要在保证制品表面质量的前提下，使坯料的尺寸尽可能接近成品尺寸，以达到用最少的道次数拉拔出成品。

B 型材拉拔配模

用拉拔方法可以生产各种形状的型材，如三角形、方形、矩形、六角形、梯形以及较复杂的对称和非对称型材。设计型材拉拔配模的关键是：尽量减小变形不均匀性，正确确定原始坯料的形状与尺寸。

设计型材模孔时应考虑如下原则：

（1）拉拔时，要求成品型材的外形必须包括在坯料外形之中。其原因是实现拉拔变形的首要条件是拉力，因此材料的横向尺寸难于增加。例如，不可能用一个直径小于成品椭圆长轴的圆形坯料拉拔出此椭圆断面型材（见图 12-5）。

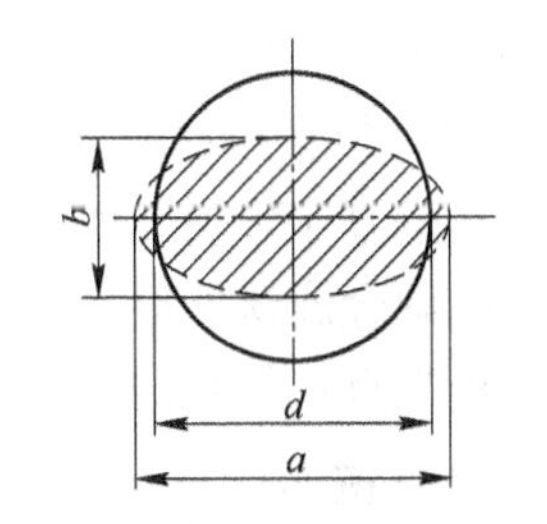

图 12-5 用圆形坯料拉拔椭圆制品时不正确的配模设计

（2）为了使变形均匀，坯料各部分应尽可能受到相等的延伸变形。图 12-6 是 T 形材坯料尺寸的选择解析。当 T 形材拉拔时，较正确的坯料形状及尺寸应是图 12-6（a），能使其腰的端面受到压缩，且通过加大壁厚得到相等的压缩系数，即：

$$\frac{ABCD}{abcd} = \frac{EFGH}{efgh} \tag{12-15}$$

因为型材的品种、规格很多，而且为了生产方便也要求坯料规格尽量统一。因此，满足各部分均能够受到相等压缩系数的要求则在实际生产中往往具有一定的困难。当生产某些扁而宽的，如矩形、梯形型材时，往往只对其中的某一对平面的精度与粗糙度要求较高。在此情况下，一般两个方向上的延伸系数不相等，通常精度与粗糙度高的面的变形量较大。

（3）为了避免由于未被压缩部分（即未接触模壁部分）的强迫延伸而影响制品形状的精确性，拉拔时要求坯料与模孔各部分同时接触，为了使坯料进模孔后能同时变形，各部分的模角亦应不同。

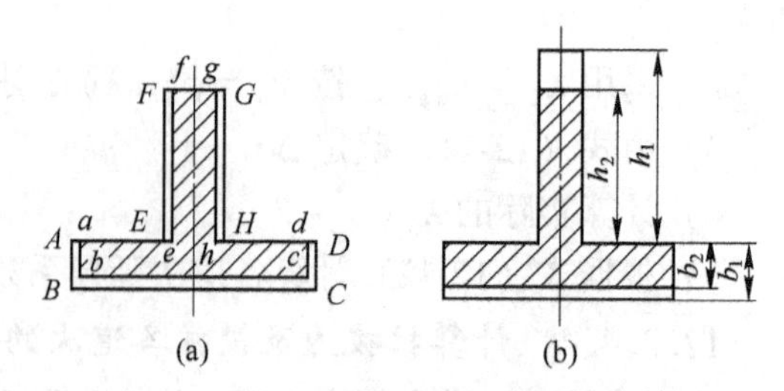

图 12-6 T形材选择坯料尺寸

（a）正确；（b）不正确

（4）对带有锐角的型材，只能在拉拔过程中逐渐减小到所要求的角度。不允许中间带有锐角，更不得由锐角转变成钝角，主要原因是拉拔型材时，特别是复杂断面型材，一般道次较多所以每一道次的延伸系数不大，这将导致金属的塑性降低，在棱角处因应力集中而出现裂纹。

总之，型材模孔设计的关键是使坯料各部分同时得到尽可能均匀的压缩。

根据上述各项原则，在实际生产中常常采用 B. B. 兹维列夫提出的“图解设计法”进行型材配模设计。

“图解设计法”的步骤如图 12-7 所示。

（1）选择与成品形状相近，但又简单的坯料，坯料的断面尺寸应满足制品的力学性能和表面质量的要求。

（2）参考与成品同种金属、断面积又相等的圆断面制品的配模设计，初步确定拉拔道次、道次延伸系数以及各道次的断面积（F_1，F_2，F_3，…）。

（3）将坯料和成品断面的形状放大 10~20 倍，然后将成品的图形置于坯料的断面外形轮廓中，在使它们的重心尽可能重合的同时，力求坯料与型材轮廓之间的最短距离在各处相差不大，以便使变形均匀。

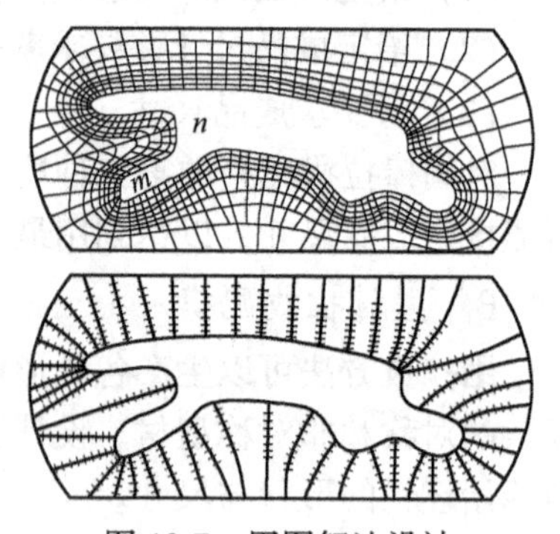

图 12-7 用图解法设计空心导线用的型线配模

（4）根据型材断面的复杂程度，在坯料外形轮廓上分 30~60 个等距离的点。通过这些点作垂直于坯料与型材外形轮廓且长度最短的曲线。这些曲线就是金属在变形时的流线。在画金属流线时应注意到这样的特点：金属质点在向型材外形轮廓凸起部分流动时彼此逐渐靠近；而在向其凹陷部分流动时彼此逐渐散开（见图 12-7 中的 m 与 n 处）。

（5）按照 $\sqrt{F_0}-\sqrt{F_1}$，$\sqrt{F_1}-\sqrt{F_2}$，…，$\sqrt{F_{k-1}}-\sqrt{F_k}$ 值比例将各金属流线分段。然后将相同的段用曲线圆滑地连接起来，这样就画出了各模子定径区的断面形状。为了获得正确的正交网，在金属流线比较疏的部分可作补助的金属流线。

（6）设计模孔，计算拉拔应力和校核安全系数。

[例 12-1] 紫铜电车线（见图 12-8）断面积为 85mm²。要求电车线断面积允许误差 ±2%，最低抗拉强度不小于 362.8MPa，试对各道次的配模进行计算和设计。

[解] （1）查 $\sigma_b-\lambda$ 曲线（见图 12-9），为了保证最低抗拉强度 σ_b 不小于 362.8MPa，最小延伸系数约为 2.0。

根据电车线的偏差，其最大断面积为 86.7mm²（取到最大正公差 2%时），故线杆最小断面积应为 $86.7\times2.0\approx174\text{mm}^2$。根据电车线断面形状，选用圆线杆作为坯料最为适宜，根据电车线的断面积与坯料的面积相等，则线杆的最小直径约为14.9mm。根据工厂供给的线杆规格，选用直径为16.5mm的圆线杆作为坯料（偏差为±0.5mm）的。考虑正偏差，线杆的直径为17mm（$F_0 = 227\text{mm}^2$）。

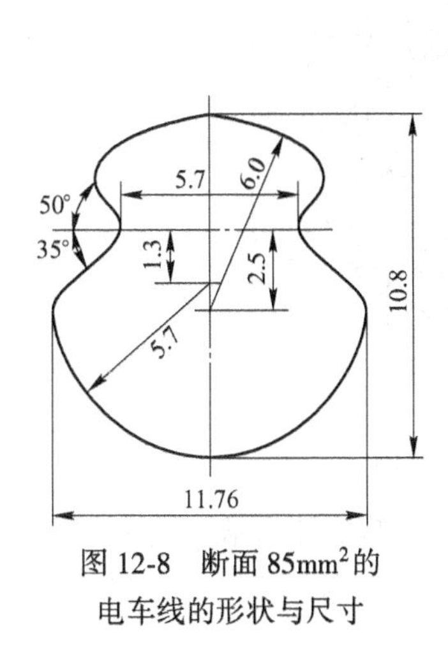

图 12-8　断面 85mm²的电车线的形状与尺寸

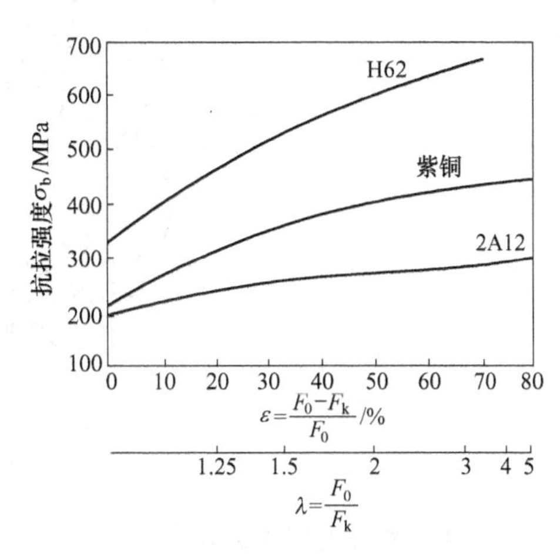

图 12-9　材料抗拉强度与变形程度之间的关系

（2）考虑成品的偏差，则电车线的最小断面为 $F_k = 83.3\text{mm}^2$，其可能的最大延伸系数：

$$\lambda_\Sigma = \frac{F_0}{F_k} = \frac{227}{83.3} = 2.73$$

为了避免拉拔时在焊头处断裂，平均道次延伸系数取1.25，则道次数为：

$$n = \frac{\ln 2.73}{\ln 1.25} = \frac{1.00}{0.223} = 4.5$$

故 n 取5。由于道次增加，其平均道次延伸系数为 $\overline{\lambda} = \sqrt[5]{2.73} = 1.222$。

（3）根据铜的加工性能，按道次延伸系数的分配原则，参照平均道次延伸系数，现将各道次延伸系数分配如下：

$$\lambda_1 = 1.24；\ \lambda_2 = 1.26；\ \lambda_3 = 1.25；\ \lambda_4 = 1.19；\ \lambda_5 = 1.17$$

故：　$F_1 = 183\text{mm}^2$；$F_2 = 145\text{mm}^2$；$F_3 = 116\ \text{mm}^2$；$F_4 = 97.5\text{mm}^2$

$$\Delta_1 = \sqrt{F_0} - \sqrt{F_1} = 1.54\text{mm}$$

$$\Delta_2 = \sqrt{F_1} - \sqrt{F_2} = 1.49\text{mm}$$

$$\Delta_3 = \sqrt{F_2} - \sqrt{F_3} = 1.27\text{mm}$$

$$\Delta_4 = \sqrt{F_3} - \sqrt{F_4} = 0.90\text{mm}$$

$$\Delta_5 = \sqrt{F_4} - \sqrt{F_5} = 0.74\text{mm}$$

$$\Delta_{总} = \Delta_1 + \Delta_2 + \Delta_3 + \Delta_4 + \Delta_5 = 1.54 + 1.49 + 1.27 + 0.9 + 0.74 = 5.94$$

因此，$\frac{\Delta_1}{\Delta_{总}} = 0.259$，$\frac{\Delta_2}{\Delta_{总}} = 0.251$，$\frac{\Delta_3}{\Delta_{总}} = 0.214$，$\frac{\Delta_4}{\Delta_{总}} = 0.151$，$\frac{\Delta_5}{\Delta_{总}} = 0.125$。

（4）按照上面所得的各道次线段数值，将所有金属流线按比例分段，把相同道次的线段连线，即构成各道次的断面形状（见图12-10）。

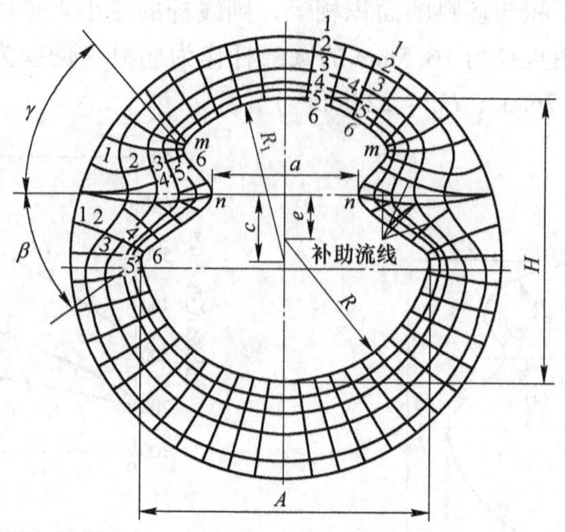

图 12-10 85mm²电车线配模图

表 12-7 为各道次不同部分的尺寸及大、小扇形断面的延伸系数。由表可知，各道次的大、小扇形断面的延伸系数相差较小，故不致引起较大不均匀变形，可以认为设计是合理的。

表 12-7 85mm²电车线各道次的断面参数

道次	线尺寸/mm							角度/(°)		断面积/mm²			延伸系数		
	A	H	a	c	e	R	R_1	γ	β	总面积	大扇形	小扇形	总面积	大扇形	小扇形
1	15.6	15.6	12.1	2.5	2.5	7.8	7.25	78	53	183	131	52	1.24	1.22	1.29
2	14.0	13.9	9.6	2.5	2.3	7.0	7.15	68	46	145	105	40	1.26	1.25	1.30
3	12.8	12.6	7.8	2.5	2.1	6.5	6.65	62	43	116	84	32	1.25	1.25	1.25
4	12.0	11.5	6.8	2.5	1.7	6.2	6.28	57	41	97.5	70.5	27	1.19	1.195	1.18
5	11.7	10.8	5.7	2.5	1.3	6.0	6.0	50	35	83.3	60.7	22.6	1.17	1.16	1.19

(5) 确定各道次的模孔尺寸，计算拉拔力并校核安全系数（略）。

C 圆管拉拔配模

(1) 空拉管材配模设计。对于直径小于 $\phi16 \sim 20$mm 的管子，由于放芯头困难，为了操作方便，提高生产率，常采用空拉。一般只有对于内表面质量要求高的毛细管、散热管，在其直径小于 $\phi6 \sim 10$mm 时仍采用衬拉。在确定空拉道次变形量时，除了要考虑金属出模口的强度以防拉断外，还应考虑管子在变形时的稳定性问题，特别是对薄壁管来说，决定道次加工率的因素不是强度而是稳定性问题。也就是说，当压缩量增加到一定程度时，管子将产生纵向凹陷。为了防止凹陷，一般认为在 $\alpha = 10° \sim 15°$ 时，空拉道次减径量的值不超过壁厚 6 倍是稳定的，即 $D_0 - D_1 = 6S_0$。

最大道次变形量还和模角以及 S_0/D_0 比值有关，由图 12-11 可知，当 $\alpha = 8°$，$S_0/D_0 = 0.04 \sim 0.10$ 时，变形量可达 30%~40%；当 $S_0/D_0 = 0.10 \sim 0.18$ 时，变形量为 25%左右；当 $S_0/D_0 = 0.20 \sim 0.25$ 时，变形量只有 18%左右；而当 $S_0/D_0 = 0.25$ 时，变形量仅为

13%左右。若超过以上变形量时，可能被拉断。

由图还可知，对于小直径管材拉拔，当模角 $\alpha=12°$ 时最为有利，也就是说在管坯 S_0/D_0 值一定的情况下，可以采用较大的变形量。

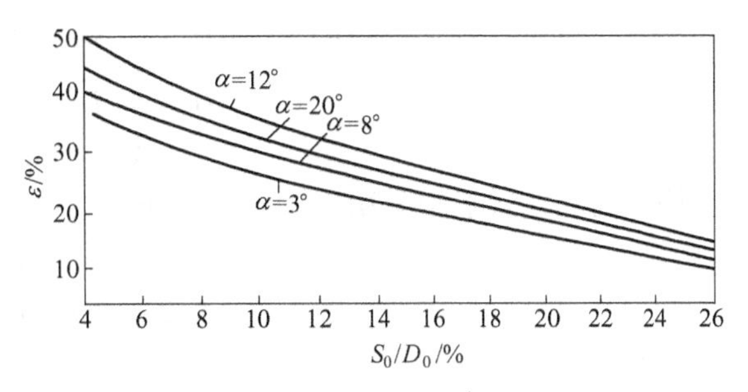

图 12-11　最大道次变形量与模角及 S_0/D_0 的关系

在生产中，空拉时的道次极限延伸系数可达 1.5~1.8，一般以 1.4~1.5 为宜。外径一次减缩量为 2~7mm，其中小管用下限，大管用上限。空拉时的减径量过大或过小对管子质量和拉拔生产都有不利影响。对于空拉时管子壁厚的变化，近二十多年来出现了一些计算公式，现推荐以下两个公式。

1）苏联学者 M. 3. 耶尔曼诺克曾较系统地对各种空拉管壁厚变化计算公式进行理论分析与实验比较，指出 Г. А. 斯米尔诺夫-阿利亚耶夫公式的计算结果与试验资料吻合得最好。Г. А. 斯米尔诺夫-阿利亚耶夫提出的壁厚计算公式为：

$$\ln\frac{S_1}{S_0}=\frac{\ln\left(\frac{D_0}{D_1}\right)^{2\theta}-(1+\Delta)\ln\left[3\Delta^2+\left(\frac{D_0}{D_1}\right)^{2\theta}/(3\Delta^2)+1\right]}{2\theta\Delta} \tag{12-16}$$

$$\Delta=\frac{d_0}{D_0}=\frac{D_0-2S_0}{D_0},\quad \theta=1+f\cot\alpha$$

式中　D_0，d_0，S_0——拉拔前管坯的外径、内径与壁厚；

D_1，S_1——拉拔后管子外径与壁厚。

2）Ю. Ф 舍瓦金公式计算比较简单，其公式为：

$$\frac{\Delta S}{S_0}=\frac{1}{6}\left[3-10\left(\frac{S_0}{D_0}\right)^2-13\left(\frac{S_0}{D_0}\right)\right]\frac{\Delta D}{D_0-S_0} \tag{12-17}$$

式中　ΔS——空拉前、后管子壁厚差；

ΔD——空拉前、后管子外径差。

对工厂而言，空拉壁厚的变化往往采用经验数据，表 12-8 所列部分数据是管子空拉时壁厚增厚的条件下，管坯外径每减少 1mm 的壁厚增量。

表 12-8　管子外径每减少 1mm 的壁厚增量

合金	壁厚增量/mm	合金	壁厚增量/mm
T1~T4	0.14~0.024	5A02	0.02
H62	0.016~0.030	3A21	0.02~0.03
2A11，2A12	0.020~0.035	6061	0.014~0.020

[例 12-2]　试计算用 ϕ18mm 的 LY12 铝合金管坯，空拉成 $\phi6.0^{-0.15}_{0}$ mm×（1.0±0.08）mm 管材的道次及各道次管子的尺寸。

[解]　（1）确定拉拔道次与各道次延伸系数。若考虑公差时，成品管的外径 D_k =

5.9mm，壁厚 $S_k=1mm$。则：

$$\lambda_{\Sigma}=\frac{\overline{D}_{0s0}}{\overline{D}_{ksk}}\approx\frac{\overline{D}_0}{\overline{D}_k}=\frac{1.7}{4.9}=3.5$$

$$\ln\lambda_{\Sigma}=1.25$$

按目前的实践经验采用 $\lambda_{max}=1.5$；$\ln\lambda_{max}=0.405$。根据式（12-10）

$$n'=\frac{\ln\lambda_{\Sigma}}{\ln\lambda_{max}}=\frac{1.25}{0.405}=3.1$$

故取 $$n=4$$

取 $\lambda_1=\lambda_{max}=1.5, \ln\lambda_1=\ln\lambda_{max}=0.405$，查 $\ln\lambda-\sigma_b$ 的关系曲线（见图12-9），得：

$$\sigma_{b_1}=247MPa，\sigma_{b_4}=283MPa$$

根据式（12-14）与式（12-15），有：

$$\Delta\sigma_b=\frac{283-247}{3}=12MPa$$

$$\lambda_1=\sqrt[4]{\frac{3.5\times(247+12)\times(247+2\times12)\times(247+3\times12)}{247^3}}=1.465$$

$$\lambda_2=1.465\times\frac{247}{247+12}=1.397$$

$$\lambda_3=1.465\times\frac{247}{247+2\times12}=1.335$$

$$\lambda_4=1.465\times\frac{247}{247+3\times12}=1.278$$

（2）确定各道次管材尺寸。先确定第四道次：

$$D_4=5.9mm；S_4=1mm；\overline{D}_4=4.9mm；\overline{D}_3=4.9\times1.278=6.3mm$$

$$\Delta\overline{D}=6.3-4.9=1.4mm$$

根据式（12-17）得

$$\frac{\Delta S_4}{S_4-\Delta S_4}=\frac{1}{6}\left[3-10\left(\frac{S_3}{D_3}\right)^2-13\left(\frac{S_3}{D_3}\right)\right]\frac{\Delta D_4}{D_3-S_3}$$

$$S_3=S_4-\Delta S_4\qquad D_3=\overline{D}_3+S_3=\overline{D}_3+S_4-\Delta S_4$$

$$\frac{\Delta S_4}{S_4-\Delta S_4}=\frac{1}{6}\left[3-10\left(\frac{1-\Delta S_4}{7.3-\Delta S_4}\right)^2-13\left(\frac{1-\Delta S_4}{7.3-\Delta S_4}\right)\right]\frac{D_3-D_4}{D_3-S_3}$$

$$=\frac{1}{6}\left[3-10\left(\frac{1-\Delta S_4}{7.3-\Delta S_4}\right)^2-13\left(\frac{1-\Delta S_4}{7.3-\Delta S_4}\right)\right]\frac{1-\Delta S_4}{6.3}$$

整理后，略去 ΔS_4^2 值，得：

$$2018.4\Delta S_4=78.26$$

$$\Delta S_4=0.04mm$$

$$S_3=1-\Delta S_4=0.96mm；D_3=6.3+0.96=7.26mm$$

第三道次：

$$\overline{D}_2=6.3\times1.335=8.4mm；\Delta\overline{D}_3=8.4-6.3=2.10mm$$

$$\frac{\Delta S_3}{S_3 - \Delta S_3} = \frac{1}{6}\left[3 - 10\left(\frac{S_2}{D_2}\right)^2 - 13\left(\frac{S_2}{D_2}\right)\right]\frac{\Delta D_3}{D_2 - S_2}$$

$$S_2 = S_3 - \Delta S_3 \quad D_2 = \overline{D_2} + S_2 = \overline{D_2} + S_3 - \Delta S_3$$

$$\frac{\Delta S_3}{0.96 - \Delta S_3} = \frac{1}{6}\left[3 - 10\left(\frac{0.96 - \Delta S_3}{9.36 - \Delta S_3}\right)^2 - 13\left(\frac{0.96 - \Delta S_3}{9.36 - \Delta S_3}\right)\right]\frac{D_2 - D_3}{D_2 - S_2}$$

$$\frac{\Delta S_3}{0.96 - \Delta S_3} = \frac{1}{6}\left[3 - 10\left(\frac{0.96 - \Delta S_3}{9.36 - \Delta S_3}\right)^2 - 13\left(\frac{0.96 - \Delta S_3}{9.36 - \Delta S_3}\right)\right]\frac{2.10 - \Delta S_3}{8.4}$$

整理后，略去 ΔS_3^2 值，得：

$$\frac{\Delta S_3}{0.96 - \Delta S_3} = \frac{289.28 - 703.8\Delta S_3}{4415.09 - 943.5\Delta S_3}$$

$$5380.02\Delta S_3 = 277.7$$

$$\Delta S_3 = 0.06$$

$$S_2 = 0.96 - 0.06 = 0.90\text{mm};\ D_2 = 8.4 + 0.90 = 9.3\text{mm}$$

第二道次：

$$\overline{D_1} = 8.4 \times 1.397 = 11.75\text{mm};\ \Delta\overline{D_2} = 11.75 - 8.4 = 3.35\text{mm}$$

$$\frac{\Delta S_2}{S_2 - \Delta S_2} = \frac{1}{6}\left[3 - 10\left(\frac{S_1}{D_1}\right)^2 - 13\left(\frac{S_1}{D_1}\right)\right]\frac{\Delta D_1}{D_1 - S_1}$$

$$S_1 = S_2 - \Delta S_2 \quad D_1 = \overline{D_1} + S_1 = \overline{D_1} + S_2 - \Delta S_2$$

$$\frac{\Delta S_2}{S_2 - \Delta S_2} = \frac{1}{6}\left[3 - 10\left(\frac{S_2 - \Delta S_2}{D_1 + S_1}\right)^2 - 13\left(\frac{S_2 - \Delta S_2}{D_1 + S_1}\right)\right]\frac{D_1 - D_2}{D_1 - S_1}$$

$$\frac{\Delta S_2}{0.9 - \Delta S_2} = \frac{1}{6}\left[3 - 10\left(\frac{0.9 - \Delta S_2}{12.65 - \Delta S_2}\right)^2 - 13\left(\frac{0.9 - \Delta S_2}{12.65 - \Delta S_2}\right)\right]\frac{3.35 - \Delta S_2}{11.75}$$

整理后，略去 ΔS_2^2 值，得：

$$\frac{\Delta S_2}{0.9 - \Delta S_2} = \frac{1085 - 720.2\Delta S_2}{11280 - 1783.65\Delta S_2}$$

$$13013.18\Delta S_2 = 976.5$$

$$\Delta S_2 = 0.08\text{mm}$$

$$S_1 = 0.9 - 0.08 = 0.82\text{mm};\ D_1 = 11.75 + 0.82 = 12.57\text{mm}$$

第一道次：

$$\overline{D_0} = 11.75 \times 1.465 = 17.2\text{mm};\ \Delta\overline{D_1} = 17.2 - 11.75 = 5.45\text{mm}$$

$$\frac{\Delta S_1}{S_1 - \Delta S_1} = \frac{1}{6}\left[3 - 10\left(\frac{S_0}{D_0}\right)^2 - 13\left(\frac{S_0}{D_0}\right)\right]\frac{\Delta D_0}{D_0 - S_0}$$

$$S_0 = S_1 - \Delta S_1 \quad D_0 = \overline{D_0} + S_0 = \overline{D_0} + S_1 - \Delta S_1 = 18$$

$$\frac{\Delta S_1}{S_1 - \Delta S_1} = \frac{1}{6}\left[3 - 10\left(\frac{S_1 - \Delta S_1}{D_0}\right)^2 - 13\left(\frac{S_1 - \Delta S_1}{D_0}\right)\right]\frac{D_0 - D_1}{D_0 - S_1}$$

$$\frac{\Delta S_1}{0.82 - \Delta S_1} = \frac{1}{6}\left[3 - 10\left(\frac{0.82 - \Delta S_1}{18}\right)^2 - 13\left(\frac{0.82 - \Delta S_1}{18}\right)\right]\frac{18 - 12.57}{18 - 0.82}$$

$$\frac{\Delta S_1}{0.82-\Delta S_1}=\frac{4199.56+1379.22\Delta S_1}{33397.92}$$

$$\Delta S_1 = 0.095\text{mm}$$

$$S_0 = 0.82 - 0.095 = 0.73\text{mm} \quad D_0 = 17.2 + 0.73 = 17.93 \approx 18\text{mm}$$

4个道次管材的尺寸为：

ϕ18mm×0.73mm—ϕ12.57mm×0.82mm—ϕ9.3mm×0.9mm—ϕ7.26mm×0.96mm，空拉时可按此选择管坯的壁厚和各道次的模子内孔尺寸。

安全系数校核（略）。

（2）固定短芯头拉管配模设计。固定短芯头拉拔所用的坯料可以由挤压、冷轧管或热轧管法供给。在拉拔时，由于金属与芯头接触摩擦面比空拉时的稍大一些，所以道次延伸系数较小。对塑性良好的金属，如紫铜、铝和白铜等管材，道次延伸系数最大可达1.7左右，两次退火间总延伸系数可达10，一般来说，可以一直拉到成品而无须中间退火。大直径的管材（ϕ300~160mm）的道次延伸系数和两次退火间的延伸系数主要是受拉拔设备能力的限制，通常拉拔2~5道次后要退一次火，道次延伸系数为1.10~1.30。

对于钢及冷硬速率快的有色金属，如H62、H68、HSn70-1、硬铝等管材，一般在拉拔1~3道次后即需进行中间退火，道次延伸系数最大也可达到1.7左右，一般道次平均延伸系数为1.30~1.50。

表12-9是国内采用固定短芯头拉拔各种金属管材时常用的延伸系数。

表12-9 固定短芯头拉管时采用的延伸系数

金属与合金	两次退火间		
	总延伸系数	道次	道次延伸系数
紫铜、H96	不限	不限	1.20~1.70
H68、HSn70-1、HAl70-1、HAl77-2	1.67~3.30	2~3	1.25~1.60
H62	1.25~2.23	1~2	1.18~1.43
QSn-4-0.2、QSn7-0.2、QSn65-0.1、B10、B30	1.67~3.30	3~4	1.18~1.43
1060、1050A、1035、1200、8A06	1.20~2.80	2~3	1.20~1.40
6061、3A21	1.20~2.20	2~3	1.20~1.35
5A02	1.10~2.00	2~3	1.10~1.30
2A11	1.10~2.00	1~2	1.10~1.30
2A12	1.10~1.70	1~2	1.10~1.25

固定短芯头拉拔时，管子外径减缩量（减径）一般为2~8mm，其中小管用下限，大管用上限。只有对ϕ200mm以上的退火紫铜管，其减径量达10~12mm。道次减径量不宜过大，以免形成过长的“空拉头”，即管子前端未与芯头接触的厚壁部分；此外，还会使金属的塑性不能有效地用于减壁上，因为衬拉的目的主要使管坯的壁厚变薄，也就是说，在衬拉配模时应该遵循“少缩多薄”的原则，这样有利于减小不均匀变形，减少空拉阶段时的壁厚增量和使芯头很好地对中，减少管子偏心。对铝合金管，减径量过大还会降低其内表面质量。表12-10是采用固定短芯头拉拔时不同金属的减壁量。

表 12-10　各种金属及合金管材固定短芯头拉拔时的道次减壁量　(mm)

管坯壁厚	紫铜、H96、铝、2A12	H68、H62、HSn70-1、HAl77-2、2A11、2A12		HPb59-1、HSn62-1、5A05、5A06、2A11、2A12		镍及镍合金	白铜	QSn4-0.3
		退火后第一道	第二道	退火后第一道	第二道			
<1.0	0.2	0.2	0.1	0.15	—	0.15	0.20	0.15
1.0~1.5	0.4~0.6	0.3	0.15	0.2	—	0.20	0.30	0.30
1.5~2.0	0.5~0.7	0.4	0.20	0.2	—	0.30	0.40	0.40
2.0~3.0	0.6~0.8	0.5	0.25	0.25	—	0.40	0.50	0.50
3.0~5.0	0.8~1.0	0.6~0.8	0.2~0.3	0.30	—	0.50	0.55	0.50
5.0~7.0	1.0~1.4	0.8	0.3~0.4	—	—	0.65	0.70	0.70
>7.0	1.2~1.5	—	—	—	—	—	—	—

在拟订拉拔配模时，为了便于向管子里放入芯头，任一道次拉拔前管子内径 d_n 必须大于芯头的直径 d'_n，一般：

$$d_n - d'_n \geqslant a \tag{12-18}$$

式中，$a = 2 \sim 3$mm。

因此，管坯的内径 d_0 与成品管材内径 d_k 之差，必须要满足下列条件：

$$d_0 - d_k \geqslant na \tag{12-19}$$

式中　n——拉拔道次。

管材每道次的平均延伸系数要遵守下列关系：

$$\lambda_\Sigma = \frac{F_0}{F_k} = \frac{\pi(D_0 - S_0)S_0}{\pi(D_k - S_k)S_k} = \frac{\overline{D}_0 S_0}{\overline{D}_k S_k} = \lambda_{\overline{D}\Sigma}\lambda_{s\Sigma} \tag{12-20}$$

$$\lambda = \sqrt[n]{\lambda_\Sigma} = \sqrt[n]{\lambda_{\overline{D}\Sigma}\lambda_{s\Sigma}} = \overline{\lambda}_{\overline{D}}\overline{\lambda}_s \tag{12-21}$$

式中　$\lambda_{\overline{D}\Sigma}$，$\lambda_{s\Sigma}$——与总延伸系数 λ_Σ 相对应的管子平均直径总延伸系数和壁厚总延伸系数；

$\overline{\lambda}_{\overline{D}}$，$\overline{\lambda}_s$——管子道次的平均直径延伸系数与壁厚平均延伸系数。

上式说明，管子每道次的平均延伸系数 $\overline{\lambda}$ 等于相应的平均直径延伸系数 $\lambda_{\overline{D}}$ 与壁厚平均延伸系数 $\overline{\lambda}_s$ 的乘积。表 12-11 为管材固定短芯头拉拔时的直径与壁厚道次延伸系数。

表 12-11　管材固定短芯头拉拔时的直径与壁厚道次延伸系数

金属与合金	管子拉拔前内径/mm	采用的道次延伸系数	
		$\lambda_{\overline{D}}$	λ_s
紫铜	4~12	1.25~1.35	1.13~1.18
	13~30	1.35~1.30	1.15~1.13
	31~60	1.30~1.18	1.13~1.10
	61~100	1.18~1.03	1.10~1.03
	>100	1.03~1.02	1.03~1.02

续表 12-11

金属与合金	管子拉拔前内径/mm	采用的道次延伸系数	
		$\lambda_{\overline{D}}$	λ_s
黄铜	4~12	1.25~1.35	1.13~1.18
	13~30	1.30~1.25	1.16~1.15
	31~60	1.25~1.10	1.15~1.06
	60~100	1.10~1.08	1.06~1.02
	>100	1.03~1.02	1.03~1.02
铝及其合金	14~20	1.18~1.28	1.10~1.15
	21~30	1.18~1.13	1.14~1.08
	31~50	1.12~1.11	1.06~1.05
	51~80	1.10~1.09	1.02~1.01
	81~100	1.09~1.08	1.02~1.015
	>100	1.07~1.05	1.02~1.01

另外，在保证管子力学性能条件下，为了获得光洁的表面，管坯壁厚 S_0 必须大于成品管壁厚 S_k。当 $S_k \leqslant 4.00$mm 时，$S_0 \geqslant S_k + (1 \sim 2)$mm；当 $S_k > 4.00$mm 时，$S_0 \geqslant 1.5S_k$，亦可用表 12-2 所给的数据。

[例 12-3]　拉拔紫铜管（20±0.1）mm×（0.5±0.03）mm 配模设计。要求拉拔紫铜管的抗拉强度 $\sigma_b \geqslant 353.0$MPa。

[解]　首先确定成品的最大断面积：

$$F_{kmax} = \pi(D_{kmax} - S_{kmax})S_{kmax} = \pi(20.1 - 0.53) \times 0.53 = 32.6\text{mm}^2$$

成品的最小断面积：

$$F_{kmin} = \pi(D_{kmin} - S_{kmin})S_{kmin} = \pi(19.9 - 0.47) \times 0.47 = 28.6\ \text{mm}^2$$

根据材料强度与延伸系数的关系曲线，查得所需延伸系数为 1.65，则可求得坯料所需的最小断面积：

$$F_{0min} = 1.65 \times 32.6 = 53.8\ \text{mm}^2$$

根据工厂产品目录，选择挤压管坯尺寸为 $\phi(27 \pm 0.1)$mm × (2 ± 0.05)mm，则所选管坯最大断面积为：

$$F_{0max} = \pi(27.1 - 2.05) \times 2.05 = 161.3\ \text{mm}^2$$

则最大的（计算）总延伸系数：

$$\lambda_{\Sigma max} = \frac{F_{0max}}{F_{kmax}} = \frac{160.3}{28.6} = 5.6$$

根据表查得平均延伸系数：

$$\overline{\lambda} = 1.5$$

拉拔道次：

$$n = \frac{\ln 5.6}{\ln 1.5} = 4.25$$

取 $n = 5$，则道次平均延伸系数 λ 为：

$$\ln \overline{\lambda} = \frac{\ln 5.6}{5} = 0.344$$

$$\overline{\lambda} = 1.41$$

$$\lambda_{\overline{D}\Sigma} = \frac{25.05}{19.43} = 1.29$$

$$\ln \overline{\lambda}_{\overline{D}} = \frac{1}{5}\ln 1.29 = 0.05$$

$$\overline{\lambda}_{\overline{D}} = 1.05$$

$$\lambda_{s\Sigma} = \frac{2.05}{0.47} = 4.35$$

$$\ln \overline{\lambda}_s = \frac{1}{5} = \ln 4.35$$

$$\overline{\lambda}_s = 1.34$$

因此，可以计算各道次的平均直径：

$$\overline{D}_4 = 1.05 \times \overline{D}_5 = 1.05 \times 19.43 = 20.40\text{mm}$$

$$\overline{D}_3 = 1.05 \times \overline{D}_4 = 1.05 \times 20.40 = 21.42\text{mm}$$

$$\overline{D}_2 = 1.05 \times \overline{D}_3 = 1.05 \times 21.40 = 22.49\text{mm}$$

$$\overline{D}_1 = 1.05 \times \overline{D}_2 = 1.05 \times 22.5 = 23.62\text{mm}$$

$$\overline{D}_0 = 1.05 \times \overline{D}_1 = 1.05 \times 23.7 = 24.80\text{mm}$$

各道次延伸系数的确定：

$$\lambda_{sk} = \sqrt{\overline{\lambda}_s} = \sqrt{1.34} = 1.15$$

$$\ln\lambda_{s\Sigma} = \ln 4.35 = 1.470 = \ln\lambda_{s1} + \ln\lambda_{s2} + \ln\lambda_{s3} + \ln\lambda_{s4} + \ln\lambda_{s5}$$
$$= 0.37 + 0.34 + 0.32 + 0.30 + 0.14$$

由此，按壁厚及壁厚延伸系数计算各道次断面延伸系数。

表 12-12 所列为 ϕ27mm × 2mm 管坯拉拔到 ϕ20mm × 0.5mm 成品管子的各道次的参量的变化情况。

表 12-12　用固定短芯头拉拔时各道次的参数

参数	坯料	各道次				
		1	2	3	4	5
$\lambda_{\overline{D}}$		1.05	1.05	1.05	1.05	1.05
$\overline{D}$/mm	25.05	23.7	22.5	21.4	20.40	19.43
λ_s		1.44	1.41	1.38	1.35	1.15
S	2.05	1.42	1.01	0.73	0.54	0.47
D/mm	27.1	25.12	23.51	21.13	20.94	19.90
d/mm	23.0	22.28	21.49	20.67	19.86	18.96
$d_{n-1}-d_n$		0.79	0.79	0.82	0.81	0.90
F/mm^2	161	105.72	71.39	49.07	34.60	28.69
λ		1.52	1.48	1.45	1.42	1.20

完成上述计算后，即可进行验算，主要对各道次的拉拔力及安全系数进行计算（略）。

［**例 12-4**］ 20 碳素钢锅炉用管材，其成品钢管的断面尺寸为 ϕ25mm×2.0mm，试做配模设计。

［**解**］（1）选择坯料，根据热轧减径后的钢管的最小断面尺寸为 ϕ57mm×3.5mm，因此采用 ϕ57mm×3.5mm 的热轧钢管作为拉拔这种成品钢管的管坯。

（2）确定总延伸系数及拉拔道次：

$$\lambda_{\Sigma} = \frac{F_0}{F_k} = \frac{588}{144} = 4.08 \approx 4.0$$

$$n = \frac{\ln\lambda_{\Sigma}}{\ln\lambda} = \frac{\ln 4.0}{\ln 1.35} = 4.6$$

取 $n = 5$。

（3）分配各道次的延伸系数，根据公式：

$$\lambda_{\Sigma} = \lambda_1 \lambda_2 \lambda_3 \cdots \lambda_n$$

则
$$\lambda_{\Sigma} = 1.30 \times 1.35 \times 1.35 \times 1.32 \times 1.30 \approx 4.08$$

（4）确定各道次的钢管断面尺寸，当用固定短芯头拉拔时，第一道次拉拔后钢管的断面积：

$$F_1 = \frac{F_0}{\lambda_1} = \frac{588}{1.30} \approx 450 \text{ mm}^2$$

根据经验，固定短芯头拉拔一道次钢管的壁厚可减小 0.3~0.8mm，现设第一道次壁厚减少 0.6mm（在确定第一道次的管壁减少量时应考虑到管坯的壁厚正公差）。管坯的外径可进行计算，即

$$F_1 = 3.14\, S_1(D_1 - S_1)$$

$$450 = 3.14 \times 2.9(D_1 - 2.9)$$

$$D_1 = 52.4 \approx 52\text{mm}$$

这样，第一道次拉拔后钢管的尺寸为 ϕ52mm × 2.9mm。

然后按上述方法依次求得后几道次的尺寸：

第二道次拉拔后钢管的尺寸应为 ϕ45mm × 2.4mm；

第三道次拉拔后钢管的尺寸应为 ϕ40mm × 2.1mm；

第四道次拉拔后钢管的尺寸应为 ϕ33mm × 1.9mm；

第五道次采用空拉后钢管的尺寸应为 ϕ25mm × 2.0mm。

在确定各道次的拉拔尺寸以后，应该计算拉拔力、选择拉拔机及确定中间工序。有关中间工序在拉拔钢管过程中是不可少的，以下将讨论几个工序一般在什么情况下进行：

第一，钢管的连拔。凡是经过磷酸盐处理后的钢管在拉拔 1 次后，可重新涂皂后再进行连拔 1~2 次；镀铜后钢管在固定短芯头拉拔 1 次后可连续拉拔 1 次（空拉），但是空拉钢管的压缩率不能太大，同样在连拔前应重新涂皂。连拔可省去退火及酸洗等工序，可提高产量，降低成本，连拔适合一般用途的钢管，压缩率较小时较为适合。对于一些合金钢及重要用途钢管，为保证其表面质量不采用连拔的方法。

第二，退火，由于钢管经 1~3 道次拉拔后产生加工硬化需中间退火，或者为了控制

钢管的组织及性能需成品退火。此例题由 ϕ57mm×3.5mm 管坯拉拔到 ϕ25mm×2.0mm 钢管成品，中间退火需 2 次，成品退火 1 次。

第三，打头及切头，每打 1 次头，基本上应保证它能经 2 次拉拔。在拉拔 2 次后就应切头。下次为空拉时则可重新打头。对于厚壁钢管在拉拔 1 次后就应进行切头。

第四，中间矫直，凡是下一道次为衬拉时，则钢管在退火后需经中间矫直。

第五，切断，钢管的中间切断在生产过程中尽量减少为好，管料的长度应选择好。一般当钢管长度超过了所用拉拔机的允许长度或退火炉的允许长度时，才进行切断。

（3）游动芯头拉管配模设计。游动芯头拉拔与固定短芯头拉拔相比较，具有许多优点。如它可以改善产品的质量，扩大产品品种；可以大大提高拉拔速度；道次加工率大，对紫铜固定短芯头拉拔，延伸系数不超过 1.5，用游动芯头可达 1.9；工具的使用寿命高，在拉拔 H68 管材时比固定短芯头的大 1~3 倍，特别是对拉拔铝合金、HAl77-2、B30 一类易黏结工具的材料效果更为显著；有利于实现生产过程的机械化和自动化。

游动芯头拉拔配模除应遵守所规定的原则外，还应注意减壁量必须有相应的减径量配合，不满足此要求，将导致管内壁在拉拔时与大圆柱段接触，破坏了力平衡条件，结果导致拉拔过程不能正常进行。

当模角 $\alpha = 12°$，芯头锥角 $\alpha_1 = 9°$ 时，减径量与减壁量应满足以下关系：

$$D_1 - d \geqslant 6\Delta S \tag{12-22}$$

即芯头小圆柱段与大圆柱段直径差应大于该道次拉拔减壁量的 6 倍。实际上，由于在正常拉拔时芯头不处于前极限位置，所以在 $D_1 - d < 6\Delta S$ 时仍可拉拔。$D_1 - d$ 与 ΔS 之间的关系取决于工艺条件，根据现场经验，在 $\alpha = 12°$、$\alpha_1 = 9°$，用乳液润滑拉拔铜及铜合金管材时，式（12-22）可改变为：

$$D_1 - d \geqslant (3 \sim 4)\Delta S \tag{12-23}$$

由于在配模时必须遵守上述条件，与用其他衬拉方法相比较，游动芯头拉拔的应用受到一定限制。游动芯头拉拔铜、铝及合金的延伸系数列于表 12-13、表 12-14。

表 12-13 铜及其合金游动芯头直线拉拔的延伸系数

合 金	道次最大延伸系数		平均道次延伸系数	两次退火间延伸系数
	第一道	第二道		
紫铜	1.72	1.90	1.65~1.75	不限
HAl77-2	1.92	1.58	1.70	3
H68，HSn70-1	1.80	1.50	1.65	2.5
H62	1.65	1.40	1.50	2.2

表 12-14 ϕ20~30mm 铝管直线与盘管拉拔时最佳延伸系数

道 次	14.7kN 链式拉拔机		ϕ1525mm 圆盘拉拔机	
	道次延伸系数	总延伸系数	道次延伸系数	总延伸系数
1	1.92	—	1.71	—
2	1.83	3.51	1.67	2.85
3	1.76	6.20	1.61	4.60

[例12-5] 拉拔HAl77-2、ϕ30mm×1.2mm、长14m冷凝管配模设计。

[解] (1) 选择坯料。根据工厂生产条件及成品管材长度要求，选择拉拔前坯料的规格为ϕ45mm×3mm：该坯料是由ϕ195mm×300mm的铸锭经挤压至ϕ65mm×7.5mm、冷轧至ϕ45mm×3mm后退火进行生产的。

(2) 确定拉拔道次及中间退火次数。查表12-13可知，HAl77-2的平均道次延伸系数$\overline{\lambda}$取1.7，两次退火间的平均延伸系数$\overline{\lambda}'$取3，这样就可以确定拉拔道次n及中间退火次数N：

$$\lambda_{\Sigma} = \frac{(45 - 3) \times 3}{(30 - 1.2) \times 1.2} = 3.65$$

$$n = \frac{\ln\lambda_{\Sigma}}{\ln\overline{\lambda}} = \frac{\ln 3.65}{\ln 1.7} = 2.44$$

取n=3。

平均道次延伸系数：

$$\ln\overline{\lambda} = \frac{\ln\lambda_{\Sigma}}{n} = \frac{\ln 3.65}{3} = 0.43$$

则$\overline{\lambda} = 1.54$。

$$N = \frac{\ln\lambda_{\Sigma}}{\ln\overline{\lambda}'} - 1 = \frac{\ln 3.65}{\ln 3} - 1 = 0.17$$

取中间退火次数N=1，安排在第一道拉拔后。

(3) 确定各道次拉拔后管子的尺寸、芯头小圆柱段与大圆柱段直径。各道拉拔时的减壁量初步分配为：0.9mm→退火→0.6mm→0.3mm。

计算各道次的壁厚，结果如表12-15所示。

表12-15 采用游动芯头拉拔时HAl77-2冷凝固各道次的参数计算

工序名称	拉拔后管子尺寸/mm			减壁量	间隙	游动芯头直径			延伸系数 λ	拉拔后管子长度/m
	D	d	S	ΔS/mm	a/mm	D_1	d	D_1-d		
坯料	45	39	3	—	—	—	—	—	—	4.30
第一道拉拔	38.4	34.2	2.1	0.9	0.8	38.2	34.2	4	1.65	6.90
退火	—	—	—	—	—	—	—	—	—	—
第二道拉拔	33.2	30.2	1.5	0.6	1.0	33.2	30.2	3	1.615	10.70
第三道拉拔	30	27.6	1.2	0.3	0.6	29.6	27.6	2	1.38	14.80

选取拉模模角$\alpha = 12°$，芯头锥角$\alpha = 9°$，确定芯头小圆柱段、大圆柱段直径d、D_1，见表12-15。计算$D_1 - d$，按式（12-23）进行检查，$D_1 - d$均满足各道拉拔时减壁量的要求，并符合芯头规格统一化要求。

游动芯头大圆柱段直径与管坯内径的间隙选为：0.8mm→退火→1.0mm→0.6mm。

从而可以计算经各道次拉拔后管子的尺寸。

计算各道次延伸系数，对各道次进行验算，检查其是否在允许范围内及其分配的合理性，并进行必要的调整。

（4）异型管材拉拔配模。在拉拔异型管材时，要处理好各道次的过渡形状和尺寸。型管拉拔配模设计时应该注意以下几点：

1）防止在过渡拉拔时出现管壁内凹。这是因为过渡拉拔多为空拉，周向压应力较大，容易产生管壁内凹现象，尤其在异型管的大边更加严重，所以在拉拔配模时应该多加注意。如在生产矩形波导管时，过渡拉拔后的形状应设计成带凸度的近似矩形，如图12-12所示，此时长边所受的周向应力σ_θ可分解成水平分力与垂直分力，垂直分力可抵消一部分向心应力σ_r的作用，同时使水平分力比不带凸度的小，所以减少了管壁的失稳现象，从而防止管壁向内凹陷。凸度的大小，根据经验数值而定，见表12-16。

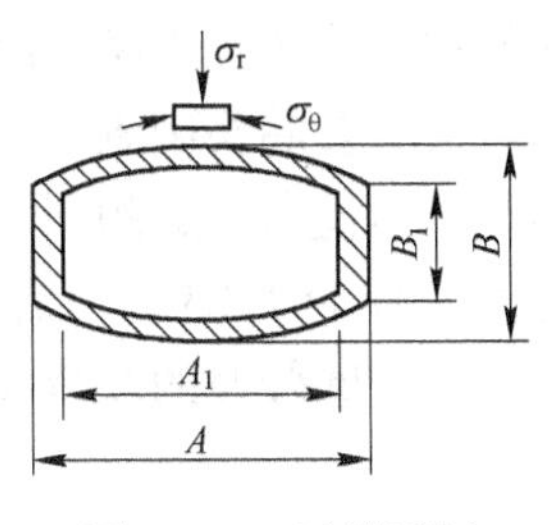

图12-12 过渡近似矩形示意图

表12-16 矩形波导管的凸度值

长边长度 A/mm	长边凸度（弦高）/mm	短边长度 B/mm	短边凸度（弦高）/mm
7～20	0.7～1.1	3～35	0.20～0.30
21～30	1.2～1.5	36～50	0.31～0.40
31～50	1.6～2.0	51～80	0.41～0.50
51～72	2.1～3.5	81～120	0.51～0.60
73～100	3.6～4.5	—	—
101～130	4.6～7.0	—	—
131～160	7.1～11.0	—	—

2）保证成型拉拔时能很好成型。特别要保证在尖角处能很好充满，这可以用足够大的延伸系数来保证。

一般对带有锐角的异性管材，所选用的过渡圆周长应比成品管周长增加3%～12%，个别情况可达15%，同时S/D比值越大，过渡圆周长增加得越大。

3）对于内表面粗糙度及内部尺寸精确度要求很高的异型管材，例如矩形波导管过渡圆的周长及壁厚亦必须比成品大些，以便在成型拉拔时使金属获得一定量的变形，同时最后一道拉拔时一定要采用芯头，以保证内表面的质量。

4）要保证成型拉拔时能顺利将芯头放入管内，并应留有适当的间隙。例如，矩形波导管拉拔时，过渡矩形边长是根据波导管的大小来确定。波导管的过渡矩形与拉成品时所套芯头间隙C_2值，一般每边的间隙选用0.2～11mm，波导管规格越小，间隙也越小，同时还要视拉拔时金属流动的具体条件而定，对于大型波导管，短轴的间隙要比长轴的大；对中小型波导管，短轴与长轴的间隙

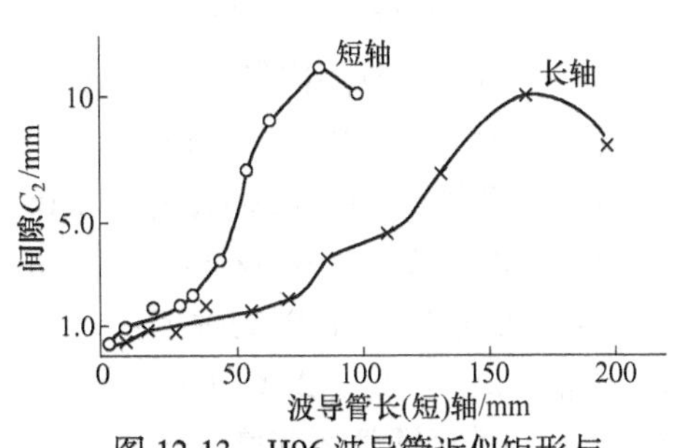

图12-13 H96波导管近似矩形与成品芯头的理论间隙

则近似或相等，如图12-13所示。

对紫铜和H96等冷加工塑性好的合金来说，根据图中近似矩形与成品芯头的间隙值的规律，合理地选取间隙，设计过渡模尺寸。若间隙选得过大，则迫使管坯也要选大，从而使成品拉拔加工率、缩径增大，对成品的质量和尺寸的公差影响大；若选得过小，则成品拉拔时套芯头困难，而且缩径小，成品外角不易充满。同时，根据间隙所确定的过渡模的宽窄边值所形成的周长，应符合图12-14的关系，一般过渡圆的内周长和成品内周长的比值n_1应为1.05~1.15，其中大波导管取下限，小的波导管或长宽比大的取上限，同类规格时管壁较厚的取得大些，否则过渡形的圆角不易充满，成品拉拔套芯头困难。

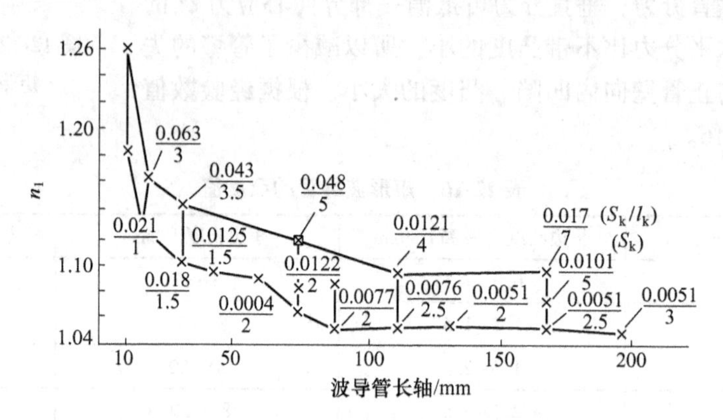

图12-14　H96波导管过渡圆内周长与成品内周长的比值

S_k—成品管壁厚，mm；l_k—成品管内周长，mm

（5）加工率的确定。对拉拔异型管来说，为了获得尺寸精确的成品，加工率一般不宜过大。若加工率大，则拉拔力就大，金属不易充满模孔，同时也使残余应力增大，甚至在拉出模孔后制品还会变形。例如，矩形波导管拉拔时，由过渡圆计算加工率，一般在15%~20%，其中长宽比大的取下限，小的取上限。

[例12-6]　生产H96黄铜110mm×41mm×2.5mm矩形波导管配模设计，波导管的断面尺寸如图12-15所示。

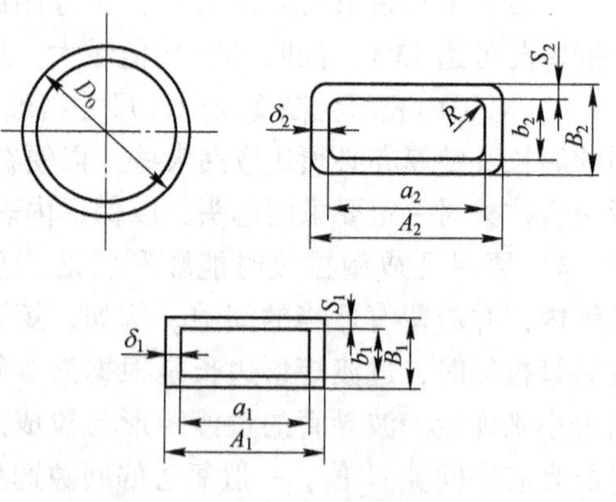

图12-15　波导管配模设计图

[解]　（1）过渡圆管坯尺寸的确定：

1）过渡圆管坯内径d_0的确定：

$$d_0 = l_0/\pi = n_1 l_k/\pi$$

式中　l_0——过渡圆管坯内周长，mm；

l_k——成品管内周长，mm；

n_1——系数，参看图12-14，$n_1 = 1.06$。

$$d_0 = 1.06 \times 2 \times (110 + 41)/\pi = 101.9\text{mm}$$

2）过渡圆管坯外径D_0的确定：

$$D_0 = d_0 + 2S_0 = d_0 + 2 \times (1 + n_2)\ S_k$$

式中　S_0——过渡圆管坯壁厚，mm；

S_k——成品管壁厚（$S_k = S_1 = \delta_1$），mm；

n_2——系数，即壁厚余量，一般为8%~20%，取18%。

$$D_0 = 101.9 + 2 \times (1 + 18\%) \times 2.5 = 107.8\text{mm}$$

过渡圆管坯为 ϕ107.8mm×2.95mm。

（2）过渡模尺寸的确定：

1）短轴尺寸 B_2：

$$B_2 = b_2 + 2S_2 = b_1 + 2C_2 + 2S_0 = 41 + 2 \times 3 + 2 \times 2.95 = 52.9\text{mm}$$

式中，b_2、b_1、S_2、δ_2（$S_2 = \delta_2$）如图 12-15 所示；C_2为过渡矩形管坯短轴方向与芯头的间隙，参考图 12-13，现取 $C_2 = 3.0\text{mm}$。

2）长轴尺寸 A_2：

$$a_2 = a_1 + 2C_2' = 110 + 2 \times 4.5 = 119\text{mm}$$

$$A_2 = a_2 + 2\delta_2 = a_1 + 2C_2' + 2S_0$$

式中，C_2' 为过渡矩形管坯长轴方向与芯头的间隙，由图 12-13 取 $C_2' = 4.5\text{mm}$。设 $\delta_0 = S_0$

$$A_2 = 110 + 2 \times 4.5 + 2 \times 2.95 = 124.9\text{mm}$$

（3）过渡矩形管套芯头时，卡角的验算：

1）根据近似矩形和过渡圆管坯周长不变的原则，确定过渡矩形管坯的内圆角 R_2：

$$R_2 = \frac{(a_2 + b_2) - \dfrac{n_1 l_k}{2}}{4 - \pi} = \frac{(119 + 47) - \dfrac{1.06 \times (110 + 41) \times 2}{2}}{4 - \pi} = 6.98\text{mm}$$

2）内对角线 M_2的确定：

$$M_2 = \sqrt{a_2^2 + b_2^2} - 0.828R_2 = \sqrt{119^2 + 47^2} - 0.828 \times 6.98 = 122.2\text{mm}$$

成品芯头对角线：

$$M_1 = \sqrt{a_1^2 + b_1^2} = \sqrt{110^2 + 41^2} = 117.4\text{mm}$$

因为 $M_2 > M_1$，故套芯头无困难。

（4）过渡模孔的尺寸与过渡圆管坯周长关系的验算：

$$n_3 = \frac{\text{过渡模孔的周长}l_2}{\text{过渡圆管坯的周长}l_0} = \frac{(124.9 + 52.9) \times 2}{107.8\pi} = 1.05$$

现求得 $n_3 > 1$，则说明设计合理。采用此模拉出的过渡矩形管的形状类似图 12-12。根据表 12-16 所列经验数据，长边凸度为 5mm，短边凸度为 0.35mm。

结论：H96 110mm×41mm×2.5mm 波导管，最后三道拉拔的工艺流程应为 ϕ107.8mm×2.95mm 过渡圆拉拔、124.9mm×52.9mm 的过渡成型以及 110mm×41mm 的成品定径拉拔。

12.2.5.2 多模连续拉拔配模设计

A 线材连续拉拔配模设计

线材拉拔分为单模一次拉拔和多模连续拉拔。一次拉拔配模比较简单，主要考虑安全系数和两次退火间道次加工率的合理分配。这里主要介绍多模连续拉拔的原理及配模设计。

a 带滑动多模连续拉拔原理

带滑动多模连续拉拔过程如图 12-16 所示，由放线盘 1 放出的线，首先通过模子 2 的第一个模子，然后在绞盘 4 上绕 2~4 圈，再进入第二个模子。依次类推，最后线材通过成品模到收线盘 3 上。

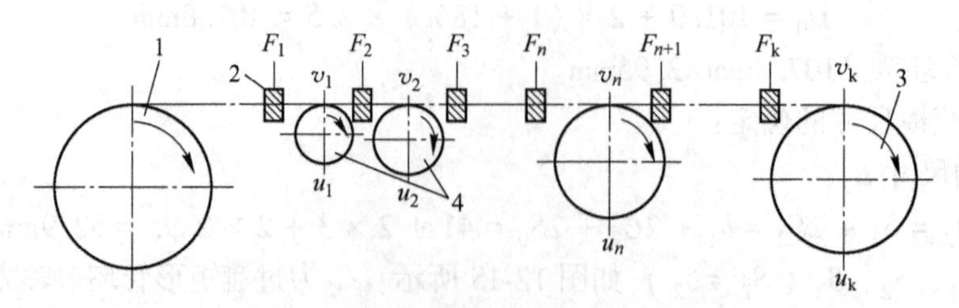

图 12-16 带滑动多模连续拉拔过程示意图

1—放线盘；2—模子；3—收线盘；4—绞盘

在拉拔过程中，所有绞盘与线之间都有滑动，线的运动速度 v_n 小于绞盘的圆周线速度 u_n，即 $v_n<u_n$。但在收线盘上没有滑动，即 $v_n=u_n$。

下面对实现滑动多模连续拉拔的条件进行分析。

（1）拉拔力建立的条件。带滑动多模连续拉拔时的拉拔力是靠绞盘转动带动线产生的，如果没有中间绞盘，线同时通过几个模子的变形量很大，只靠收线盘施加拉力，则作用在成品线断面上的拉拔应力很大，易引起断线，无法进行拉拔。下面任取第 n 个绞盘进行受力分析，如图 12-17 所示。

为了使 n 绞盘对通过 n 模的线建立起拉拔力 P_n，必须对在 n 绞盘上线的放线端施加拉力 Q_n，该力 Q_n 使线压紧在绞盘上，产生正压力 N。当绞盘转动时，绞盘与线之间产生摩擦力，借以建立起拉拔力 P_n。力 Q_n 也是第 $n+1$ 模上的反拉力。

根据柔性物体绕圆柱体表面摩擦定律（欧拉公式），Q_n 与 P_n 的关系为：

$$Q_n = P_n / e^{2\pi mf} \tag{12-24}$$

式中 m——绕线圈数，一般取 2~4 圈；

f——线与绞盘之间的摩擦系数，取 0.1。

这样，$e^{2\pi mf}=3.5\sim6.6$，$Q_n=(0.3\sim0.15)P_n$。由式（12-24）可知，m、f 值越大，则 Q_n 值越小，以致可趋近于 0。

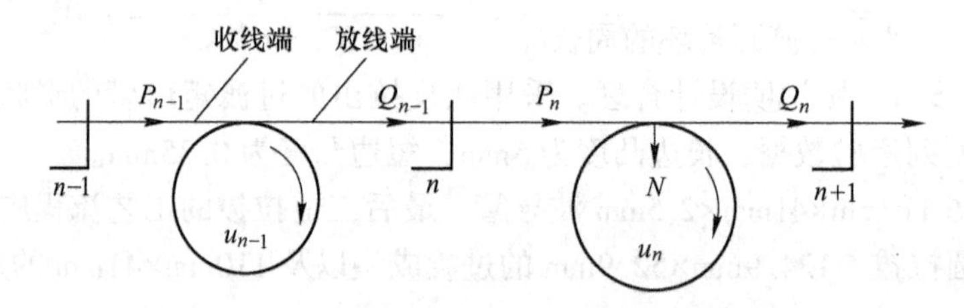

图 12-17 带滑动多模连续拉拔受力分析图

（2）实现带滑动拉拔的基本条件。由于线与绞盘之间存在着滑动，在拉拔过程中，绕在绞盘上的线的运动速度 v_n 与绞盘的圆周线速度 u_n 之间的关系，就可能有以下三种情况：

1）$u_n<v_n$ 时，摩擦力的作用方向与线的运动方向相反，绞盘起到制动作用，绞盘上的线的放线端由松边变为紧边，从而使第 $n+1$ 模子上的反拉力 Q_n 急剧增大，必将引起 $n+1$ 绞盘上的拉拔力 P_{n+1} 增加，继而使拉拔应力增大而发生断线。

2）$u_n=v_n$ 时，线与绞盘之间无滑动，绞盘作用给线的摩擦力方向与绞盘转动方向相同，为静摩擦。这种拉拔情况是不能持久的，一旦由于某些条件使放线端的线速度大于绞盘的运动速度时，就会过渡到 $u_n<v_n$ 的情况。

3）$u_n>v_n$ 时，拉拔过程是相对稳定的，故 $u_n>v_n$ 是带滑动连续拉拔过程的基本条件，并可以表示为：

$$v_n/u_n < 1 \quad 或 \quad R = (u_n - v_n)/u_n > 0 \tag{12-25}$$

式中 R——滑动率。

（3）在拉拔过程中如何保持 $u_n>v_n$。每台拉线机各绞盘的圆周线速度 u_n 是一定的，其数值取决于拉线机的设计。因此，只能考虑 v_n，使其小于 v_n。下面分析影响 v_n 的因素。

在稳定拉拔过程中，每个绞盘上的绕线圈数不变，线通过各模子的秒体积相等，即：

$$v_0F_0 = v_1F_1 = v_2F_2 = \cdots = v_nF_n = \cdots = v_kF_k \tag{12-26}$$

则：

$$v_n = v_kF_k/F_n \tag{12-27}$$

式中 v_k——收线盘的线速度；

F_k——成品线材断面积；

F_n——n 绞盘上线的断面积。

此式说明：在稳定拉拔过程中，从任一个模子拉出的线的速度 v_n 只与从该模子拉出线的断面积 F_n、成品线断面积 F_k 及收线盘的收线速度 v_k 有关，而与其他中间绞盘上的线的速度及其上的线的断面积完全无关。其中，v_k 是主导的，v_k 大，则 v_n 也增大；$v_k=0$，则 $v_n=0$。也就是说，当收线盘不工作时，尽管中间绞盘转动也不可能实现拉拔。

在拉拔过程中，模孔的磨损是不可避免的。模孔的磨损，可能会引起上述关系的破坏，从而影响拉拔过程的稳定。

1）第 n 个模子磨损。当第 n 个模子模孔磨损后，F_n 增大，就会使 v_n 变小，导致 n 绞盘上的滑动率 R_n 增加，不等式 $u_n>v_n$ 容易成立。对其他绞盘上线的速度无影响，因为要保持秒体积不变。

2）成品模磨损。v_k 是收线盘的线速度，在拉拔过程中不变化。当成品模磨损使模孔增大时，F_k 增大，就会使 v_n 增大，则各绞盘的滑动率 R_n 就会减小，不等式 $u_n>v_n$ 就不容易成立，易造成断线。

因此，为了实现稳定拉拔，还应保证成品模磨损后不等式 $u_n>v_n$ 仍然成立。即：

$$v_n = v_kF_k/F_n < u_n$$

进行变换后得：

$$F_n/F_k > v_k/u_n$$

由于在收线盘上 $v_k=u_k$，则：

$$F_n/F_k = u_k/u_n$$

由于 $F_n/F_k=\lambda_{n\to k}$，$u_k/u_n=\gamma_{k\to n}$，故：

$$\lambda_{n\to k} > \gamma_{k\to n} \tag{12-28}$$

式中 λ——延伸系数；

γ——绞盘的速比。

此式说明：当第 n 道次以后的总延伸系数 $\lambda_{n\to k}$ 大于收线盘与第 n 个绞盘圆周线速度之比 $\gamma_{k\to n}$，才能保证成品模磨损后不等式 $u_n>v_n$ 仍然成立，保证拉拔过程的正常进行。这就是带滑动多模连续拉拔配模的必要条件。

（4）防止线与绞盘黏结的条件。在拉拔过程中，当使用的润滑剂较黏稠或者线、绞盘局部有缺陷时，可能会产生线与某绞盘在瞬间差生局部黏结，即瞬间不产生滑动，使线的速度增大。由于 v_n 增大，使得该道次之前所有的线与绞盘间的滑动率减小，即 v_{n-1}、v_{n-2}、v_{n-3}、…、v_1 均增加。这种情况与成品模磨损后引起所有绞盘与线之间的滑动率减小不同，它只是暂时的。因为当 n 道次的滑动率减小后，线速加快，但进 $n+1$ 模子的线速没有变化。这样，绞盘 n 上的线必然松弛，使拉拔过程又恢复正常。

对于强度较高和尺寸较粗大的线材，遇到这种情况容易恢复正常而不产生断线。但拉拔强度低而细的线材时，就有可能在瞬间造成断线。这种情况在穿线时也可能发生。

为了防止断线，在 n 绞盘上的线与绞盘发生黏结（$u_n = v_n$）的情况下，要使 $u_{n-1} = v_{n-1}$ 仍然成立，则：

$$v_{n-1} = F_n u_n / F_{n-1} < u_{n-1}$$

进行变换后得：

$$F_{n-1}/F_n > u_n/u_{n-1}$$

由于 $F_{n-1}/F_n = \lambda_n$，$u_n/u_{n-1} = \gamma_n$，故：

$$\lambda_n > \gamma_n \qquad (12\text{-}29)$$

即任一道次的延伸系数应大于相邻两个绞盘的速比。这就是带滑动多模连续拉拔配模的充分条件。

中间绞盘的速比 u_n/u_{n-1} 可以设计成等值的，也可以是递减的，目前趋向于用等值的。中间绞盘的速比一般为 1.15～1.35。但最后的两个绞盘的速比 u_k/u_{k-1} 为 1.05～1.15，以便能采取较小的延伸系数，从而精确控制线材的尺寸。

由此可知，绞盘的速比越小，则拉线机的通用性越大。因为根据这个条件可知，延伸系数 λ_n 可在较大的范围内选择。这样，对于塑性好的与差的金属皆可在同一台设备上拉拔。此外，绞盘速比小，可以采用小延伸系数配模，减小绞盘磨损和断线率，为实现高速拉拔创造条件。

（5）滑动系数、滑动率的确定及分配。为保证拉拔过程中 $u_n > v_n$，各道次均应按照 $\lambda_n > \gamma_n$ 来配模。此条件可改写为

$$\tau_n = \lambda_n / \gamma_n > 1 \qquad (12\text{-}30)$$

式中　τ_n——滑动系数。

一般情况下，滑动系数 τ_n 不宜过大，否则将使能耗增大和使绞盘过早磨损；对软金属则易划伤表面。τ_n 是根据线坯的偏差大小确定的。当模孔由线材的负偏差增大到正偏差时应更换新模子，即

$$\tau_n = 1.00 + (F_{n\max} - F_{n\min}) / F_{n\min} \qquad (12\text{-}31)$$

一般，取 $\tau_n = 1.015$～1.04。τ_n 的值越大，则 λ_n 可以大一些。但在确定 τ_n 时必须考虑加工硬化和线材的尺寸精度，使 λ_n 逐渐减小，则 τ_n 也应逐渐减小。下面对各绞盘上的滑动率分配进行分析。

将所有的线与绞盘的速度分别用下式表示：

$$v_1 = \frac{v_1}{v_2}\frac{v_2}{v_3}\cdots\frac{v_{k-1}}{v_k}\quad v_k = \frac{1}{\lambda_2\lambda_3\cdots\lambda_k}v_k$$

$$v_2 = \frac{1}{\lambda_3\lambda_4\cdots\lambda_k}v_k$$

$$\vdots$$

$$v_n = \frac{1}{\lambda_{n+1}\lambda_{n+2}\cdots\lambda_k}v_k \quad (12\text{-}32)$$

$$u_1 = \frac{u_1}{u_2}\frac{u_2}{u_3}\cdots\frac{u_{k-1}}{u_k} \qquad u_k = \frac{1}{\gamma_2\gamma_3\cdots\gamma_k}u_k$$

$$u_2 = \frac{1}{\gamma_3\gamma_4\cdots\gamma_k}u_k$$

$$\vdots$$

$$u_n = \frac{1}{\gamma_{n+1}\gamma_{n+2}\cdots\gamma_k}u_k \quad (12\text{-}33)$$

根据式（12-32）、式（12-33）可得：

$$\frac{u_n}{v_n} = \frac{u_k\lambda_{n+1}\cdots\lambda_k}{v_k\gamma_{n+1}\cdots\gamma_k} = \frac{u_k}{v_k}\left(\frac{\lambda_{n+1}}{\gamma_{n+1}}\right)\left(\frac{\lambda_{n+2}}{\gamma_{n+2}}\right)\cdots\frac{\lambda_k}{\gamma_k} \quad (12\text{-}34)$$

因 $\lambda_n/\gamma_n>1$，$\lambda_{n+1}/\gamma_{n+1}$，$\lambda_{n+2}/\gamma_{n+2}$，…，$\lambda_k/\gamma_k$ 皆大于 1，则当 $n=1$ 时，项数最多，数值最大；$n=k$ 时，项数最少，数值最小。从而得：

$$\frac{u_1}{v_1} > \frac{u_2}{v_2} > \frac{u_3}{v_3} > \cdots > \frac{u_n}{v_n} > \cdots > \frac{u_k}{v_k} \quad (12\text{-}35)$$

既然 $\frac{u_{n-1}}{v_{n-1}} > \frac{u_n}{v_n}$，则：

$$1 - \frac{v_{n-1}}{u_{n-1}} > 1 - \frac{v_n}{u_n}$$

或者：

$$\frac{u_{n-1} - v_{n-1}}{u_{n-1}} > \frac{u_n - v_n}{u_n}$$

从而可得：

$$\frac{u_1 - v_1}{u_1} > \frac{u_2 - v_2}{u_2} > \cdots > \frac{u_n - v_n}{u_n} > \cdots > \frac{u_k - v_k}{u_k} \quad (12\text{-}36)$$

即滑动率也应该是逐渐减小的：

$$R_1 > R_2 > R_3 > \cdots > R_n > \cdots > R_k \quad (12\text{-}37)$$

根据以上可知，滑动式多模连续拉拔的实质是在速比 γ_n 确定的拉线机上（延伸系数 λ_n 为变量，由模孔磨损引起），确定合理的滑动系数或滑动率，使 v_n 的波动在 $v_n<u_n$ 的范围内，并适应秒体积流量的变化，使拉拔过程顺利进行。

b　储线式无滑动多模连续拉拔原理

储线式无滑动多模连续拉线机的工作原理如图 12-18 所示。

（1）储线式无滑动多模连续拉拔过程的特点。拉线机每个绞盘可以单独控制。线在绞盘上绕 20~25 圈，其中的 7~12 圈是为了防止线在绞盘上产生滑动实现无滑动拉拔所需要的，另外的圈数为储线用。在此情况下，绞盘圆周线速度 u_n 与线材进线速度 v_n 相等，

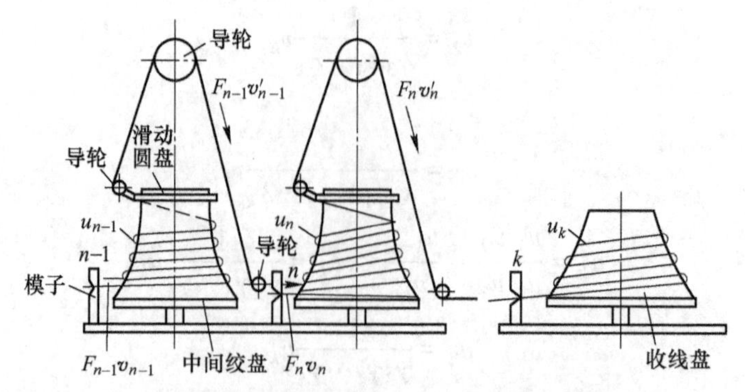

图 12-18 储线式无滑动多模连续拉拔过程示意图

即 $u_n=v_n$，但任意一个中间绞盘上的进线速度 v_n 可不等于放线速度 v'_n，即 $v_nF_n \neq v'_nF_n$。这表明在储线式无滑动多模连续拉拔时，两个模子之间线的秒流量可以不相等，或者说，一个绞盘的进线速度和放线速度可不相等。这样，任一个中间绞盘的线圈数可以增多，也可以减少。但是，两个绞盘之间线的进模和出模速度应遵守秒流量相等原则，即：

$$v'_{n-1}F_{n-1} = v_nF_n$$

（2）拉拔力的建立。储线式无滑动多模连续拉拔过程中拉拔力的建立与前述带滑动多模连续拉拔一样，所不同的是绕在绞盘上的线圈数由 2~4 圈增加到 7~12 圈，线与绞盘之间由有滑动变为无滑动。这样需要在放线端施加的力更小，$Q_n=(0.012\sim0.00053)P_n$。换句话说，只要施加的这个力能够将线压紧在绞盘上，就能够使拉拔过程得以实现。

（3）绞盘绕线与放线对拉拔过程的影响。在储线式无滑动多模连续拉拔过程中，绞盘的绕线和放线速度的关系有下列三种情况：

1）绕线速度等于放线速度（$v_n = v'_n$）。当绞盘的绕线速度大于放线速度时，绞盘上的线圈数不变。在此种情况下，遵守秒流量相等原则。因此，绞盘上的滑动圆盘不动，线不受扭转。

2）绕线速度大于放线速度（$v_n > v'_n$）。当绞盘的绕线速度大于放线速度时，绞盘上的圈数增多，滑动圆盘转动方向与绞盘的相同，线受到顺绞盘转动方向的扭转。

3）绕线速度小于放线速度（$v_n < v'_n$）。如果绞盘的绕线速度小于放线速度，绞盘上的线圈数减少，滑动圆盘转动方向与绞盘的相反，线受到逆绞盘转动方向的扭转。

上述三种情况，第一种最理想，但不稳定。因为，随着模子磨损，秒流量会随时发生变化，当第 n+1 个模子磨损后根据 $v'_nF_n = v_{n+1}F_{n+1}$ 可知，F_{n+1} 增大，必然使 v'_n 增大，因 $v_{n+1}=u_{n+1}$ 是不变的。这样，就造成 $v'_n > v_n$，即上述的第三种情况，使第 n 个绞盘上的线圈数不断减少。为了保证该绞盘上有足够的线圈数以防产生滑动，就不得不暂时停止第 n+1 个绞盘，甚至停止其后的所有绞盘（包括收线盘），这样就影响了拉线机的工作效率。

因此，为了克服此缺点，要控制 $v_n > v'_n$，即第 n 个绞盘上的线圈数在拉拔过程中是不断增加的。当该绞盘上的线圈数越来越多时，可停止该绞盘，不会影响其他绞盘和收线盘的正常运转。

（4）实现合理拉拔过程的配模条件。根据 $v_n > v'_n$，有 $v_{n-1} > v'_{n-1}$。将 $v_{n-1} > v'_{n-1}$ 改写为：

$$v_{n-1}F_{n-1} > v'_{n-1}F_{n-1} \tag{12-38}$$

又由于 $v'_{n-1}F_{n-1} = v_nF_n$，则：

$$v_{n-1}F_{n-1} > v_nF_n \quad 或 \quad F_{n-1}/F_n > v_n/v_{n-1} \tag{12-39}$$

又因为 $v_{n-1} = u_{n-1}$，$v_n = u_n$，代入式（12-39）后，得：

$$\frac{F_{n-1}}{F_n} > \frac{u_n}{u_{n-1}} \quad 或 \quad \lambda_n > \gamma_n \tag{12-40}$$

也可以将它用式（12-40）表示：

$$\tau_n = \frac{\lambda_n}{\gamma_n} \tag{12-41}$$

式中　τ_n——储线系数，一般取 1.02~1.05。

绞盘的储线速度确定如下：

$$v_{n-1} - v'_{n-1} = u_{n-1} - v'_{n-1} \tag{12-42}$$

又

$$\frac{u_n}{u_{n-1}} = \gamma_n \quad 和 \quad v'_{n-1} = u_n\frac{F_n}{F_{n-1}} = u_n\frac{1}{\lambda_n}$$

将上式代入式（12-42）整理，得：

$$v_{n-1} - v'_{n-1} = \frac{u_n}{\gamma_n} - \frac{u_n}{\lambda_n} = \frac{u_n(\lambda_n - \gamma_n)}{\gamma_n\lambda_n} \tag{12-43}$$

最后，将式（12-41）代入式（12-43）得：

$$v_{n-1} - v'_{n-1} = \frac{u_n(\tau_n - 1)}{\gamma_n\tau_n} \tag{12-44}$$

B　线材多模连续拉拔配模方法

与一般单模拉拔配模不同，多模连续拉拔配模时的延伸系数分配与拉线机原始设计的绞盘速比有关。

对储线式无滑动拉线机，由于绞盘上的线圈存储量可以调节拉拔过程，故对配模的要求不严格。对于滑动式拉线机，应根据 $\lambda_n>\gamma_n$ 条件按一定的滑动系数进行配模。延伸系数的分配有等值的和递减的两种。目前在大拉机上对铜合金多采用递减的延伸系数，对铝合金则用等值的延伸系数；在中、小、细与微拉机上也采用等值延伸系数，道次延伸系数一般为 1.26。但是，由于拉线速度的不断提高，为了减少断线次数将道次延伸系数降至 1.26 左右。对于大拉机，由于拉拔的线较粗，速度又低，故道次延伸系数可达 1.43 左右。为了控制出线尺寸的精度，一些拉线机，例如小拉机和细拉机上最后一道的延伸系数很小，为 1.16~1.06。此外为了提高线材的质量和减少绞盘的磨损，趋向于采用百分之几到 15%的滑动率配模。

线材连续拉拔配模的具体方法如下：

（1）根据坯料和所要拉拔线材的直径选择拉线机。在正常情况下，拉线消耗的功率不会超过拉线机的功率。

（2）计算由线坯到成品总的延伸系数 λ_Σ、拉拔道次及延伸系数的分配。

（3）根据拉线机说明书查得各道次绞盘速比，并计算总的速比 γ_Σ。

$$\gamma_{\Sigma} = v_k / v_1 = \gamma_1 \gamma_2 \gamma_3 \gamma_4 \cdots \gamma_k$$

（4）根据总延伸系数 λ_{Σ} 和总的速比 λ_{Σ}，计算总的相对滑动系数 τ_{Σ}。

$$\tau_{\Sigma} = \lambda_{\Sigma} / (\lambda_1 \gamma_{\Sigma}) = (\lambda_2 \lambda_3 \cdots \lambda_k) / (\gamma_2 \gamma_3 \cdots \gamma_k) = \tau_2 \tau_3 \cdots \tau_k$$

（5）确定平均相对滑动系数 τ_{p}：

$$\tau_{\mathrm{p}} = \sqrt[k-1]{\tau_{\Sigma}}$$

（6）根据 τ_{p} 值的大小，按照前面的各道次延伸系数分配原则分配 τ_1，τ_2，τ_3，…，τ_k 的值，并计算 λ_1，λ_2，λ_3，…，λ_k 的值。有时还应计算拉拔应力及安全系数，一般情况下就可直接上机适用。

（7）按照延伸系数 λ_n 确定各道次的模孔尺寸 d_n，即可完成配模。

[例 12-7]　用 $\phi 7.2 \pm 0.5$mm 铜线坯，拉拔 $\phi 1.2 \pm 0.02$mm 线材，试计算拉拔配模。

[解]　根据储线式无滑动拉线机配模方法，可按等值和递减分配延伸系数两种方法分别进行配模。

（1）按等值法分配延伸系数。分三步计算，并将计算结果列于表 12-17 中。拉拔力计算及安全系数校核略。

表 12-17　紫铜线 $\phi 7.2^{+0.5}$mm 拉拔到 $\phi 1.2^{-0.2}$mm 配模计算表

项　目	0	1	2	3	4	5	6	7	8	9	10	11	12	13
绞盘线速度 u/m·s^{-1}	—	0.92	1.15	1.44	1.80	2.24	2.81	3.51	4.39	5.48	6.85	8.56	10.70	12.0
绞盘速比 γ			1.25	1.25	1.25	1.25	1.25	1.25	1.25	1.25	1.25	1.25	1.25	1.12
滑动系数 τ	—	1.076	1.076	1.076	1.076	1.076	1.076	1.076	1.076	1.076	1.076	1.076	1.076	0
各道次延伸系数 λ	—	1.346	1.346	1.346	1.346	1.346	1.346	1.346	1.346	1.346	1.346	1.346	1.346	1.20
线断面积 F/mm^2	46.57	34.30	25.50	18.94	14.06	10.46	7.78	5.78	4.30	3.20	2.375	1.765	1.31	1.094
线径 d/mm	7.70	6.60	5.70	4.91	4.23	3.65	3.15	2.71	2.34	2.02	1.74	1.50	1.30	1.18
线速 v/m·s^{-1}	0.281	0.382	0.514	0.69	0.93	1.25	1.685	2.27	3.05	4.10	5.52	7.44	10.0	12.0
绝对滑动值 $u-v$/m·s^{-1}	—	0.44	0.64	0.75	0.87	0.99	1.12	1.24	1.34	1.38	1.33	1.12	0.70	0
相对滑动率 R/%	—	47.8	55.6	52.0	48.3	44.2	39.8	35.3	30.5	25.2	19.7	13.1	6.5	0

1）确定拉拔道次与选用拉线机。首先计算总延伸系数 λ_{Σ}，按照线坯正偏差、成品负偏差进行计算。

$$\lambda_{\Sigma} = (7.2+0.5)^2 / (1.2-0.02)^2 = 42.6$$

取平均延伸系数 $\lambda_{\mathrm{p}} = 1.35$，则拉拔道次为：

$$N = \ln\lambda_{\Sigma} / \ln\lambda_{\mathrm{p}} = \ln 42.6 / \ln 1.35 = 12.5$$

n 取 13 道次。

根据道次数和进、出线径尺寸，选用 13 模大拉机。拉线机的各绞盘线速度和绞盘速比如表 12-17 所示。

确定拉拔道次或平均延伸系数可以查图 12-19。例如当 $\lambda_{\Sigma} = 20.7$，$N = 9$ 时，$\lambda_{\mathrm{p}} = 1.4$。

2）确定各道次延伸系数、线断面积与直径。取绞盘 12 上的滑动系数 $\tau_{12} = 1.07$，则

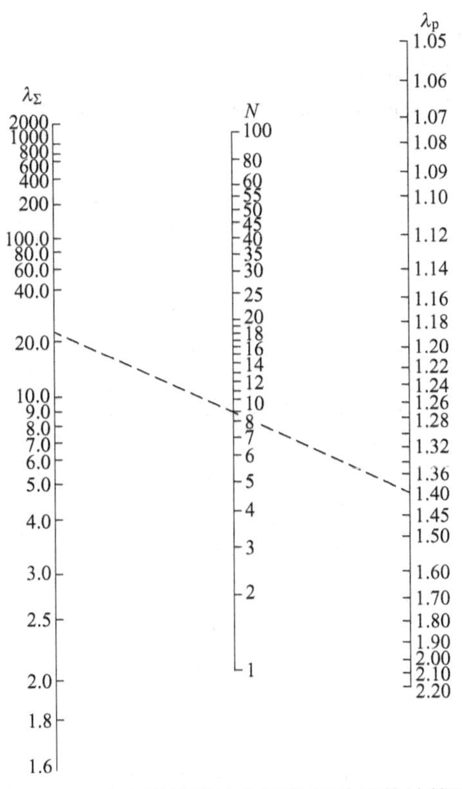

图 12-19 确定拉拔道次和平均延伸系数计算图

延伸系数 λ_{13}为：

$$\lambda_{13} = \tau_{12}\gamma_{12\sim13} = 1.07 \times 1.12 = 1.20$$

第十二道的线断面积 F_{12}为：

$$F_{12} = \lambda_{13}F_{13} = 1.20 \times 1.09 = 1.31\text{mm}^2$$

计算 1～12 道的总延伸系数为：

$$\lambda_{\Sigma1\sim12} = 46.57 \div 1.31 = 35.6$$

$$\lambda_{p1\sim12} = \lambda_{\Sigma1\sim12}^{1/12} = 35.6^{1/12} = 1.346$$

各道次滑动系数为：

$$\tau_n = \lambda_n/\gamma_n = 1.346 \div 1.25 = 1.076$$

根据 $F_n = \lambda_n F_{n-1}$ 逐一求出 1～11 道线的断面积及直径。

3）计算各道次线速，继而求出绝对滑动值与滑动率。

各道次延伸系数相等时确定各道次的拉拔配模直径可查图 12-20，例如直径为 7.2mm 的线坯，经过 13 道次拉到 1.0mm 时，各道次的模子直径为：$d_1=6.19$，$d_2=5.31$，$d_3=4.57$，$d_4=3.92$，$d_5=3.37$，$d_6=2.90$，$d_7=2.49$，$d_8=2.13$，$d_9=1.83$，$d_{10}=1.57$，$d_{11}=1.35$，$d_{12}=1.16$，$d_{13}=1.00$。

（2）按递减法分配延伸系数。道次延伸系数递减时，所需拉拔道次按式（12-45）确定：

$$N=\lambda_{\Sigma}/(C'-a'\lg\lambda_{\Sigma}) \qquad (12\text{-}45)$$

式中 N——所需拉拔道次；

λ_{Σ}——总延伸系数；

C'，a'——相关系数，见表 12-18。

各道次延伸系数递减时确定各道次的拉拔配模直径可查图 12-21。

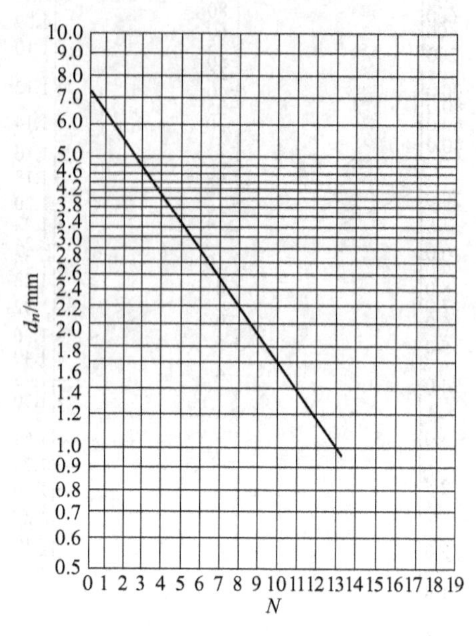

图 12-20 拉拔配模计算图

例如图 12-21 中，已知 $d_0 = 7.20$，$d_k = 1.00$，经过 13 道次，查得 $d_1 = 5.87$，$d_2 = 4.84$，$d_3 = 4.03$，$d_4 = 3.39$，$d_5 = 2.88$，$d_6 = 2.46$，$d_7 = 2.12$，$d_8 = 1.85$，$d_9 = 1.61$，$d_{10} = 1.42$，$d_{11} = 1.26$，$d_{12} = 1.12$，$d_{13} = 1.00$。

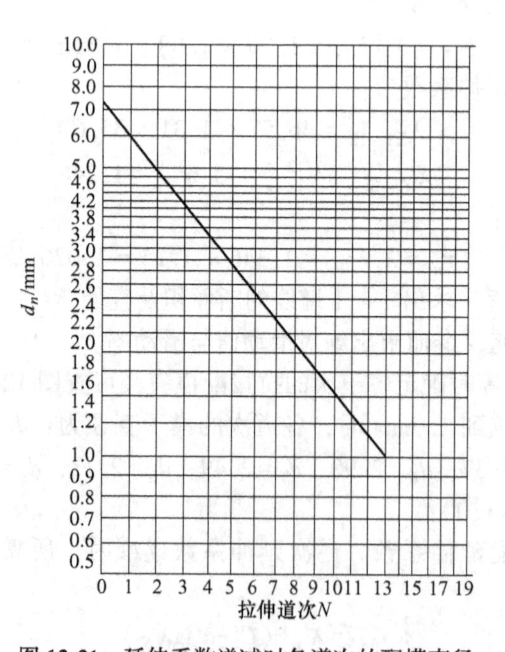

图 12-21 延伸系数递减时各道次的配模直径

表 12-18 道次延伸系数递减时 C'、a'值

拉线级别	拉线种类	被拉线材直径/mm	a'	C'
1	特粗	16.00~4.50	0.03	0.18
2	粗	4.49~1.00	0.03	0.16
3	中	0.99~0.40	0.02	0.12
4	细	0.39~0.20	0.01	0.11
5	特细	0.19~0.10	0.01	0.10

12.3 拉拔时的润滑

12.3.1 拉拔润滑剂的要求

拉拔润滑剂应满足拉拔工艺、经济与环保等方面的要求。由于拉拔方式、条件与产品品种的不同，对润滑剂的要求也有所不同。但是，对拉拔润滑剂的一般要求，可概括如下几点：

(1) 对工具与变形金属表面有较强黏附能力和耐压性能，在高压下能形成稳定的润滑膜；

(2) 要有适当的黏度，保证润滑层有一定的厚度，并且有较小的流动剪切应力；

(3) 对工具及变形金属要有一定的化学稳定性；

(4) 温度对润滑剂的性能影响小，且能有效地冷却模具与金属；

(5) 对人体无害，环境污染最小；

(6) 应保证使用与清理方便；

(7) 有适当的闪点及着火点；

(8) 成本低，资源丰富。

12.3.2 拉拔润滑剂的种类

拉拔润滑剂包括在拉拔时使用的润滑剂和为了形成润滑膜在拉拔前对金属表面进行预处理时所用的预处理剂。某些金属构成润滑膜的吸附层很慢或者要求采取大量的措施(如钢)，或者根本不形成吸附层（如铝及铝合金、银、白金等)。在此种情况下，可对金属表面进行预先处理（打底)，其中包括有镀铜、阳极氧化，以及用磷酸盐、硼砂、草酸盐处理和树脂涂层等。在不允许或不可能形成吸附层时，所采用的润滑剂必须具有附着性能和足够的黏度。

12.3.2.1 预处理剂

预处理剂具有把润滑剂带入摩擦面的功能，润滑剂与预处理剂形成整体的润滑膜。因此，从广义来说，预处理剂也是润滑剂，预处理剂（膜）有以下几种：

(1) 碳酸钙肥皂。碳酸钙肥皂是由碳酸钙和肥皂以及水制成。碳酸钙肥皂的化学反

应式：

$$Ca(OH)_2 + 2NaRCOO + 2H_2O \rightleftharpoons Ca(OH)_2 + 2NaOH + 2RCOOH$$
$$\rightleftharpoons Ca(RCOO)_2 + 2NaOH + 2H_2O$$

（2）磷酸盐膜。目前预处理液的主要成分是磷酸锌及磷酸，在预处理液中钢材表面发生如下化学反应：

$$Fe + 2H_3PO_4 \longrightarrow Fe(H_2PO_4)_2 + H_2\uparrow$$
$$3Zn(H_2PO_4)_2 \longrightarrow Zn_3(PO_4)_2 + 4H_3PO_4$$

前式先起反应，若磷酸减少，那么后式进行分解，不溶于水的磷酸锌的结晶成长，覆盖于钢材表面，而形成紧密黏附的皮膜。溶解的磷酸亚铁，在催化剂作用下，使磷酸铁以泥浆形式沉淀。

$$Fe(H_2PO_4)_2 + NaNO_2 \longrightarrow FePO_4 + NaH_2PO_4 + NO\uparrow + H_2O$$

实际磷酸盐膜的组成是多孔的 $Zn_3(PO_4)_2 \cdot 4H_2O$ 和 $Zn_2Fe(PO_4)_2 \cdot 4H_2O$ 的混合物。泥浆若影响膜的形成可更换掉。

（3）硼砂膜。硼砂（$Na_3B_2O_7 \cdot 10H_2O$）制成 80℃的饱和溶液，将钢材浸渍、干燥而形成硼砂膜，黏合性好。

（4）草酸盐膜、金属膜、树脂膜。对含 Cr、Ni 较高的不锈钢及镍铬合金，磷化处理不能很好形成磷酸盐膜，所以一般采用草酸处理，形成草酸盐膜。另外，不锈钢及镍合金有时采用铜作为预处理剂，使其表面形成金属膜，或者采用的预处理剂为氯和氟的树脂而形成树脂膜等。

12.3.2.2 润滑剂

润滑剂按其形态可分为湿式润滑剂和干式润滑剂，下面分别加以叙述。

（1）湿式润滑剂。湿式润滑剂是使用比较广泛的，大致有以下几种：

1）矿物油。它属于非极性烃类，通式为 C_nH_{2n+2}，常用的矿物油有锭子油、机械油、汽缸油、变压器油以及工业齿轮油等。

矿物油与金属表面接触时只发生非极性分子与金属表面瞬时偶极的互相吸引，在金属表面形成的油膜纯属物理吸附，吸附作用很弱，不耐高压与高温，油膜极易破坏。因此，纯矿物油只适合有色金属细线的拉拔。

矿物油的润滑性质可以通过添加剂改变，扩大其应用范围。

2）脂肪酸、脂肪酸皂、动植物油脂、高级醇类和松香。它们是含有氧元素的有机化合物，在其分子内部，一端为非极性的烃基，另一端则是极性基。因为这些化合物的分子中极性端与金属表面吸引，非极性端朝外，定向地排列在金属表面上。由于极性分子间的相互吸引，而形成几个定向层，组成润滑膜，润滑膜在金属表面上的黏附较牢固，润滑能力较矿物油强。因此，在金属拉拔时，可作为油性良好的添加剂添加到矿物油中，增强矿物油的润滑能力。

3）乳液。乳化液通常由水、矿物油和乳化剂所组成，其中水主要起冷却作用，矿物油起润滑作用，乳化剂使油水乳化，并在一定程度上增加润滑性能。

目前有色金属拉拔所使用的乳液是由 80%～85%机油或变压器油、10%～15%油酸、5%的三乙醇胺配制成乳剂之后，再与 90%～97%的水搅拌成乳化液供生产使用。

（2）干式润滑剂。与湿式润滑剂相比较，干式润滑剂有承载能力强、使用温度范围宽的优点，并且在低速或高真空中也能发挥良好的润滑作用。干式润滑剂种类很多，但最常用的是层状的石墨与二硫化钼等。

1）二硫化钼。二硫化钼从外观上看是灰黑色、无光泽，其晶体结构为六方晶系的层状结构。

二硫化钼具有良好的附着性能、抗压性能和减摩性能，摩擦系数在0.03~0.15范围内。二硫化钼在常态下，-60~349℃时能很好地润滑，温度达到400℃时，才开始逐渐氧化分解，540℃以后氧化速度急剧增加，氧化产物为MoS_2和SO_2。但在不活泼的气氛中至少可使用到1090℃。此外，MoS_2还有较好的抗腐蚀性和化学稳定性。

2）石墨。石墨和二硫化钼相似，也是一种六方晶系层状结构。石墨在常压中，温度为540℃时可短期使用，426℃时可长期使用，氧化产物为CO、CO_2。摩擦系数在0.05~0.19范围内变化。石墨具有很高的耐磨、耐压性能以及良好的化学稳定性，是一种较好的固体润滑剂。

3）其他。二硫化钨也是一种良好的固体润滑材料，WS_2比MoS_2的润滑性稍好，比石墨稍差。

肥皂粉（硬脂酸钙、硬脂酸钠等）作为润滑剂，有较好的润滑性能、黏附性能和洗涤性能。脂肪酸皂为基础，再添加一定数量的各种添加剂（如极压添加剂、防锈剂等），可作为专用干式拉拔润滑剂。

12.3.2.3 不同金属材料拉拔时的润滑

A 钢材拉拔时的润滑

钢材拉拔润滑方法一般有化学处理法、树脂膜法及油润滑法。各种润滑方法的特点如表12-19所示，其中以化学处理法应用最为广泛。

表12-19 各种拉拔润滑方法的特点

润滑方法	润滑膜的种类	钢种（润滑对象）	特 点
化学处理法	磷酸盐+硬质酸盐	碳素钢、低合金钢	抗黏结性好，润滑性好，工序繁多，废液需处理
	草酸盐+硬质酸盐	小锈钢、高温合金钢	
树脂膜法	氯化树脂+高压润滑油	高温合金钢	抗黏结性良好，工序多，需要有机溶剂，费用高
油润滑法	高压润滑油	所有钢种	抗黏结性差，工序简单

对钢管拉拔润滑法来说主要是这三种方法，每种方法的润滑工艺分别如图12-22所示。钢线及型钢拉拔润滑工艺与管材拉拔润滑工艺基本相同。

钢材拉拔所使用的干式润滑剂的成分主要是金属肥皂类（硬脂酸钙、硬脂酸钠等）和无机物质（碳酸钙等），并加入百分之几的添加剂（硫黄、二硫化钼及石墨等）。湿式润滑剂一般采用3%~5%的肥皂（钠皂）水溶液作为冷却润滑剂，这种润滑剂比较经济方便，并有洗涤作用。也有采用乳液作为冷却润滑剂的，应用在高速拉拔钢管及钢线等。拉拔不锈钢或镍合金时，有时则直接用氯化石蜡润滑。

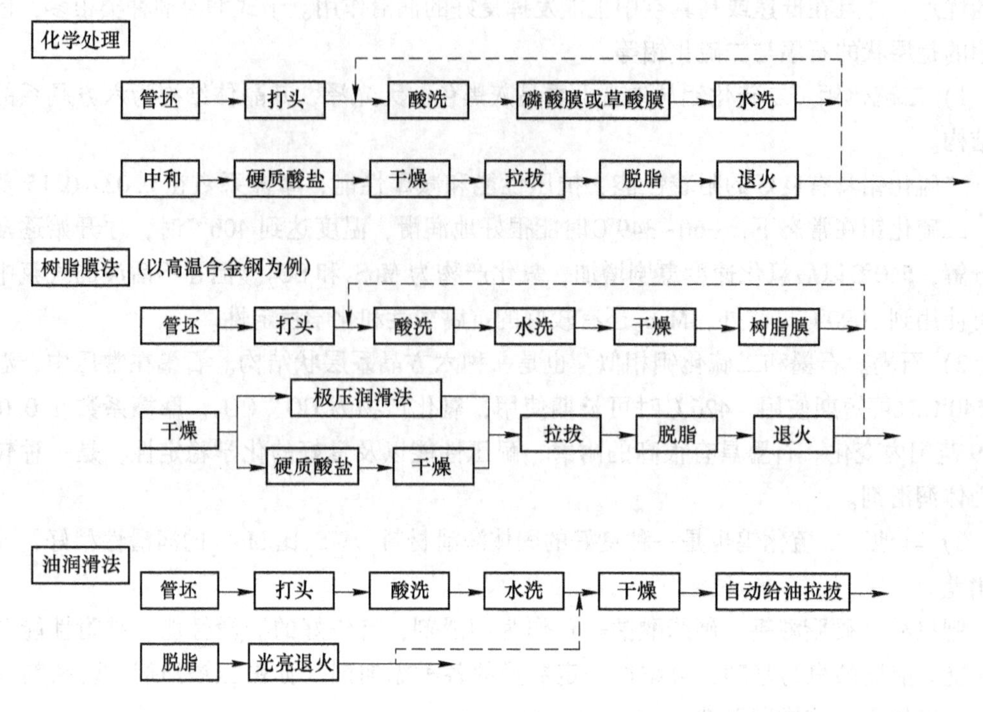

图 12-22 拉拔钢管时的润滑工艺比较

B 有色金属拉拔时的润滑

拉拔不同的有色金属与合金的各种制品所采用的润滑剂是不同的，表 12-20 为有色金属拉拔所常用的润滑剂。

表 12-20 有色金属拉拔时常用的润滑剂

制品	金属与合金	润滑剂成分
管材	铝及合金	38 号、52 号汽缸油；汽缸油+适量机油
	铜及合金	1%肥皂+4%切削油+0.2%火碱+水
	镁及合金	MoS_2；石墨
	钛及合金	85%~96%氯化石蜡+15%BN
	镍及镍合金	1%肥皂+4%切削油+0.2%火碱+适量油酸+水
棒材	紫铜	50%~60%机油+40%~50%洗油
	H62，H68	机油
	H59-1	切削油
线材	铝及合金	38 号汽缸油；38 号汽缸油+10%锭子油或 11 号汽缸油
	铜及合金	机油；切削油；切削油水溶液；菜油
	镁及合金	植物油
	钛及合金	90%肥皂+10%石墨；皂石墨
	钽、铌	蜂蜡；石蜡
	钨、钼	石墨乳

有色金属拉拔时，只需在矿物油中加入一定量的表面活性物质作为油性添加剂即可达到润滑的目的，不一定需要百分之百的表面活性物质作润滑剂。例如由油酸、三乙醇胺、变压器油以及水配制的乳液可用于铜及其合金、铝及其合金等管棒线拉拔润滑。用5%脂肪酸钠皂与水调成乳脂液，也可作铜及其合金、铝及其合金的拉拔润滑剂。皂化油就是用脂肪酸钠皂和松香钠皂与20号、30号机油调成的油膏，使用时加水配成5%的乳化液可作为铝及其合金管棒线润滑剂。

润滑脂多数是由脂肪酸皂稠化矿物油而成，有时还添加少量其他物质，以改变其润滑和抗磨性质。润滑脂本身黏稠，润滑性能好，可作为有色金属管棒低速拉拔时的润滑剂。

镍及镍合金拉拔可以做表面预处理，在产生润滑底层之后，用75%干肥皂粉和20%硫黄粉以及5%石墨作润滑剂进行干式润滑。

钨、钼丝拉拔往往是在高温下进行，即使拉拔细丝其温度也在400℃以上，在此温度下，钨、钼表面易生成氧化钨或氧化钼，这些氧化物在400℃以上就是润滑基膜，可采用石墨或二硫化钼干式润滑剂。

综上所述，金属拉拔所使用的润滑剂种类有：油类、乳液、皂溶液、粉状润滑剂及固体润滑剂等。这些润滑剂的特性及应用范围列于表12-21、表12-22，在拉拔时可选择合适的润滑剂。

表12-21 拉拔用润滑剂特性

项目	乳液	皂溶液	油	润滑油	肥皂粉	固体润滑剂
润滑作用	(+)	(+)	+	+	+	+
冷却作用	+	+	(+)	-	-	-
黏附性	+	(+)	+	+	(+)	-
防锈性	(+)	(+)	+	+	-	(+)
过滤性	(+)	+	+	-	-	-

注：+—推荐使用；(+) —限制使用；-—不能用。

表12-22 不同金属拉拔时适用的润滑剂

润滑剂种类 \ 金属类别	轻金属	铜与黄铜	青铜	轻金属	钢	钨、钼
油	+	+	+	+	+	-
乳液	+	+	(+)	+	+	-
皂溶液	-	+	-	-	+	-
润滑脂	+	+	+	+	+	-
肥皂粉	(+)		+	(+)	+	-
石墨、二氧化钼					+	+

注：+—推荐使用；(+) —限制使用；-—不能用。

12.4 拉拔制品的主要缺陷及预防

12.4.1 实心材（棒、线、型）的主要缺陷及预防

12.4.1.1 中心裂纹

拉拔棒材的中心裂纹如图12-23所示，此裂纹通常很难发现，只有当裂纹尺寸特别大时，才会在制品表面上发现有细颈。因此，对于某些质量要求较高的产品，需要进行内部超声波探伤检查。

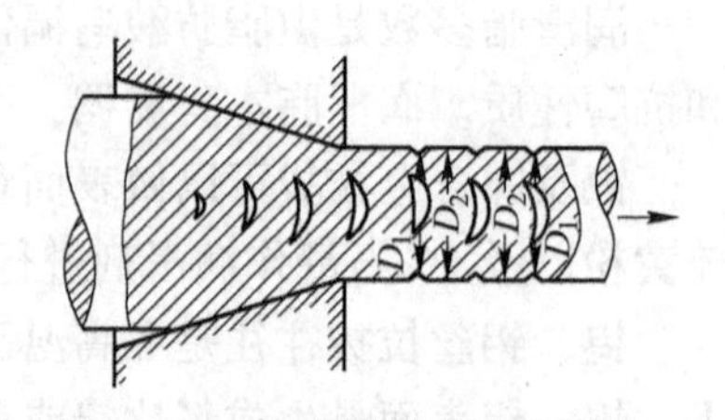

图12-23 拉拔棒材的中心裂纹

A 中心裂纹产生的主要原因

产生中心裂纹的主要原因与变形区中的应力分布有关。拉拔棒材时，在变形区中，轴向应力沿径向的分布规律是中心层大，表面层小，而拉拔制品的强度往往是中心部位低，表面高。因此，当中心层上的拉应力超过材料的强度极限时就会造成制品的中心出现裂纹。

拉拔棒材时，中心层金属的流动速度大于周边层，轴向应力由变形区入口到出口是逐渐增大的，故一旦出现裂纹，裂纹的长度就会越来越长，宽度越来越宽，其中心部分最宽。由于在轴向上前一个裂纹形成后，使拉应力松弛，裂纹后面金属的拉应力减小，再经过一段长度后，拉应力又重新达到极限强度，将再次出现拉裂，这样拉裂—松弛—再拉裂的过程继续下去，就出现了周期性的中心裂纹。

B 防止中心裂纹产生的主要措施

为了防止中心裂纹的产生，需要采取以下措施：

（1）减少中心部分的杂质、气孔；

（2）使拉拔坯料内外层力学性能均匀；

（3）对坯料进行热处理，使晶粒变细；

（4）在拉拔过程中进行中间退火；

（5）拉拔时，道次加工率不应过大。

12.4.1.2 表面裂纹

表面裂纹（三角口）是拉拔圆棒材、线材时，特别是拉拔铝合金线材时经常出现的表面缺陷，如图12-24所示。

图12-24 棒材、线材表面裂纹示意图

A 表面裂纹产生的主要原因

表面裂纹的产生是由于拉拔过程中的不均匀变形引起的。

另外，在拉拔过程中，由于不均匀变形，使得表面层受到较大的附加拉应力作用，从而使金属周边层所受的实际工作拉应力比中心层大得多，如图12-25所示，当这种拉应力

超过材料的表面强度时就会出现表面裂纹。当模角与摩擦系数增大时，这种内、外层间的应力差值也随之增大，更容易出现表面裂纹。在实际生产中，坯料表面更容易出现划伤、磕碰伤等其他缺陷，这也是产生表面裂纹的一个主要因素。

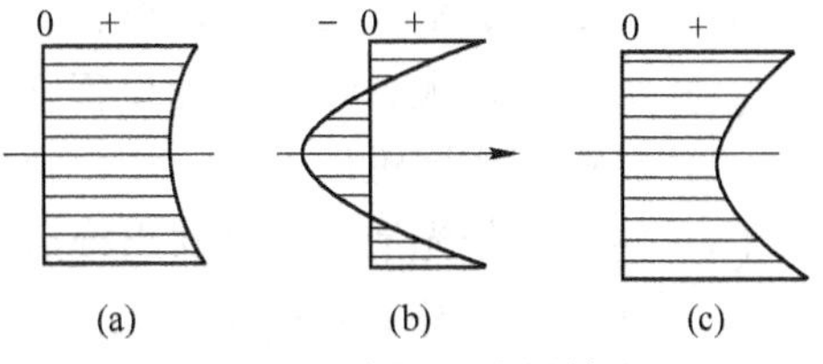

图 12-25 定径区中沿轴向工作应力分布示意图

B 减少表面裂纹的主要措施

(1) 减小拉拔时的道次变形量和两次退火间的总变形量；

(2) 对坯料进行充分退火，提高塑性。在拉拔过程中进行中间退火，恢复塑性，减小加工硬化的影响；

(3) 加强润滑，减小摩擦；

(4) 在拉拔前通过修磨、刮皮等方法除去坯料表面存在的缺陷。修磨、刮皮部位应圆滑过渡；

(5) 对于加工硬化程度较高的材料，为防止制品放置过程中可能出现裂纹，在拉拔后应及时进行消除应力退火。

12.4.1.3 拉道

线材拉拔时表面出现的纵向沟纹、擦伤称为拉道。

A 产生拉道的主要原因

(1) 润滑剂中有砂子、金属屑、水及其他杂质；

(2) 模子工作带不光滑，黏有金属（挂蜡）；

(3) 坯料表面质量不好，有缺陷；

(4) 退火后的坯料表面有残焦。

B 对于制品表面出现的拉道缺陷，可通过以下措施加以防止

(1) 加强对润滑剂的质量检验，合格者方能使用。润滑剂在使用过程中要加强过滤，避免有较大颗粒的金属屑进入其中。润滑剂应定期更换。

(2) 模子在使用前应认真检查工作带是否黏有金属。模子在使用中应经常进行检查、抛光。模子使用一段时间后，应重新进行镀铬等处理。

(3) 拉拔前应认真检查坯料的表面质量，对于存在的可能会影响到拉拔后制品表面质量的缺陷应进行清除。

(4) 坯料中间退火前应清除表面残留的润滑油，防止出现明显的残焦。

12.4.1.4 跳车

拉拔棒材和拉拔线材时，两者产生跳车的原因有相似的方面也有不同的方面。下面分别对其产生跳车的原因进行说明。

A 拉拔棒材时出现跳车的原因

(1) 加工率过大，造成制品表面硬化程度增加；

(2) 模子工作带太短，而加工率又较大，模子发生弹性变形；

(3) 拉拔小车运行不稳，出现跳动；

(4) 制品太长。

B 拉拔线材时出现跳车的原因

(1) 加工率过大，线材的硬化程度很大；

(2) 卷筒工作区锥度太大，产生很大的迫使线材跳出卷筒工作区的垂直分力；

(3) 卷筒过于光滑，使线材出模后发生跳动。

12.4.1.5 内外层性能不均匀

在拉拔棒材时，如果变形量过小，材料只发生表面变形，就会出现制品内外层的力学性能不均匀。

12.4.2 管材制品的主要缺陷及预防

12.4.2.1 跳车

跳车也称为颤环，是管材拉拔生产中常见的表面缺陷之一。轻微的跳车缺陷反映到管材外表面上出现明暗交替的环纹，对成品管材的质量和实际使用影响不大；严重的跳车缺陷造成管材表面沿纵向凹凸不平，呈现出“竹节状”环形棱子。

A 造成跳车的主要原因

(1) 拉拔的管材太长；

(2) 空拉时的减径量过大或过小；

(3) 道次加工率过大；

(4) 整径模定径带过短；

(5) 芯杆弯曲大、直径过细；

(6) 拉拔速度过快；

(7) 润滑油太稀。

B 避免或减轻跳车缺陷的措施

(1) 控制合适的管材长度。一般情况下，成品管材的定尺长度为1000~5500mm，应根据具体的定尺长度要求，确定合适的拉拔管材长度以及所需要的管坯长度。如长度超过4000mm的定尺管材，一次只拉拔一个定尺的成品；长度小于3500mm时，可采用倍尺拉拔，一次拉拔两个或两个以上定尺的成品。

(2) 根据合金的性质、制品的规格及具体质量要求，确定合适的道次变形量。

(3) 在整径空拉时要使用定径带较长的整径模，不要使用定径带短的拉拔模子，不要用错模子。

(4) 如果芯杆弯曲度较大时，在使用前应进行矫直；当使用细芯杆时，应减小拉拔管材的长度。

(5) 小规格管材减径时，采用倍模拉拔。

(6) 空拉时，避免拉拔速度过快。

(7) 选用黏度合适的润滑油。

12.4.2.2 表面擦伤、划沟

表面擦伤、划沟也是管材拉拔生产中常见的主要缺陷。

A 造成管材表面擦伤、划沟的主要原因

(1) 工具黏金属或有损伤；

(2) 夹头制作不圆滑;
(3) 退火后的管坯表面油斑严重;
(4) 管坯偏心过大;
(5) 润滑不均匀;
(6) 润滑油过稀;
(7) 润滑油质量不合格。

B 减少或消除管材表面的擦伤、划沟缺陷的措施

在实际生产中，可从以下几方面采取措施减少或消除管材表面的擦伤、划沟缺陷:

(1) 在拉拔前，应仔细检查工具的表面质量。

(2) 制作夹头时，对于大、中规格管坯，尽可能采用压力机打头，对于小规格管坯则采用旋转打头法，保证夹头部位过渡圆滑。为了保证打头质量，对于2A11、2A12、2A14、5A02、5A03、5A05、5A06等铝合金管坯，应在退火或端部加热后打头。打头后的管坯，应将头端对齐放在料筐中，避免吊运过程中划伤表面。

(3) 管坯在退火前，应将其表面上残留的润滑油拭擦干净，必要时，要用煤油进行清洗。

(4) 润滑油进厂时要严格按要求进行检验，保证其质量合格。润滑油在使用过程中应有过滤装置，及时将其中的金属屑过滤干净。润滑油使用一段时间后，要及时进行更换。

(5) 使用闪点较低的润滑油。

(6) 在保证管材表面质量的前提下，可适当提高退火温度。

12.4.2.3 金属及非金属压入、压坑

管材表面的金属及非金属压入、压坑缺陷，是拉拔管材较常见的缺陷之一，特别是在拉拔软铝合金薄壁管时，常常因压入、压坑缺陷而报废。

A 造成压入、压坑缺陷的主要原因

(1) 润滑油不干净;
(2) 管坯表面黏附有金属屑;
(3) 管坯内表面有较严重的擦伤、起皮缺陷;
(4) 芯头、模子黏金属。

B 消除或减少管材表面金属及非金属压入、压坑缺陷的主要措施

(1) 有良好的润滑油循环过滤系统，并定期更换润滑油;

(2) 无论是挤压管坯，或是冷轧管坯，在拉拔前一定要清除干净黏附在其表面上的金属屑;

(3) 夹头制作要圆滑、光滑;

(4) 内表面有擦伤的管坯，使用前要进行蚀洗;

(5) 保持芯头、模子工作带表面光滑，及时清除其上黏附的金属。对有缺陷的工具应及时更换。

12.4.2.4 表面裂纹

A 拉拔管材表面裂纹产生的主要原因

(1) 加工率过大;

（2）管坯表面有较深的横向划伤；

（3）管坯退火不充分。

B 减少或消除表面裂纹的措施

（1）对管坯进行充分退火；

（2）根据拉拔管材的规格、合金，控制合适的冷加工变形量；

（3）对于塑性较差的薄壁管材，采用长芯棒拉拔方法，不仅可防止产生裂纹，还可以提高拉拔生产效率；

（4）在拉拔前，认真检查管坯的表面质量，通过刮皮等方法，及时清除影响管材质量的各种表面缺陷；

（5）对于某些在放置过程中易出现裂纹的制品，在拉拔结束后进行短时低温退火，消除残余应力。

12.4.2.5 断头

断头是拉拔过程中较常出现的一种现象。

A 断头产生的原因

（1）夹头制作质量不高；

（2）加工率过大；

（3）管坯退火不充分；

（4）对于某些合金，铸造坯料的均匀化退火质量也会影响到打头的质量，从而影响到断头发生。

B 减少断头的主要措施

提高管坯的打头质量是减少断头的有效方法，因此减少断头的主要措施：

（1）对于大、中规格管坯，采用压力机打头，其质量比空气锤打头质量好，几何损失少，成品率高。对于小规格管坯采用旋转打头法。

（2）为了保证打头质量，对于2A11、2A12、2A14、5A02、5A03、5A05、5A06等铝合金管坯，应在退火或端部加热后打头。

（3）根据合金性质及管材规格大小，控制合适的道次变形量。

12.4.2.6 椭圆

A 产生椭圆的主要原因

拉拔后的管材，不同程度几乎都存在一定的椭圆，即存在着椭圆度。对于普通管材，当椭圆度较小时（在标准规定的范围内），对其正常使用一般不会带来明显影响。但对于使用要求较严格、精度要求高的管材，即便是符合国家标准要求，有时也不能使用，从而造成废品。以下是产生椭圆现象的几个主要原因：

（1）拉拔力的作用线与模孔轴线不一致；

（2）芯头过于靠后或靠前；

（3）模子安装不正；

（4）摩擦及润滑不均匀；

（5）模孔制造椭圆。

B 减少或消除椭圆的措施

椭圆现象在普通管材生产中不是主要问题，但随着高精度管材的应用越来越普遍，管材的椭圆已成为影响其尺寸精度的主要因素之一，必须在生产中予以重视和控制，采取的主要措施如下：

（1）在拉拔机的设计、制造和安装调试过程中，尽可能使拉拔力的作用线与模孔轴线重合，这是减小或消除管材椭圆的前提。

（2）要始终保持模孔、芯头工作带表面光滑。

（3）模子放入模座要正，避免倾斜；合理调整芯头位置，避免芯头过于靠后或靠前。均匀润滑管坯、芯头及模孔工作带表面，避免出现润滑不均匀现象。

12.4.2.7 空拉段过长

在管材拉拔生产中，经常会发现靠近夹头的一端，有一段管材的内径尺寸偏小，其壁厚尺寸与拉拔前的管坯基本相同，即只发生了减径而没有发生减壁变形，产生了空拉。空拉段较短时，只要在切夹头时将其切去就可以了，对生产过程及成品率、管材的质量及使用不会带来明显影响。但是，如果空拉段较长或过长，在生产定尺管材时，有可能造成短尺而报废；如果在锯切及检验时不注意而交货，会造成用户无法正常使用，甚至出现事故。

A 造成空拉段过长的主要原因

（1）芯头前进不及时；

（2）芯头位置过后；

（3）芯头固定不好；

（4）芯头与管坯之间的间隙过大；

（5）管坯上未打止退坑。

B 减少空拉段的主要措施

（1）规范操作过程；

（2）调整好芯头的位置，不要过于靠后，但也不要过于向前；

（3）采用游动芯头拉拔时，芯头大圆柱段与管坯的间隙不能太大，在不影响芯头装入的情况下应尽可能减小此间隙。芯头装入管坯后，应打上止退小坑，防止芯头向后窜动。

12.4.2.8 皱折

软合金薄壁管空拉减径时，在其表面上常常会出现沿纵向连续或不连续分布的长条状折叠痕，通常称为皱折或折叠。皱折产生的主要原因是空拉时的道次减径量过大，引起管壁失稳所造成。防止皱折的主要措施是减小道次减径量，或采用倍模拉拔。

12.4.2.9 拉断

管材在拉拔过程中不仅会出现断头，有时在拉出一段管材后也会出现从中部拉断的现象。管材拉断产生的主要原因有以下几个：

（1）夹渣、夹杂、变形后的气孔气眼等；

（2）加工率过大；

（3）润滑不良；

（4）工具设计不合理；

（5）模座与卷筒配合不当。

12.5 特殊拉拔方法简介

12.5.1 无模拉拔

无模拉拔就是把坯料的局部一边急速加热一边拉拔，用来代替普通拉拔工艺中所用的模具，使材料直径均匀缩小的加工方法。如图12-26所示，坯料（圆棒、角棒、管、线等）的一端固定，加热其局部，坯料的另一端用可动的夹头以一定的速度 v_1 拉拔，同时使加热线圈以一定的速度 v_2 与拉拔相反的方向移动。由于被加热部分的变形抗力减小，则只在该部分产生颈缩。加热线圈继续以一定速度移动，颈缩连续扩展，其结果就可得到直径均匀的制品。

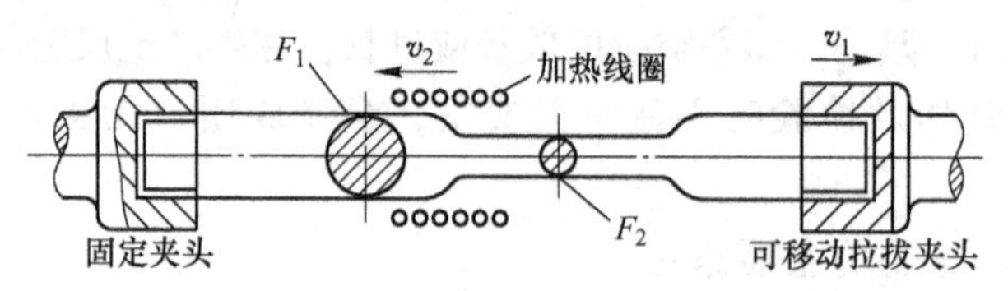

图12-26 无模拉拔示意图

（F_1、F_2 为棒料变形前、后的断面积）

无模拉拔棒材断面收缩率 φ 决定于拉拔速度与加热线圈的移动速度。若棒材变形前后的断面积分别为 F_1、F_2，那么棒料的原始断面 F_1 以 v_2 速度移入变形区，拉拔后的 F_2 断面以 v_1+v_2 速度离开变形区。根据秒体积不变规律，则 $F_1v_2=F_2(v_1+v_2)$，断面收缩率 $\varphi=1-\frac{F_2}{F_1}$。因此：

$$\varphi=\frac{v_1}{v_1+v_2} \tag{12-46}$$

无模拉拔的特点是完全没有普通拉拔方法中用的模子、模套等工具，用较小的力就可以加工，一次加工就可得到很大的断面收缩率。而且由于坯料与工具间无摩擦，所以对于低温下强度高而塑性低、高温下因摩擦大而难以加工的材料，是一种有效的加工方法。再者，这种加工方法能加工普通拉拔无法进行加工的材料。例如，可以制造像锥形棒和阶梯形棒等变断面棒材，并且还可以进行被加工材料的材质调整。

无模拉拔的速度低，它取决于在变形区内保持稳定的热平衡状态，此状态与材料的物理性能和电、热操作过程有关。为了提高生产率，可以用多夹头和多加热线圈同时拉拔数根料。无模拉拔时的拉拔负荷很低，故不必用笨重的设备，制品的加工精度可达±0.013mm。这种拉拔方法特别适合于具有超塑性的金属材料，据对钛合金超塑性材料的实验，其断面减缩率可达80%以上。

12.5.2 集束拉拔

集束拉拔是将两根以上断面为圆形或异形的坯料，同时通过圆形或异形模孔进行拉拔，以获得特殊形状的异型材的加工方法。例如将多根圆线装入管子中进行拉拔，可获得六角形的蜂窝形断面型材。

图 12-27 所示为不锈钢超细丝的集束拉拔方法示意图。将不锈钢线坯放入低碳钢中反复拉拔，可得到双金属线。然后将数十根这种双金属线集束在一起，再装入一根低碳钢管中进行多次拉拔。最后将包覆材料溶解掉，可得到直径为 0.5μm 的超细不锈钢丝。

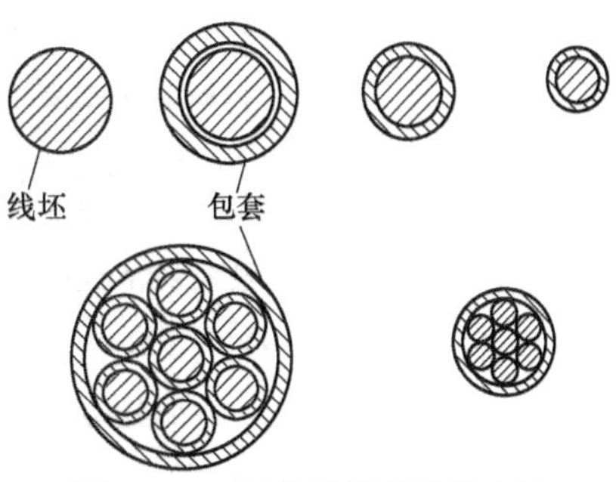

图 12-27　超细丝集束拉拔方法

集束拉拔所用的包覆管的材料价格低廉，变形特性和退火条件与线坯的相似，并且易于用化学方法去除。管子的壁厚为其外径的 10%~20%。线坯的纯度要高，非金属夹杂物尽可能少。

用集束拉拔方法制得的超细丝虽然价格低廉，但是将这些细丝一根一根分开后使用是很困难的，另外这些细丝的端面形状不是圆形，这也是其缺点之一。

12.5.3　玻璃膜金属液抽丝

这是一种利用玻璃的可抽丝性，由熔融状态的金属一次制得的超细丝的方法（见图 12-28）。首先将一定量的金属块或粉末放入玻璃管内，用高频感应线圈加热，使金属熔化，玻璃管产生软化。然后，利用玻璃的可抽丝性，从下方将它引出、冷却并绕在卷取机上，从而得到表面覆有玻璃膜的超细金属丝。通过调整和控制工艺参数，则可获得丝径为 ϕ1~150μm、玻璃膜厚为 2~20μm 的制品。

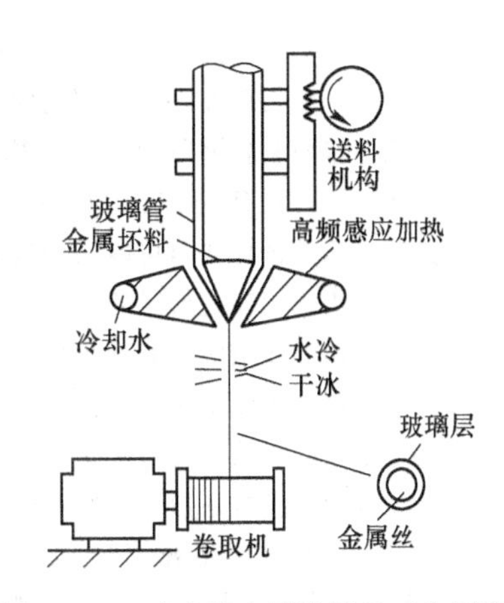

图 12-28　玻璃膜金属液抽丝工作原理

玻璃膜超细金属丝是近代精密仪表和微型电子器件所必不可少的材料。在不需要玻璃膜时，可在抽丝后用化学或机械方法将其除掉。目前用此法生产的金属丝有铜、锰铜、金、银、铸铁与不锈钢等。通过调整玻璃的成分，有可能生产高熔点金属的超细丝。

12.5.4　静液挤压拉线

通常的拉拔，由于拉应力较大，故道次延伸系数很小。为了获得大的道次加工率，发展了静液挤压拉线的方法，如图 12-29 所示。将绕成螺管状的线坯放在高压容器中，并施以比纯挤压时的压力低一些的压力。在线材出模端加一拉拔力进行静液挤压拉线。用此法生产的线径最细达 ϕ20μm。由于金属与模子间很容易地得到流体润滑状态，故适用于易粘模的材料和铅、金、银、铝、铜一类软的材料。目前，国外已生产有专门的静液挤压拉线机。为了克服在高压下传压介质黏度增加，而使挤压拉拔的速度受到限制，该机采用了低黏度的煤油并加热到 40℃。设备的技术特性：最大压力为 1500MPa，拉线速度为 1000m/min；线坯重为 1.5kg（铜）；成品丝径为 ϕ0.5~0.02mm；设备的外形尺寸为

1.25m×1.65m×2.5m。

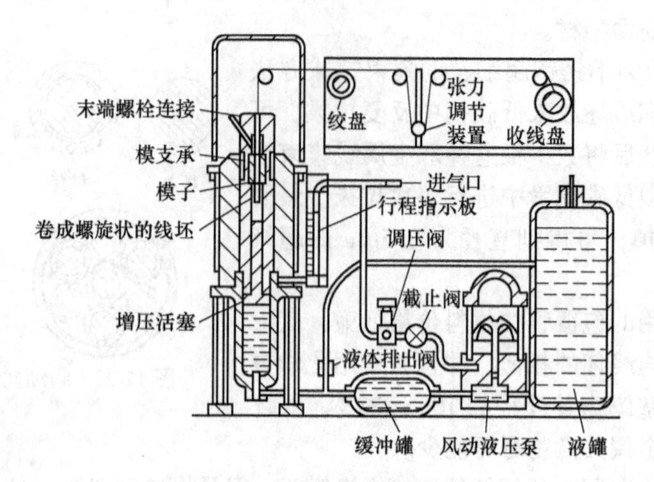

图 12-29 静液挤压拉线装置

思考题

12-1 圆棒拉拔和管材空拉时的应力状态相同吗？解释圆棒拉拔时裂纹一般出现在出口中心，而管材拉拔时裂纹一般出现在出口边部的原因。

12-2 影响空拉时管材壁厚变化的因素有哪些？

12-3 为什么空拉具有纠正管材偏心的作用？解释其原因。

12-4 为什么长芯杆拉拔时可以采用较大的变形量？

12-5 游动芯头稳定在变形区的条件是什么？

12-6 拉拔棒材时残余应力的分布规律是什么？消除拉拔制品中残余应力的方法有哪些？

12-7 拉拔配模设计原则是什么？

12-8 实现拉拔过程的必要条件是什么？

12-9 什么是拉拔安全系数，影响安全系数的主要因素有哪些？它的意义是什么？

12-10 设计异型管材空拉配模时，为什么成型前圆管的外形尺寸要稍大于异型管的外形尺寸？

12-11 确定管材拉拔总加工率时要考虑哪些因素的影响？

12-12 固定短芯头拉拔时，道次减径量如何确定？为什么减壁道次数要小于等于减径道次？

12-13 拉拔时中间退火的目的是什么？其退火次数如何确定？

12-14 实际设计拉拔配模时，怎样进行拉拔道次的选择及道次延伸率的合理分配？

12-15 拉拔模有哪几类结构？分别适合于哪类产品的生产？

12-16 弧线形模包括哪几个区？每个区分别具有什么功能？

12-17 用“图解设计法”进行型材拉拔配模设计的步骤是什么？

12-18 对拉拔用润滑剂的基本要求是什么？拉拔时如何进行润滑剂的选择？

参考文献

[1] 马怀宪．金属塑性加工学——挤压、拉拔与管材冷轧 [M]．北京：冶金工业出版社，1991.
[2] 谢建新，刘静安．金属挤压理论与技术 [M]．2 版．北京：冶金工业出版社，2012.
[3] 温景林，曹富荣．有色金属挤压与拉拔技术 [M]．沈阳：东北大学出版社，2003.
[4] 邓小民，谢玲玲，闫亮明．金属挤压与拉拔工程学 [M]．合肥：合肥工业大学出版社，2014.
[5] 刘静安，黄凯，谭炽东．铝合金挤压工模具技术 [M]．北京：冶金工业出版社，2009.
[6] 刘静安．铝型材挤压模具设计、制造、使用及维修 [M]．北京：冶金工业出版社，2002.
[7] 马怀宪．有色金属及合金管棒型材生产 [M]．长沙：中南矿冶学院，1977.
[8] 杨守山．有色金属塑性加工学 [M]．北京：冶金工业出版社，1982.
[9] 王祝堂，田荣璋．铝合金及其加工手册 [M]．3 版．长沙：中南工业大学出版社，1989.
[10] B. И. 多巴特金，B. И. 耶拉金，Ф. B. 图良金，等．铝合金半成品的组织与性能 [M]．洪永先，谢继三，关学丰，等译．北京：冶金工业出版社，1984.
[11] Laue K，Stenger H. Extrusion [M]. ASM，1981.
[12] 刘静安，匡永祥，梁世斌，等．铝合金型材生产实用技术 [M]．重庆：重庆国际信息咨询中心，1994.
[13] 谢建新，李静媛，胡水平，等．一种实现挤压坯料温度梯度分布的装置与控制系统 [P]．中国，ZI20091Q237523. 7. 2011-03-30.
[14] M. 3. 叶尔曼诺克，等．铝合金型材挤压 [M]．北京：国防工业出版社，1982.
[15] A. Ф. 别洛夫，Ф. И. 科瓦索夫．铝合金半成品生产 [M]．北京：冶金工业出版社，1982.
[16] 钟卫佳，马可定，吴维治，等．铜加工实用技术手册 [M]．北京：冶金工业出版社，2007.
[17] 刘晓瑭，刘培兴，刘华鼐．铜合金型线材加工工艺 [M]．北京：化学工业出版社，2010.
[18] 《重有色金属材料加工手册》编写组．重有色金属材料加工手册 [M]．北京：冶金工业出版社，1980.
[19] 《轻金属材料加工手册》编写组．轻金属材料加工手册 [M]．北京：冶金工业出版社，1980.
[20] 《稀有金属材料加工手册》编写组．稀有金属材料加工手册 [M]．北京：冶金工业出版社，1984.
[21] 《有色金属及合金加工手册》编写组．有色金属及合金加工手册 [M]．北京：中国工业出版社，1965.
[22] 邓小民．金属挤压加工实用技术手册 [M]．合肥：合肥工业大学出版社，2013.
[23] 日本塑性加工学会．押出し加工 [M]．东京：ロロナ社，1992.
[24] 木内学．半凝固加工 21 世纪展望 [J]．塑性と加工．1994，35 (400)：470~477.
[25] 谢水生，黄声宏．半固态金属加工技术及其应用 [M]．北京：冶金工业出版社，1999.
[26] 木内学，杉山澄雄，新井槫男. 半溶融加工に関する実験的研究 第 2 報 (鉛合金，アルミ合金の半溶融押出し加工に関する検討)．塑性と加工 [J]，1979，20 (224)：826~833.
[27] 谢建新．多素材押出し法による中空品の成形加工に関する研究 [D]．日本：日本东北大学，1991.
[28] Klaus A，Kleiner M. Developments in the Manufacture of Curved Extrusion Profiles-Past，Present，and Future [J]. Light Metal Age，2004，62 (7)：22~32.
[29] Tiekink J J. Extrusion Method and Extrusion Apparatus：US，5305626 [P]. 1994.
[30] 日本轻金属协会．アルミハンドブック [M]．东京：轻金属协会，1994.
[31] 日本金属学会．金属データブック [M]．3 版．东京：丸善株式会社，1993.
[32] Kurt Laue，Helmut Stenger. Extrusion：Processes，machinery，tooling. American Society for Metals，1981.

[33] 日本轻金属株式会社．产品目录．
[34] Asari A. Proc 3rd Int Al Extru Tech Semi [C]. 1984，2：84.
[35] 田中浩．非铁金属の塑性加工 [M]. 东京：日刊工业新闻社，1970.
[36] 日本伸铜协会．铜および铜合金の基础と工业技术 [M]. 东京：日本伸铜协会，1988.
[37] 陈振华．变形镁合金 [M]. 北京：化学工业出版社，2005.
[38] 村井勉．マグネシウム合金の押出し加工と形材の利用 [J]. 塑性と加工，2007，48（556）：379~383.
[39] Lapovok R Y，Barnett M R，Davies C H J. Construction of extrusion limit diagram for AZ31 magnesium alloy by FE simulation [J]. Journal of Materials Processing Technology，2004，146：408~414.
[40] Ono N，Nowak R，Miura S. Effect of deformation temperature on Hall-Petch relationship registered for polycrystalline magnesium [J]. Materials Letters，2003，58：39~43.
[41] Galiyev A，Sitdikov O，Kaibyshev R. Deformation behavior and controlling mechanisms for plastic flow of magnesium and magnesium alloy [J]. Materials Transactions，2003，44（4）：426~435.
[42] 王智祥，刘雪峰，谢建新．AZ91 镁合金高温变形本构关系 [J]. 金属学报，2008，44（11）：1378~1383.
[43] Murai T，Matsuoka S，Miyamoto S，Oki Y. Effects of extrusion conditions on microstructure and mechanical properties of AZ316 magnesium alloy extrusions [J]. Journal of Materials Processing Technology，2003，141：207~212.
[44] 金军兵，王智祥，刘雪峰，等．均匀化处理对 AZ91 镁合金组织和力学性能的影响 [J]. 金属学报，2006，42（10）：1014~1018.
[45] 王智祥，谢建新，刘雪峰，等．形变及时效对 AZ91 镁合金组织和力学性能的影响 [J]. 金属学报，2007，43（9）：920~924.
[46] 村井勉，松冈信一，宫本进，等．AZ31Bマグネシウム合金押出形材の组织と机械的性质に及ぼす押出条件の影响 [J].（日）轻金属，2001，51（10）：539~543.
[47] Wood R A，Favor R J. 钛合金手册 [M]. 刘静安，等译．重庆：科学技术文献出版社重庆分社，1983.
[48] 张翥，谢水生，张云豪，等．钛材塑性加工技术 [M]. 北京：冶金工业出版社，2010.
[49] 李虎兴．压力加工过程的摩擦与润滑 [M]. 北京：冶金工业出版社，1993.
[50] 王柯，王风翔．冷拔钢材生产 [M]. 北京：冶金工业出版社，1981.
[51] 张才安．无缝钢管生产技术 [M]. 重庆：重庆大学出版社，1997.
[52] 张才安，樊韬．冷拔钢管质量 [M]. 重庆：重庆大学出版社，1994.
[53] 周良，朱振明，谢崇峻．钢丝的连续生产 [M]. 北京：冶金工业出版社，1988.

冶金工业出版社部分图书推荐

书　名	作　者	定价(元)
中国冶金百科全书·金属塑性加工	本书编委会	248.00
爆炸焊接金属复合材料	郑远谋	180.00
楔横轧零件成形技术与模拟仿真	胡正寰	48.00
薄板材料连接新技术	何晓聪	75.00
高强钢的焊接	李亚江	49.00
材料成型与控制实验教程（焊接分册）	程方杰	36.00
焊接材料研制理论与技术	张清辉	20.00
金属学原理（第3版）（上册）（本科教材）	余永宁	78.00
金属学原理（第3版）（中册）（本科教材）	余永宁	64.00
金属学原理（第3版）（下册）（本科教材）	余永宁	55.00
钢铁冶金学（炼铁部分）（第4版）（本科教材）	吴胜利	65.00
现代冶金工艺学——钢铁冶金卷（第3版）（国规教材）	朱苗勇	75.00
加热炉（第4版）（本科教材）	王　华	45.00
轧制工程学（第2版）（本科教材）	康永林	46.00
金属压力加工概论（第3版）（本科教材）	李生智	32.00
金属塑性加工概论（本科教材）	王庆娟	32.00
现代焊接与连接技术（本科教材）	赵兴科	32.00
型钢孔型设计（本科教材）	胡　彬	45.00
金属塑性成形力学（本科教材）	王　平	26.00
轧制测试技术（本科教材）	宋美娟	28.00
金属学与热处理（本科教材）	陈惠芬	39.00
轧钢厂设计原理（本科教材）	阳　辉	46.00
冶金热工基础（本科教材）	朱光俊	30.00
材料成型设备（本科教材）	周家林	46.00
材料成形计算机辅助工程（本科教材）	洪慧平	28.00
金属塑性成形原理（本科教材）	徐　春	28.00
钢塑性变形与轧制原理（高职高专教材）	袁志学	27.00
锻压与冲压技术（高职高专教材）	杜效侠	20.00
金属材料与成型工艺基础（高职高专教材）	李庆峰	30.00
有色金属轧制（高职高专教材）	白星良	29.00
有色金属挤压与拉拔（高职高专教材）	白星良	32.00